化学工业出版社"十四五"普通高等教育规划教材

计算机应用基础

高东日　常东超　等编著

化学工业出版社

·北京·

内容简介

《计算机应用基础》主要内容包括计算机基础知识、操作系统应用、办公软件应用、网络技术基础、网页制作基础、多媒体技术和信息安全技术。全书首先介绍计算机的基础理论知识，使学生对计算机的基础理论体系有深入的了解，接下来详细介绍常用办公软件 MS Office 2016 的使用方法，然后介绍网络技术、静态网页制作及多媒体基础知识和实用软件（Flash 和 Photoshop），最后介绍信息安全方面的知识和技术。

本书可作为高等学校大学计算机基础课的通识教材，也可作为高校计算机相关专业的信息化素养训练教材，还可供计算机爱好者自学使用。

图书在版编目（CIP）数据

计算机应用基础 / 高东日等编著. —北京：化学工业出版社，2023.5（2024.7重印）
化学工业出版社"十四五"普通高等教育规划教材
ISBN 978-7-122-42762-5

Ⅰ.①计⋯ Ⅱ.①高⋯ Ⅲ.①电子计算机-高等学校-教材 Ⅳ.①TP3

中国国家版本馆 CIP 数据核字（2023）第 029349 号

责任编辑：满悦芝　　　　　　　　　　　　　文字编辑：杨振美
责任校对：王　静　　　　　　　　　　　　　装帧设计：张　辉

出版发行：化学工业出版社（北京市东城区青年湖南街 13 号　邮政编码 100011）
印　　装：河北鑫兆源印刷有限公司
787mm×1092mm　1/16　印张 28　字数 805 千字　2024 年 7 月北京第 1 版第 2 次印刷

购书咨询：010-64518888　　　　　　　　　　售后服务：010-64518899
网　　址：http://www.cip.com.cn
凡购买本书，如有缺损质量问题，本社销售中心负责调换。

定　价：89.00 元　　　　　　　　　　　　　　　　　　　　　版权所有　违者必究

前言

党的二十大报告指出，教育、科技、人才是全面建设社会主义现代化国家的基础性、战略性支撑。以创新驱动引领高质量发展，必须依靠科技进步，而人才是科技创新最关键的因素。近年来，我国推行了一系列信息技术引领的行动计划，如"'互联网+'行动计划""新一代人工智能发展规划"等，这些计划的初衷和关键是要培养出一批具有"互联网+"思维、"大数据"思维和"人工智能"思维的人才，这些思维的本质都是计算思维。这种思维，既不能狭义地理解为"各种计算机的软硬件应用"，也不能狭义地理解为"计算机基础应用训练"。我们应当将其视为解决社会和自然问题的一种思维方式。在这种背景下，各高等院校都开设了"大学计算机"课程，要求各专业各学科的学生学习这门课程。作为一线计算机教育工作者，如何准确理解"大学计算机"课程的内涵至关重要。计算机应用技术如何更好地为新工科、新医科、新农科、新文科等学科建设做好支撑性服务是迫切需要解决的关键问题。目前的普遍现状是知识不断更新，学生的基础不断增强，实际计算机应用的需求不断加强。编者通过与一线教师的充分沟通及广泛考察时代需求，针对计算机课程教学特点和学生的实际情况，以教育部高等学校大学计算机课程教学指导委员会提出的全新大学计算机基础教学大纲为依据，参考以往计算机基础教材及近年来学生计算机普遍水平，遵循贴近生活、应用于生活的原则，秉承现代素质教育观念，结合当今社会对高素质应用型人才的需求，在总结多年来计算机基础教学经验的基础上，特编写此书。

本书编写的指导思想是学生在高中阶段已经学习了计算机基础课程，对计算机已经有初步的认识，在此背景下，使学生通过深入浅出、系统性的学习，全面掌握计算机的基础知识与基本操作技能，并熟悉计算机系统维护、网页制作、办公软件的有关应用，为学生今后进一步学习和应用计算机操作技能打下扎实的基础。

在选材上，从实用和教学的角度出发，充分考虑学生的实际情况，在高中阶段计算机教学的基础上，查漏补缺、补预结合，全面提高。本书共9章。第1章介绍计算机基础知识，使学生对计算机发展、计算机软硬件系统、计算机信息编码和格式等有初步的了解。第2章介绍操作系统的基础知识，以Windows 10（本书中简称Win10）系统为例，介绍基本概念及操作应用。第3章到第5章介绍办公软件的应用，系统介绍了Office 2016套件的内容和使用，使学生学会编辑文档、制作电子表格和演示文稿。第6章介绍网络基础知识，使学生对网络有初步认识和基本操作能力。第7章介绍网页制作基础知识，通过学习HTML语言及使用Dreamweaver工具能够制作静态网页，为以后的学习奠定基础。第8章介绍多媒体基础知识，使学生了解多媒体概念及多媒体技术，能够制作动画及处理图像。第9章介绍信息安全基础知识，使学生对信息安全有初步了解，了解计算机病毒和安全技术，提高计算机安全意识。本书通过一系列真实案例讲解和训练，使学生不仅能掌握计算机基础理论知识，而且在实际动手能力方面有所提高，为今后深入学习计算机知识打下良好的基础。本书提及的"素材"文件，请到化学工业出版社教学资源网（www.cipedu.com.cn）免费下载。

  本书由辽宁石油化工大学高东日、常东超等编著，本校的苏金芝、吉书朋、杨妮妮、李志武等一线资深教师以及国网辽宁省电力有限公司抚顺供电公司副高级工程师陶姝义参加了讨论和编写，全书由高东日、常东超统稿。本书参考了大量文献资料和网站资料，在此一并表示衷心的感谢。

  由于计算机知识更新迅速，加之时间仓促以及水平有限，书中内容阐述欠妥和不当之处在所难免，恳请广大读者批评指正，以利改进。

编著者

2023 年 4 月

目录

01 第1章 计算机基础知识

1.1 计算机概述 002

1.1.1 计算机的概念 002
1.1.2 计算机的发展 002
1.1.3 计算机的分类 005
1.1.4 计算机的应用 006
1.1.5 微型计算机 007

1.2 计算机系统组成 008

1.2.1 计算机系统的基本组成 008
1.2.2 计算机硬件系统的组成 009
1.2.3 计算机软件系统的组成 015

1.3 计算机中的数据和编码 016

1.3.1 数制与进位计数制 016
1.3.2 二进制数的运算 017
1.3.3 数制转换 019
1.3.4 数据在计算机中的表示 021
1.3.5 计算机中信息的表示方法和编码技术 022

习题 025

02 第2章 Windows 10操作系统

2.1 计算机操作系统 029

2.1.1 操作系统的基本概念 029
2.1.2 操作系统的基本功能 029
2.1.3 操作系统的分类 030
2.1.4 几类主流的操作系统 031

2.2 Windows 10 概述 032

2.2.1 Windows 10 简介 032
2.2.2 Windows 10 的安装 033

2.3 Windows 10 的基本操作 034

2.3.1 Windows 10 的启动和退出 034
2.3.2 Windows 10 的桌面、任务栏和"开始"菜单 035
2.3.3 Windows 10 的窗口、菜单及对话框 041

2.4 文件和文件夹管理 044

2.4.1 文件与文件夹简介 044
2.4.2 Windows 10 的文件管理 045
2.4.3 文件和文件夹的基本操作 047
2.4.4 库的使用 052

2.5 Windows 10 的软硬件管理 053

2.5.1 任务管理器 053

2.5.2　Windows 设置　054
2.5.3　软件管理　055
2.5.4　硬件管理　057
2.6　Windows 10 的系统设置　059
2.6.1　Windows 10 个性化设置　059
2.6.2　用户账户设置　060
2.6.3　显示设置　061
2.6.4　鼠标、键盘设置　062

2.6.5　系统日期、时间设置　062
2.7　附件简介　063
2.7.1　记事本　063
2.7.2　画图　063
2.7.3　计算器　064
2.7.4　数学输入面板（Math Input Panel）　064
习题　064

03

第3章　Word 2016文字处理软件

3.1　Word 2016 概述　069
3.1.1　Word 2016 启动与退出　069
3.1.2　Word 2016 的窗口组成　070
3.1.3　新建与打开文档　073
3.1.4　保存与关闭文档　076
3.2　短文档编辑　078
3.2.1　文本编辑　078
3.2.2　文档排版　084
3.2.3　图文混排　096
3.2.4　主题与文档封面　111
3.3　表格的应用　112
3.3.1　创建表格　113
3.3.2　编辑表格　115
3.3.3　表格的格式设置　118

3.3.4　表格的计算与排序　120
3.3.5　案例实施　122
3.4　长文档编辑　125
3.4.1　样式　126
3.4.2　自动创建目录　130
3.4.3　文档分页与分节　131
3.4.4　使用文档导航窗格与大纲视图　132
3.5　高级排版　134
3.5.1　审阅与共享文档　134
3.5.2　构建并使用文档部件　139
3.5.3　邮件合并　141
3.5.4　使用主控文档　144
3.5.5　添加引用　146
习题　150

04

第4章　Excel 2016电子表格

4.1　Excel 2016 概述　153
4.1.1　Excel 2016 功能简介　153

4.1.2　Excel 2016 的启动和退出　153
4.1.3　Excel 2016 的窗口组成　154

4.1.4　Excel 2016 的基本概念　158
4.2　工作簿和工作表的操作　159
4.2.1　工作簿的新建、打开、保存和关闭　160
4.2.2　工作表的基本操作　162
4.2.3　单元格、行和列的选定、插入、删除、移动和复制　166
4.2.4　工作簿和工作表的保护　169
4.2.5　数据输入和填充　170
4.2.6　经典实例　177
4.3　格式化工作表　178
4.3.1　单元格格式　178
4.3.2　特殊格式的应用　181
4.3.3　经典实例　184
4.4　公式与函数的使用　187
4.4.1　公式的使用　187
4.4.2　引用单元格　188
4.4.3　单元格名称的定义与引用　191
4.4.4　函数的应用　193
4.4.5　数组公式的应用　196
4.4.6　经典实例　198
4.5　Excel 2016 数据管理　207
4.5.1　数据的排序　207
4.5.2　数据的筛选　210
4.5.3　数据的分类汇总　212
4.5.4　数据透视表　213
4.5.5　数据透视图　217
4.5.6　经典实例　218
4.6　Excel 2016 图表应用　223
4.6.1　创建迷你图　224
4.6.2　图表的结构及类型　225
4.6.3　创建图表　227
4.6.4　修改图表　227
4.6.5　经典实例　232
4.7　打印工作表　235
4.7.1　设置纸张　235
4.7.2　设置页边距　236
4.7.3　设置页眉与页脚　236
4.7.4　设置打印区域　236
4.7.5　设置分页　237
4.7.6　打印图表　237
4.7.7　经典实例　238

习题　240

05
第5章　PowerPoint 2016演示文稿制作

5.1　PowerPoint 2016 概述　243
5.1.1　PowerPoint 2016 功能简介　243
5.1.2　PowerPoint 2016 的启动和退出　243
5.1.3　PowerPoint 2016 的窗口组成　245
5.1.4　幻灯片的视图模式　246
5.1.5　快捷键的使用　247
5.2　演示文稿的建立与编辑　248
5.2.1　演示文稿的建立方法　249
5.2.2　在演示文稿中导入 Word 文档内容　250
5.2.3　演示文稿的编辑　252
5.2.4　演示文稿的保护　258
5.3　演示文稿的美化与修饰　258
5.3.1　演示文稿的主题设置　259
5.3.2　演示文稿的背景设置　263
5.3.3　演示文稿模板的创建与应用　266
5.3.4　幻灯片母版的设置　266
5.3.5　经典实例　267
5.4　演示文稿中对象的应用　268
5.4.1　演示文稿中形状与图片的使用　269
5.4.2　电子相册的制作　273

5.4.3 演示文稿中表格的建立与修改 274
5.4.4 演示文稿中图表的建立与修改 274
5.4.5 演示文稿中 SmartArt 图形的建立与修改 275
5.4.6 在演示文稿中应用声音和视频 278
5.4.7 在演示文稿中应用艺术字 279

5.5 演示文稿中交互效果的设置 281
5.5.1 动画设置 281
5.5.2 幻灯片切换效果设置 283
5.5.3 幻灯片超链接设置 284
5.5.4 幻灯片动作的设置 286

5.6 演示文稿的放映与保存 286
5.6.1 演示文稿的放映 287
5.6.2 演示文稿的保存与输出 288

5.7 打印演示文稿 290
5.7.1 演示文稿的打印 290
5.7.2 创建并打印备注页 290
5.7.3 发送到 Word 并打印 291

5.8 综合实例 292
5.8.1 题目要求 292
5.8.2 操作步骤 293

习题 298

第6章 计算机网络基础及应用

6.1 计算机网络基础 301
6.1.1 计算机网络的定义 301
6.1.2 计算机网络发展概要 301
6.1.3 计算机网络的分类 303
6.1.4 计算机网络通信协议 309
6.1.5 常见的网络操作系统 313
6.1.6 服务器类型简介 313

6.2 计算机局域网 314
6.2.1 局域网概述 315
6.2.2 局域网组网技术 315
6.2.3 局域网中常用的网络连接设备 317
6.2.4 双绞线的制作 318

6.3 Internet 基础 319
6.3.1 常用的 Internet 服务 319
6.3.2 Internet 中的地址 319
6.3.3 Internet 接入技术 325
6.3.4 家庭计算机接入 Internet 的方法 327
6.3.5 云服务 333

6.4 "互联网+" 概述 335
6.4.1 "互联网+" 的定义 335
6.4.2 "互联网+" 的内涵 336
6.4.3 "互联网+" 的特征 337
6.4.4 "互联网+" 的应用领域 338

6.5 云计算概述 342
6.5.1 云计算的定义 342
6.5.2 云计算技术的基本原理、核心和内涵 342
6.5.3 云计算的特点 343
6.5.4 云计算的应用领域 344
6.5.5 云计算技术发展面临的主要问题 345

6.6 大数据概述 345
6.6.1 大数据产生的背景 345
6.6.2 大数据的含义 346
6.6.3 大数据的特征 346
6.6.4 大数据的应用领域 347
6.6.5 大数据对工作、生活的影响 348
6.6.6 大数据对企业的影响 348
6.6.7 大数据的发展趋势 349

习题 350

第7章 网页制作基础

7.1 HTML 语言　353
7.1.1　HTML 的基本结构　353
7.1.2　文字版面的编辑　354
7.1.3　超链接　355
7.1.4　列表　357
7.1.5　图像　358
7.1.6　表格　359
7.1.7　框架　361
7.1.8　表单　363
7.2　使用 Dreamweaver 8 制作网页　366

7.2.1　Dreamweaver 8 的操作环境　366
7.2.2　文本操作　369
7.2.3　图像操作　370
7.2.4　表格操作　373
7.2.5　框架网站制作　375
7.2.6　表单操作　377
7.3　网站的发布　379
7.3.1　创建 Web 站点　379
7.3.2　设置 Web 站点　380
习题　382

第8章 多媒体技术

8.1　概述　384
8.1.1　多媒体概念　384
8.1.2　多媒体技术的特征　384
8.1.3　多媒体系统的关键技术　385
8.2　数字音频　386
8.2.1　音频分类　386
8.2.2　声音信号的数字化　387
8.3　图形和图像技术　388
8.3.1　图形图像的基本概念　388
8.3.2　数字图像的基本属性　389
8.3.3　常见的图形图像格式　390
8.4　数字视频　390

8.4.1　视频的基本概念　390
8.4.2　常见的视频格式　391
8.5　Flash 基础　391
8.5.1　Flash 软件介绍　391
8.5.2　Flash CS4 的工作界面　392
8.5.3　基本工具的使用　393
8.5.4　Flash CS4 文档的基本操作　394
8.5.5　动画制作基础　397
8.6　Photoshop 基础　405
8.6.1　Photoshop 的工作界面　405
8.6.2　Photoshop 基本操作　407
习题　419

第9章 信息安全技术

9.1 信息安全概述　422
9.1.1 信息安全的概念　422
9.1.2 信息安全的威胁及网络信息安全策略　423
9.2 计算机病毒　425
9.2.1 计算机病毒的定义　425
9.2.2 计算机病毒的特点　425
9.2.3 计算机病毒的分类　426
9.2.4 计算机病毒的防治　427
9.3 恶意程序　428
9.3.1 恶意软件及其特征　428
9.3.2 恶意软件分类　428

9.4 数据加密与数字签名　430
9.4.1 数据加密技术　430
9.4.2 数字签名　431
9.4.3 数字证书　432
9.4.4 消息摘要　432
9.4.5 数字水印　433
9.5 防火墙技术　433
9.5.1 黑客　433
9.5.2 防火墙的概念　434
9.5.3 防火墙的分类　434
习题　435

参考文献

01

第1章

计算机基础知识

1.1 计算机概述

1.1.1 计算机的概念

1.1.1.1 什么是计算机

计算机是指由电子器件组成的具有逻辑判断和记忆能力,能在给定的程序控制下,快速、高效、自动完成信息加工处理、科学计算、自动控制等功能的现代数字化电子设备。

计算机具有以下特点:数字化;具有逻辑判断和记忆能力;高速度、高精度;自动控制。

1.1.1.2 世界上的第一台计算机

第一台电子计算机是在第二次世界大战弥漫的硝烟中开始研制的。当时为了给美国军械试验提供准确而及时的弹道火力表,迫切需要一种高速计算工具。因此,在美国军方的大力支持下,世界上第一台电子计算机 ENIAC 于 1943 年开始研制,参加研制工作的是以宾夕法尼亚大学莫尔电机工程学院的莫西利和埃克特为首的研制小组,如图 1.1 所示。在研制中期,当时任美国陆军军械部弹道研究所顾问、正在参加美国第一颗原子弹研制工作的美籍匈牙利数学家冯·诺依曼(von Neumann)带着原子弹研制过程中遇到的大量计算问题加入了研制行列。研制工作历时两年多,1945 年春天,ENIAC 首次试运行成功。1946 年 2 月 10 日,美国陆军军械部和宾夕法尼亚大学莫尔电机工程学院联合向世界宣布了 ENIAC 的诞生。ENIAC 的指标如下:每秒完成 5000 次加法运算,质量 28t,占地 170m²,18800 只电子管,1500 个继电器,功率 150kW。ENIAC 的诞生标志着人类社会计算机时代的开始。

图 1.1 研制计算机

1.1.2 计算机的发展

计算机的最终诞生是众多科学家几百年来共同努力的结果。据史料记载,帕斯卡发明了加法机;莱布尼茨改造加法机形成乘法机;布尔创造完整的二进制代数体系;图灵是计算机逻辑的奠基者;维纳创立信息论与控制论;冯·诺依曼首先提出计算机硬件组成应包括运算器、控制器、存储器、输入设备和输出设备五大部分与计算机的基本工作原理——存储程序技术(存储程序、自动执行程序),被后人称为"计算机之父"。这几位科学家的图片如图 1.2 所示。

帕斯卡　　　　莱布尼茨　　　　　布尔　　　　诺伯特·维纳　　　　冯·诺依曼

图 1.2　几位科学家

1.1.2.1　计算机的发展阶段

计算机的发展阶段见表 1.1。

表 1.1　计算机的发展阶段

代别	起止年份	逻辑部件	运算速度	内存容量	编程语言
第一代 电子管时代	1946—1957 年	电子管	每秒几千次到几万次	几千个字节	机器语言或汇编语言
第二代 晶体管时代	1958—1964 年	晶体管	每秒几十万次	几十万个字节	FORTRAN、ALGOL、COBOL
第三代 中小规模集成电路时代	1965—1970 年	中小规模集成电路	每秒几十万次到几百万次	64kB~2MB	操作系统
第四代 大规模、超大规模集成电路时代	1971 年至今	大规模、超大规模集成电路	每秒几百万次到上亿次	1MB~64GB	数据库系统、网络和分布式操作系统

新一代计算机即超级计算机（智能计算机），具有知识表示和逻辑推理能力，具有人-机通信能力。它是把信息采集、存储、处理、通信和人工智能相结合的计算机系统。

新一代计算机系统结构的研究目标是要改变传统冯·诺依曼机的概念，采用全新的物理器件。目前，人们仍在不懈努力，力争有所突破。

1.1.2.2　计算机的发展特点及趋势

计算机技术是世界上发展最快的科学技术之一，产品不断升级换代。当前计算机正朝着巨型化、微型化、智能化、网络化等方向发展，计算机本身的性能越来越优越，应用范围也越来越广泛，从而使计算机成为工作、学习和生活中必不可少的工具。

（1）计算机技术的发展特点

① 多极化。如今个人计算机已席卷全球，但由于计算机应用的不断深入，对巨型机、大型机的需求也稳步增长，巨型、大型、小型、微型机各有自己的应用领域，形成了一种多极化的形势。如巨型计算机主要应用于天文、气象、地质、核反应、航天飞机和卫星轨道计算等尖端科学技术领域和国防事业领域，它标志着一个国家计算机技术的发展水平。目前运算速度为每秒几百亿次到上万亿次的巨型计算机已经投入运行，并正在研制更高速的巨型机。

② 智能化。智能化使计算机具有模拟人的感觉和思维过程的能力,使计算机成为智能计算机。这也是目前正在研制的新一代计算机要实现的目标。智能化的研究包括模式识别、图像识别、自然语言的生成和理解、博弈、定理自动证明、自动程序设计、专家系统、学习系统与智能机器人等。目前,已研制出多种具有人的部分智能的机器人。

③ 网络化。网络化是计算机发展的又一个重要趋势。从单机走向联网是计算机应用发展的必然结果。所谓计算机网络化,是指用现代通信技术和计算机技术把分布在不同地点的计算机互联起来,组成一个规模大、功能强、可以互相通信的网络结构。网络化的目的是使网络中的软件、硬件和数据等资源能被网络上的用户共享。目前,大到世界范围内的通信网,小到实验室内部的局域网已经很普及,因特网(Internet)已经连接包括我国在内的150多个国家和地区。计算机网络由于实现了多种资源的共享和处理,提高了资源的使用效率,因而深受广大用户的欢迎,得到了越来越广泛的应用。

④ 多媒体。多媒体计算机是当前计算机领域中最引人注目的高新技术之一。多媒体计算机就是利用计算机技术、通信技术和大众传播技术,综合处理多种媒体信息的计算机。这些信息包括视频、图像、图形、声音、文字等。多媒体技术使多种信息建立了有机联系,并集成为一个具有人机交互性的系统。多媒体计算机将真正改善人机界面,使计算机朝着人类接受和处理信息的最自然的方式发展。

(2) 未来计算机

① 量子计算机。量子计算机是一类遵循量子力学规律进行高速数学和逻辑运算、存储及处理的量子物理设备。当某个设备由量子元件组装,处理和计算的是量子信息,运行的是量子算法时,它就是量子计算机。

② 神经网络计算机。人脑在总体运行速度方面相当于每秒1000万亿次的电脑,可把生物大脑神经网络看作一个大规模并行处理的、紧密耦合的、能自行重组的计算网络。从大脑工作的模型中抽取计算机设计模型,用许多处理机模仿人脑的神经元结构,将信息存储在神经元之间的联络神经元中,并采用大量的并行分布式网络就构成了神经网络计算机。

③ 化学、生物计算机。在运行机理上,化学计算机以化学制品中的微观碳分子作为信息载体来实现信息的传输与存储。DNA分子在酶的作用下可以从某基因代码通过生物化学反应转变为另一种基因代码,转变前的基因代码可以作为输入数据,反应后的基因代码可以作为运算结果,利用这一过程可以制成新型的生物计算机。生物计算机最大的优点是生物芯片的蛋白质具有生物活性,能够跟人体的组织结合在一起,特别是可以和人的大脑与神经系统有机地连接,使人机接口自然吻合,免除了烦琐的人机对话,这样,生物计算机就可以听人指挥,成为人脑的外延或扩充部分,还能够从人体的细胞中吸收营养来补充能量,不需要任何外界的能源。生物计算机的蛋白质分子具有自我组合的能力,从而使生物计算机具有自调节能力、自修复能力和自再生能力,更易于模拟人类大脑的功能。现今科学家已研制出了许多生物计算机的主要部件——生物芯片。

④ 光计算机。光计算机是用光子代替半导体芯片中的电子,以光互联来代替导线制成的数字计算机。光具有电无法比拟的一些优点:光计算机是"光"导计算机,光在光介质中以许多个波长不同或波长相同而振动方向不同的光波传输,不存在寄生电阻、电容、电感和电子相互作用问题,光器件又无电位差,因此光计算机的信息在传输中畸变或失真小,可在同一条狭窄的通道中传输数量大得令人难以置信的数据。

根据当今计算机科学的发展趋势，可以将其分为三维考虑。一维是向"高"的方向。性能越来越高，速度越来越快，主要表现在计算机的主频越来越高。20世纪末期我们使用的都是286、386中央处理器，主频只有几十兆。20世纪90年代初，集成电路集成度已达到100万门以上，从超大规模集成电路（VLSI）开始进入特大规模集成电路（ULSI）时期。而且由于精简指令集计算机（RISC）技术的成熟与普及，中央处理器（CPU）性能年增长率由20世纪80年代的35%发展到90年代的60%。到后来出现奔腾（Pentium）系列，主频达到2GHz以上。计算机向高的方面发展不仅是芯片频率的提高，而且是计算机整体性能的提高。目前世界上性能最高的通用计算机已采用上万台计算机并行，美国的提高战略运算能力计划（ASCI计划）已经研制成功每秒12.3万亿次计算的并行计算机，目前正在研制30万亿次计算和100万亿次计算的并行计算机。美国另一项计划的目标是推出每秒1000万亿次并行计算的计算机（Petaflops计算机），其处理机将采用超导量子器件，每个处理机每秒运算100亿次，共用10万个处理机并行。专用计算机的并行程度比通用机更高。

第二个方向就是向"广"度方向发展，计算机发展的趋势就是无处不在，以至于像"没有计算机一样"。近年来更明显的趋势是网络化与向各个领域的渗透，即在广度上的发展开拓。未来，计算机也会像现在的电动机一样，存在于各种家用电器中。那时问用户家里有多少计算机，用户也数不清。用户的笔记本、书籍包括未来的中小学教材都已电子化。再过十几年、二十几年，可能学生们上课用的不再是教科书，而只是一个笔记本大小的计算机，中小学的所有课程教材、辅导书、练习题都在里面。不同的学生可以根据自己的需要方便地从中查到想要的资料。而且这些计算机与现在的手机合为一体，随时随地都可以上网，相互交流信息。所以有人预言未来计算机可能像纸张一样便宜，可以一次性使用，计算机将成为不被人注意的最常用的日用品。

第三个方向是向"深"度方向发展，即向信息的智能化方向发展。网上有大量的信息，怎样把这些浩如烟海的信息变成用户想要的知识，这是计算科学的重要课题。目前计算机"思维"的方式与人类思维方式有很大区别，人机之间的间隔还很大。人类还很难以自然的方式，如语言、手势、表情与计算机打交道，计算机难用已成为阻碍计算机进一步普及的巨大障碍。随着Internet的普及，普通老百姓使用计算机的需求日益增长，这种强烈需求将大大促进计算机智能化方向的研究。近几年来计算机识别文字（包括印刷体、手写体）和口语的技术已有较大提高，已初步达到商品化水平，估计5～10年内手写和口语输入将逐步成为主流的输入方式。手势（特别是哑语手势）和脸部表情识别也已取得较大进展。使人沉浸在计算机世界的虚拟现实（virtual reality，VR）技术是近几年来发展较快的技术，未来的发展将更加迅速。

1.1.3　计算机的分类

① 按处理的信息类型，可分为模拟计算机、数字计算机和混合计算机。
② 按功能和使用范围，可分为专用型计算机和通用型计算机。
③ 按规模，可分为巨型机、大型机、中型机、小型机和微型机。
④ 按工作模式，可分为工作站和服务器。

1.1.4 计算机的应用

1.1.4.1 科学计算

科学计算也称数值计算，是计算机的重要应用领域之一。第一台计算机的研制目的就是用于科学计算。计算机为科学计算而诞生，为科学计算而发展。人类将自身的大量计算问题交由计算机来完成，如工程设计、航空航天、高能物理、气象预报、地震监测、地质勘探和计算机模拟等，这样可以极大地提高工作效率。

1.1.4.2 数据处理

数据处理是计算机应用最广泛的领域，也是计算机应用的主流。据不完全统计，全球80%的计算机用于数据处理。数据处理主要完成信息的收集、转换、分类、统计、加工、存储和传输等工作，它是一切信息管理、辅助决策系统的基础，各类管理信息系统、决策支持系统、专家系统、电子商务系统和办公自动化系统都属于它的范畴。

1.1.4.3 过程控制

计算机由于具有运算速度快、逻辑判断能力强和可靠性高等特性，因此可以广泛应用于工业、军事控制领域，如洲际导弹、航天飞机。

1.1.4.4 计算机辅助功能

目前，常用的计算机辅助功能包括辅助设计（CAD）、辅助制造（CAM）、辅助教学（CAI）和辅助测试（CAT）等。

1.1.4.5 人工智能

① 智能机器人：感应和识别能力，能回答问题。
② 专家系统：分析、决策。
③ 模式识别：文字识别、图像识别等智能翻译。

1.1.4.6 网络应用

计算机的网络应用有网络可视电话、网络游戏、电子邮件（E-mail）、网页宣传和商业应用等。

除了上述介绍的各种应用外，计算机还在多媒体技术、文化娱乐和家庭生活等方面有着广泛的应用。

1.1.5 微型计算机

1.1.5.1 微机发展的时代

其时代划分见表 1.2。

表 1.2 微机发展的时代

起止年份	代别	位数	典型芯片
1971—1977 年	第一代	4～8 位	Intel 4004、Intel 8008
1978—1984 年	第二代	16 位	Intel 8086、Intel 80286、Z 8000、MC 68000
1985—1992 年	第三代	32 位	Intel 80386、Intel 80486
1993—2003 年	第四代	32 位多流水线结构	Pentium、Pentium Ⅱ、Pentium Ⅲ、Pentium Ⅳ
2004 年至今	第五代	64 位	Itanium 系列

1.1.5.2 微机中使用的微处理器芯片 CPU

CPU 可分为 Intel 系列和非 Intel 系列。

（1）Intel 系列　80X86 系列，Pentium 系列。其兼容厂家生产的有 AMD 系列。

（2）非 Intel 系列　主要有摩托罗拉公司生产的 MC 68000 系列，苹果电脑公司生产的 Apple-Macintosh 系列微机所使用的 PowerPC 等。

1.1.5.3 微处理器的性能指标

（1）字长　指 CPU 一次所能处理的数据的二进制位数，包括 8bit、16bit、32bit、64bit 等，目前流行的微机主要采用 32bit。

（2）工作频率　即 CPU 每秒所能执行的指令条数，常用主频表示，CPU 主频通常以 MHz（兆赫）和 GHz（千兆赫）为单位，1MHz 指每秒执行 100 万条指令。目前流行的 CPU 的主频均已达 GHz 数量级。

（3）高速缓存（cache）　128kB～2MB，它的速度要高于内存，低于 CPU，是为了解决高速 CPU 和低速内存速度不匹配的问题而设置的。

（4）总线频率　总线是将信息以一个或多个源部件传送到一个或多个目的部件的一组传输线。通俗地说总线就是多个部件间的公共连线，用于在各个部件之间传输信息。人们常常利用以 MHz 表示的速度来描述总线频率。总线的种类很多，其中前端总线（front side bus，FSB）是将 CPU 连接到北桥芯片的总线。计算机的前端总线频率是由 CPU 和北桥芯片共同决定的。

1.1.5.4 主板

主板（mother board/main board/system board）是一台个人计算机（PC）的主体，主要完成

计算机系统的管理和协调，支持各种 CPU、功能卡和各总线接口的正常运行，是 PC 的"总司令部"，其中的中央处理器（CPU）、芯片组（CHIPSET）、动态随机存取存储器（DRAM）、基本输入输出系统（BIOS）等决定了它的"级别"。平时所说的 386、486、Pentium 机，其判断的标准就是机器所用的主板和 CPU。而其他附件如显示器、声卡、键盘等，基本上是通用的。主板芯片可分为数字芯片和模拟芯片两种。主板使用的芯片除了少数几个是模拟芯片外，大部分都是数字芯片。

主板有各种不同的总线，功能较差或不稳定的总线早已被淘汰，而效率高、速度快且稳定的总线为现在的主板所采用。

如图 1.3 所示是一款主板，它也是计算机中的重要部件，其主要功能是传输电子信号。计算机的性能、功能、兼容性都取决于主板设计。目前主板的系统结构为控制中心结构。主流产品是 ATX 主板。

主板上的三大芯片如下。
① 北桥芯片——决定主板性能高低。
② 南桥芯片——决定主板功能多少。
③ BIOS 芯片——决定主板兼容性好坏。

图 1.3 主板

1.2 计算机系统组成

1.2.1 计算机系统的基本组成

一个完整的计算机系统由硬件系统和软件系统组成，其中硬件系统包括主机和外部设备（外设），软件系统包括系统软件和应用软件。

微型计算机随着计算机技术的不断发展已成为计算机世界的主流之一，扮演着越来越重要的角色，目前的微机在各部件的工艺外观、性能指标、存储容量、运行速度等诸多方面都有了高速的发展。

微型计算机是由若干系统部件构成的，这些系统部件在一起工作才能形成一个完整的微型计算机系统。例如，通常说的 80486 或奔腾处理器并不代表一台微型计算机。微处理器不包含存储器或输入/输出接口，形象地说，微处理器会思考，但不能记忆，也不能听或说，这就要求用一些其他部件和微处理器一起构成一台可用的微型计算机。通常，一般先用各种大规模集成芯片核心组成插件（例如 CPU 插件、存储器插件、打印机接口插件、软件适配器插件等），再由若干插件组成主机，最后配上所需要的外部设备，才能组成一个完整的计算机硬件系统。计算机系统组成如图 1.4 所示。

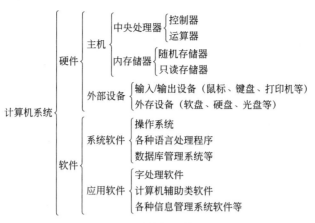

图1.4 计算机系统组成

1.2.2 计算机硬件系统的组成

从计算机系统结构方面考虑，计算机硬件系统由运算器、控制器、存储器、输入设备和输出设备五大部件组成，各部分之间的关系如图1.5所示。

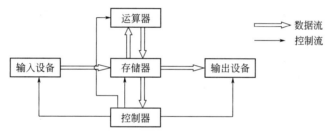

图1.5 计算机硬件系统结构示意图

1.2.2.1 运算器

运算器是计算机中进行算术运算和逻辑运算的部件，通常由算术逻辑单元（ALU）、累加器和通用寄存器组成。

1.2.2.2 控制器

控制器用于控制和协调计算机各部件自动、连续地执行计算机指令，通常由指令部件、时序部件及操作控制部件组成。

运算器和控制器合称中央处理单元（简称CPU），是计算机的核心部件。如果将CPU集成在一块芯片上作为一个独立的部件，则该部件称为微处理器（简称MPU）。

1.2.2.3 存储器

存储器的主要功能是保存各类程序和数据信息，可分为主存储器（也叫内存）和辅助存储器（也叫外存）两类。

（1）主存储器　主存储器又可分为随机存储器和只读存储器。

① 随机存储器（random access memory，RAM）。它的特点是既可以从 RAM 中读取数据，也可以向 RAM 中写入数据，RAM 中的数据断电以后将丢失。根据其内部元器件结构的不同，随机存储器又分为静态随机存储器（static RAM，SRAM）和动态随机存储器（dynamic RAM，DRAM）。

SRAM 集成度低、价格高，但存取速度快。它通常用于高速缓冲存储器（cache）。

cache 的存取速度比内存快，它位于 CPU 与内存之间，起到"解决 CPU 与内存之间速度匹配问题"的作用，设置 cache 的目的就是提高计算机的运行速度。它和 CPU、内存的关系如图1.6所示。

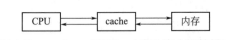

图1.6　cache、CPU、内存三者之间的关系

DRAM 是动态随机存取存储器，需刷新，集成度高，价格便宜。常做内存条使用。

② 只读存储器（read only memory，ROM）。它是仅能进行读取操作的存储器。常用来存放那些固定不变的、控制计算机系统的监控程序和其他专用程序，如 BIOS 等。ROM 属于非易失性器件，机器断电后原存信息不会丢失。ROM 的类型有 MROM、PROM、EPROM、EEPROM、flash memory 等。

其中，PROM 为可编程的只读存储器；EPROM 为可擦除的可编程只读存储器；EEPROM 为可用电擦除的可编程只读存储器。

（2）辅助存储器　辅助存储器大都采用磁性、半导体和光学材料制成。与主存储器相比，辅助存储器的特点是存储容量大、价格较低，而且在断电的情况下也可以长期保存信息，所以称为永久性存储器。缺点是存取速度比主存储器慢。种类有软盘、U 盘、硬盘、光盘（光碟）等。

① 软盘驱动器简称软驱，是过去多年来移动存储的主要设备。软驱所用的软盘直径通常有 3.5 英寸和 5.25 英寸（1 英寸=2.54 厘米，余同）两种，每一种又有低密度和高密度之分。多年以前的微型计算机一般都配置一个 3.5 英寸驱动器，其容量为 1.44MB，但由于大容量移动存储设备的发展异常迅速，价格非常低廉，因此目前软驱已被淘汰。

软盘存储信息是按磁道和扇区组织存储的，软盘在使用前必须进行格式化。格式化就是将软磁盘划分为磁道和扇区，格式化时将磁盘面划分成若干个同心圆，每个同心圆称为一个磁道。3.5 英寸高密软盘有 80 个磁道，18 个扇区，磁道由外向内编号，最外层的同心圆为 0 号磁道，最内层的同心圆为 79 号磁道，每个磁道又被划分为若干区域，每个区域称为扇区，每个扇区可存放 512 个字节，每张盘片又分为两面。因此，每张软盘的容量为 512B×80×18×2÷1024=1440kB≈1.44MB。

软盘在格式化后会产生四个区：引导区（boot）、文件分配表（FAT）、文件目录表和数据区。

a. 引导区：用于存放引导程序。

b. 文件分配表：用于描述文件在磁盘上存放的位置以及整个软盘扇区的使用情况。

c. 文件目录表：用来存放软盘根目录下所有子目录和文件的属性、文件在软盘上的起始存放位置、文件长度以及文件建立和修改的日期与时间等。

d. 数据区：用于存放文件的内容。

引导区和文件分配表存放在软盘的 0 号磁道上，所以，如果磁盘的 0 号磁道损坏，会导致整个软盘无法使用。

② 硬盘分为固定硬盘和移动硬盘。硬盘的存储容量、读写速度均比软盘高得多。固定硬盘分为传统的机械硬盘（HDD）和新出现的固态硬盘（SSD）两类。机械硬盘是传统普通硬盘，采用磁性碟片存储，主要由盘片、磁头、盘片转轴及控制电机、磁头控制器、数据转换器、接口、缓存等几个部分组成。机械硬盘中所有的盘片都装在一个旋转轴上，每张盘片之间是平行的，在每个盘片的存储面上有一个磁头，磁头与盘片之间的距离比头发丝的直径还小，所有的磁头连在一个磁头控制器上，由磁头控制器负责各个磁头的运动。磁头可沿盘片的半径方向运动，加上盘片每分钟几千转的高速旋转，磁头就可以定位在盘片的指定位置上进行数据的读写操作。硬盘作为精密设备，尘埃是其大敌，必须完全密封。磁盘是按柱面号、磁头号和扇区存储、读取信息的，内部结构如图1.7所示。柱面由一组盘片的同一磁道在纵向上所形成的同心圆柱面构成。柱面从外向内编号，同一柱面上的各个磁道和扇区的划分与软盘基本相同。

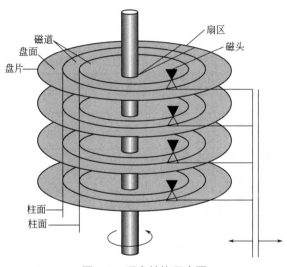

图1.7　硬盘结构示意图

硬盘容量（B，byte，字节）=磁盘面个数×每面扇区个数×每个扇区的大小×柱面个数。需要说明的是，在外存容量的具体计算方式上，存储器生产厂商采用十进制，而操作系统则是采用二进制，因此二者之间会有一定差距，存储器标称容量都要小于操作系统识别的容量，而且容量越大差距越大。

固态硬盘采用闪存颗粒存储，是由控制单元和固态存储单元（DRAM或FLASH芯片）组成的硬盘。固态硬盘的接口规范、定义、功能及使用方法与机械硬盘相同，在产品外形和尺寸上也与机械硬盘一致。固态硬盘由于没有机械硬盘的旋转介质，因而抗震性极佳，其芯片的工作温度范围也很宽。目前虽然成本相对较高，但因性价比较高，其应用已经处于逐渐普及中。

移动硬盘按外置接口可分为并行接口、USB接口、IEEE 1394接口、eSATA接口、Type-C接口等类型。并行接口硬盘盒是最早出现的硬盘盒，目前极少使用；USB接口的移动硬盘盒是目前的主流，其最大优点是使用方便，支持热插拔和即插即用；IEEE 1394接口又称"火线"（Fire Wire）接口，是苹果电脑上的接口，市场占有率小；eSATA接口是SATA接口的外置版本，速度快，性能强。

USB 有多种接口标准：USB1.0、USB1.1、USB2.0、USB3.0、USB3.1、USB3.2、USB4.0。USB1.0 的传输速率是 1.5 Mb/s，USB1.1 的传输速率是 12Mb/s，而 USB2.0 可以达到 480Mb/s。USB 组织重新规定：USB 取消 USB1.1 的说法，全部改叫 USB2.0，但 USB2.0 分为全速（fullspeed）和高速（highspeed），分别对应原来的 USB1.1 和 USB2.0。USB2.0 接口标准在各种移动设备、数码设备上得到广泛应用，各主板厂商的新产品已经把 USB2.0 作为标准配置，而 USB1.0 已经淘汰。USB3.0 的最大传输带宽高达 5.0Gb/s（500MB/s）。5Gb/s 的带宽并不是 5Gb/s 除以 8 得到的 640MB/s，而是采用与 SATA 相同的 10 bit 传输模式（在 USB2.0 的基础上新增了一对纠错码），因此其全速只有 500MB/s，这是理论传输最大值。USB3.1 协议传输速率最高可达 10Gb/s，并采用全新的 24 针 USB Type-C（USB-C）物理接口界面，首次让 USB 标准拥有实用的正反盲插功能。USB3.1 接口实际的有效带宽大约为 7.2Gb/s，理论传输速率应该可以达到 900MB/s，比 USB3.0 快接近一倍。USB3.2 传输速率最高可以达到 20Gb/s，也就是说理论上每秒可以传输 2.5GB 的数据。2020 年正式推出的 USB4 标准规范确定传输带宽达到 40Gb/s，接口类型为双向 USB-C。USB 接口规范发展见表 1.3。

表 1.3　USB 接口规范发展一览表

推出时间	协议规范	数据传输速率	理论传输速率
1998 年	USB1.1	12Mb/s	0.192MB/s
2000 年	USB2.0	480Mb/s	60MB/s
2008 年	USB3.0	5Gb/s	600MB/s
2013 年	USB3.1 Gen1	5Gb/s	600MB/s
	USB3.1 Gen2	10Gb/s	1200MB/s
2017 年	USB3.2 Gen1	5Gb/s	600MB/s
	USB3.2 Gen2	10Gb/s	1200MB/s
	USB3.2 Gen2×2	20Gb/s	2400MB/s
2020 年	USB4　2.0	20Gb/s	2400MB/s
	USB4　4.0	40Gb/s	4800MB/s

③ 闪存又称 USB 移动闪速存储器，它采用 flash RAM 芯片，使用 Flash 存储技术。它的工作原理是通过二氧化硅形状的变化来记忆数据，闪存由于具有携带方便、价格便宜、可靠性高、存储容量大等优点，已成为主要的移动存储设备。

④ 光盘需要与光盘驱动器配合使用。只读光盘读写原理是光盘上有一层可塑材料，写入数据时用高能激光束照射光盘盘片，可在可塑层上灼出极小的坑，并以小坑区别数字"1"和"0"。当数据全部写入光盘后，再在可塑层上喷涂一层金属材料，这样光盘就不能再写入数据。在读取数据时，用低能激光束入射光盘，利用光盘表面上的小坑和平面处的不同反射来区分"1"和"0"。

只读光盘分为 CD-ROM（compact disk ROM）和 DVD-ROM（digital video disk ROM）。根据存储容量把 CD-ROM 分为 650MB 和 700MB 两种，DVD-ROM 的容量分为单面单层 DVD-

ROM 容量 4.7GB、单面双层 DVD-ROM 容量 8.5GB、双面单层 DVD-ROM 容量 9.7GB、双面双层 DVD-ROM 容量 17GB。DVD 与 CD 的大小相同，直径有 12cm 和 8cm 两种。

根据使用方式及性能的不同，又可将光盘分为以下三类。

a. 只读式光盘 CD-ROM、DVD-ROM：用户只能读取而无法修改其中的数据。

b. 一次性写入光盘 CD-R、DVD-R：用户只能写入一次，但可多次读取。

c. 可擦除光盘 CD-RW、DVD-RW：用户可以对其进行多次读/写操作。

光盘有如下特点。

a. 存储容量大，价格便宜。

b. 不怕电磁干扰，存储密度大，可靠性高。

1.2.2.4 输入设备

凡是能把外界各种信息输入计算机中的装置均可称为输入设备。目前常见的输入设备有键盘、鼠标、扫描仪、光笔、数字化仪、触摸屏、数码相机和数码摄像机等。

① 键盘（keyboard）。按照键盘键数分类，常见的有 101 键、103 键和 104 键键盘；按照键盘结构分类，有机械式键盘和电容式键盘两种，一般电容式键盘手感较好。

② 鼠标（mouse）。鼠标是人机对话的基本输入设备，主要有机械式、光电式和光电机械式三种。

1.2.2.5 输出设备

凡是将计算机处理后的结果信息转换成外界能够识别和使用的信息形式的设备均称为输出设备。常见的输出设备有显示器、打印机、绘图仪、音响设备等。有些设备既可以作为输入设备，也可以作为输出设备，如软驱、硬盘、刻录光驱、U 盘、磁带机等。

（1）显示器（monitor） 显示器又称监视器，是计算机最基本、最重要的输出设备之一，且种类繁多。按工作方式，可以分为图形方式和文字方式两种；按工作原理，可以分为阴极射线管显示器、液晶显示器和等离子体显示器等；按扫描方式，可以分为光栅扫描和随机扫描显示器；按分辨率，可以分为高分辨率、低分辨率和中分辨率显示器。

显示器的尺寸一般是指对角线的长度。目前计算机普遍使用的显示器的尺寸为 15 英寸、17 英寸、19 英寸、22 英寸等。

下面介绍液晶显示器。

① 液晶显示器的结构。它是由两块导电玻璃夹持一个液晶层，封装成一个扁平盒而构成的。其两块玻璃的间距为 6～7μm，四周用环氧树脂密封，中间注入液晶后抽成真空。根据需要可在导电玻璃外侧贴上偏振片。

② 液晶显示器的特点

a. 液晶显示器的寿命长，只要显示器中的配件保持状态良好，它能长期正常工作。

b. 液晶显示器没有辐射污染，与显像管相比，这是最突出的优势。

c. 液晶显示器属于被动显示，液晶本身不会发光，而是靠外界光的不同反射和透射形成不同的对比度来达到显示的目的。外光越强，显示内容也越清晰。这种显示更适合人眼视觉，不易引起眼睛的疲劳，有益于长期观看显示器的工作者。

d. 液晶显示器所需的工作电压很低，一般为 2～3V，所需的电流也只有几微安，辐射通量密度属于 $\mu W/cm^2$ 级别，因此该显示器是低电压低功率显示器件，与阴极射线显示器（CRT）相比，可减少相当多的功耗。

e. 液晶为无色，采用滤色膜便可实现彩色化，因此能重现电视的彩色画面，在视频领域有着广阔的发展前途。

③ 液晶显示器的种类

a. 按显示方式可分为反射型、透射型和投影型。

b. 按显示机理可分为扭曲向列场效应型（TN-LCD）、超扭曲向列型（STN-LCD）、动态散射型（DS-LCD）、电控双折射型（ECB-LCD）、相变存储型（PC-LCD）、有源矩阵型（AM）、铁电液晶型（FLCD）、宾主效应型（HG-LCD）、固态液晶膜型（PDLCD）等。

c. 按衬底与字符的黑白可分为正型和负型。正型是字符为黑，衬底为白，多用于白色背景下。负型是字符为白，衬底为黑，适合在黑背景下使用。

d. 按用途可分为计算器用、手表用、仪器仪表用、彩电用、影碟机用、计算机用等类型。

（2）打印机（printer） 打印机也是计算机系统的重要输出设备之一，它的作用是把计算机中的信息打印在纸张或其他介质上。目前常见的打印机有针式打印机、喷墨打印机、激光打印机、热敏打印机等几种。

1.2.2.6 总线

计算机总线（bus）是一组连接各个部件的通信线路，也是传输信息的公共通道。计算机中的各个部件通过总线连接在一起。总线可以分为片内总线、系统总线、通信总线。

（1）片内总线 CPU 芯片内的总线。

（2）系统总线（内总线） 根据传送的信息，可分为地址总线（AB）、数据总线（DB）、控制总线（CB）。

① 地址总线传送地址信息。地址是识别信息存放位置的编号，主存储器的每个存储单元以及 I/O 接口中不同的设备都有各自不同的地址。地址总线是 CPU 向主存储器和 I/O 接口传送地址信息的通道，是 CPU 向外总线（通信总线）传输的单向总线。

② 数据总线传送系统中的数据或指令。它是双向总线，一方面作为 CPU 通过外总线向主存储器和 I/O 接口传送数据的通道，另一方面是主存储器和 I/O 接口通过外总线向 CPU 传送数据的通道。

③ 控制总线传送控制信号。它既是 CPU 向主存储器和 I/O 接口发出命令信号的通道，又是外总线向 CPU 传送状态信息的通道。

（3）通信总线（外总线） 连接外部设备的接口。

总线的性能指标包括总线宽度和总线频率。总线宽度是指总线每次并行传输的二进制位数，如 32 位总线一次能传送 32 位。总线频率用于表示传送的速度，目前常见的总线频率为 400MHz、800MHz 或更高。

总线在发展过程中已形成标准化，常见的总线标准有工业标准结构 ISA（industrial standard architecture bus）总线、外设部件互连标准 PCI（peripheral component interconnection bus）总线、扩展工业标准结构 EISA（extended industry stardard architecture bus）总线、通用串行总线 USB（universal serial bus）和加速图像接口 AGP（accelerated graphics port）等。

现在微机广泛使用的有 PCI 总线、通用串行总线 USB 和 AGP 总线。

1.2.3 计算机软件系统的组成

计算机软件由程序和文档两部分组成。程序是指令序列的符号表示，文档是软件开发过程中建立的技术资料。计算机软件的主要功能包括以下几个方面。

① 对计算机硬件资源的控制与管理，提高计算机资源的使用效率，协调计算机各组成部分的工作。

② 在硬件提供的基本功能基础上，扩大计算机的功能，提高计算机实现和运行各类应用程序的能力。

③ 向用户提供尽可能方便、灵活的计算机操作界面。

④ 为专业人员提供计算机软件的开发工具和环境，提供对计算机本身进行调度、维护和诊断等所需要的工具。

⑤ 为用户完成特定应用任务提供帮助。

计算机软件系统按用途可分为系统软件和应用软件两大类。

1.2.3.1 系统软件

（1）操作系统　操作系统指控制、管理和协调微机内其他软件及其外部设备，支持应用软件的开发和运行的软件系统。常见的操作系统有 Windows 系列、UNIX、Linux、Mac OS、OS/2。

（2）计算机语言及语言处理程序

① 计算机语言：用于书写计算机程序的语言（如机器语言、汇编语言、高级语言）。

② 语言处理程序：将某种语言编写的源程序翻译成机器语言程序，所用的翻译程序均称为语言处理程序。语言处理程序可分为以下几类。

　　a. 汇编程序

汇编源程序 —汇编程序→ 目标程序 —连接程序→ 可执行程序

　　b. 编译程序

高级语言源程序 —编译程序→ 目标程序 —连接程序→ 可执行程序 —执行→ 运算结果

　　c. 解释程序

高级语言源程序 ——————→ 运算结果

③ 数据库管理系统。

1.2.3.2 应用软件

应用软件是为解决各种实际问题而编制的应用程序及有关资料的总称。它包括商品化的通用软件和实用软件，也包括用户自己编制和委托开发的各种应用系统。

（1）应用系统　各种管理信息系统，如某企业管理系统、仓库管理系统、电话查询系统、飞机订票系统、旅馆服务系统等。

（2）实用软件包　在某些特定领域中有一定通用性的软件系统，例如文字处理软件（如 Word、PageMaker）、电子表格软件（如 Excel）、绘图软件（如 AutoCAD、3ds Max）、课件制作软件（如 PowerPoint、Authorware）等。

1.3　计算机中的数据和编码

1.3.1　数制与进位计数制

1.3.1.1　进位计数制的基本概念

（1）进位计数制　指按进位的规则进行计数的方法。

（2）进位计数制三要素

① 数位。指数码在一个数中所处的位置，用±n 表示。

② 基数。指在某种计数制中，每个数位上所能使用的数码的个数，用 R 表示，对于 R 进制数，它的最大数符为 $R-1$。例如，二进制数的最大数符是 1，八进制数的最大数符是 7。每个数符只能用一个字符来表示，而在十六进制中，值大于 9 的数符（即 10～15）分别用 A～F 这 6 个字母来表示。

③ 位权。指在某种计数制中，每个数位上数码所代表的数值的大小。例如，对于形式上一样的一个数 257，如果把它看成是十进制数，则 2 表示 2×10^2，5 表示 5×10^1，7 表示 7×10^0；如果把它看成是八进制数，则 2 表示 2×8^2，5 表示 5×8^1，7 表示 7×8^0；如果把它看成是十六进制数，则 2 表示 2×16^2，5 表示 5×16^1，7 表示 7×16^0。可见对于个位上的数而言，几种进制是相同的。

1.3.1.2　进位计数制的基本特点

① 逢 R 进一。

② 采用位权表示。

【例 1.1】十进制数 3058.72 可表示为

$$(3058.72)_{10}=3\times10^3+0\times10^2+5\times10^1+8\times10^0+7\times10^{-1}+2\times10^{-2}$$

【例 1.2】二进制数 10111.01 可表示为

$$(10111.01)_2=1\times2^4+0\times2^3+1\times2^2+1\times2^1+1\times2^0+0\times2^{-1}+1\times2^{-2}$$

【例 1.3】十六进制数 3AB.65 可表示为

$$(3AB.65)_{16}=3\times16^2+A\times16^1+B\times16^0+6\times16^{-1}+5\times16^{-2}$$

其中 A 代表 10，B 代表 11。

1.3.1.3 数制的表示方法

① 后缀表示法如下。

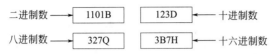

② 下标表示法如下。

二进制数 → $(1101)_2$　　$(123)_{10}$ ← 十进制数

八进制数 → $(327)_8$　　$(3B7)_{16}$ ← 十六进制数

1.3.1.4 常用进位计数制的对应关系

常用进位计数制的对应关系见表 1.4。

表 1.4　常用进位计数制的对应关系

十进（D）	二进制（B）	八进制（Q）	十六进制（H）	十进（D）	二进制（B）	八进制（Q）	十六进制（H）
0	0000	0	0	8	1000	10	8
1	0001	1	1	9	1001	11	9
2	0010	2	2	10	1010	12	A
3	0011	3	3	11	1011	13	B
4	0100	4	4	12	1100	14	C
5	0101	5	5	13	1101	15	D
6	0110	6	6	14	1110	16	E
7	0111	7	7	15	1111	17	F

1.3.2 二进制数的运算

1.3.2.1 二进制与计算机

二进制数的基本特点是可行性、简易性、逻辑性、可靠性。

计算机内的数据以二进制数表示。数据可分为数值数据和非数值数据两大类，其中非数值数据又可分为数字符、字母、符号等文本型数据和图形、图像、声音等非文本数据。在计算机中，所有类型的数据都被转换为二进制代码形式加以存储和处理。待数据处理完毕后，再将二进制代码转换成数据的原有形式输出。

计算机内的逻辑部件有高电位和低电位两种状态，这两种状态与二进制数制系统的"1"和"0"相对应。在计算机中，如果一种电位状态表示一个信息单元，那么一位二进制数可以表示两个信息单元。若使用两位二进制数，则可以表示四个信息单元；使用三位二进制数，可以表示八个信息单元。可以看出，二进制数的位数和可以表示的信息单元之间存在幂次数的关系。也就是说，当用 n 位二进制数时，可表示的不同信息单元的数量为 2^n 个。

计算机系统中存储数据的最小单位是 bit（比特，二进制数字，binary digit），存放 1 位二进制数，即 0 或 1。8 位二进制数组成一个基本的存储单元，称为 1 个字节（byte，B）。比特是计算机系统存储容量的最小单位，而字节则是计算机系统中存储容量的基本单位。

1 字节（byte，B）=8 位（bit）

1kB=1024B=2^{10}B   1MB=1024kB=2^{10}kB=2^{20}B   1GB=1024MB=2^{10}MB=2^{30}B

1TB=1024GB=2^{10}GB=2^{40}B   1PB=1024TB=2^{10}TB=2^{50}B   1EB=1024PB=2^{10}PB=2^{60}B

1ZB=1024EB=2^{10}EB=2^{70}B   1YB=1024ZB=2^{10}ZB=2^{80}B   1BB=1024YB=2^{10}YB=2^{90}B

存储容量的基本单位包括 B、kB、MB、GB、TB、PB、EB、ZB、YB、BB、NB、DB、CB、XB，每一级为前一级的 1024 倍。

1.3.2.2 二进制数的算术运算

（1）二进制加法　　其运算规则如下。

0+0=0；0+1=1；1+0=1；1+1=0（进位为 1）。

【例 1.4】完成下面八位二进制数的加法运算。

解　二进制加法运算的竖式运算过程如下：

```
      00001010                10010010  ← 被加数
  +   11010001            +   01010011  ← 加数
      11011011                 0010010  ← 进位
                              11100101  ← 和数
```

（2）二进制减法　　其运算规则如下。

0−0=0；1−0=1；1−1=0；0−1=1（有借位时借 1 当 2）。

【例 1.5】完成下面八位二进制数的减法运算。

解　竖式运算过程如下：

```
      11110010                10010010  ← 被减数
  −   11000000            −   01010011  ← 减数
      00110010                 1111111  ← 借位
                              00111111  ← 差数
```

（3）二进制乘法　　其运算规则如下。

0×0=0；0×1=0；1×0=0；1×1=1。

（4）二进制除法　　其运算规则如下。

0÷1=0；1÷1=1；0÷0 和 1÷0 均无意义。

【例 1.6】完成下列二进制数的乘法和除法运算。

解　完成二进制乘法和除法运算的竖式运算过程如下：

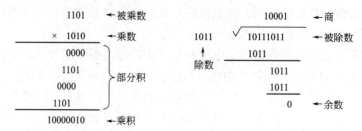

1.3.2.3 二进制数的逻辑运算

逻辑运算是计算机运算的一个重要组成部分。计算机使用实现各种逻辑功能的电路，利用逻辑代数的规则进行各种逻辑判断，从而具有逻辑判断能力。

逻辑代数的奠基人是布尔，所以又叫布尔代数。它利用符号表达和演算事物内部的逻辑关系。在逻辑代数中，逻辑事件之间的逻辑关系用逻辑变量和逻辑运算来表示，逻辑代数中有三种基本的逻辑运算："与""或""非"。在计算机中，逻辑运算也以二进制数为基础，分别用"1"和"0"来代表逻辑变量的"真""假"值。

在计算机中，二进制数的逻辑运算包括"与""或""非""异或"等。逻辑运算的基本特点是按位操作，即根据两操作数对应位的情况确定本位的输出，而与其他相邻位无关。

（1）"或"逻辑运算　"或"逻辑也叫逻辑加，运算符为"+"或"∨"。运算规则如下：
0∨0=0, 0∨1=1, 1∨0=1, 1∨1=1。即"见 1 为 1，全 0 为 0"。

（2）"与"逻辑运算　"与"逻辑也叫逻辑乘，运算符为"×"或"∧"。运算规则如下：
0∧0=0, 0∧1=0, 1∧0=0, 1∧1=1。即"见 0 为 0，全 1 为 1"。

【例 1.7】求八位二进制数$(10100110)_2$和$(11100011)_2$的逻辑"与"和逻辑"或"。

解　逻辑运算只能按位操作，其竖式运算的过程如下：

```
     10100110            10100110
  ∧  11100011         ∨  11100011
  ──────────          ──────────
     10100010            11100111
```

所以，$(10100110)_2 ∧ (11100011)_2 = (10100010)_2$

$(10100110)_2 ∨ (11100011)_2 = (11100111)_2$

（3）"非"逻辑运算　其运算符为"～"。运算规则如下：
非 0 则为 1，非 1 则为 0。

（4）"异或"逻辑运算　其运算符为"⊕"。运算规则如下：
参加运算的两位相同，则结果为 0，否则结果为 1。

【例 1.8】设：M=10010101B，N=00001111B，求：～M、～N 和 M⊕N。

解　由于 M=10010101B、N=00001111B，则有～M=01101010B、～N=11110000B。

```
     10010101
  ⊕  00001111
  ──────────
     10011010
```

所以 M⊕N=10011010B。

1.3.3 数制转换

1.3.3.1 非十进制转换为十进制

转换方法：按权展开求和。即将非十进制数写成按位权展开的多项式之和的形式，然后以十进制的运算规则求和。

【例1.9】将二进制数 1100101.01B 转换为十进制数。

解　$1100101.01B = 1\times2^6+1\times2^5+1\times2^2+1\times2^0+1\times2^{-2}=64+32+4+1+0.25$
　　　　　$=101.25$

【例1.10】将十六进制数 2FE.8H 转换为十进制数。

解　$2FE.8H = 2\times16^2+F\times16^1+E\times16^0+8\times16^{-1}$
　　　　　$=2\times16^2+15\times16^1+14\times16^0+8\times16^{-1}=512+240+14+0.5=766.5$

1.3.3.2　十进制转换为非十进制

转换方法：整数部分除基数取余；小数部分乘基数取整。

【例1.11】将十进制数 226.125 转换为二进制数。

解　对整数部分的转换采用除2取余法；对小数部分的转换采用乘2取整法。

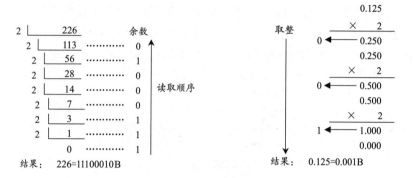

结果：226=11100010B　　　　结果：0.125=0.001B

【例1.12】将十进制数 226.125 转换为十六进制数。

解　对整数部分的转换采用除16取余法；对小数部分的转换采用乘16取整法。
转换中的精度误差如下所述。

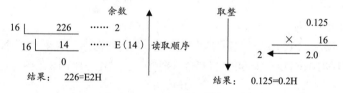

结果：226=E2H　　　　结果：0.125=0.2H

总的结果：226.125=E2.2H

当在不同数制间进行转换时，其中二、八、十六进制数转换为十进制数或十进制整数转换为其他数制的整数时，都能做到完全准确。但把十进制小数转换为其他数制时，除少数没有误差外，大多存在误差。例如，求$(0.5678)_{10}$的二进制数。

$0.5678\times2=1.1356$……取出整数1
$0.1356\times2=0.2712$……取出整数0
$0.2712\times2=0.5424$……取出整数0
$0.5424\times2=1.0848$……取出整数1
……

从本例可以看出，无论将转换计算到多少位，都不能把小数点后面的数变成0，也就是说总不能避免转换误差，只是小数点后位数越多误差越小精度越高而已。

1.3.3.3 非十进制之间的相互转换

一般情况下可利用十进制数作为桥梁进行转换，即先将一个数制的数转换成十进制数，再将这个十进制数转换成另一种数制的数。

二进制、八进制、十六进制由于存在 $2^3=8$、$2^4=16$ 的关系，因此转换非常简单。

【例 1.13】 将二进制数 1101101011011.0011100101B 转换为十六进制数。

$$\underline{0001}\ \underline{1011}\ \underline{0101}\ \underline{1011}\ .\ \underline{0011}\ \underline{1001}\ \underline{0100}$$
$$\ \ 1\ \ \ \ \ \ B\ \ \ \ \ \ 5\ \ \ \ \ \ B\ \ \ .\ \ \ 3\ \ \ \ \ \ 9\ \ \ \ \ \ 4$$

转换结果为：1101101011011.0011100101B=1B5B.394H

【例 1.14】 将十六进制数 89FCD.AB2H 转换成二进制数。

解 将给定数以小数点为界分别向前、向后每四位一组，分组转换。

$$\ \ 8\ \ \ \ \ 9\ \ \ \ \ F\ \ \ \ \ C\ \ \ \ \ D\ \ .\ \ A\ \ \ \ \ B\ \ \ \ \ 2$$
$$\underline{1000}\ \underline{1001}\ \underline{1111}\ \underline{1100}\ \underline{1101}\ .\ \underline{1010}\ \underline{1011}\ \underline{0010}$$

转换结果为：89FCD.AB2H=1000100111111100 1101.101010110010B

1.3.4 数据在计算机中的表示

我们现在使用的计算机内的数据都是以二进制数表示的。数据可分为数值数据和非数值数据两大类，其中数值数据是可以参加算术运算的数据，非数值数据又称符号数据。数值数据用来表示数量的多少，包括定点小数、整数、浮点数和二至十进制数串四种类型，它们通常都带有表示数据数值正负的符号位；而符号数据则用于表示一些符号标记，比如数字符、字母、汉字、符号等文本型数据以及图形、图像、声音等非文本数据。由于在计算机中，所有这些数据都用二进制编码，因此这里所说的数据的表示，实质上是它们在计算机中的表现形式和编码方法。

在计算机中，数值数据的数值范围和数据精度与用多少个二进制位表示以及怎样对这些位进行编码有关。在计算机中，数的长度按"位"（bit）来计算，但因存储容量常以"字节"（byte）为单位，所以数据长度也常以字节为单位计算。需要指出的是，数学中的数有长有短，但在计算机中，为了便于统一处理，同类型数据的长度一般也要统一，也就是说计算机中同类型数据具有相同的长度，而与其实际长度无关。

1.3.4.1 数的定点表示法

通常，对于任意一个二进制数，总可以表示为纯小数或纯整数与一个 2 的整数次幂的乘积。例如，二进制数 N 可写成 $N=2^P \times S$。其中，S 称为尾数，表示 N 的全部有效数字；P 称为阶码，确定了小数点位置。注意，此处 P、S 都是用二进制表示的数。

当阶码为固定值时，这种方法称为数的定点表示法。

（1）定点整数　规定小数点位置在 S 之后，$P=0$，因此 S 为纯整数。

假设某计算机的字长为 16 位（即长度为两个字节），其中最高位表示数的符号，并约定以"0"代表正数，以"1"代表负数，如果有一个十进制整数为 193，它的二进制数为 11000001，则该数据定点数的机内表示形式为：

（2）定点小数　规定小数点的位置在符号位之后尾数之前，P 是一个固定的非零整数，因此 S 为纯小数。如果有一个十进制小数为 -0.6875，它的二进制数为 -0.101100000000000，则该数据定点数的机内表示形式为：

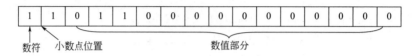

注意事项如下所述。

① 定点数的两种表示法在计算机中均有采用。究竟采用哪种方法，应预先约定。

② 具有 n 位尾数的纯小数定点机所能表示的最大正数为 $0.1111\cdots1$（n 个 1），即为 $1-2^{-n}$。其绝对值比 $1-2^{-n}$ 大的数，已超出计算机所能表示的最大范围，则产生所谓的"溢出"。

③ 具有 n 位尾数的纯小数定点机所能表示的最小正数为 $0.0000\cdots1$（$n-1$ 个 0），即为 2^{-n}。计算机中小于此值的数均被视为 0（机器零），也是溢出的一种。

④ n 位尾数的定点机所能表示的数 N 的范围是：$2^{-n} \leq N \leq 1-2^{-n}$。

1.3.4.2　数的浮点表示法

每个浮点数包括两部分，即尾数和阶码，可以表示为 $N=\pm S \times R^{\pm P}$，如果数 N 的阶码 P 允许取不同的数值，则小数点在尾数中可移动，所以称为浮点表示法。

浮点数的基本格式如下：

阶符 P_f	阶码 P	尾符 S_f	尾数 S

计算机中的浮点数，一般将尾符前移作为数符，其表示形式如下：

数符 S_f	阶符 P_f	阶码 P	尾数 S

浮点数的尾数为小于 1 的小数，表示方法与定点小数相似，其长度将影响数的精度，其符号将决定数的符号。

浮点数的阶码相当于数学中的指数，其大小将决定数的表示范围，阶符决定阶码的符号。

若规定阶符 1 位，阶码 3 位，尾符 1 位，尾数 7 位，浮点数 $N=0.1011101 \times 2^{+100}$B，则它在机器中的表示形式为 $N=001001011101$B。

1.3.5　计算机中信息的表示方法和编码技术

数字计算机是指用数字代码表示计算机中的各种信息的一类计算机。在物理机制上，数字代码以数字信号表示。数字信号是一种在时间上或空间上离散的信号，目前常用两位逻辑值 0、1 表示。多位信号的组合可表示广泛的信息，并可进行逐位处理。

1.3.5.1 数值数据编码

（1）原码、反码和补码　计算机中符号化了的数称为机器数，机器数有原码、反码和补码三种表示形式。

① 原码。机器数的最高位表示符号位，其余位是数值的绝对值部分。例如：

$$X_1=+1000101B \quad [X_1]_原=[+1000101]_原=01000101B$$
$$X_2=-1010111B \quad [X_2]_原=[-1010111]_原=11010111B$$

在原码表示法中，0 有两种表示形式，即

$$[+0]_原=00000000B \quad [-0]_原=10000000B$$

② 反码。正数的反码与原码相同。负数的反码，符号位为 1，其余位由原码的数值位按位取反得到。例如：

$$X_1=+1010001B \quad [X_1]_反=[+1010001]_反=01010001B$$
$$X_2=-1010101B \quad [X_2]_反=[-1010101]_反=10101010B$$

在反码表示法中，0 有两种表示形式，即

$$[+0]_反=00000000B \quad [-0]_反=11111111B$$

③ 补码。正数的原码、反码和补码是一样的。负数的补码是在反码的最低位加 1 得到的。例如：

$$X_1=+1010001B \quad [X_1]_补=[+1010001]_补=01010001B$$
$$X_2=-1010101B \quad [X_2]_补=[-1010101]_补=10101011B$$

在补码表示法中，0 只有一种表示形式，即 $[+0]_补=[-0]_补=00000000B$。

在微机中一般数据都用补码表示。

（2）二至十进制编码　用四位二进制数表示一位十进制数的编码方法（例如 8421BCD 码）中，采用四位二进制数 16 种状态中的前 10 种表示十进制数，见表 1.5。

表 1.5　8421BCD 码与十进制数的关系表

十进制数	8421BCD 码	十进制数	8421BCD 码
0	0000	5	0101
1	0001	6	0110
2	0010	7	0111
3	0011	8	1000
4	0100	9	1001

例如：

$$(897.54)_{10}=(1000\ 1001\ 0111.0101\ 0100)_{BCD}$$

1.3.5.2 西文字符编码

表示文字信息和控制信息的基础是各种字符，而各种字符必须按一定规则用二进制编码表示，才能被计算机所识别。

常用的字符编码方法有 ASCII 码、EBCDIC 码、Unicode 码等。

ASCII 码：美国国家信息交换标准代码。它有七位版和八位版两种版本。七位版采用七位二进制数对各种字符进行编码，能表示 $2^7=128$ 种国际上最通用的西文字符，是目前计算机中，特别是微型计算机中使用最普遍的字符编码集。

七位版 ASCII 码可表示控制字符 34 个，数字符号 0～9 共 10 个，大、小写英文字母共 52 个，其他字符 32 个。编码表见表 1.6。

表 1.6 ASCII 编码表

$D_3D_2D_1D_0$	$D_6D_5D_4$							
	000	001	010	011	100	101	110	111
0000	NUL	DEL	SP	0	@	P	`	p
0001	SOH	DC1	!	1	A	Q	a	q
0010	STX	DC2	"	2	B	R	b	r
0011	ETX	DC3	#	3	C	S	c	s
0100	EOT	DC4	$	4	D	T	d	t
0101	ENQ	NAK	%	5	E	U	e	u
0110	ACK	SYN	&	6	F	V	f	v
0111	BEL	ETB	'	7	G	W	g	w
1000	BS	CAN	(	8	H	X	h	x
1001	HT	EM	)	9	I	Y	i	y
1010	LF	SUB	*	:	J	Z	j	z
1011	VT	ESC	+	;	K	[	k	{
1100	FF	FS	,	<	L	\	l	|
1101	CR	GS	-	?	M	]	m	}
1110	SD	RS	.	N	↑	n	~
1111	SI	US	/	O	↓	o	DEL

EBCDIC 码（扩展的二、十进制编码）：IBM 公司为其大型机开发的八位字符编码。

Unicode 码：一组 16 位编码，可以表示超过 65000 个不同的信息单元。从原理上讲，Unicode 可以表示现在正在使用的或者已经不再使用的任何语言中的字符。对于国际商业和通信来说，这种编码方式非常有用，因为在一个文件中可能需要包含汉语、日语、英语等不同的语种。并且，Unicode 编码还适用于软件的本地化，即可以针对特定的国家修改软件。另外，软件开发人员可以使用 Unicode 编码修改屏幕的提示、菜单和错误信息提示等，以适用于不同国家的语言文字。

1.3.5.3 中文及图形信息编码

用数字表示汉字的编码方法遵循《信息交换用汉字编码字符集 基本集》（GB/T 2312—1980），该标准收集了 6763 个汉字，其中一级常用汉字 3755 个，二级汉字 3008 个。计算机处理汉字的基本方法如下所述。

① 首先将汉字以外码形式输入计算机。

② 将外码转换成计算机能识别的汉字机内码进行存储。

③ 需要输出显示时，将汉字机内码转换成字模编码。

（1）汉字编码技术 汉字输入码（外码）是从输入设备上输入汉字时采用的编码。目前常用的有以下几种。

① 国标区位码。优点是无重码，但不易记。

② 以汉语拼音为基础的拼音码。如全拼、双拼、狂拼、智能 ABC 等，优点是容易掌握，但重码率高。

③ 以汉字字型为基础的拼形码。如五笔字型输入法等，优点是重码少，但不易掌握。

④ 汉字区位码。将汉字排列成 94×94 的矩阵。列方向为区号，行方向为位号，区号+位号形成区位码。规定用两个字节的低七位表示。

⑤ 汉字国标码。GB/T 2312—1980 编码简称国标码，对汉字进行编码（国标码是从 2121H 开始编码的）。

⑥ 汉字机内码。一个汉字被计算机系统存储、处理和传输时使用的编码。

编码间的关系如下：

汉字区位码=区号+位号。

汉字国标码=区位码+2020H。

汉字机内码=区位码+A0A0H=国标码+8080H。

⑦ 汉字字形码。字形码又称汉字字模编码，用于汉字的显示输出。通用汉字字模点阵规格有 16×16 点阵、24×24 点阵、32×32 点阵、48×48 点阵以及 64×64 点阵等，点阵数越大，字形质量越高，字形码所占的字节数也就越多。计算方法如下：点阵的每一个点可以用一个 bit 来表示，16×16 点阵共需 256bit 即 32 个字节来表示。

（2）图形图像信息处理　图形图像文件大致可以分为以下两大类。

① 位图文件。以点阵形式描述图形图像。位图文件的特点如下所述。

a. 由一个个像素点组成。

b. 像素点颜色用二进制数表示；二进制数位数越多，颜色种类越丰富。

c. 经常要采用压缩和解压缩的方法。

d. 图形可以分解；图像是一个整体。

② 矢量文件。以数学方法描述的，一种由几何元素组成的图形图像。

习题

一、选择题

1. 操作系统是一种（　　）。
   A. 系统软件　　B. 应用软件　　C. 软件包　　D. 游戏软件
2. 下列各种进位计数制中，最小的数是（　　）。
   A. $(1100101)_2$　　B. $(146)_8$　　C. $(100)_{10}$　　D. $(6A)_{16}$
3. 利用集成电路技术，将运算器和控制器集成在一块芯片上，该芯片称为（　　）。
   A. 单片机　　B. 单板机　　C. 中央处理器　　D. 输入/输出接口
4. 微型计算机对工作环境有一定的要求，室内太干燥时，容易造成（　　）。
   A. 软盘读写出错　　　　　　　B. 静电干扰，引起误操作
   C. 机内元器件受潮变质　　　　D. 散热不好，烧毁电源
5. 主频又称为（　　）频率，是指计算机的 CPU 在单位时间内工作的脉冲数。
   A. 速度　　B. 存取　　C. 时钟　　D. 运行

6. 以下设备中不属于输出设备的是（　　）。
   A. 打印机　　　　B. 绘图仪　　　　C. 扫描仪　　　　D. 显示器
7. 运行一个程序文件，它要被装入（　　）中。
   A. RAM　　　　B. ROM　　　　C. CD-ROM　　　　D. EPROM
8. 软盘上的磁道被划分为多个圆弧区域，该区域称为（　　）。
   A. 存储区　　　　B. 数据区　　　　C. 引导区　　　　D. 扇区
9. 汇编程序的作用是将汇编语言源程序翻译为（　　）。
   A. 目标程序　　　　B. 临时程序　　　　C. 应用程序　　　　D. 编译程序
10. CAM 是计算机应用领域中的一种，其含义是（　　）。
    A. 计算机辅助设计　　　　　　　　B. 计算机辅助制造
    C. 计算机辅助教学　　　　　　　　D. 计算机辅助测试
11. 下面各组设备中，（　　）包括输入设备、输出设备和存储设备。
    A. CRT、CPU、ROM　　　　　　B. 鼠标器、绘图仪、光盘
    C. 磁盘、鼠标器、键盘　　　　　　D. 磁带、打印机、激光打印机
12. 在微型计算机中，VGA 表示（　　）。
    A. 显示器型号　　B. 机器型号　　C. 显示标准　　D. CPU 型号
13. 微型计算机的更新与发展，主要基于（　　）的变革。
    A. 软件　　　　B. 微处理器　　　　C. 存储器　　　　D. 磁盘的容量
14. 计算机内所有的信息都是以（　　）数码形式表示的。
    A. 八进制　　　　B. 十六进制　　　　C. 十进制　　　　D. 二进制
15. 下列叙述中，正确的是（　　）。
    A. 激光打印机是击打式打印机
    B. 所有微机都能使用的软件是应用软件
    C. CPU 可以直接处理外存中的信息
    D. 衡量计算机运算速度的单位是 MIPS
16. ASCII 码是一种对（　　）进行编码的计算机代码。
    A. 汉字　　　　B. 字符　　　　C. 图像　　　　D. 声音
17. 下列编码中，（　　）与汉字信息处理无关。
    A. BCD 码　　　　B. 输入码　　　　C. 字模点阵码　　　　D. 区位码
18. 下面关于显示器的叙述中，错误的是（　　）。
    A. 显示器的分辨率与微处理器的型号有关
    B. 显示器的分辨率为 1024×768，表示一屏幕水平方向每行有 1024 个点，垂直方向每列有 768 个点
    C. 显示卡是驱动、控制计算机显示器以显示文本、图形、图像信息的硬件装置
    D. 像素是显示屏上能独立赋予颜色和亮度的最小单位
19. 微型计算机中使用的数据库管理系统，属于计算机应用中的（　　）。
    A. 人工智能　　　　B. 专家系统　　　　C. 信息管理　　　　D. 科学计算
20. 内存空间地址段为 3001～7000H，则可以表示（　　）个字节的存储空间。
    A. 16kB　　　　B. 4kB　　　　C. 4MB　　　　D. 16MB

21. ASCII 码用一个字节的低七位表示（　　）个不同的英文字符。
　　A. 128　　　　　B. 256　　　　　C. 1024　　　　　D. 无数个
22. 《信息交换用汉字编码字符集　基本集》(GB/T 2312—1980)规定：一个汉字用（　　）个字节表示。
　　A. 1　　　　　B. 2　　　　　C. 3　　　　　D. 4
23. GBK 是 GB/T 2312—1980 的扩展，它包含大约（　　）个汉字。
　　A. 1 万　　　　B. 2 万　　　　C. 3 万　　　　D. 4 万

二、填空题

1. 从理论上讲，一个只含有 1500 个汉字及中文标点而不含其他字符的文本文件，在存储器中占（　　）kB（四舍五入，保留两位小数）。
2. 在 I/O 设备中，显示器是计算机的（　　）设备。
3. 若在内存首地址为 1000H 的存储空间中连续存储了 1kB 的信息，则其末地址为（　　）H。
4. 计算机软件是指在计算机硬件上运行的各种程序以及有关的（　　）。
5. 字符串"大学 COMPUTER 文化基础"（双引号除外，COMPUTER 为纯英文）在计算机内占用的存储字节数是（　　）。
6. 根据 ASCII 码编码原理，现要对 50 个字符进行编码，至少需要（　　）个二进制位。
7. 计算机能直接识别和执行的语言是（　　）。
8. 十六进制数 A25F 与十进制数 2002 的和是（　　）H。
9. 100 个 32×32 点阵的汉字字模信息所占的字节数为（　　）。
10. 第一台电子计算机诞生的国家是（　　）。
11. 十进制数 183.8125 对应的二进制数是（　　）。
12. 计算机主存储器分为 ROM 和 RAM，其中存放在 RAM 上的信息将随着断电而消失，因此在关机前，应把信息先存（　　）。
13. "N"的 ASCII 码为 4EH，由此可推算出 ASCII 码 01001010B 所对应的字符是（　　）。
14. 二进制数 100110010.11 转换成对应的十六进制数是（　　）。
15. 描述信息存储容量的单位 1GB=（　　）kB。
16. （　　）程序是将计算机高级语言源程序翻译成目标程序的系统软件。
17. 著名数学家冯·诺依曼提出了（　　）和程序控制理论。
18. 一幅 256 色 640×480 中等分辨率的彩色图像，若没有压缩，至少需要（　　）字节来存放该图像文件。

02

第2章

Windows 10 操作系统

2.1 计算机操作系统

2.1.1 操作系统的基本概念

操作系统（operating system，OS）是计算机软件的核心程序，用来控制和管理计算机系统的硬件和软件资源，为计算机用户和计算机硬件系统之间提供接口，使计算机系统更易于使用。操作系统是对硬件功能的首次扩充，其他所有软件都将依靠操作系统的支持。操作系统已成为现在计算机系统中必不可少的系统软件。

操作系统的主要作用有以下几个方面。

① 合理调度与分配计算机系统的软硬件资源，改善计算机资源的共享和利用状况，最大限度地发挥计算机系统的工作效率。

② 提供友好的用户界面，改善用户与计算机的交流平台。

③ 提供软件开发的运行环境。任何一种软件并不是在哪一种操作系统下都可以运行的，因此操作系统也称为软件平台。

2.1.2 操作系统的基本功能

2.1.2.1 操作系统功能

操作系统负责管理计算机系统的所有资源，并调度这些资源的使用。具体来说，其主要功能包括以下几个方面。

（1）处理机管理　处理机管理是操作系统最主要任务之一，主要是对中央处理机的使用进行调度分配，最大限度地提高其处理能力。在单任务环境下，处理机被一个任务所独占，管理简单，不存在处理机的调度分配问题。在多任务环境下，由于存在多个进程，处理机的管理实际上归结为对这些进程占用处理机的时间进行调度。操作系统通过对进程的管理实现对处理机的管理，具体包括进程创建、进程执行、进程通信、进程撤销、进程等待和进程优先级控制等。

（2）存储管理　存储管理的主要工作为对内部存储器进行分配、保护和扩充。主要内容包括存储分配与回收、存储保护、地址映射（变换）、内存扩充（覆盖、交换和虚拟存储）。目标是提高利用率，方便用户使用，提供足够的存储空间，方便进程并发运行。

（3）设备管理　设备管理指对计算机外围设备的管理。计算机系统的外围设备用于向处理机提供（输入）数据，或保存（输出）处理机处理后的数据。设备管理技术通常包括中断、输入输出缓存、通道技术和设备的虚拟化等。设备管理的主要任务可以归纳为：按照用户的要求和设备的类型控制设备工作，完成用户的输入输出操作；当多个进程同时请求某一独享设备时，按照一定的策略对设备进行分配和管理，以保证系统有条不紊地工作；充分利用系统的通道和中断功能等提高设备的使用效率。

（4）文件管理　文件管理系统是操作系统中专门负责存取和管理外存中文件的软件的集合。文件管理的任务是为文件系统提供一套高效、方便、集成的管理模式和管理界面，对保存在不同外存介质上的文件实现浏览、编辑、保存、查找、删除、复制、修改、保密、权限管理、共享等各种操作，并允许用户创建新文件。文件管理的目标是解决软件资源的存储、共享、保密和保护问题。文件管理内容包括：文件存储空间管理（解决如何存放信息、提高空间利用率和读写性能等问题），目录管理（解决信息检索问题），文件的读写管理和存取控制（解决信息安全问题），软件管理（处理软件的相互依赖关系，安装和卸载），等等。

（5）用户接口　操作系统向上提供两种接口，即程序级接口和作业级接口。程序一级的接口提供一组广义指令（或称系统调用、程序请求）供用户程序和其他系统程序调用。当这些程序要求进行数据传输、文件操作或有其他资源要求时，通过这些广义指令向操作系统提出申请，并由操作系统代为完成。作业一级的接口提供一组控制操作命令（或称作业控制语言，或像 UNIX 中的 shell 命令语言）供用户去组织并控制自己作业的运行。用户接口的目标是提供一个用户访问操作系统的友好的接口。

2.1.2.2　操作系统特征

操作系统作为一个系统软件，有着与其他软件不同的特征。

（1）并发性　处理多个同时性活动的能力。计算机系统中同时存在多个程序，从宏观上看，这些程序是同时向前推进的；而在微观上，任何时刻只有一个程序在执行，即微观上这些程序在 CPU 上轮流执行。

（2）共享性　共享性是指操作系统程序与多个用户程序共同使用系统中的各种资源。这种共享是在操作系统控制下实现的。

（3）虚拟性　虚拟性是指一个物理实体映射为若干个对应的逻辑实体——分时或分空间。虚拟性是操作系统管理系统资源的重要手段，可提高资源利用率。

（4）随机性　操作系统的运行是在一个随机的环境中进行的，也就是说人们不能对所运行程序的行为以及硬件设备的情况做任何假定。一个设备可能在任何时刻向处理器发出中断请求。人们也无法知道运行中的程序会在什么时刻做什么事情，因此一般来说无法确切地知道操作系统正处于什么样的状态之中，这就是随机性的含义。

2.1.3　操作系统的分类

经过多年的迅速发展，操作系统种类繁多，功能各异。按照与用户对话的界面，操作系统可分为命令行界面操作系统（如 MS DOS 等）和图形界面操作系统（如 Windows 等）；按照用户数目，可分为单用户操作系统（如 MS DOS、Windows 2000/XP 等）和多用户操作系统（如 UNIX 等）；按照能够运行的任务数量，可分为单任务操作系统（如早期的 MS DOS）和多任务操作系统（如 Windows 2000/XP、Windows NT、UNIX 等）；按照系统的功能，可分为批处理操作系统、分时操作系统、实时操作系统、嵌入式操作系统、网络操作系统和分布式操作系统等。下面对以功能分类的操作系统做简要介绍。

（1）批处理操作系统　批处理（batch processing）操作系统的工作方式是：用户将作业交给系统操作员，系统操作员将许多用户的作业组成一批作业，之后输入计算机中，在系统中形成一个自动转接的连续的作业流，然后启动操作系统，系统自动、依次执行每个作业，最后由操作员将作业结果交给用户。

（2）分时操作系统　分时（time sharing）操作系统的工作方式是：一台主机连接若干个终

端，每个终端有一个用户在使用，用户交互式地向系统提出命令请求，系统接受每个用户的命令，采用时间片轮转方式处理服务请求，并通过交互方式在终端上向用户显示结果，用户再根据上一步结果发出下一道命令。

（3）实时操作系统 实时操作系统（real time operating system，RTOS）是指使计算机能及时响应外部事件的请求，在规定的严格时间内完成对该事件的处理，并控制所有实时设备和实时任务协调一致地工作的操作系统。实时操作系统要追求的目标是：对外部请求在严格时间范围内做出反应，有高可靠性、安全性和完整性。

（4）网络操作系统 网络操作系统是基于计算机网络的，是在各种计算机操作系统上按网络体系结构协议标准开发的软件，包括网络管理、通信、安全、资源共享和各种网络应用，目标是相互通信及资源共享。

（5）分布式操作系统 分布式操作系统（distributed system）是以计算机网络为基础的，大量计算机通过网络被连接在一起，可以获得极高的运算能力及广泛的数据共享。分布式操作系统的所有系统任务可在系统中任何处理机上运行，自动实现全系统范围内的任务分配并自动调度各处理机的工作负载。

（6）嵌入式操作系统 嵌入式操作系统（embedded operating system）是在各种设备、装置或系统中，完成特定功能的软硬件系统。嵌入式操作系统是一个大设备、装置或系统中的一部分，这个大设备、装置或系统可以不是计算机，通常工作在反应式或对处理时间有较严格要求的环境中，由于被嵌入在各种设备、装置或系统中而得名。

2.1.4 几类主流的操作系统

从 1946 年第一台电子计算机诞生以来，计算机的每一代进化都以减少成本、缩小体积、降低功耗、增大容量和提高性能为目标，计算机硬件的发展也加速了操作系统的形成和发展。

在计算机的发展过程中，出现了多种不同类型的操作系统，有 CP/M-86/80、DOS、SOS、MP/M、UCSDP、UNIX、XENIX、Linux、OS/2、Mac OS、Windows OS 等，下面对几类主流的操作系统做简要介绍。

（1）DOS 磁盘操作系统（disk operating system，DOS）是 Microsoft 公司研制的安装在个人计算机上的单用户命令行界面操作系统。DOS 的特点是简单易学，硬件要求低，但存储能力有限。从 1981 年直到 1995 年的 15 年间，DOS 在 IBM PC 兼容机市场中占有举足轻重的地位。如果把部分以 DOS 为基础的 Microsoft Windows 版本如 Windows 95、Windows 98 和 Windows Me 等都计算在内，其商业寿命至少可以算到 2000 年。

（2）Windows Microsoft 开发的 Windows 是基于图形用户界面的操作系统，是目前世界上用户最多且兼容性最强的操作系统。最早的 Windows 操作系统于 1985 年推出，随着计算机硬件和软件系统的不断升级，微软的 Windows 操作系统也在不断升级，从 16 位、32 位发展到 64 位操作系统，从最初的 Windows1.0 到大家熟知的 Windows 95、Windows NT、Windows 97、Windows 98、Windows 2000、Windows Me、Windows XP、Windows Server、Windows Vista，再到 Windows 7、Windows 8、Windows 10 等，各种版本持续更新，Windows 操作系统在不断完善。

（3）Linux Linux 是一种自由和开放源码的类 UNIX 操作系统。目前存在许多不同的 Linux，但它们都使用了 Linux 内核。Linux 可安装在各种硬件设备中，从手机、平板电脑、路由器和视频游戏控制台，到台式计算机、大型机和超级计算机。Linux 是一种领先的操作系统，世界上运算最快的 10 台超级计算机运行的都是 Linux 操作系统。

Linux 操作系统是 UNIX 操作系统的一种克隆系统，诞生于 1991 年 10 月 5 日（这是第一次正式向外公布的时间）。借助 Internet 网络，并经过全世界各地计算机爱好者的共同努力，该操作系统现已成为使用最多的一种类 UNIX 操作系统，并且使用人数还在迅猛增长。

（4）FreeBSD　FreeBSD 是一种运行在 X86 平台下的类 UNIX 系统。它以一个神话中的小精灵作为标志，由 BSD UNIX 系统发展而来，由加州大学伯克利分校编写，第一个版本于 1993 年正式推出。BSD UNIX 和 UNIX System V 是 UNIX 操作系统的两大主流，以后的 UNIX 系统都是这两种系统的衍生产品。FreeBSD 主要应用于网络服务器端，不太适合个人用户。

（5）UNIX　UNIX 是一个强大的多用户、多任务操作系统，支持多种处理器架构，属于分时操作系统，最早由 Ken Thompson、Dennis Ritchie 和 Douglas Mcuroy 于 1969 年在 AT&T 的贝尔实验室开发。UNIX 的优点是具有较好的可移植性，可运行于许多不同类型的计算机上，具有较好的可靠性和安全性。缺点是缺乏统一的标准，应用程序不够丰富，并且不易学习，这些都限制了 UNIX 的普及应用。

（6）NetWare 系统　NetWare 是 NOVELL 公司推出的网络操作系统。NetWare 最重要的特征是基于基本模块设计思想的开放式系统结构。NetWare 是一个开放的网络服务器平台，可以方便地对其进行扩充。NetWare 系统对不同的工作平台（如 DOS、OS/2、Macintosh 等）、不同的网络协议环境如 TCP/IP 以及各种工作站操作系统提供一致的服务。该系统内可以增加自选的扩充服务（如替补备份、数据库、电子邮件以及记账等），这些服务可以取自 NetWare 本身，也可取自第三方开发者。

（7）Mac OS　Mac OS 是一套运行于苹果 Macintosh 系列计算机上的操作系统。Mac OS 是首个在商用领域取得成功的图形用户界面。2020 年 11 月 13 日，Mac OS Big Sur 正式版发布。2021 年 10 月 26 日，苹果向 Mac 用户推送了 Mac OS Monterey 12.0.1 正式版更新。2022 年 5 月 16 日，Mac OS Monterey 12.4 发布。Mac 系统是苹果机专用系统，是基于 UNIX 内核的图形化操作系统，由苹果公司自行开发，一般情况下在普通 PC 上无法安装该操作系统。另外，现在疯狂肆虐的电脑病毒几乎都是针对 Windows 的，Mac 的架构由于与 Windows 不同，因此很少受到病毒的袭击。

2.2　Windows 10 概述

2.2.1　Windows 10 简介

Windows 10（简称 Win10）是 Microsoft（微软）公司于 2015 年 7 月正式发布的新一代跨平台及设备应用的操作系统，是当前的主流操作系统之一，可以实现应用程序跨设备无缝操作，使不同硬件平台拥有相同的操作界面和使用体验。Windows 10 包含 7 个版本，分别面向不同用户和设备。

（1）Windows 10 版本介绍　Windows 10 主要有以下版本。

① Windows 10 家庭版（Win10 Home）。面向普通消费者的版本，适合 PC、平板和二合一设备。对普通用户而言，Win10 家庭版就是最佳选择，品牌电脑出厂默认就是预置 Win10 家庭版 64 位。Win10 家庭版包括全新的 Windows 通用应用商店、Microsoft Edge 网页浏览器、Cortana 个人助理、Continuum 平板模式、Windows Hello 生物识别等基本功能。

② Windows 10 专业版（Win10 Pro）。包含所有家庭版功能，定位于小型商业用户，可以帮助目标用户管理各种设备、应用并保护敏感数据。其中，"用于商业的 Windows 更新"可以让信息技术（IT）管理员自主安排下属计算机安装更新的方式与时间。Win10 专业版面向技术爱好者和企业/技术人员，内置一系列 Win10 增强的技术，包括组策略、驱动器加密、远程访问服务、域名连接，以及全新的业务更新（Windows Update for Business）。

③ Windows 10 企业版（Win10 Enterprise）。该版本包含 Win10 LTSB、Win10 LTSC，定位于大中型企业，提供更强的安全性和操控性。该版本适合批量许可用户。最重要的一点是，它将为部署"关键任务"的机器提供接入长期服务分支的选项。Win10 企业版包括 Win10 专业版的所有功能，另外为了满足企业的需求，企业版还将增加 PC 管理和部署、先进的安全性、虚拟化等功能。

④ Windows 10 教育版（Win10 Education）。基于企业版，提供学校环境，可以通过教育批量授权获得，或从家庭版、专业版升级而来。

⑤ Windows 10 移动版（Win10 Mobile）。面向消费者的移动设备版本，适用于智能手机和小平板设备。Win10 Mobile 并不等于 Windows Phone，而是更大的集合。Win10 Mobile 专为小型、移动、触摸类产品设计，用户体验优秀。

⑥ Windows 10 移动企业版（Win10 Mobile Enterprise）。定位于需要管理大量 Win10 移动设备的企业。该版本也通过批量许可方式授权，并且增加了新的安全管理选项，允许用户控制系统更新过程。

⑦ Windows 10 物联网核心版（Win10 IoT Core）。定位于小型、低成本设备，专注物联网，是专门为树莓派（Raspberry Pi）、Minnow Board MAX 这样的廉价迷你电脑设备免费推出的超轻量级操作系统。

（2）Windows 10 操作系统的特点　Windows 10 除了具有图形用户界面操作系统的多任务、"即插即用"、多用户账户等特点外，与以往操作系统版本不同，它是一款跨平台的操作系统，能够同时运行在台式机、平板电脑、智能手机等平台，为用户带来统一的操作体验。Windows 10 系统功能和性能不断提高，在个性化设置、与用户的互动、操作界面、计算机的安全性、视听娱乐的优化等方面都有很大改进，并通过 Microsoft 账号将各种云服务以及跨平台概念带到用户身边。

2.2.2　Windows 10 的安装

（1）硬件配置　安装 Windows 10 的计算机，硬件要求的最低配置如下。

① 处理器：1GHz 或更快的处理器。

② RAM：1GB（32 位）或 2GB（64 位）。

③ 硬盘空间：16GB（32 位操作系统）或 20GB（64 位操作系统）。

④ 显卡：DirectX 9 或更高版本（包含 WDDM 1.0 驱动程序）。

⑤ 分辨率：1024×768。
⑥ 网络环境：Internet 接入。

（2）Windows 10 的安装方式　Windows 10 提供了两种安装方式：升级安装和自定义安装。

升级安装是将当前系统升级至 Windows 10，优点是比较简单快捷，升级后所有个人文件、设置、应用、程序都会保留，但是仅限 Windows 7 及以上版本，Vista 以下版本不支持。

自定义安装可以进行全新安装。

（3）Windows 10 的安装步骤

① 下载 Windows 10 系统文件。将下载好的 Windows 10 系统的 iso 文件拷贝到 DVD 或 USB 闪存驱动器，或者加载到虚拟机等安装介质，然后开始用安装介质引导电脑，按照步骤执行自定义安装。

② 先进入选择语言界面，选择安装语言，单击"下一步"。
③ 单击"现在安装"，开始安装 Windows 10。
④ 单击"接受安装 Windows 10 协议"。
⑤ 单击"自定义安装 Windows 10"。
⑥ 单击"新建"，新建安装磁盘。
⑦ 单击"下一步"进入正式安装 Windows 10 的程序准备阶段。
⑧ 大概过一两分钟，准备完成，进入安装阶段。
⑨ 安装好 Windows 10 后，进入设置界面。
⑩ 系统检查计算机的网络。
⑪ 网络检查完成后，单击创建本地账户。
⑫ 进入账户设置界面，输入用户名和密码，单击完成。
⑬ 几分钟后，安装成功。

（4）Windows 10 的激活　激活有助于验证 Windows 副本是否为正版且未在超过 Microsoft 软件许可条款所允许数量的设备上使用。首先需要查看 Windows 10 是否已激活并链接到你的 Microsoft 账户。将 Microsoft 账户链接到设备上的 Windows 10 许可证是至关重要的。通过将 Microsoft 账户与数字许可证链接，可以在进行重大硬件更改时使用疑难解答程序重新激活 Windows。根据获取 Windows 10 副本的方式，需要数字许可证或由 25 个字符组成的产品密钥才能激活该副本。如果二者都不具备，则无法激活设备。

2.3　Windows 10 的基本操作

2.3.1　Windows 10 的启动和退出

（1）Windows 10 的启动
① 依次打开计算机外部设备的电源、主机的电源。

② 计算机进行系统自检，如果没有问题，即可自动启动 Windows 10。

③ 根据系统的使用用户数，分为单用户登录和多用户登录。如果是多用户登录，单击需要登录的用户名，如果有密码，输入正确密码后按【Enter】键，即可进入系统。

（2）Windows 10 的退出　正常退出 Windows 10 并关闭计算机的步骤如下。

① 保存所有应用程序中处理的结果，关闭所有运行的应用程序。

② 单击任务栏上的"开始"按钮，在"开始"菜单中单击"电源"按钮，在级联菜单中选择"睡眠""关机"或"重启"。

③ 也可以右击任务栏上的"开始"按钮，在菜单中选择"关机或注销"，在级联菜单中选择"注销""睡眠""关机"或"重启"。

2.3.2　Windows 10 的桌面、任务栏和"开始"菜单

登录 Windows 10 后，显示在屏幕上的整个区域即为"桌面"，主要包括桌面图标、桌面背景、任务栏和"开始"按钮，如图 2.1 所示。

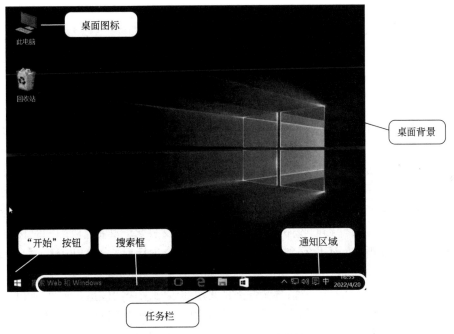

图 2.1　Windows 10 桌面

2.3.2.1　桌面背景

桌面背景可以是个人收集的数字图片、Windows 提供的图片、纯色或带有颜色框架的图片，也可以是幻灯片图片。

Windows 10 操作系统自带了很多漂亮的背景图片，用户可以从中选择自己喜欢的图片作为桌面背景。除此之外，用户还可以把自己收藏的精美图片设置为背景。

2.3.2.2 桌面图标

Windows 10 操作系统中，所有的文件、文件夹和应用程序等都由相应的图标表示。桌面图标一般由文字和图片组成，文字说明图标的名称或功能，图片是其标识符。双击桌面上的图标，可以快速打开相应的文件、文件夹或应用程序，如双击桌面上的"回收站"图标，即可打开回收站窗口，如图 2.2 所示。

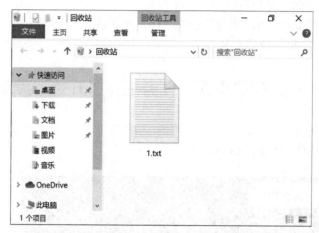

图 2.2　回收站窗口

回收站是 Windows 操作系统用来存储被删除文件和文件夹的场所。在管理文件和文件夹的过程中，系统将被删除的硬盘中的文件自动放在回收站中，而不是彻底删除，以避免误操作给用户带来麻烦。

双击桌面上的"回收站"图标，可以打开其窗口，查看被删除的文件，在被删除的文件上单击鼠标右键，在显示的快捷菜单中选择需要的命令，可以还原被删除的文件，或者彻底删除文件。如果要删除回收站中的所有项目，可以在快捷菜单中选择"清空回收站"命令。

用户可以通过拖放文件到回收站来删除这些文件或文件夹。如果拖放的同时按住【Shift】键，该项目将直接被删除而不保存到回收站中。选中一个项目后，按【Shift】+【Del】键也将直接删除该项目。

桌面上"此电脑"图标是一个系统文件夹，通常通过它来访问硬盘、光盘、可移动硬盘及连接到计算机的其他设备，可查看文件或文件夹资源以及了解存储介质上的剩余空间。"此电脑"是用户访问计算机资源的一个入口，双击可打开文件资源管理器程序；鼠标右击"此电脑"图标选择"属性"，可以查看这台计算机安装的操作系统版本、处理器、内存等基本性能指标。

对桌面上的图标可通过鼠标拖动改变其在桌面的位置，也可以鼠标右击桌面空白处，在弹出的快捷菜单中选中"排序方式"项，在其下级菜单中选择按名称、大小、项目类型及修改日期四种方式中的一种重新排列图标，如图 2.3 所示。选择"查看"命令项将出现如图 2.4 所示的子菜单，在其中可以选择查看图标的方式。

要删除桌面上不用的图标，只需用鼠标右击此图标，在弹出的快捷菜单中选择"删除"命令即可。

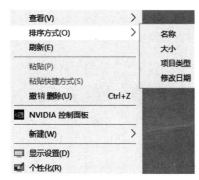
图 2.3 桌面图标的排序方式

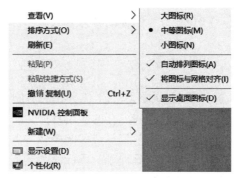
图 2.4 桌面图标的查看方式

2.3.2.3 任务栏

"任务栏"是位于桌面最底部的长条区域，显示系统正在运行的程序、当前时间等，主要由"开始"按钮、搜索框、任务视图、快速启动区、任务区、通知区域和"显示桌面"按钮组成。和以前的操作系统相比，Windows 10 中的任务栏设计得更加人性化，使用更加方便，功能和灵活性更强大。按【Alt】+【Tab】组合键可以在不同窗口之间进行切换操作。任务栏如图 2.5 所示。

图 2.5 任务栏

下面介绍任务栏属性的设置方法。

① 锁定和解锁任务栏。在任务栏的空白处单击鼠标右键，弹出快捷菜单，如果要解锁任务栏，则取消选中"锁定任务栏"，即可清除命令左侧的复选标记；再次选中"锁定任务栏"，可以重新锁定任务栏。

② 显示或隐藏任务栏。在任务栏的空白处单击鼠标右键，弹出快捷菜单，选择"任务栏设置"，打开"任务栏"设置窗口。将"在桌面模式下自动隐藏任务栏"的开关按钮设置为"开"，即可设置任务栏为自动隐藏；将其设置为"关"，即可取消设置任务栏为自动隐藏。

③ 显示小图标。在"任务栏"设置窗口，将"使用小任务栏按钮"的开关按钮设置为"开"，即可设置任务栏显示图标为小图标；将其设置为"关"，即可取消设置任务栏显示图标为小图标。

④ 更改任务栏在屏幕的位置。任务栏通常位于屏幕的底部，也可以将其移动到桌面的两侧或顶部，方法为在"任务栏"设置窗口的"任务栏在屏幕上的位置"下拉列表框中，选择合适的选项。

⑤ 调整任务栏的大小。解除任务栏的锁定，然后将鼠标指针指向任务栏的边缘，当鼠标指针变为双向箭头时，按住鼠标左键并拖动，将任务栏调整为所需的大小即可。

⑥ 改变任务栏图标的合并方式。在"任务栏"设置窗口的"合并任务栏按钮"下拉列表

框中,可以选择任务栏图标的合并方式。

2.3.2.4 通知区域

默认情况下,通知区域位于任务栏的右侧。通知区域有一些小图标,称为指示器。这些指示器代表一些运行时常驻内存的应用程序,如音量、时钟、病毒防火墙、网络状态等。单击音量指示器可调整扬声器的音量或关闭声音;单击输入法指示器,可以选择其中的一种输入法。安装新程序时,可以将此程序的图标添加到通知区域。

下面介绍任务栏通知区域的设置方法。

① 任务栏上图标的选择。在任务栏的空白处单击鼠标右键,弹出快捷菜单,选择"任务栏设置",打开"任务栏"设置窗口。单击"选择哪些图标显示在任务栏上"链接,打开"选择哪些图标显示在任务栏上"窗口,将需要显示的图标开关按钮设置为"开"即可;将图标右侧的开关按钮设置为"关"时,该图标将不在任务栏显示。

② 打开或关闭系统图标。在"任务栏"设置窗口,单击"打开或关闭系统图标"链接,打开"打开或关闭系统图标"窗口。如果要关闭系统图标,将该图标右侧的开关按钮设置为"关"即可;将图标右侧的开关按钮设置为"开"时,可以再次打开该图标。

2.3.2.5 "开始"按钮

单击桌面左下角的"开始"按钮,打开"开始"菜单,如图 2.6 所示。在 Windows 10 操作系统中,所有应用程序都在"开始"菜单中显示。Windows 10 "开始"菜单整体可以分成两个部分:左侧为常用项目和最近添加使用过的项目的显示区域,还能显示所有应用列表等;右侧是"'开始'屏幕"区域,用来固定应用磁贴或图标,方便快速打开应用。

图 2.6 "开始"菜单

(1)"开始"菜单属性设置

① 调整"开始"菜单的宽度和高度。将鼠标指针放置在"开始"菜单中的任何边缘拖动时,菜单宽度和高度会实时调整。

② 设置"开始"菜单的内容。"开始"菜单中的显示内容和文件夹可以自行设置，操作步骤如下。

a. 打开"开始"菜单，单击"设置"命令，打开"Windows 设置"窗口。

b. 单击"个性化"命令，打开个性化设置窗口。

c. 单击左侧的"开始"命令，右侧显示"开始"设置选项，如图 2.7 所示。将需要显示在"开始"菜单中的选项的开关按钮设置为"开"即可。

d. 单击"选择哪些文件夹显示在'开始'菜单上"链接，打开"选择哪些文件夹显示在'开始'菜单上"窗口，如图 2.8 所示。将需要显示在"开始"菜单中的文件夹选项的开关按钮设置为"开"即可。

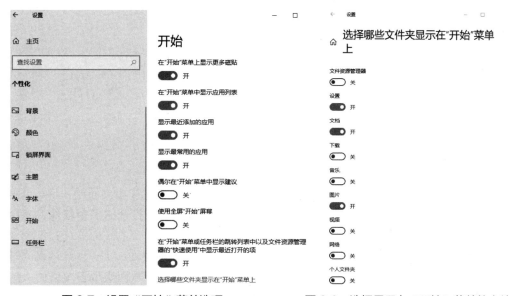

图 2.7　设置"开始"菜单选项　　　　图 2.8　选择显示在"开始"菜单的文件夹

③ 删除"最近添加"的程序内容。在"开始"菜单"最近添加"选项区域，选择需要删除的程序并单击鼠标右键，弹出快捷菜单，选择"更多"命令，在下一级菜单中选择"从此列表删除"命令即可。

（2）"'开始'屏幕"区域设置

① 将应用程序固定到"'开始'屏幕"区域。选中"所有应用程序"区域中需要设置的应用程序并单击鼠标右键，弹出快捷菜单，选择"固定到'开始'屏幕"命令，该应用程序图标或磁贴就会出现在"'开始'屏幕"区域中。

② 调整动态磁贴大小。在"动态磁贴"上单击鼠标右键，弹出快捷菜单，选择"调整大小"命令，在下一级菜单中选择合适的大小即可。

③ 关闭动态磁贴。在需要关闭的应用程序的"动态磁贴"上单击鼠标右键，弹出快捷菜单，选择"从'开始'屏幕取消固定"命令即可。

2.3.2.6　搜索框

Windows 10 中，搜索框和 Cortana 高度集成，在搜索框中直接输入关键词或打开"开始"菜单输入关键词，即可搜索相关的桌面程序、网页、个人资料等。搜索框如图 2.9 所示。

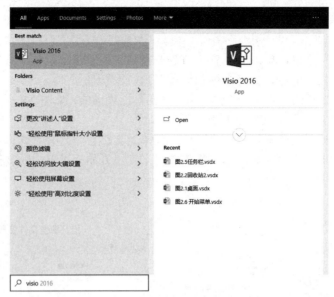

图 2.9 搜索框

2.3.2.7 任务视图

Windows 10 任务栏上新增了"任务视图"按钮，它是多任务和多桌面的入口，单击该按钮，可以预览当前计算机所有正在运行的任务程序，可以快速在打开的多个软件、应用、文件之间切换。

单击任务栏上的"任务视图"按钮，可以在任务视图中新建桌面，让一台计算机同时拥有多个桌面，将不同的任务程序"分配"到不同的"虚拟"桌面中，从而实现多个桌面下的多任务并行处理。其中，"桌面1"显示当前该桌面运行的应用窗口，如果想要使用一个干净的桌面，可直接单击"桌面2"图标。任务视图如图 2.10 所示。

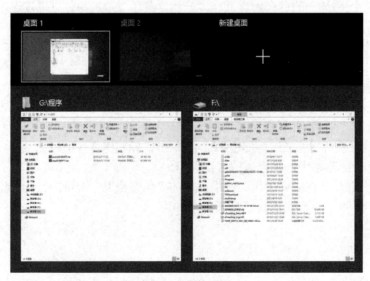

图 2.10 任务视图

2.3.3 Windows 10 的窗口、菜单及对话框

2.3.3.1 窗口

窗口是 Windows 10 操作系统最基本的用户界面，Windows 10 的窗口分为应用程序窗口、文档窗口和对话框三种。应用程序窗口包含一个正在运行的应用程序；文档窗口是程序窗口内的窗口；对话框是 Windows 和用户进行信息交流的窗口。在桌面上可以打开多个窗口，正在进行操作的窗口称为当前窗口或活动窗口，其他窗口则称为非活动窗口或后台窗口。

（1）窗口的组成 Windows 10 窗口主要由标题栏、功能区、地址栏、搜索栏、导航窗格、窗口工作区、状态栏等部分组成。Windows 10 "此电脑"窗口如图 2.11 所示。

① 标题栏：位于窗口顶部。标题栏最左侧是系统图标，单击可以打开控制菜单。中间是快速访问工具栏，可以快速实现设置所选项目属性和新建文件夹等操作。最右侧是窗口最小化、窗口还原最大化和关闭窗口的按钮。拖动标题栏可移动整个窗口。

② 功能区：功能区是以选项卡的方式显示的，其中存放了各种操作命令，要执行功能区中的操作命令，只需单击对应的操作名称。

③ 地址栏：显示当前窗口文件在系统中的位置。

④ 搜索栏：用于快速搜索计算机中的文件。在搜索框中输入关键字，并单击放大镜图标，系统将自动在该目录下搜索所有匹配的对象，并在窗口工作区中显示搜索结果。

⑤ 导航窗格：单击可快速切换或打开其他窗口。

⑥ 窗口工作区：用于显示当前窗口中存放的文件和文件夹等内容。

⑦ 状态栏：用于显示当前窗口所包含项目的个数和项目的排列方式。

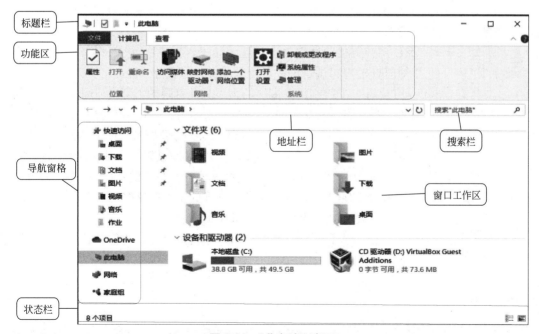

图 2.11 "此电脑"窗口

（2）窗口的基本操作

① 打开与关闭窗口

在桌面、资源管理器或"开始"菜单等位置，通过单击或双击相应的命令或文件夹，都可以打开该对象对应的窗口。

关闭窗口可以通过下列方法实现：

a. 单击窗口的"关闭"按钮。

b. 按【Alt】+【F4】组合键，或按【Ctrl】+【W】组合键。

c. 在任务栏的项目上单击鼠标右键，从快捷菜单中选择"关闭窗口"命令。

d. 在一组项目上单击鼠标右键，从快捷菜单中选择"关闭所有窗口"命令。

e. 将鼠标指针移至任务栏窗口的图标上，在出现的窗口缩略图中单击"关闭"按钮，或在出现的窗口缩略图上单击鼠标右键，从快捷菜单中选择"关闭"命令。

② 最小化、最大化和还原窗口

a. 单击窗口右上角的"最小化"按钮、"还原"按钮或"最大化"按钮。

b. 在窗口标题栏中单击鼠标右键，从快捷菜单中选择"还原""最大化""最小化"命令。

c. 当窗口最大化时，双击窗口的标题栏可以还原窗口，反之则将窗口最大化。

d. 在任务栏的空白区域中单击鼠标右键，从快捷菜单中选择"显示桌面"命令，将所有打开的窗口最小化以显示桌面。如果要还原最小化的窗口，则可以再次在任务栏的空白区域中单击鼠标右键，从快捷菜单中选择"显示打开的窗口"命令。

e. 单击任务栏最右侧的"显示桌面"按钮，将所有打开的窗口最小化以显示桌面。如果要还原窗口，则再次单击该按钮。

③ 移动窗口。将鼠标指针移动到窗口的标题栏内，按住鼠标左键将窗口拖动到合适的位置即可。最大化的窗口是无法移动的。

④ 改变窗口大小。将鼠标指针对准窗口的边框或角，鼠标指针变成双向箭头时，按下鼠标左键拖曳，就可以改变窗口的大小。

⑤ 窗口的排列。在使用计算机的过程中常常需要打开多个窗口，打开多个窗口后，为了使桌面更加整洁，可以对打开的窗口进行层叠、堆叠和并排等操作。

⑥ 浏览窗口内容。受屏幕大小的制约，窗口的大小总是有限的。可以使用窗口底部的水平滚动条和右侧的垂直滚动条。将鼠标指针移动到窗口滚动条上，按住左键拖曳滚动块，即可滚动窗口中内容；单击滚动条上的上、下箭头，可以上、下滚动窗口内容一行。

⑦ 窗口的切换。当在同一时间打开不止一个窗口时可以通过以下方法实现窗口的切换：

a. 单击窗口在任务栏上的图标，该窗口就会出现在其他打开窗口的前面，成为活动窗口。

b. 按住【Alt】键并重复按【Tab】键，可以在所有打开的窗口的缩略图和桌面之间循环切换。当切换到某个窗口时，释放【Alt】键即可显示其中的内容。

c. 单击"任务视图"按钮，出现所有打开的窗口，单击某个窗口的任意部分也可以显示该窗口中的内容。

2.3.3.2 菜单

菜单是特定应用程序的命令集合，用户可以从中选择所需要执行的命令。除"开始"菜单外，Windows 10 还提供了程序菜单、控制菜单和快捷菜单。不同程序窗口的菜单是不同的。

菜单栏中的各程序菜单和控制菜单都是下拉菜单，各下拉菜单中列出了可供选择的若干命令，一个命令对应一种操作。

菜单的操作主要有以下几种。

（1）菜单的打开与关闭　对于控制菜单，用鼠标单击标题栏最左边的图标或右击标题栏上任何地方均可打开。对于程序菜单，用鼠标单击菜单名或用键盘同时按下【Alt】键和菜单名右边的英文字母，就可以打开相应菜单。快捷菜单是当鼠标指针指向某一对象时，右击后弹出的菜单。快捷菜单中的命令是根据当前的操作状态确定的，具有动态性，随着操作对象和环境状态的不同，快捷菜单的命令也有所不同。打开菜单后，若不想从菜单中选择命令或选项，单击菜单以外的任何地方或按【Esc】键均可关闭相应菜单。

（2）菜单中的命令项　一个菜单项通常包含若干个命令，这些命令又分成若干个组，组与组之间用一横线隔开。有些命令还带有特定的符号或颜色，这些都是 Windows 赋予的特殊含义。Windows 10 菜单如图 2.12 所示。

灰色的命令项表示此类命令当前不能使用。

命令名后带"…"表示选择此类命令后将弹出一个对话框，需要用户进一步输入或选择信息。

命令名前带"√"表示此命令已被选中，正在起作用。再次单击此命令，则此命令不再起作用。

命令名右侧的快捷键表示可以在不打开菜单的情况下，按下组合键直接执行对应的菜单命令。

命令名右侧有符号"＞"表示该命令含有若干个子命令，选择此命令会引出一个级联菜单，列出各个子命令，供用户进一步选择。

图 2.12　Windows 10 菜单

图 2.13　Windows 10 对话框

2.3.3.3　对话框

对话框是 Windows 和用户进行信息交流的一个界面。操作 Windows 的菜单时，有的菜单项后面带有"…"，表示选择该项会出现一个对话框，有时操作某些按钮也会出现对话框。Windows 10 对话框如图 2.13 所示。

对话框通常包含以下组件。

① 标题栏。标题栏中包含对话框的名称，用鼠标拖曳标题栏可以移动对话框。

② 选项卡。对话框由若干个选项卡组成。每个选项卡是一个功能组，单击不同的选项卡可以实现选项卡的切换。

③ 单选框。单选框用来在一组选项中选择一个，并且只能选一个。单选框前面有一个圆圈，如果选中该项，圆圈中会出现一个圆点。

④ 复选框。复选框列出可以选择的任选项，可以根据需要选择一个或多个选项。复选框前面有一个方形框，在复选框中选择某一项时，会在该项目前的方框中出现一个"√"符号，表示该项已被选中。如果要取消选择，可以再次单击该项目，则方框内"√"符号消失。

⑤ 列表框。列表框显示多个选择项，用户可以选择其中一项。当选择项较多时，可以通过滚动条查看并选择其中一项。

⑥ 下拉列表框。单击下拉列表框右侧的"▼"按钮，可以显示列表清单，用户可以从中选择且仅能选择其中一项。如果内容较多，可以使用鼠标拖动右侧的滚动块上下移动，直到出现可以选择的内容为止。列表被关闭时显示被选中的对象。

⑦ 文本框。文本框是用户输入信息的位置，许多操作都需要用户输入信息。有些文本框既可以输入信息，也可以选择输入的内容。

⑧ 数值框。单击数值框右侧的按钮可以改变数值的大小，也可以直接输入一个数值。

⑨ 滑标。对话框中的滑标大多数用来调节系统中的参数设置。

⑩ 命令按钮。在对话框中选择某个或某些操作以后，要根据对话框的具体功能完成相应的动作，即需要单击命令按钮进行确认，即设置后必须单击某个命令按钮，系统才会执行相应的操作。如果命令按钮呈灰色，表示该按钮是不可用的；如果一个命令按钮后跟有省略号"..."，表示将打开一个对话框。常用的命令按钮有"确认"和"取消"等。

2.4 文件和文件夹管理

2.4.1 文件与文件夹简介

（1）文件与文件夹的概念

① 文件。文件是 Windows 操作系统管理的最小单位，是按照指定的名字存储于存储介质上的一组相关信息的集合。任何程序和数据都是以文件的形式存放于计算机的存储介质上的。

② 文件的类型。利用文件的扩展名识别文件是一种常用的方法。文件类型分为系统文件、应用程序文件和数据文件。系统文件是运行操作系统的文件，例如 Windows 10 系统文件。应用程序文件是运行应用程序所需的一组文件，例如运行 Word、Visio 等软件需要的文件。数据文件是使用应用程序创建的各类型文件，例如 Word 文档、Excel 工作簿、MP3 音乐文件。用

户在使用电脑的过程中，主要是对数据文件进行操作，包括文件的创建、重命名、复制、移动、删除等操作。

③ 文件夹。文件夹是 Windows 中保存文件的最基本单元，其本身没有任何内容，却可放置多个文件和子文件夹，让用户能够快速地找到需要的文件。利用文件夹可以将不同类型、不同用途或者不同时间的文件归类保存。

④ 硬盘分区和盘符。硬盘分区是将硬盘划分为多个相对独立的硬盘空间，这样可以更加方便地存储和管理数据。盘符是 Windows 系统对每个磁盘分区的命名，用一个字母和冒号标识，硬盘的盘符一般为"C""D""E"等。

⑤ 路径。在对文件进行操作时，除了要指明文件名外，还需要明确文件所在硬盘的盘符和文件夹，即文件在计算机中的位置，称为文件路径。文件路径包括相对路径和绝对路径两种。相对路径就是从当前文件夹开始，到目标文件所在文件夹，经过的所有的子文件夹名，各文件夹名之间用"\"分隔。目标文件的相对路径会随着当前文件夹而变化。绝对路径就是从目标文件或文件夹所在的根文件夹开始，到目标文件所在文件夹为止，经过的所有的子文件夹名，各文件夹名之间用"\"分隔。绝对路径总是以"\"作为路径的开始符号。

（2）文件名　每个文件必须有一个唯一的名称来标识，这个名称就是文件名。一个完整的文件名由盘符、路径、主文件名和扩展名四部分组成。文件名不超过 255 个字符（包括盘符和路径），一个汉字占两个英文字符的长度。

主文件名由用户自己定义，可以是字母（不区分大小写）、数字、下划线、空格和一些特殊字符，但不能包含以下九个字符：\　/　:　*　?　"　<　>　|。

文件的扩展名标识文件的类型和属性。例如，可执行程序的扩展名为".exe"，Word 文档的扩展名为".docx"，文本文件的扩展名为".txt"，等等。

文件名不区分大小写，可以使用汉字，对文件进行查找或显示等操作时也可使用通配符"*"和"?"。"*"在文件中表示零个或多个任意字符；"?"在文件中表示一个任意字符。例如在文件搜索中，"a*.docx"表示主文件名以 a 开头，后面为任意字符，扩展名为 docx 的文件；"a??.docx"表示主文件名以 a 开头，后面为任意两个字符，扩展名为 docx 的文件。

2.4.2　Windows 10 的文件管理

在 Windows 10 中，文件管理主要是在文件资源管理器窗口中实现的。用户可以使用文件资源管理器查看"此电脑"中的所有资源。

打开文件资源管理器方法很多，可以双击桌面上的"此电脑"图标；单击任务栏上的"文件资源管理器"按钮；单击"开始"按钮，在"开始"菜单里选择"文件资源管理器"；右键单击"开始"按钮，在快捷菜单中单击"文件资源管理器"；按键盘上的【Windows】+【E】组合键。

（1）"文件资源管理器"导航窗格　文件资源管理器窗口分为左、右两部分，左边是窗口的导航窗格，右边是窗口工作区。导航窗格提供了树形结构文件夹列表，方便用户迅速定位所需的目标。

① 查看当前文件夹中的内容。在文件资源管理器的导航窗格中单击某个文件夹图标，则该文件夹被选中，成为当前文件夹，此时右边的窗口工作区中显示该文件夹下的所有子文件

夹与文件。

② 展开与折叠文件夹树。在文件资源管理器的导航窗格中，可以看到某些文件夹图标的左侧有下三角符号"∨"或右三角符号">"。右三角符号表示该文件夹下还含有子文件夹，只要单击该右三角符号，就可以展开该文件夹。下三角符号表示该文件夹已经被展开，此时若单击该下三角符号，则会将该文件夹下的子文件夹折叠隐藏起来，折叠后标记变为右三角符号。

(2)"文件资源管理器"窗口工作区

① 设置显示布局。在"文件资源管理器"窗口，点击"查看"选项卡，在"布局"功能组中，可以选择"窗口工作区"文件和文件夹的显示方式。也可以在"窗口工作区"空白位置，单击右键，在快捷菜单"查看"菜单项的级联菜单中，选择文件和文件夹的显示方式。

② 对"窗口工作区"文件和文件夹进行排序和筛选。在"文件资源管理器"窗口，点击"查看"选项卡，在"当前视图"功能组中，单击"排序方式"选项，在下拉菜单里可以设置"窗口工作区"文件和文件夹的排序方式。也可以在"窗口工作区"，单击"名称"列的向上或向下箭头，将文件或文件夹按升序或降序排序。将鼠标指向"名称"列，会在右侧出现"筛选"箭头，单击它弹出下拉列表框，在其中设置显示在"窗口工作区"的文件和文件夹的拼音范围。"窗口工作区"文件和文件夹的排序和筛选如图2.14所示。

图2.14 "窗口工作区"文件和文件夹的排序和筛选

③ 对"窗口工作区"文件和文件夹进行分组。点击"查看"选项卡，还可以单击"当前视图"功能组中的"分组依据"命令，根据名称、修改日期、类型、大小等对文件和文件夹进行分组。单击"添加列"命令可以在"窗口工作区"显示更多信息列。

④ 显示文件的扩展名、隐藏的项目。点击"查看"选项卡，在"显示/隐藏"功能组中，选中"文件扩展名"复选框，可以显示"窗口工作区"文件扩展名；选中"隐藏的项目"复选框，可以显示属性为隐藏的文件或文件夹。

⑤ 设置"导航窗格""预览窗格"或"详细信息窗格"。点击"查看"选项卡,"窗格"功能组中,单击"导航窗格",在弹出的下拉菜单中,可以选择显示或隐藏"导航窗格",选择要显示在"导航窗格"中的内容。另外,单击"预览窗格"和"详细信息窗格"可以显示或隐藏"预览窗格"和"详细信息窗格"。

⑥ 更改文件夹和搜索选项。在"查看"选项卡中,单击"选项"命令,将弹出"文件夹选项"对话框。"文件夹选项"对话框中包含"常规""查看""搜索"三个选项卡,可以更改打开项目、文件和文件夹视图以及搜索等方面的设置。

2.4.3 文件和文件夹的基本操作

2.4.3.1 新建文件或文件夹

(1) 创建新的文件夹 在"文件资源管理器"的导航窗格中选定新文件夹所在的文件夹,在"主页"选项卡中,单击"新建文件夹"命令,Windows 10 就会在选定位置增加一个名为"新建文件夹"的文件夹,可以重新命名该文件夹。

也可以在确定要新建文件夹的位置后,单击鼠标右键,在快捷菜单中选择"新建"命令,在级联菜单中选择"文件夹"命令,窗口中出现名称为"新建文件夹"的文件夹,键入新的文件夹名称,按【Enter】键或用鼠标单击其他任何地方完成操作。

(2) 创建新的文件 通常可通过启动应用程序来新建文档。也可以在桌面上或者某个文件夹中单击鼠标右键,在弹出的快捷菜单中选择"新建"命令,在级联菜单中,选择要创建的文件类型。能够创建哪些文件类型与用户安装的应用程序的种类有关。

2.4.3.2 选择文件和文件夹

选择文件和文件夹有以下几种方式。
① 选定单个文件或文件夹,直接单击要选定的文件或文件夹即可。
② 选择多个相邻的文件或文件夹,在窗口空白处按住鼠标左键不放,并拖动鼠标选择需要选择的多个对象,然后释放鼠标即可。
③ 选定多个连续的文件或文件夹,单击所要选定的第一个文件或文件夹,按住【Shift】键,再单击最后一个文件或文件夹即可。
④ 选定多个不连续的文件或文件夹,单击所要选定的第一个文件或文件夹,按住【Ctrl】键,再单击其他要选定的文件或文件夹即可。
⑤ 选择全部文件或文件夹,可以直接按【Ctrl】+【A】组合键;或在"文件资源管理器"的"主页"选项卡,点击"选择"功能组,选择"全部选择""全部取消"或"反向选择"。

2.4.3.3 打开文件或文件夹

打开文件夹意味着打开文件夹窗口;打开文件则意味着启动创建这个文件的 Windows 应用程序,并把这个文件的内容在文档窗口中打开。打开文件或文件夹的方法有多种。
① 鼠标指向文件或文件夹,双击鼠标左键。

② 在文件或文件夹上单击鼠标右键，在快捷菜单中选择"打开"命令。

③ 打开"文件资源管理器"，在"主页"选项卡的"打开"功能组中，对选定的文件单击"打开"命令，使用默认程序打开文件，或者在下拉菜单中选择其他应用打开文件。单击"编辑"命令可以直接打开文件，进行编辑操作。

2.4.3.4 复制文件或文件夹

（1）利用功能组命令　选定要复制的文件或文件夹，在"文件资源管理器"窗口，在"主页"选项卡的"组织"功能组中，单击"复制到"命令，在下拉菜单中选择目标位置。

（2）利用快捷菜单　选定要复制的文件或文件夹，单击鼠标右键，弹出右键菜单，从中选择"复制"命令，打开目标盘或目标文件夹，在右键菜单中选择"粘贴"命令，就完成了文件或文件夹的复制。

（3）利用快捷键　选定要复制的文件或文件夹，按【Ctrl】+【C】组合键执行复制，在目标位置按【Ctrl】+【V】组合键执行粘贴。

（4）鼠标拖动法　选定要复制的文件或文件夹，在同一驱动器内复制时，拖动过程中按住【Ctrl】键；在不同驱动器间进行复制操作时，直接将对象拖到目标位置即可。

2.4.3.5 移动文件或文件夹

（1）利用功能组命令　选定要移动的文件或文件夹，在"文件资源管理器"窗口，在"主页"选项卡的"组织"功能组中，单击"移动到"命令，在下拉菜单中选择目标位置。

（2）利用快捷菜单　选定要移动的文件或文件夹，单击鼠标右键，弹出右键菜单，从中选择"剪切"命令，打开目标盘或目标文件夹，在右键菜单中选择"粘贴"命令，就完成了文件的移动。

（3）利用快捷键　选定要移动的文件或文件夹，按【Ctrl】+【X】组合键执行剪切，在目标位置按【Ctrl】+【V】组合键执行粘贴。

（4）鼠标拖动法　选定要移动的文件或文件夹，在同一驱动器内移动时，可直接将文件和文件夹图标拖到目标位置；在不同驱动器间进行移动操作时，拖动过程中需按住【Shift】键。

2.4.3.6 删除文件或文件夹

① 选定要删除的文件或文件夹，在"文件资源管理器"窗口，"主页"选项卡，在"组织"功能组中单击"删除"命令，默认情况下，将选中对象送入回收站。也可以打开"删除"命令的下拉菜单，选择将选中对象送入回收站，还是永久删除。还可以设置删除对象时弹出"删除文件"对话框，确认删除。

② 可以用鼠标将选定的文件或文件夹直接拖动到回收站从而实现删除操作。

③ 选定要删除的文件或文件夹后按【Del】键。

④ 选定要删除的文件或文件夹后，在右键的快捷菜单中选择"删除"命令。

⑤ 若要将文件或文件夹真正从磁盘上删除，可以在回收站中用鼠标右击某个对象，从快捷菜单中执行"删除"命令；或执行"文件"菜单中的"清空回收站"命令，将删除回收站中的所有对象；或选定对象后，按【Shift】+【Del】组合键，可以直接从硬盘中删除该对象而

不送入回收站；或在用鼠标将选定的文件或文件夹拖动到回收站时按住【Shift】键，此时文件或文件夹将从计算机中删除，而不被放到回收站中。

2.4.3.7 恢复被删除的文件或文件夹

管理文件或文件夹时，难免会由于误操作而将有用的文件或文件夹删除。借助回收站可以将被删除的文件或文件夹恢复。

恢复被删除的文件或文件夹的操作如下。

① 如果想恢复刚刚被删除的文件，则选择"文件资源管理器"窗口标题栏的"撤销"命令，或在右键快捷菜单中选择"撤销删除"命令。

② 在"文件资源管理器"导航窗格中，选择"回收站"，被删除的文件或文件夹显示在窗口工作区中。选择要恢复的文件或文件夹，在"回收站工具"选项卡"还原"功能组中，选择"还原所有项目"或"还原选定的项目"，恢复被删除的文件或文件夹。也可以右击要恢复的文件或文件夹，在弹出的快捷菜单中选择"还原"命令。

2.4.3.8 文件与文件夹重命名

如果文件或文件夹需要更换名称，可以采用以下方法。

① 打开"文件资源管理器"，找到并选中需要重命名的文件或文件夹，在"主页"选项卡"组织"功能组中，单击"重命名"命令。此时，要重命名的文件或文件夹处于可编辑状态，直接输入新的名称即可。

② 鼠标右击需要重命名的文件或文件夹，选择快捷菜单的"重命名"命令，为文件或文件夹编辑新名称。

2.4.3.9 查看或修改文件或文件夹属性

在"文件资源管理器"中，可以方便地查看文件或文件夹的属性，并对它们进行修改。

如果要设置文件或文件夹属性，可采用下列方法。

① 选中要设置属性的某个文件或文件夹。

② 单击"主页"选项卡，在"打开"功能组中单击"属性"命令；也可以右击选中的文件或文件夹，在快捷菜单中单击"属性"命令。

③ 在弹出的"属性"对话框"常规"选项卡中，设置文件或文件夹的属性。文件"属性"对话框如图 2.15 所示。

④ 最后单击"确定"按钮。

文件属性有"只读""隐藏"和"存档"。

① 只读：表示该文件不能被修改。

② 隐藏：表示该文件在系统中是隐藏的，在默认情况下用户不能看见这些文件，此属性的文件不出现在桌面、文件夹或资源管理器中。

③ 存档：文件或文件夹设置为"存档"属性，则表示该文件或文件夹已存档，有些程序用此选项确定哪些文件需做备份。

在"文件资源管理器"中,默认不显示系统文件和隐藏文件。如果需要显示这些文件,可以执行以下操作步骤。

① 在"查看"选项卡的"显示/隐藏"功能组中,选中"隐藏的项目"。可以看到,在窗口工作区中,具有隐藏属性的文件或文件夹显示了出来。如果取消复选框"隐藏的项目",则不显示被隐藏的文件或文件夹。

② 在"查看"选项卡中,单击"选项"命令项,弹出"文件夹选项"对话框。在"查看"选项卡"高级设置"列表框中,选中"显示隐藏的文件、文件夹和驱动器"项。"文件夹选项"对话框如图 2.16 所示。

③ 如果要显示"受保护的操作系统文件",可以取消对"隐藏受保护的操作系统文件(推荐)"复选框的选择。

图 2.15 文件"属性"对话框

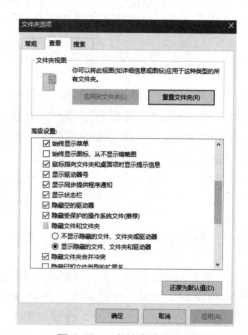

图 2.16 "文件夹选项"对话框

2.4.3.10 显示文件的扩展名

在 Windows 中,区分不同文件类型的关键在于其扩展名。若希望显示文件的扩展名,可在"文件资源管理器"窗口,"查看"选项卡中的"显示/隐藏"功能组,选中"文件扩展名"复选框。或单击"选项"命令,打开"文件夹选项"对话框,在"查看"选项卡"高级设置"列表框中,取消对"隐藏已知文件类型的扩展名"复选框的选择。

2.4.3.11 创建文件的快捷方式

快捷方式是一种特殊的 Windows 文件,它不表示程序或文档本身,而是指向对象的指针。

对快捷方式进行重命名、移动、复制或删除等操作只影响快捷方式文件，而快捷方式所对应的应用程序、文档或文件夹不会改变。为一个文件创建快捷方式后，就可以使用该快捷方式打开文件或运行程序。

创建文件快捷方式的步骤如下。

① 选择要创建快捷方式的目标位置。

② 单击鼠标右键弹出快捷菜单，在"新建"菜单项级联菜单中选择"快捷方式"，调出"创建快捷方式"对话框。或者在"文件资源管理器"窗口，"主页"选项卡的"新建"功能组中，单击"新建项目"命令，在下拉菜单中选择"快捷方式"，弹出"创建快捷方式"对话框。对话框如图 2.17 所示。

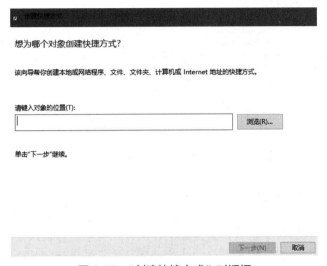

图 2.17 "创建快捷方式"对话框

③ 在对话框"请键入对象的位置"文本框中输入需要创建快捷方式的项目名称及路径，也可以通过单击"浏览"按钮，打开"浏览文件或文件夹"对话框，从中选择需要的项目，单击"确定"按钮，选择的对象及其地址都将填充到文本框中。单击"下一步"按钮。

④ 在对话框的"键入该快捷方式的名称"文本框中，输入该快捷方式的名称，再单击"完成"按钮。

创建快捷方式也可以采用下面的方式：选中目标文件或文件夹，单击鼠标右键，在快捷菜单中选择"创建快捷方式"命令，即可在当前位置创建目标对象的快捷方式。如果在弹出的快捷菜单中选择"发送到"→"桌面快捷方式"命令，即可在桌面上创建目标对象的快捷方式。

2.4.3.12 搜索文件或文件夹

为了快速查找文件或文件夹，Windows 10 提供了强大的搜索功能。

在"文件资源管理器"窗口导航窗格中，设定要查找对象的位置。在搜索栏中输入要查找的内容，搜索结果会显示在窗口工作区，搜索内容在结果中高亮显示，如图 2.18 所示。在"搜索"选项卡下，包含"位置""优化""选项"和"关闭搜索"四个功能组，利用里面的命令项可以对搜索再进一步详细设置。利用"位置"功能组，可以设置在所选文件夹及其所有子文件夹中搜索；利用"优化"功能组，可以设置文件修改日期、类型、大小等；利用"选项"功能组，可以选择最近的搜索内容、高级选项、保存搜索等。

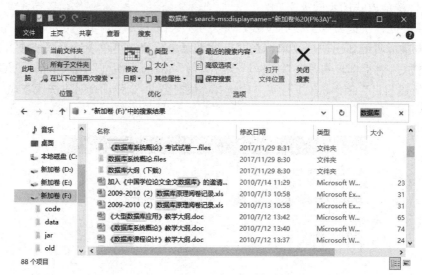

图2.18　在F盘中查找"数据库"的结果

当需要对某一类文件或文件夹进行搜索时，可以使用通配符表示文件名中不同的字符。可以使用"？"和"*"两种通配符，"？"表示任意一个字符，而"*"表示任意多个字符。

也可以使用任务栏的搜索框查找文件或文件夹。在搜索框中输入要查找的文件或文件夹的名称，或名称中包含的关键字，可自动开始搜索，搜索结果会即时显示在搜索框上方的菜单中。在搜索时还可以单击任务栏搜索框上方的"全部""应用""文档""网页"等选项来选择搜索的文件类型。

2.4.4　库的使用

在Windows 10操作系统中，库的功能类似于文件夹，它提供管理文件的索引，即用户可以通过库来访问文件，而不需要通过保存文件的位置去查找，但是文件并没有真正地被存放在库中。Windows 10系统中自带了视频、图片、音乐和文档等多个库，用户可将这类常用文件资源添加到库中。根据需要，用户也可以自己新建库。

创建新库和在库中添加文件夹的方法如下。

① 打开"文件资源管理器"窗口，在"导航窗格"就能找到库。如果在"导航窗格"中没有出现"库"，可以在"查看"选项卡"窗格"功能组的"导航窗格"下拉菜单中选中"显示库"。

② 在"导航窗格"找到"库"，在"库"上右击，在快捷菜单"新建"命令的级联菜单中选择"库"，如图2.19所示。

③ 在库中会出现一个名为"新建库"的新库，对其进行重命名。

④ 单击刚建好的库，因为这个库是新建的，所以库里什么都没有。选择"包括一个文件

夹"来为这个库添加文件夹，如图 2.20 所示。

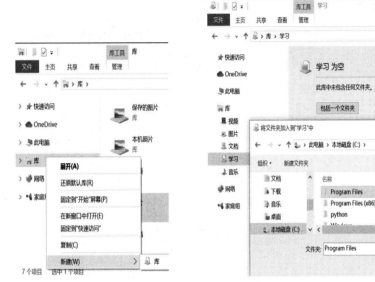

图 2.19　新建库操作　　　　　图 2.20　为新建库添加文件夹

⑤ 在弹出的对话框中选择要添加到库中的文件夹的所在位置，然后单击"加入文件夹"按钮，这样就把一个文件夹添加到库中了，还可以为这个库添加更多文件夹。

⑥ 在库中添加文件夹，也可以直接右击选中的库，在快捷菜单中选择"属性"命令，在弹出的"属性"对话框中，单击"添加"按钮，添加新的文件夹后，单击"确定"按钮。

可以根据需要，把平时用得最多的文件夹放到分类库中，这样就能很方便快捷地访问到想要访问的文件夹。

2.5　Windows 10 的软硬件管理

2.5.1　任务管理器

任务管理器提供正在计算机上运行的程序和进程的相关信息。在任务管理器中，用户可以监控所有运行进程的内存、处理器、硬盘和网络使用情况。用户可以通过任务管理器来强制关闭某些进程，也可以定位程序的安装目录。简单来说，就是允许用户发现可疑进程，并强制停止运行。

打开任务管理器可以采取如下操作：在任务栏空白处单击鼠标右键，在快捷菜单中选择"任务管理器"；或者右击开始按钮，在快捷菜单中选择"任务管理器"；或者按下【Ctrl】+【Alt】+【Del】组合键，在出现的界面上选择"任务管理器"。"任务管理器"窗口如图 2.21 所示。

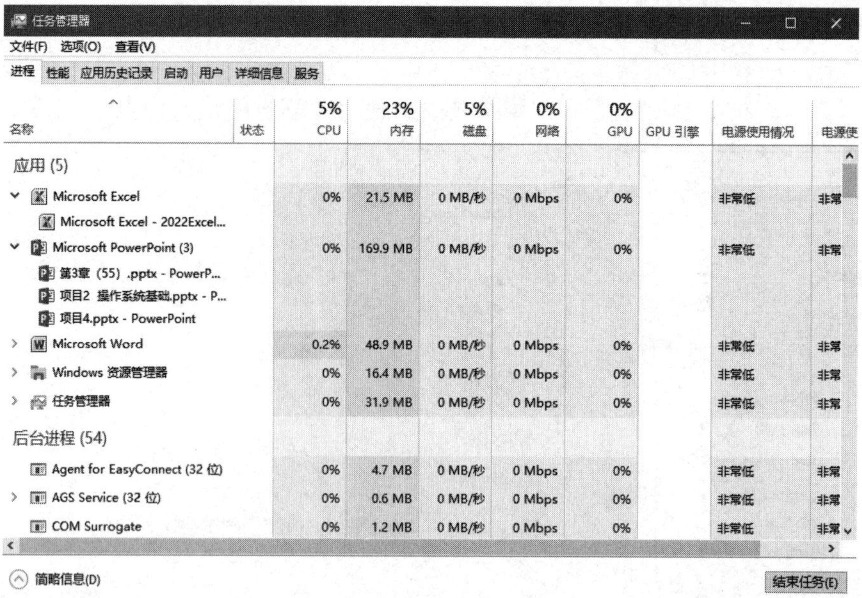

图 2.21 "任务管理器"窗口

"任务管理器"的"进程"选项卡中列出了当前正在运行的应用、后台进程和 Windows 进程。双击其中一个应用，或右击后在快捷菜单中选择"切换到"命令，可以使该应用程序窗口成为当前活动窗口。当某个应用程序无法响应时，可选定对应的程序名，单击"结束任务"按钮，结束该程序的运行状态。

任务管理器的"性能"选项卡显示 CPU 及内存等硬件的使用情况。点击"应用历史记录"选项卡，可以看到所有软件在本次启动中对 CPU 和网卡流量的使用情况。点击"启动"选项卡，可以在任务管理器中直接对开机启动项进行管理。"详细信息"选项卡罗列了所有程序及其子程序。点击"服务"选项卡，可以看见系统所有启动过的服务，并且可以查看哪些服务是正在运行的，以及哪些服务是已停止的。

2.5.2 Windows 设置

Windows 设置是操作系统 Windows 里的设置程序，相对于控制面板，它更加简洁、美观、更加适合使用，主要运行在 Windows 10 系统上。

在"此电脑"窗口，"计算机"选项卡下，"系统"功能组中，单击"打开设置"命令项，就可以打开"Windows 设置"窗口，如图 2.22 所示。也可以在"开始"菜单中选中"设置"图标，打开"Windows 设置"窗口。

Windows 设置窗口包括以下九类设置。

① 系统：对系统的基本功能和性能进行设置，包括显示相关设置，任务栏图标的显示方式、系统通知方式、虚拟桌面和平板电脑模式的相关设置，管理磁盘分区的存储空间设置，为系统中的应用设置默认程序，等等。

② 设备：管理鼠标、打印机、扫描仪以及外部移动存储设备，还可以设置设备的自动播放功能。

图 2.22 "Windows 设置"窗口

③ 网络和 Internet：设置网络的相关选项，包括创建 Internet 和虚拟专用网络（VPN）连接、设置无线局域网和蓝牙、设置飞行模式、设置代理服务器等。还包括网卡、网络共享、家庭组、Internet 选项、防火墙等网络相关设置的快速链接。

④ 个性化：设置"开始"菜单中内容的显示方式、"开始"菜单和任务栏的颜色、桌面背景和主题、锁屏界面等。

⑤ 账户：管理系统中的用户账户，以及使用 Microsoft 账户在不同设备之间登录时的数据同步设置。

⑥ 时间和语言：设置系统的日期、时间、区域和语言等，还可以对语音和话筒的相关选项进行设置。

⑦ 轻松使用：通过"讲述人""放大镜""高对比度"等功能帮助视力或听力不好的用户更容易地使用计算机，还包括对键盘和鼠标的使用方式进行设置的一些特殊选项。

⑧ 隐私：设置 Windows 10 应用获取用户个人信息，以及使用相机和话筒等设备的方式。

⑨ 更新和安全：设置系统更新、安全和数据恢复方面的选项，包括 Windows Update 系统更新、Windows Defender 恶意软件防范工具、数据备份与还原、系统恢复、高级启动选项、系统激活等，还包括针对开发人员的功能。

2.5.3 软件管理

用户使用 Windows 10 操作系统时，往往需要安装和运行一些应用软件，也会卸载一些应用程序。

（1）安装、运行应用程序　要安装应用软件，首先要获取该软件。用户除了购买软件安装光盘以外，还可以从网上下载安装程序。目前，许多共享软件和免费软件都将其安装程序放置在网络上,通过网络,用户可以将所需的软件程序下载下来使用。一些软件方面的杂志或图书也常会以光盘的形式为读者提供一些小的软件程序,这些软件大都是免费的。

用户可以从光盘安装软件。大多数软件安装光盘中附有自动安装程序。将安装光盘放入光驱,则会自动运行光盘中的安装程序。若没有自动运行安装程序,可双击光驱目录中的安装程序,通常是"setup.exe"或"install.exe"文件,某些软件也可能是软件本身的名称,打开"安装向导"对话框,根据提示信息安装。

如果安装程序是从网上下载并存放在硬盘中,则可在文件资源管理器中找到该安装程序的存放位置,双击其中的"setup.exe"或"install.exe"文件安装可执行文件,再根据提示进行操作。为确保安全,在网上下载的软件应事先进行查毒处理,再运行安装。

在 Windows 10 操作系统中,运行应用程序有多种方式。

① 通过"开始"菜单。应用程序安装后,一般会在"开始"菜单中自动新建一个快捷方式,在"开始"菜单中单击要运行程序所在的文件夹,然后单击相应的程序快捷图标,即可启动该程序。

② 通过快捷方式图标。如果在桌面为应用程序创建了快捷方式图标,则双击该图标即可启动该应用程序。

③ 使用任务栏的搜索框。Windows 10 搜索框的功能很强大,单击搜索框输入需要打开的应用程序进行检索,在显示的搜索结果里单击相应的项目即可启动该程序。

④ 如果应用程序是针对老版本的 Windows 系统开发的,在新操作系统中可能会出现无法正常运行的现象,此时可尝试使用 Windows 10 的兼容模式来运行该程序。右击应用程序图标,在快捷菜单中打开程序的属性对话框,然后在"兼容性"选项卡中进行设置,单击"确定"按钮即可。

⑤ 如果用户是以标准用户身份登录系统的,在运行某些应用程序时需要获得管理员权限。Windows 10 的管理员用户对计算机具有完全使用权限,包括安装一些应用软件、修改系统时间等。右击要运行的程序图标,在快捷菜单中选择"以管理员身份运行"命令即可。

(2)卸载应用程序 卸载应用程序,可以使用以下方法。

① 在"开始"菜单中,右击想要卸载的应用程序,在快捷菜单中选择"卸载"命令。

② 单击任务栏的搜索框,在搜索框输入需要卸载的应用程序进行检索,在显示的搜索结果界面选中该程序,单击"卸载"命令即可卸载该程序。

③ 打开"Windows 设置"窗口,单击"系统"命令,在"设置"窗口单击"应用和功能"命令,显示"应用和功能"窗口,如图 2.23 所示。该窗口中列出了已经安装的应用程序,在要卸载的程序上单击鼠标,在下拉菜单中选择"卸载"命令即可完成卸载操作。

(3)启动或关闭 Windows 功能 Windows 10 操作系统的许多服务可以通过"Windows 功能"对话框来启用或关闭。

在图 2.23 所示的"应用和功能"窗口中,单击"程序和功能"命令,打开"控制面板\程序\程序和功能"对话框,在对话框中单击"启用或关闭 Windows 的功能"链接,打开"Windows 功能"对话框,如图 2.24 所示,在窗口的列表框中选择要启用或关闭的功能。或者在任务栏搜索框中输入"Windows 功能",在搜索结果中单击"启用或关闭 Windows 的功能"链接,也可以打开"Windows 功能"对话框。

图 2.23 "应用和功能"窗口　　　　图 2.24 "Windows 功能"对话框

2.5.4 硬件管理

2.5.4.1 查看已经安装的硬件设备

硬件是计算机的基础,在多数情况下,不同计算机的硬件设备及配置都不尽相同。了解不同设备的资源使用情况,对使用计算机是非常必要的。

打开"此电脑"窗口,在"计算机"选项卡"系统"功能组中,单击"管理"命令项,打开"计算机管理"窗口,如图 2.25 所示。在打开的"计算机管理"窗口中,计算机管理分为系统工具、存储、服务和应用程序。用户可以通过展开和选中树形结构上的具体项目,查看其详细的相关信息。

图 2.25 "计算机管理"窗口　　　　图 2.26 "设备管理器"窗口

(1) 设备管理器　单击"系统工具"下的"设备管理器"命令项,打开"设备管理器"窗口,如图 2.26 所示。也可以右击开始按钮,在快捷菜单中选择"设备管理器"命令,打开"设备管理器"窗口。

设备管理器是一个系统管理组件,主要用于管理当前计算机中连接的硬件设备,可以进行设备的安装、卸载、启动、禁用、更新驱动程序等操作。

① 卸载：用于从当前系统中卸载一个设备驱动。
② 禁用：用于从当前系统中停用一个设备，而不卸载设备驱动。
③ 启用：用于从当前系统中启用一个已经停用的设备。
④ 更新驱动程序：用于启动驱动程序更新向导，可以自动或手动更新设备驱动程序。

单击"设备管理器"会列出当前计算机所连接的所有硬件设备的信息，设备管理器中对于设备图标的不同显示方式体现了当前的设备工作状态。
① 若设备工作正常，不会有任何提示警告。
② 若设备工作有问题，会以黄色感叹号对用户进行提示。
③ 若设备被不恰当安装或禁用，会以红色叉号对用户进行提示。

(2) 磁盘管理　单击"存储"下的"磁盘管理"命令项，打开"磁盘管理"窗口，如图 2.27 所示。在"磁盘管理"窗口中会显示当前系统所连接的内部硬盘、外部硬盘和相关的可移动磁盘信息。

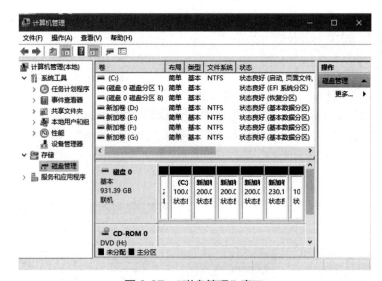

图 2.27　"磁盘管理"窗口

2.5.4.2　添加新的硬件设备

当需要添加一个新的硬件设备到计算机时，应先将新硬件连接到计算机上。硬件设备通常可分为即插即用型和非即插即用型两种。通常，将可以直接连接到计算机中使用的硬件设备称为即插即用型硬件。非即插即用型硬件是指连接到计算机后，需要用户自行安装驱动程序的计算机硬件设备，如打印机、扫描仪和摄像头等。要安装这类硬件，还需要准备与之配套的驱动程序，一般在购买硬件设备时由厂商提供安装程序。

在图 2.26 所示的"设备管理器"窗口中，单击"操作"菜单，在下拉菜单中选择"添加过时硬件"命令。在出现的"欢迎使用添加硬件向导"对话框中单击"下一步"按钮，打开"添加硬件"对话框，如图 2.28 所示，选择"安装我手动从列表选择的硬件（高级）"选项，根据向导选择硬件的类型、驱动程序，即可完成安装过程。

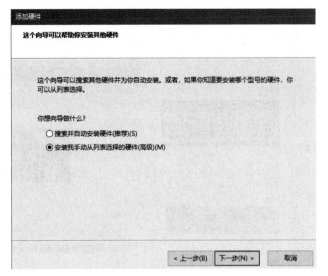

图 2.28 "添加硬件"对话框

2.6 Windows 10 的系统设置

2.6.1 Windows 10 个性化设置

Windows 10 系统可以对主题、标题等设置个性化的样式。个性化就是指有独特的风格，令使用、操作更加舒适。个性化设置包含对"背景""颜色""锁屏界面""主题""开始"和"任务栏"的设置。

在桌面的空白处单击鼠标右键，从快捷菜单中选择"个性化"命令，打开个性化设置窗口，如图 2.29 所示。也可以在图 2.22 所示的"Windows 设置"窗口，单击"个性化"，打开个性化设置窗口。

（1）背景设置　在左侧窗格单击"背景"命令，在右侧窗口可以设置背景图片，选择自己喜欢的图片或者通过浏览选择本地图片。选择最好的契合度，即图片的填充样式。

（2）颜色设置　在颜色窗口，可以设置自己喜欢的颜色填充，运用在"开始"菜单或任务栏菜单。也可以单击"自定义颜色"按钮，在打开的对话框中自定义自己喜欢的主题颜色。颜色设置具体操作如下。

① 在左侧窗格单击"颜色"命令，在右侧窗口的"选择颜色"下拉列表框中选择"浅色""深色"或"自定义"命令。

② 在"选择你的主题色"栏中单击"从我的背景自动选取一种主题色"复选框。

③ 在下方的"在以下区域显示主题色"栏中单击选中"'开始'菜单、任务栏和操作中心"与"标题栏和窗口边框"复选框。

④ 设置完成后，关闭窗口返回桌面，打开"开始"菜单可查看效果。

（3）锁屏界面设置　在锁屏界面，用户可设置锁屏背景，选择在锁屏界面上显示详细状态的应用，也可进行屏幕超时设置和屏幕保护程序设置。

图2.29　个性化设置窗口　　　　　图2.30　"屏幕保护程序设置"对话框

设置屏幕保护程序的具体操作如下。

① 单击左侧窗格"锁屏界面"命令，右侧窗口显示"锁屏界面"设置内容。

② 单击"屏幕保护程序设置"命令项，打开"屏幕保护程序设置"对话框。在"屏幕保护程序"下拉列表框中，选择一种具体的屏幕保护程序名称，例如"3D 文字"，如图 2.30 所示。

③ 单击"设置"按钮，打开"3D 文字设置"对话框，在"自定义文字"单选按钮右侧的文本框中输入"少年强则国强"。

④ 设置等待时间。

⑤ 单击"确定"按钮，返回"屏幕保护程序设置"对话框。

（4）主题设置　主题是图片、颜色和声音的组合。在 Windows 10 中，用户可以通过使用主题立即更改计算机的桌面背景、窗口边框颜色、屏幕保护程序和声音等。

单击左侧窗格"主题"命令，右侧窗口显示"主题"设置内容。用户可以自定义主题的背景、颜色、声音以及鼠标光标等项目，最后保存主题。或者在"更改主题"选项组中单击主题，完成主题更改。在"相关的设置"选项组中，单击"桌面图标设置"命令，打开"桌面图标"设置对话框，在"桌面图标"选项卡下可以选择桌面显示图标，还可以更改图标。

（5）开始设置　可以设置"开始"菜单显示的应用和显示方式等。

（6）任务栏设置　可以设置任务栏在屏幕上的显示位置和显示内容等。

2.6.2　用户账户设置

Windows 在安装过程中允许设定多个用户使用同一台计算机，每个用户可以有个性化的环境设置，还可以拥有不同的计算机控制级别。

在 Windows 10 中，系统提供了四种不同类型的账户，即管理员账户、标准账户、来宾账户和 Microsoft 账户，前三种属于本地账户。管理员账户具有对计算机的最高控制权，可以对计算机进行任何需要的更改，一台计算机至少有一个管理员账户。标准账户可以执行管理员账户下几乎所有操作，但是如果要安装、更新或卸载应用程序，就会弹出"用户账号控制"对话框，提供管理员密码后，才能继续执行操作。标准账户所做的设置只对当前标准账户生效，计算机和其他账户不受该账户的设置影响。来宾账户是给临时使用计算机的用户使用的，其权限比标准账户更低，无法对系统进行任何设置。Microsoft 账户是使用微软账号登录的网络账户，使用 Microsoft 账户登录计算机进行的任何个性化设置都会漫游到用户的其他设备或计算机端口。

（1）建立新用户账户　打开"Windows 设置"窗口，单击"账户"命令，进入账户设置窗口，如图 2.31 所示。在左侧窗格单击"家庭和其他用户"命令，在右侧窗口单击"将其他人添加到这台电脑"命令。在弹出的对话框中，如果选择"我没有这个人的登录信息"，则进入"让我们来创建你的账户"对话框；如果单击"添加一个没有 Microsoft 账户的用户"，就会弹出"为这台电脑创建一个账户"对话框，输入用户名和密码，输入忘记密码时所需要提示的信息。单击下一步，账户添加完成。

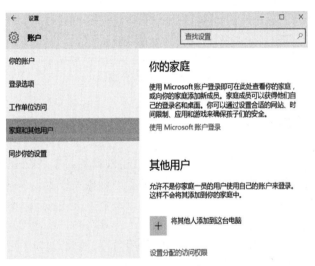

图 2.31　账户设置窗口

（2）更改账户　创建用户账户后，也可以更改该账户的信息。单击需要更改的账户名称，单击"更改账户类型"命令，打开"更改账户类型"对话框，在"账户类型"下拉列表框中选择管理员或标准用户，单击"确定"按钮，账户类型更改成功。

（3）删除指定的用户账户　单击想要删除的用户名称，单击"删除"按钮，在弹出的对话框中单击"删除用户和数据"按钮。

2.6.3　显示设置

在桌面空白位置单击鼠标右键，在快捷菜单中选择"显示设置"，打开显示设置窗口，如图 2.32 所示。用户可以设置颜色模式、缩放与布局、显示分辨率、显示方向等。

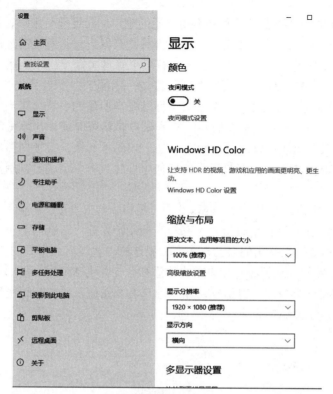

图 2.32 显示设置窗口

2.6.4 鼠标、键盘设置

　　鼠标、键盘是计算机系统用户最常用到的基本输入设备。在"Windows 设置"窗口，单击"设备"，打开设备设置窗口，可以对鼠标、键盘进行相关设置。

　　在左侧窗格单击"鼠标"命令，在右侧窗口可以设置鼠标主按钮、每次滚动行数。还可以单击"调整鼠标和光标大小"链接，更改鼠标指针大小和颜色。单击"其他鼠标选项"链接，打开"鼠标属性"对话框，根据需要设定鼠标的使用习惯，包括切换主要和次要按钮、鼠标双击的速度、鼠标滑轮依次滚动的行数、鼠标轨迹及鼠标指针方案等。

　　在左侧窗格单击"输入"命令，在右侧窗口可以设置硬件键盘的显示文本建议、自动更正等属性。

2.6.5 系统日期、时间设置

　　在 Windows 10 系统中，当用户单击任务栏右下角的时间图标时，就会看到时间和日期面板，时间和日期会以当月日历及当前时间的形式展示给用户。在此界面中，可以对日期进行调整，也可以单击"日期和时间设置"链接，打开"日期和时间设置"窗口。先关闭"自动设置时间"，接着单击"更改"按钮。在弹出的窗口中，按照需求更改日期时间，然后单击"更改"按钮即可。在相关设置区域可以设置日期、时间和区域格式，添加不同时区的时钟。

2.7 附件简介

Windows 10 系统提供了许多实用的软件,如文本处理软件、画图软件、计算器等,这些工具软件都放在附件里。下面简单介绍附件中的常用软件。

2.7.1 记事本

记事本是 Windows 提供用来创建和编辑小型文本文件(扩展名为.txt)的应用程序。记事本保存的 txt 文件不包含特殊格式代码或控制码,可以被 Windows 的大部分应用程序调用。

在"开始"菜单"Windows 附件"下,单击"记事本"命令,即可启动记事本,窗口如图 2.33 所示。

图 2.33 记事本窗口

2.7.2 画图

Windows 视窗操作系统提供了"画图"程序来进行图像的处理。使用"画图"程序可以绘制简单或精美的图画,也可以打开并编辑已经存在的、以位图文件格式保存的图形图像,编辑完成后可以将其保存为 PNG、BMP、JPG 和 GIF 等格式。保存的图片可以打印绘图、作为桌面背景或粘贴到另一个文档中。

在"开始"菜单"Windows 附件"下,单击"画图"命令,即可启动画图程序,窗口如图 2.34 所示。

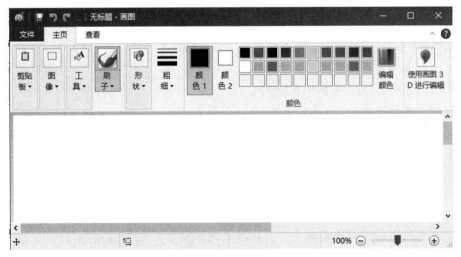

图 2.34 画图窗口

2.7.3 计算器

使用 Windows 计算器可以进行加、减、乘、除等简单运算。计算器还提供了标准、科学、程序员和日期计算四种计算模式，同时提供了货币、体积、长度、重量、温度、能量、面积、速度、时间、功率、数据、压力、角度等转换功能。

2.7.4 数学输入面板（Math Input Panel）

在"开始"菜单"Windows 附件"下，单击"Math Input Panel"命令即可启动数学输入面板程序，如图 2.35 所示。在窗口中使用鼠标手写输入公式，程序会自动识别、自动转化为文本格式插入文档中。

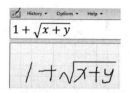

图 2.35　数学输入面板

习题

一、选择题

1. 任务栏中的任何一个按钮都代表着（　　）。
   A. 一个可执行程序　　　　　B. 一个正在执行的程序
   C. 一个缩小的程序窗口　　　D. 一个不工作的程序窗口
2. 在"记事本"窗口中，对当前编辑的文档进行存储，可以用（　　）快捷键。
   A. Alt+F　　　B. Alt+S　　　C. Ctrl+S　　　D. Ctrl+F
3. 间隔选择多个文件时，按住（　　）键不放，单击每个要选择文件的文件名。
   A. Ctrl　　　B. Shift　　　C. Alt　　　D. Del
4. 在 Windows 中可按（　　）键得到帮助信息。
   A. F1　　　B. F2　　　C. F3　　　D. F10
5. 以下关于 Windows 文件命名的叙述中，不正确的是（　　）。
   A. 文件名中可以使用汉字、空格等字符
   B. 文件名中允许使用多个圆点分隔符
   C. 扩展名的概念已经不存在了
   D. 文件名可长达 255 个字符
6. 在 Windows 中，不能将文件复制到同一文件夹下的操作是（　　）。
   A. 用鼠标右键将该文件拖动到同一文件夹下
   B. 用鼠标左键将该文件拖动到同一文件夹下
   C. 按住 Ctrl 键，再用鼠标左键将该文件拖动到同一文件夹下
   D. 先执行"编辑|复制"命令，再执行"编辑|粘贴"命令
7. 操作系统是一种（　　）。
   A. 系统软件　　B. 应用软件　　C. 源程序　　　D. 操作规范
8. 在 Windows 中，允许用户同时打开多个窗口，但只有一个窗口处于激活状态，其特征

是标题栏高亮显示，该窗口称为（　　）窗口。
　　A. 主　　　　B. 运行　　　　C. 活动　　　　D. 前端
9. 在Windows中，对话框和一般的窗口不同，对话框（　　）。
　　A. 可以移动，不能改变大小　　B. 不能移动，也不能改变大小
　　C. 既可移动，也可改变大小　　D. 仅可改变大小，不能移动
10. 在Windows操作系统中，不同文档之间互相复制信息需要借助于（　　）。
　　A. 剪贴板　　B. 记事本　　　C. 写字板　　　D. 磁盘缓冲器
11. 顺序连续选择多个文件时，先单击要选择的第一个文件的文件名，然后在键盘上按住（　　）键，移动鼠标单击要选择的最后一个文件名，则一组连续文件即被选定。
　　A. Shift　　B. Ctrl　　　　C. Alt　　　　D. Del
12. Windows中桌面指的是（　　）。
　　A. 整个屏幕　B. 当前窗口　　C. 全部窗口　　D. 某个窗口
13. Windows下的"画图"程序，默认的图形文件为（　　）。
　　A. BMP图形文件　　　　　　　B. GIF图形文件
　　C. PCX图形文件　　　　　　　D. PIC图形文件
14. Windows系统用（　　）结构组织和管理文件。
　　A. 星形　　　B. 目录树形　　C. 线形　　　　D. 网形
15. 下列操作系统中，（　　）不是微软公司开发的。
　　A. Windows server 2003　　　B. Windows 7
　　C. Linux　　　　　　　　　　D. Windows Vista
16. 关闭应用程序可以使用热键（　　）。
　　A. Alt+F4　　B. Ctrl+F4　　C. Shift+F4　　D. 空格键+F4
17. 在Windows文件资源管理器中，不能按（　　）排列查看文件和文件夹。
　　A. 名称　　　B. 类型　　　　C. 大小　　　　D. 页眉
18. UNIX是（　　）。
　　A. 单用户单任务操作系统　　　B. 单用户多任务操作系统
　　C. 多用户单任务操作系统　　　D. 多用户多任务操作系统
19. 选定要删除的文件，然后按（　　）键，即可删除该文件。
　　A. Alt　　　　B. Ctrl　　　　C. Shift　　　　D. Del
20. 下列关于Windows窗口的描述中，不正确的是（　　）。
　　A. Windows窗口有两种类型：应用程序窗口和文档窗口
　　B. 在Windows中启动一个应用程序，就打开了一个窗口
　　C. 在应用程序窗口中出现的其他窗口，称为文档窗口
　　D. 每个应用程序窗口都有自己的文档窗口
21. 关于剪贴板的说法中，错误的是（　　）。
　　A. 不可在不同应用程序中移动信息
　　B. 可在同一应用程序中移动信息
　　C. 可在同一应用程序中剪切信息
　　D. 可在不同应用程序中移动信息

22. 操作系统的功能不包括（　　）。
    A. 内存管理　　　B. 磁盘管理　　　C. 图像编码解码　　　D. 处理器管理
23. 下列功能中，（　　）不能出现在对话框中。
    A. 菜单　　　B. 单选框　　　C. 复选框　　　D. 命令按钮
24. 在不同驱动器的文件夹间直接用鼠标左键拖动某一对象，执行的操作是（　　）。
    A. 移动该对象　　B. 复制该对象　　C. 删除该对象　　D. 无任何结果
25. 直接删除文件，不送入回收站的快捷键是（　　）。
    A. Ctrl+ Del　　B. Shift+ Del　　C. Alt+ Del　　D. Del

二、填空题

1. 操作系统是最基本的（　　）。
2. Windows 操作系统是由（　　）公司开发的。
3. 双击桌面上的图标即可（　　）该图标代表的（　　）。
4. 鼠标左键单击某一图标，该图标及其下方文字说明的（　　）就会改变，表示该图标被（　　）。
5. 在 Windows 默认环境中，用于中英文输入方式切换的组合键是（　　）。
6. Windows 文件资源管理器中，用户可以对文件或文件夹进行排序。排序可以根据（　　）、（　　）、（　　）、（　　）进行。
7. 选定要移动的文件或文件夹，单击鼠标右键，弹出右键菜单，从中选择（　　）命令，打开目标盘或目标文件夹，在右键菜单中选择（　　）命令，就完成了文件或文件夹的移动。
8. "剪切""复制""粘贴"命令都有相应的快捷键，分别是（　　）、（　　）、（　　）。
9. Windows 文件名（　　）大小写。在文件中可使用通配符（　　）替代零个或多个任意字符，使用（　　）替代任意一个字符。
10. 打开（　　）窗口，可以按"结束任务"按钮结束某个程序的运行。

三、操作题

1. 创建一个文件夹，并将其命名为考生文件夹。
2. 在考生文件夹中，依次创建名称为 BOWEL、GRAMS、STAGNATION、MOISTURE、HAVEN、SKY、OUT 的文件夹。
3. 在考生文件夹下 GRAMS 文件夹中，创建 COLON 文件夹，然后将其删除。
4. 在考生文件夹下 STAGNATION 文件夹中，创建文件 PRODUCT.docx，然后将其复制到考生文件夹下 MOISTURE 文件夹中，并将其属性改为只读。
5. 在考生文件夹下 SKY 文件夹中，创建文件 SUN.txt，然后将其移动到考生文件夹下 HAVEN 文件夹中，并重命名为 MOON.pptx。
6. 在考生文件夹下 OUT 文件夹中，为附件中的画图文件建立名称为 PLAYPEN 的快捷方式，并存放在该文件夹中。
7. 在考生文件夹中搜索文件 MOON.pptx，并将其从计算机中彻底删除。

四、简答题

1. "文件资源管理器"有什么作用？

2. 什么是文件和文件夹？如何隐藏文件和文件夹？如何显示已经隐藏的文件和文件夹？如何选定单个文件或文件夹？如何选定多个连续的文件或文件夹？如何选定多个不连续的文件或文件夹？如何选择全部文件？

3. 在桌面上创建快捷方式的方法有哪几种？

4. 在 Windows 10 环境下，被误删的文件或文件夹可以恢复吗？如果可以，如何恢复？

5. 在 Windows 10 环境下，如何安装和设置打印机？如何删除应用程序？如何添加、删除和修改用户账户？

03

第3章

Word 2016文字处理软件

由 Microsoft 公司推出的 Office 办公软件是目前全球最普及、功能最强大的办公自动化套装软件产品。从最初的版本到现在最新的 2021 版，一直存在的最常用的三个组件是 Word、Excel 和 PowerPoint。文字处理软件 Word 可以用于完成信函、公文、报告、学术论文、商业合同等文本文档的编辑与排版，还可用来方便地制作出图文并茂、形式多样、感染力强的宣传页或娱乐文稿。

Office 2016 要求安装在 Windows 7 以及更新版本的系统中。与以前版本不同，零售版等官方版本已经不提供自定义安装功能，无法选择安装路径和安装组件，默认把全部组件安装在系统盘上。如果要自定义安装组件就需要用到微软提供的 Office 2016 部署工具 Office Deployment Tool；要自定义安装路径则需要修改系统注册表中相关分支以更改系统默认安装软件路径，安装完成再恢复注册表原设置。也可以使用第三方软件如 Office 2013—2021 C2R Install，更加方便地实现定制安装，或购买支持自定义安装的大客户授权版。

3.1 Word 2016 概述

Microsoft 公司在 2015 年 9 月发布了 Office 2016 版本，包括 Word、Excel、PowerPoint、OneNote、Outlook、Skype、Project、Visio 以及 Publisher 等组件和服务。作为核心组件之一，Word 2016 继承了以往版本的优点，具有强大的文字处理、图片处理、表格处理能力，并提供了功能更为全面的文本和图形编辑工具，同时采用了以结果为导向的全新用户界面，以此帮助用户创建、共享更具专业水准的文档，是一款深受广大用户欢迎的文字处理软件。

本章主要介绍 Word 2016 的基本概念和基本操作。由于 Office 软件具有向下兼容性，这些基本功能中绝大部分在之前的所有 Office 版本中都可以实现，但个别功能的操作步骤可能会略有差异。

3.1.1 Word 2016 启动与退出

（1）启动 Word 2016　有四种方式可以启动 Word 2016。

① 从"开始"菜单启动。在完成 Office 2016 软件的安装后，系统会在"开始"菜单中创建相应的程序项。如图 3.1 所示，选择"开始"→"最近添加"（或者以 W 开头的程序群中的）→"Word"命令来启动 Word 2016，并自动建立一个名称为"文档 1"的空白文档。

② 从"开始"屏幕或任务栏或桌面快捷方式启动。安装完成后默认没有这些启动方式，需要自行设置。在上一种启动方法中的"Word"程序项上单击鼠标右键，如图 3.1 所示，在弹出的快捷菜单中单击"固定到'开始'屏幕"，则将其添加到"开始"屏幕上，或者在"Word"程序项上按住鼠标左键直接拖动到磁贴中；单击鼠标右键，在快捷菜单中选择"更多"→"固定到任务栏"，则将其添加到任务栏上；选择"更多"→"打开文件位置"，在"Word"项上单击鼠标右键，在弹出的快捷菜单中选择"发送到"→"桌面快捷方式"，则在桌面上建立快捷方式。以后就可以从"开始"屏幕或任务栏或桌面快捷方式启动 Word 2016 了。

③ 双击 Word 文档启动 Word 2016。双击已经创建的 Word 文档，可启动 Word 2016 并同时打开该文档。

④ 运行"winword.exe"命令启动 Word 2016。按【Windows】+【R】快捷键，在对话框中输入"winword"命令后点击"确定"即可启动 Word，如图 3.2 所示。

图 3.1 从"开始"菜单启动

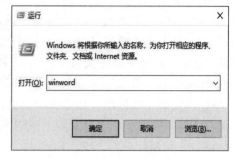
图 3.2 运行命令启动

（2）退出 Word 2016 单击 Word 窗口右上角的"关闭"按钮 或按【Alt】+【F4】快捷键；或者在标题栏上单击鼠标右键，在弹出的快捷菜单中选择"关闭"命令。

3.1.2 Word 2016 的窗口组成

启动 Word 2016 后，如选择新建"空白文档"，则系统将自动建立一个名称为"文档 1"的空白文档，用户可添加内容，如图 3.3 所示。

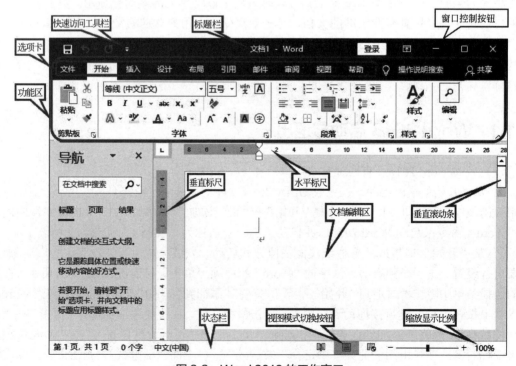
图 3.3 Word 2016 的工作窗口

由图 3.3 可见，Word 2016 窗口主要包括标题栏、快速访问工具栏、窗口控制按钮、选项卡、功能区、标尺、文档编辑区、状态栏、滚动条等几部分。

（1）后台视图　Office 后台视图是用于对文档或应用程序执行操作的命令集。在 Office 2016 应用程序中单击"文件"选项卡，即可查看 Office 后台视图。在后台视图中可以管理文档和有关文档的相关数据，例如创建、打开、保存、打印文档，浏览最近使用过的文档，检查文档中是否包含隐藏的元数据或个人信息，修改文档安全控制选项，等等。Office 后台视图如图 3.4 所示。

（2）快速访问工具栏　快速访问工具栏位于 Office 2016 各应用程序标题栏的左侧，用户也可以将其移动到功能区的下面，它包含文档处理中经常使用的命令，默认状态只包含"保存""撤销"和"重做"三个基本的常用命令，单击快速访问工具栏旁边的下三角按钮，在弹出的菜单中会出现更多常用命令，用户可以根据自己的需要把一些常用命令添加到其中，以方便使用，如图 3.5 所示。

图 3.4　Office 后台视图

图 3.5　自定义快速访问工具栏

（3）标题栏　标题栏位于窗口的最上方，用于显示当前文档的文件名。如果是新建文档，则 Word 2016 自动命名其为"文档 1""文档 2"等。

标题栏的最右侧为窗口控制按钮，包括"功能区显示选项"按钮、"最小化"按钮、"最大化"按钮（或"还原"按钮）和"关闭"按钮。单击"功能区显示选项"按钮弹出菜单，可以选择"自动隐藏功能区"或"显示选项卡"或"显示选项卡和命令"；单击"最小化"按钮可以将应用程序窗口转变为操作系统任务栏中的一个图标；单击"最大化"按钮将使应用程序窗口充满整个屏幕；单击"关闭"按钮将退出 Word 2016 应用程序。

（4）功能区　传统的菜单和工具栏已被功能区所代替，功能区是一种全新的设计，它以选项卡的方式对命令进行分组和显示。Word 2016 功能区中默认包含"开始""插入""设计"

"布局""引用""邮件""审阅""视图""帮助"等九个功能选项卡。单击任一选项卡可打开对应的功能区，其中包含相应的功能集合，以若干个选项组的形式组成。选项组用于将某个任务细分为多个子任务控件，并以按钮、对话框等形式出现，例如"开始"选项卡中的"剪贴板"选项组、"字体"选项组、"段落"选项组、"样式"选项组、"编辑"选项组等，如图3.6所示。

图3.6 功能区

> **提示**
>
> ① 每个选项卡包含若干个选项组，这些选项组将相关命令显示在一起。某些选项组在右下角有一个"对话框启动器"按钮，单击该按钮会打开相应的对话框，以完成更多的操作。
> ② 如果想用更多的屏幕显示区域来处理文档，除了使用"功能区显示选项"按钮外，还可以通过单击最右侧的"折叠功能区"按钮（【Ctrl】+【F1】快捷键）或双击任一功能区选项卡来隐藏功能区，再次双击任一功能区选项卡则恢复显示功能区。

（5）标尺　标尺位于文档编辑区的上方和左方，分别称为水平标尺和垂直标尺，它们主要用来查看文档的宽度和高度，设置段落的缩进位置和制表符的位置等。在"视图"选项卡的"显示"选项组中，单击"标尺"命令，可以显示或隐藏标尺。

（6）文档编辑区　文档编辑区用于文档内容的输入、编辑和排版。在文档编辑区会看到一个闪烁的光标，用于标识当前的编辑位置。

（7）状态栏　状态栏位于文档编辑区的底部，用于显示当前所在页数/总页数、字数等信息。状态栏的右端还提供了视图模式切换按钮，单击它们可以将文档在各种视图模式间进行切换，从左到右分别是阅读视图、页面视图、Web版式视图。还可点击"视图"选项卡，在"视图"选项组中切换视图模式，如图3.7所示。

图3.7 视图模式

① 阅读视图：对整篇文档分屏显示，默认情况下，一次同时显示两页，方便阅读。
② 页面视图：编辑文档时的视图模式，文档的显示效果与打印效果相同。
③ Web版式视图：用于显示文档在Web浏览器中的外观。
④ 大纲视图：适合多级别、多层次的长文档的管理。
⑤ 草稿视图：用于显示文本的各种格式，页面间的分隔符用一条虚线表示，适合编辑文本内容。

在视图模式切换按钮的右方为缩放显示比例区域，默认显示比例为100%，每单击一次"缩小"按钮➖或"放大"按钮➕，将以10%的比例缩小或放大。单击"100%"按钮可以打开"显示比例"对话框，以进行更多缩放显示比例操作。

（8）滚动条　滚动条分为水平滚动条和垂直滚动条，通过鼠标移动滚动条可浏览文档中的内容。

（9）智能搜索框　选项卡右侧新增智能搜索框 ，它是 Word 2016 版新增的一项功能，是微软全新的 Office 助手 Tell Me。通过该搜索框，用户可以轻松地找到相关的操作说明。例如，当用户需要在文档中插入页眉时，可直接在搜索框中输入"插入页眉"，此时会直接出现页眉页脚工具，且当前立即进入插入页眉状态，用户可以直接进行插入页眉的操作。再如，当用户需要进行分栏操作而不知道在哪个选项卡中进行操作时，可直接在搜索框中输入"分栏"，此时会直接弹出布局选项卡中分栏命令的下拉列表，用户可以直接进行相关操作。

3.1.3　新建与打开文档

（1）新建文档　可以采用以下方式新建文档。

① 启动 Word 2016 时创建空白文档。在启动 Word 2016 的四种方式中，除了第三种双击 Word 文档启动方式外，用其他方式启动 Word 2016 应用程序时，启动后则打开如图 3.8 所示的窗口，就是"文件"选项卡的"开始"命令，单击右侧窗体"新建"中的"空白文档"选项创建空白文档。

② 使用"文件"选项卡的后台视图创建空白文档。在使用 Word 2016 的过程中，可通过按【Ctrl】+【N】快捷键随时直接创建空白文档。也可以单击"文件"选项卡，在打开的后台视图中执行"新建"命令，如图 3.9 所示，在"新建"选项区域中选择"空白文档"选项直接创建空白文档。

图 3.8　开始窗口

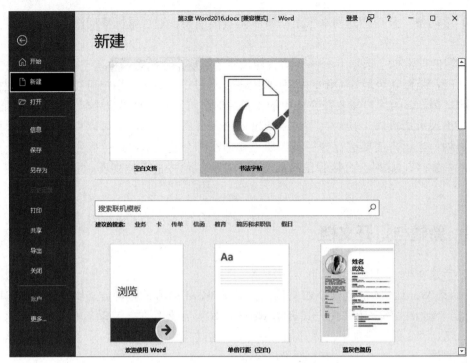

图3.9　通过已安装的模板创建新文档

③ 利用模板创建新文档。使用模板可以快速创建出外观精美、格式专业的文档,在图3.9所示的"新建"选项区域中,在"搜索联机模板"搜索框上方的区域选择模板类型,例如"书法字帖",即可按该模板快速创建一个具有特定格式和内容的文档。用户曾经使用过的模板和用户通过"固定到列表"添加的模板将显示在该区域。

如果用户的计算机已经连接到因特网上,在此区域下方的搜索框的下一行有"建议的搜索",如果没有连接互联网则无此行。在无因特网连接时,搜索框下方的模板是系统已经安装到本机的模板列表,用户直接单击即可立即使用该模板创建文档并打开,当然此时无法使用搜索框搜索微软网站的模板库。如果用户的计算机已经连接到因特网上,在搜索框下方的模板则需要连接到因特网微软网站的模板库中下载到本机后使用。还可在搜索框中输入所需模板类型进行搜索,在搜索结果中选择需要的模板。单击此区域的模板或在搜索框中搜索出来的模板,弹出如图3.10所示的窗口。窗口左侧显示用本模板创建文档的预览效果,单击右侧的"创建"按钮将其下载到本地计算机,根据此模板创建并打开新文档。此模板将自动出现在"新建"下方的最近使用过的模板列表中。

提示

用户还可以在快速访问工具栏中添加"新建"按钮,单击该按钮后也会创建空白文档。还可以在不启动 Word 2016 时,通过在存储文档的文件夹中单击鼠标右键,选择"新建"→"Microsoft Word 文档"来创建空白 Word 文档。

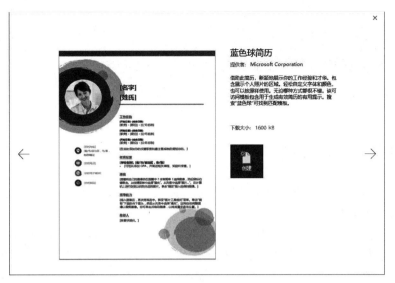

图 3.10 下载文档模板并创建新文档

（2）打开文档　要查看或编辑一个已经存在的文档，需要先打开此文档。

① 直接打开文档。在"此电脑"中找到目标文档，双击文档图标，系统将自动运行 Word 2016 并在其中打开此文档。

② 在 Word 2016 中打开文档。单击"文件"选项卡，在打开的后台视图中执行"打开"→"浏览"命令，弹出"打开"对话框，如图 3.11 所示。通过左侧的导航窗格或顶部的下拉列表框找到目标文件所在的路径，然后选中要打开的文档，最后单击"打开"按钮。也可以通过单击"文件"选项卡，在打开的后台视图中单击"最近"或"这台电脑"找到目标文件来打开。如果要打开存储在微软云端的存储空间 OneDrive 中的文档，则在打开的后台视图中单击"OneDrive"进行操作。

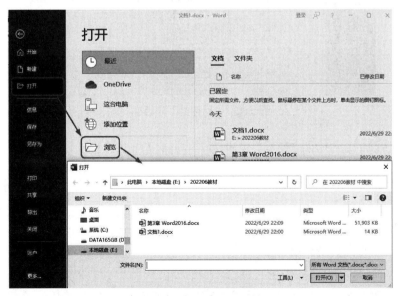

图 3.11 "打开"对话框

提示

用户还可以在快速访问工具栏中添加"打开"按钮,单击该按钮来打开相应文档。也可以通过【Ctrl】+【O】快捷键来打开文档。

3.1.4 保存与关闭文档

(1)保存文档 保存文档即把编辑和修改完的文档保存到磁盘上。每个编辑完的文档进行保存操作后,才可以长久地保存。

① 保存新创建文档。单击"文件"选项卡,在打开的后台视图中执行"保存"命令则自动跳转到"另存为"命令,在打开的后台视图中单击"浏览"命令,弹出"另存为"对话框,如图 3.12 所示,在对话框中选择保存位置并输入文件名,单击"保存"按钮,即可在指定位置保存成一个扩展名为".docx"的 Word 文档。也可以在打开的后台视图中单击"最近"或"这台电脑"找到目标文件来保存。如果要将文档保存到微软云端的存储空间 OneDrive 中,则在打开的后台视图中单击"OneDrive"来进行操作。

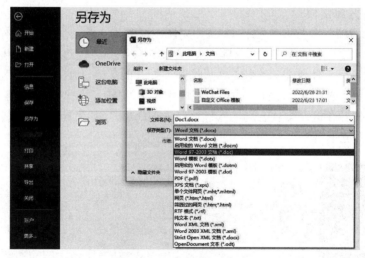

图 3.12 "另存为"对话框

单击快速访问工具栏中的"保存"按钮,或者按【Ctrl】+【S】快捷键也可保存新文档。

 提示

通常低版本的 Word 软件不能正确读取 Word 2016 创建的文档,用户保存文档时,可以在"保存类型"下拉列表框中把 Word 文档保存为"Word 97-2003 文档"格式,如图 3.12 所示,这样用其他低版本的 Word 软件也可以读取 Word 2016 创建的文档。低版本的 Word 软件也可以通过安装官方发布的 Office 兼容包来打开高版本格式的文档,Office 2016 兼容包 FileFormatConverters.exe 能够让旧版 Office 支持新版 Office 文件。

② 保存已保存过的文档。若当前文档已保存过，由于存放位置和文件名已指定，修改后保存时不再弹出"另存为"对话框，直接保存到磁盘上原来的位置。

③ 另存为其他文档。如果文档已保存过，但在进行了一些编辑操作后需要将其再次保存，并且希望仍能保留以前的文档，这时就需要对文档进行"另存为"操作。单击"文件"选项卡，在打开的后台视图中单击"另存为"，之后的操作与前面的"保存新创建文档"中的相同。

④ 自动保存并恢复文档

a."自动保存"是指 Word 会在一定时间内自动保存一次文档。这样的设计可以有效地防止用户在进行了大量工作之后，因没有保存又发生意外（停电、死机等）而导致文档内容大量丢失。虽然仍有可能因为一些意外情况而引起文档内容丢失，但自动保存可将损失降到最小。单击"文件"选项卡，在打开的后台视图中执行"选项"命令，打开如图 3.13 所示的"Word 选项"对话框，选择左侧列表框中的"保存"选项，单击选中"保存自动恢复信息时间间隔"复选框，并在右侧的数值框中设置时间间隔例如"10 分钟"，完成后单击"确定"即可。

b."自动恢复"是指当遇到停电或死机等情况导致 Word 程序意外关闭时，若再次启动 Word 2016，在文档编辑窗口的左侧将出现"文档恢复"任务窗格，将鼠标指针移至"可用文件"列表中已恢复的文档上方，将显示一个下拉箭头，单击该箭头会展开一个列表，可进行相应操作，最后单击"关闭"按钮关闭任务窗格。

图 3.13 "Word 选项"对话框

（2）关闭文档 完成对文档的操作后，单击"文件"选项卡，在打开的后台视图中执行"关闭"命令，即可关闭文档。但是，使用这种方法只关闭文档而不退出 Word 2016。

在关闭文档或退出 Word 程序时，如果还没有对当前文档的修改操作进行过保存，将弹出图 3.14 所示的提示对话框，询问用户是否保存。在其中单击"保存"按钮，则保存文档并关闭；单击"不保

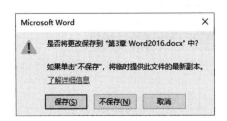

图 3.14 保存提示框

存"按钮,则不保存文档而直接将其关闭;单击"取消"按钮,则取消当前操作,返回文档编辑状态。

3.2 短文档编辑

Word 2016 是一种文字处理软件,它的主要功能就在于对通知、报告、策划、论文、计划、总结、信函等文档的编辑、排版、打印等操作。而通常情况下面临的应用场景则是对数百字至数千字的短文档进行录入、编辑、排版、打印等操作。短文档编辑是日常工作中的常见任务,是熟悉、掌握 Word 2016 主要功能的有效途径。熟练掌握短文档的编辑操作方法后,顺理成章地就能为之后更复杂的长文档编辑操作打下坚实的基础,进而全面掌握和充分利用 Word 2016 的全部重要功能。

3.2.1 文本编辑

3.2.1.1 输入文本

通常情况下,启动 Word 2016 后,默认处于插入模式输入状态,在文档编辑区中有一个闪烁的光标提示符,此时如果在英文输入状态下,直接按下字母键即可在光标的位置输入英文。要输入中文,必须切换到中文输入状态,可用快捷键【Win】+【空格】或【Ctrl】+【Shift】切换到某种中文输入法。也可单击任务栏右侧的"当前输入法"图标,如图 3.15 所示,在弹出的输入法菜单中选择一种输入法,然后即可使用所选输入法进行中文输入。也可以通过按键盘上的【Ctrl】+【空格】或【Ctrl】+【Shift】在中英文输入法之间进行切换。注意:用户可以修改系统默认的输入法有关的快捷键,此时需使用修改后的快捷键进行操作。

图 3.15 文本输入及输入法菜单

在文本输入过程中,按键盘相应的键后,文字将输入到光标所在位置。当输入的文字满一行时,系统会自动换行。在输入完一段文字后,输入另一段时需要按【Enter】键强行换行,这时会显示出一个"↵"符号,称为硬回车符,又称段落标记。

> **提示**
>
> 在 Word 2016 中，文本的输入可以分为两种模式——插入模式和改写模式，默认的文本输入模式为插入模式。在状态栏单击鼠标右键，在弹出的自定义状态栏窗口中选中"改写"选项，则可在状态栏显示当前的输入模式是插入还是改写。在插入模式下，输入的文本将在光标位置出现，光标右侧的文本将以此向右顺延；而在改写模式下，输入的文本将依次替换光标右侧的文本。按【Insert】键可在插入和改写模式之间切换。

3.2.1.2 插入符号

如果需要输入一些键盘上无法直接输入的符号，可以采用以下几种常用方法。

（1）使用"符号"对话框　将光标定位到要插入字符的位置，在"插入"选项卡的"符号"选项组中单击"符号"按钮，在下拉列表中单击所需的符号，如图 3.16 所示，如果要插入的符号不在列表中，单击"其他符号"选项，弹出"符号"对话框，在其中选择字体，然后从相应的符号集中选定要插入的字符，单击"插入"按钮，即可在光标处插入符号，如图 3.17 所示。

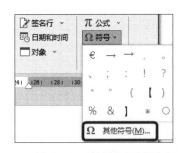

图 3.16　"符号"下拉列表

图 3.17　"符号"对话框

（2）使用输入法提供的符号输入功能　现在流行的输入法都具有输入多种符号的功能。现以 Win10 系统默认的微软拼音输入法为例，单击输入法状态栏中的笑脸表情符号，如图 3.18 所示，在弹出菜单中选择"表情符号"和"颜文字"选项卡右侧的"符号"选项卡，在最末行选择"最近使用""单位""序号"等子类型，然后选择所需符号进行输入，完成后单击窗口右上角"关闭"按钮将其关闭。如使用最新版本的搜狗拼音输入法，则单击输入法状态栏中的"输入方式"→"符号大全"→选择类型后即可方便地输入所需符号。

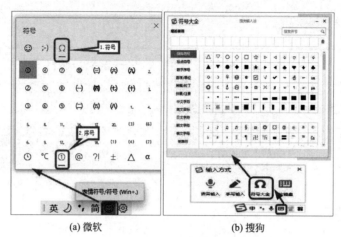

(a) 微软 (b) 搜狗

图 3.18 微软拼音输入法和搜狗拼音输入法提供的符号输入功能

3.2.1.3 文本选择

输入文本后，要对文本进行编辑操作，如复制与粘贴、移动与删除、更改字体和字号等，但在进行这些文本编辑操作之前，首先要选择文本。

（1）连续选定 首先将鼠标定位在要选择文本的开始处，按住鼠标左键并拖动至要选择文本的结尾处，或者将光标定位在要选择文本的开始处，按住【Shift】键，再单击要选择文本的结尾处，即可选择一大块连续区域。

（2）矩形选定 按住【Alt】键，将鼠标指针从要选择文本的开始处拖动到结尾处即可。

（3）间隔选定 先选中第一个要选的对象，然后按住【Ctrl】键不放，再进行其他文本的选定，选完之后松开鼠标左键和【Ctrl】键即可选择多处不连续的文本。

（4）使用页边空白区 将鼠标指针移到文档左侧的页边空白区，当其变成白色的箭头时，单击鼠标左键可选择一行，双击可选择一段，连续三击或者将光标定位在文档的任意位置，按【Ctrl】+【A】快捷键可选择整篇文档。

> **提示**
>
> 在"开始"选项卡的"编辑"选项组中，单击"选择"按钮，从弹出的下拉菜单中选择"全选"命令，即可选择整篇文档。

3.2.1.4 复制、移动和删除文本

（1）复制文本 在文档中经常需要重复输入文本时，可以使用复制文本的方法进行操作以节省时间，加快输入和编辑的速度。

① 选择需要复制的文本，按【Ctrl】+【C】快捷键，将光标定位到目标位置按【Ctrl】+【V】快捷键来实现粘贴操作。

② 选择需要复制的文本，在"开始"选项卡的"剪贴板"选项组中，单击"复制"按钮

，将光标定位到目标位置单击"粘贴"按钮。

③ 选择需要复制的文本并右击，从弹出的快捷菜单中选择"复制"命令，将光标定位到目标位置并右击，从弹出的快捷菜单中选择"粘贴选项"→"只保留文本"命令。

被复制的文本会被放入"剪贴板"任务窗格中，在"开始"选项卡中，单击"剪贴板"选项组中的"对话框启动器"按钮，可以打开"剪贴板"任务窗格。

> **提示**
>
> "选择性粘贴"提供了更多粘贴选项，该功能在跨文档粘贴时非常实用。复制选中文本后，将鼠标指针移动到目标位置。然后，在"开始"选项卡的"剪贴板"选项组中，单击"粘贴"按钮下方的下三角按钮，在弹出的下拉列表中执行"选择性粘贴"命令。在随后打开的"选择性粘贴"对话框中，选择粘贴形式，最后单击"确定"按钮，如图3.19所示。

图3.19 选择性粘贴

（2）移动文本　在对文本进行编辑时，有时需要移动某些文本的位置。移动的方法与复制的方法类似，只是移动文本后原位置的文本消失，复制文本后原位置的文本仍然存在。

① 选择需要移动的文本，按【Ctrl】+【X】剪切快捷键，将光标定位到目标位置按【Ctrl】+【V】粘贴快捷键即实现移动文本操作。

② 选择需要移动的文本，在"开始"选项卡的"剪贴板"选项组中，单击"剪切"按钮，将光标定位到目标位置后单击"粘贴"按钮。

③ 选择需要移动的文本并右击，从弹出的快捷菜单中选择"剪切"命令，将光标定位到目标位置并右击，从弹出的快捷菜单中选择"粘贴选项"→"只保留文本"命令。

（3）删除文本　按【Backspace】键可逐个删除光标左侧的字符，按【Delete】键可逐个删除光标右侧的字符；选定文本，按【Delete】键或【Backspace】键，即可删除选定文本。

3.2.1.5 撤销与恢复

在文本编辑过程中，如果发现操作有误，可以选择"撤销""恢复"命令，帮助用户迅速纠正错误的操作。

（1）撤销操作 "撤销"指取消上一步（或多步）操作。单击快速访问工具栏上的"撤销"按钮 或按下【Ctrl】+【Z】快捷键，即可撤销文档上一步的操作，使文本恢复上一步操作前的状态。

（2）恢复操作 "恢复"指恢复已撤销的操作。单击快速访问工具栏上的"恢复"按钮 或按下【Ctrl】+【Y】快捷键，使文档恢复到上一次的操作状态。若没有执行过"撤销"命令，则"恢复"命令不可用。

3.2.1.6 查找与替换文本

Word 2016 为用户提供了强大的查找和替换功能，可以帮助用户从烦琐的人工修改中解脱出来，从而实现高效率的工作。

（1）查找文本 "查找"功能可以帮助用户快速找到指定的文本以及这个文本所在的位置，同时也能帮助核对该文本是否存在。操作步骤如下。

① 在"开始"选项卡的"编辑"选项组中，单击"查找"按钮，或者按【Ctrl】+【F】快捷键。

② 打开"导航"任务窗格，在"搜索文档"区域中输入需要查找的文本，如图 3.20 所示。

③ 此时，在文档中查找到的文本便会以黄色突出形式显示出来。

"导航"任务窗格的详细使用方法见本章"3.4.4 使用文档导航窗格与大纲视图"。

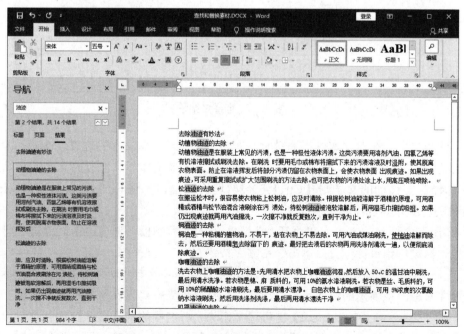

图 3.20 在"导航"任务窗格中查找文本

（2）替换文本　使用"查找"功能，可以迅速找到特定文本或格式的位置。而若要对查找到的目标进行替换，就要使用"替换"命令。例如，在文档中查找"油迹"并将其全部替换成"油渍"，操作步骤如下。

① 在"开始"选项卡的"编辑"选项组中，单击"替换"按钮，或者按【Ctrl】+【H】快捷键。

② 打开如图 3.21 所示的"查找和替换"对话框，在"替换"选项卡中的"查找内容"文本框中输入"油迹"，在"替换为"文本框中输入"油渍"。

③ 单击"全部替换"按钮。也可以连续单击"替换"按钮，进行逐个查找并替换。

④ Word 弹出一个提示性对话框，说明已完成对文档的搜索和替换工作，单击"确定"按钮，文档中的文本替换工作自动完成。

> **提示**
>
> 查找和替换可使用格式。例如，将文档中所有"油渍"的颜色替换为红色，可按如下方法操作。
>
> ① 在"开始"选项卡的"编辑"选项组中，单击"替换"按钮，打开"查找和替换"对话框。
>
> ② 在"查找内容"文本框中输入"油渍"，在"替换为"文本框中也输入"油渍"。
>
> ③ 单击对话框中的"更多"按钮，然后单击其中的"格式"按钮，在弹出的菜单中选择"字体"命令。
>
> ④ 弹出"替换字体"对话框，执行"字体"→"字体颜色"→"红色"命令。
>
> ⑤ 单击"全部替换"按钮，则可将文档中的所有"油渍"替换为红色字体"油渍"，如图 3.22 所示。

图 3.21 "查找和替换"对话框

图 3.22 设置格式后的"查找和替换"对话框

3.2.2 文档排版

学会对文档进行排版有很重要的意义。文档排版内容包括字符格式、段落格式、页面格式的设置，用户可通过文档的格式设置来改变文档的外观，使文档美观醒目、便于阅读。

3.2.2.1 字符格式

字符格式设置是指对字符进行格式化，包括字体、字号、字形、字符颜色以及一些特殊效果的设置。

（1）使用"字体"对话框　选定文本，在"开始"选项卡中，单击"字体"选项组中的"对话框启动器"按钮，打开"字体"对话框。

① 单击"字体"选项卡，如图3.23所示，可以设置字体、字号、字形、字体颜色、下划线、着重号和七种效果，例如，"下标"可用于像分子式"H_2O"这种情况，通过其下面的预览可看到其作用。

在"字体"选项卡中单击"文字效果"按钮，打开如图3.24所示的"设置文本效果格式"对话框，在该对话框中设置文本的填充与轮廓、阴影、映像、发光等文字效果。

② 单击"高级"选项卡，用于对字符间距进行调整，包括字符的缩放、字符间距、字符位置的调整，其效果可通过预览看到，如图3.25所示。

（2）在"字体"选项组中设置字符格式　选定文本，在"开始"选项卡的"字体"选项组中进行设置，如图3.26所示。

（3）使用浮动工具栏设置字符格式　选择文本后，在文本上方会自动弹出浮动工具栏，可以选择其中的任意选项进行格式设置，如图3.27所示。

图3.23 "字体"选项卡

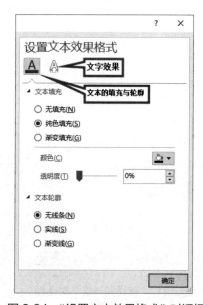

图3.24 "设置文本效果格式"对话框

图 3.25 "高级"选项卡

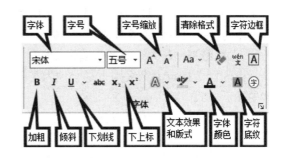

图 3.26 "字体"设置工具

图 3.27 浮动工具栏

3.2.2.2 段落格式

段落是文本、图形或其他项目的集合,后面跟一个段落标记"↵"。每个段落都有一定的格式,包括段落缩进、段落对齐、段落间距、行距及边框和底纹等。

(1)段落缩进、段落对齐、段落间距、行距和制表位设置 选定段落,在"开始"选项卡中,单击"段落"选项组中的"对话框启动器"按钮 ,打开如图 3.28 所示的"段落"对话框,可在其中设置段落格式;也可以在"段落"选项组中设置段落格式,如图 3.29 所示。

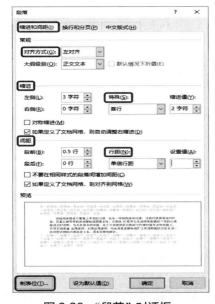

图 3.28 "段落"对话框

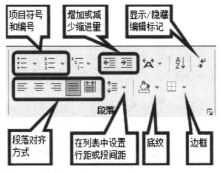

图 3.29 "段落"设置工具

① 对齐方式：指段落中的文字在页面的排列方式，包括左对齐、居中、右对齐、两端对齐和分散对齐，其默认值是两端对齐。

② 大纲级别：在大纲视图中编辑文档时，可通过设置段落的大纲级别，将文档设置为分层结构。为段落指定大纲级别也是一种为文档设置分层结构的方法，使用大纲级别不会改变文字的显示方式。

③ 缩进：缩进是段落到左右页边距的距离，其单位可为字符、厘米或磅。左缩进，设置段落与左页边距之间的距离；右缩进，设置段落与右页边距之间的距离。例如，在"左侧"数字框中输入 2 字符，则整个段落距左页边距为 2 字符。

④ 特殊（格式）：包括首行（缩进）和悬挂（缩进）。首行缩进，设置段落中第一行缩进；悬挂缩进，设置段落中除第一行之外其他各行缩进。通常是段落首行缩进 2 字符，当然也可以依据需要将首行缩进任意字符。

 提示

可以利用水平标尺设置段落缩进，只需将光标定位在要设置缩进的段落中，然后将标尺上的滑块拖动到合适的位置即可，如图 3.30 所示。也可以在"布局"选项卡→"段落"选项组→"左缩进"（或"右缩进"）的文本框中输入所需的间距。

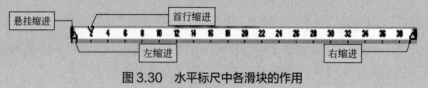

图 3.30 水平标尺中各滑块的作用

提示

也可以在"布局"选项卡→"段落"选项组→"段前间距"（或"段后间距"）的文本框中输入所需的间距。

图 3.31 "制表位"对话框

⑤ 段前和段后间距：指选中段落与上一段落和下一段落的间距。

⑥ 行距：指段落中行与行之间的距离，其默认值是单倍行距。

⑦ 制表位：单击"段落"对话框左下角的"制表位"按钮，弹出如图 3.31 所示的"制表位"对话框。在"制表位位置"文本框中输入制表符的位置，例如，其位置在第 12 个字符处，则可输入"12 字符"，根据需要选择"对齐方式"和"引导符"，然后单击"设置"按钮，设置完成后如图 3.31 所示，可以继续设置其他制表位，也可以清除已经设置的本段落的制表位。

（2）添加项目符号和编号　项目符号和编号的使用，可以使文档层次分明，结构更加清晰，易于阅读和理解。用户可以快速地给段落添加项目符号和编号。操作步骤如下。

① 选定要应用项目符号或编号的段落。

② 在"开始"选项卡的"段落"选项组中，单击"项目符号"按钮 或"编号"按钮 旁边的下三角按钮。

③ 在弹出的"项目符号库"或"编号库"列表中提供了多种不同的项目符号或编号样式，如图3.32所示，用户可以从中选择。

④ 单击某样式按钮，此时文档中被选中的段落便会添加指定的项目符号或编号。

如果给定的项目符号或编号中没有用户需要的符号或编号，可从"项目符号"或"编号"下拉菜单中选择"定义新项目符号"或"定义新编号格式"命令，然后在弹出的对话框中设置即可。例如，在"定义新项目符号"对话框中可以选择符号、字体甚至选择图片作为项目符号。

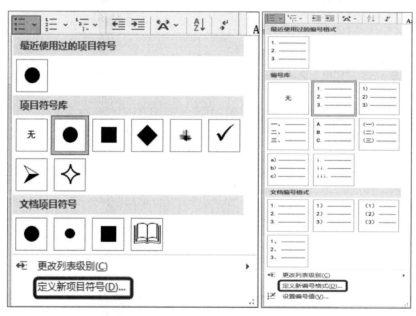

图3.32 "项目符号"和"编号"下拉菜单

（3）添加边框和底纹　添加边框和底纹的目的是使内容更加醒目。选定文本或段落，在"开始"选项卡的"段落"选项组中，单击"下框线"按钮 旁边的下三角按钮，从弹出的菜单中选择"边框和底纹"命令，打开"边框和底纹"对话框。

① 单击"边框"选项卡，如图3.33所示，用于对选定的文本或段落添加边框，可选择边框的类别、线型、颜色和宽度等。如果要取消边框，单击"设置"选项区域中的"无"按钮即可。

提示

在"应用于"下拉列表框中选择"文字"和"段落"选项的效果是不同的，可从预览中看到。

② 单击"页面边框"选项卡，如图 3.34 所示，用于对页面设置边框。页面边框与边框的操作基本一样，所不同的是页面边框是为整篇文档或文档的节所加的边框，另外页面边框增加了"艺术型"选项。

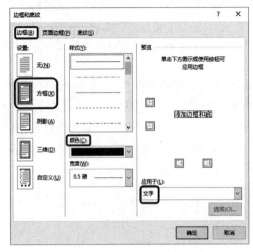
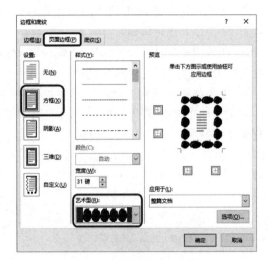

图 3.33 "边框"选项卡　　　　图 3.34 "页面边框"选项卡

③ 单击"底纹"选项卡，如图 3.35 所示，用于对选定的文本或段落添加底纹。在"填充"选项区域中选择一种填充颜色，如果无合适的颜色，可单击"其他颜色"按钮，在弹出的"颜色"对话框中自定义颜色，也可以对所选文本或段落应用图案样式。应当注意的是，"底纹"与"边框"一样，在"应用于"下拉列表框中，底纹应用于"文字"和"段落"是有区别的。

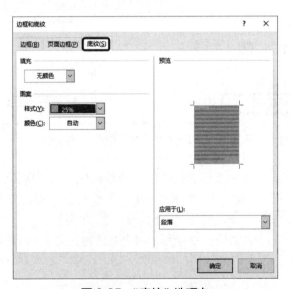

图 3.35 "底纹"选项卡

（4）格式刷　　利用格式刷可以快速复制文本或段落的格式，而不必烦琐重复地设置格式。操作步骤如下。

① 选定已设置好格式的文本或段落，在"开始"选项卡的"剪贴板"选项组中，单击"格

式刷"按钮 。

② 用鼠标拖曳需要设置成该格式的文本或段落，即可完成格式的复制。若需多次复制，则双击"格式刷"按钮；如果要取消格式刷功能，则再单击一次"格式刷"按钮。

> 如果要清除文本或段落的格式，则先选定该文本或段落，包括段落标记，然后在"开始"选项卡的"字体"选项组中，单击"清除格式"按钮 。

3.2.2.3 页面格式

页面格式设置反映了文档的整体外观和打印效果，包括页面设置、页眉和页脚、分栏和首字下沉等内容。

（1）页面设置 在"布局"选项卡中，单击"页面设置"选项组中的"对话框启动器"按钮 ，打开如图 3.36 所示的"页面设置"对话框；也可以用鼠标左键双击标尺来打开该对话框。在"页面设置"对话框的四个选项卡中，"页边距"和"纸张"最为重要。

① 页边距。页边距是指文档的文本内容在纸张中的位置，即文本与纸张上下左右边界的距离。在"纸张方向"选项区域中，有"纵向"和"横向"两个选项。

② 纸张。用于选择打印纸的大小，一般默认值为 A4 纸，还可以自定义纸张大小。在"纸张大小"下拉列表框中选择"自定义大小"选项，在"宽度"和"高度"后的数值框中输入具体数值即可。

③ 布局。用于设置节的起始位置、页眉和页脚（包括其距边界的距离、奇偶页不同、首页不同）等，还可设置页面的垂直对齐方式。

④ 文档网格。主要用于设置每页容纳的行数和每行容纳的字数等。

图 3.36 "页面设置"对话框

（2）页眉、页脚设置 页眉和页脚通常用于显示文档的附加信息，例如页码、日期、作者名称、单位名称、徽标和章节名称等。其中页眉位于页面顶部，而页脚位于页面底部。Word 可以给文档的每一页创建相同的页眉和页脚，也可以创建首页不同的页眉和页脚，还可以交替更换页眉和页脚，即在奇数页和偶数页上创建不同的页眉和页脚。对于长文档还可以分节，对不同的节可以分别设置页眉和页脚。

操作步骤如下。

① 在"插入"选项卡的"页眉和页脚"选项组中，单击"页眉"按钮，从弹出的菜单中选择"编辑页眉"命令，在页面的上面将出现页眉编辑区，同时出现"页眉和页脚工具"的"页眉和页脚"选项卡，如图 3.37 所示。

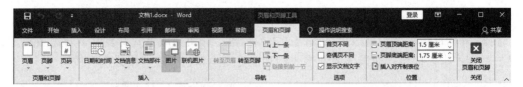

图 3.37 "页眉和页脚工具"的"页眉和页脚"选项卡

② 在页眉编辑区中输入文本或图形,例如输入"短文档编辑",如图 3.38 所示。

③ 在"页眉和页脚"选项卡的"导航"选项组中,单击"转至页脚"命令,即可切换至页脚编辑区。

④ 在页脚编辑区中输入文本或图形,例如插入页码,在"页眉和页脚"选项组中单击"页码"按钮,在下拉菜单中选择要添加的页码在文档中的位置,在弹出的子菜单中选择页码的样式。还可在下拉菜单中选择"设置页码格式"命令,打开如图 3.39 所示的"页码格式"对话框,页码有多种格式选择。

⑤ 在"设计"选项卡的"关闭"选项组中,单击"关闭页眉和页脚"命令,文档的每页即插上了相同的页眉或页脚。

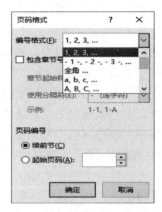

图 3.38 页眉编辑

图 3.39 "页码格式"对话框

 提示

① 在"页眉和页脚工具"的"页眉和页脚"选项卡下,选中"选项"选项组中的"首页不同"复选框,此时文档首页中原先定义的页眉和页脚就被删除了,用户可以另行设置,即可为首页创建不同的页眉和页脚。

② 选中"选项"选项组中的"奇偶页不同"复选框,即可为奇偶页创建不同的页眉和页脚。

③ 在"插入"选项卡的"页眉和页脚"选项组中,单击"页眉"或"页脚"按钮,从弹出的下拉列表中执行"删除页眉"或"删除页脚"命令,也可以双击页眉或页脚,进入页眉或页脚编辑状态,选定要删除的文字或图形,然后按【Delete】键,可以将页眉或页脚删除,并且整篇文档中相同的页眉和页脚都被删除。

(3)特殊排版 编辑报纸、杂志时,经常需要对文章设置各种复杂的分栏排版、首字下沉、页面背景。分栏是将一页纸的版面分为几栏,使版面活泼生动,增强可读性;首字下沉是将选定段落的第一个字放大数倍,以引起读者的注意;页面背景是为文档应用水印、页面颜色和页面边框的设置。

① 分栏。选定需要分栏的段落,在"布局"选项卡的"页面设置"选项组中,单击"栏"按钮,从弹出的菜单中选择"更多栏"命令,在"栏"对话框中进行设置,如图 3.40 所示。如果要取消分栏,只要选择已分栏的段落,改为"一栏"即可。

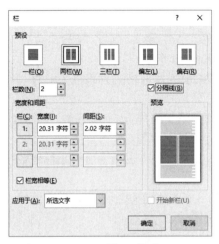

图 3.40 "栏"对话框

图 3.41 "首字下沉"对话框

如果需要对文档最后一段进行分栏,在选定最后段落时确保不要选中段落末尾的段落标记"↵",这样才能完成对文档最后段落的分栏操作;或者在该段落结尾处按回车键增加一个段落标记"↵"(硬回车符号),然后选定本段落以确保文档结尾处的硬回车符号不被选中,这种方法也可以实现对文档最后一段的分栏操作。

② 首字下沉。将光标定位在要设置首字下沉的段落,在"插入"选项卡的"文本"选项组中,单击"首字下沉"按钮,从弹出的菜单中选择"首字下沉选项"命令,打开"首字下沉"对话框,如图 3.41 所示。在"位置"选项区域中单击"下沉"按钮,并设置字体、下沉行数及与正文的距离。如果要取消首字下沉,在"首字下沉"对话框的"位置"选项区域中单击"无"即可。

③ 页面背景。在"设计"选项卡的"页面背景"选项组中,单击"页面颜色"按钮,从弹出的下拉列表中,在"主题颜色"或"标准色"区域中单击所需颜色。如果没有所需的颜色,还可以执行"其他颜色"命令,在随后打开的"颜色"对话框中进行选择。注意"主题颜色"是当前主题对应的颜色集合,如果没有所需的颜色,则可通过更改当前的主题来得到。例如 Office 2007—2010 主题颜色中包含"橙色,个性色 6",而 Office 2016 中 Office 主题颜色中包含的是"绿色,个性色 6"。如果希望添加特殊效果,可以在弹出的下拉列表中执行"填充效果"命令,打开如图 3.42 所示的"填充效果"对话框,在该对话框中有"渐变""纹理"

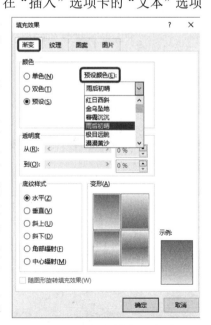

图 3.42 "填充效果"对话框

"图案"和"图片"四个选项卡用于设置页面的特殊填充效果。注意,在"图片"选项卡中可以将文档的背景图案设置为指定的图片文件。设置完成后,单击"确定"按钮,即可为整个文档中的所有页面应用所设置的背景。

3.2.2.4 案例实施

(1)案例要求

① 设置纸张大小为"自定义大小",宽度"567磅",高度"698.5磅",上、下页边距3厘米,左、右页边距2厘米,每页32行,每行40个字符。

② 给文章添加标题"污染大气的元凶",设置标题格式为隶书、一号、红色、加粗、倾斜、居中,段前、段后间距0.5行。

③ 设置正文第1段首字下沉,首字字体"华文新魏",下沉行数"3行",距正文"28.35磅",其余各段落(除小标题外)设置为首行缩进2字符。

④ 将正文中所有小标题设置为小四号、加粗,并将正文中所有小标题数字编号改为实心圆项目符号"•"。

⑤ 为正文第3段(不计小标题)设置1.5磅紫色带阴影边框,填充浅绿色底纹。

⑥ 将正文最后一段分为等宽两栏,加分隔线。

⑦ 为整篇文档添加文字水印"样本",字体"华文行楷"。

(2)要求①的实施步骤

① 在"布局"选项卡中,单击"页面设置"选项组中的"对话框启动器"按钮 ,打开"页面设置"对话框。

② 单击"纸张"选项卡,将"纸张大小"设为"自定义大小",宽度直接输入"567磅",高度"698.5磅",如图3.43所示。

③ 单击"页边距"选项卡,设置上、下页边距3厘米,左、右页边距2厘米,如图3.44所示。

图3.43 "纸张"选项卡

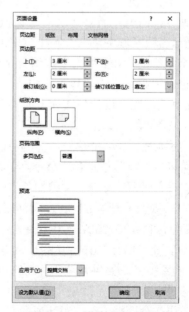

图3.44 "页边距"选项卡

④ 单击"文档网格"选项卡,在"网格"选项区域中选定"指定行和字符网格",然后设置每页 32 行,每行 40 个字符,如图 3.45 所示,单击"确定"按钮,完成页面设置。

(3) 要求②的实施步骤

① 将光标定位在文档的开始位置,按【Enter】键便插入新空行,然后输入标题"污染大气的元凶"。

② 选中标题,在"开始"选项卡的"字体"选项组中进行设置,单击"字体"下拉列表,从中选择"隶书"选项;单击"字号"下拉列表,从中选择"一号"选项;单击"字体颜色"下拉列表 ▲·,从中选择"红色"选项;单击"加粗"按钮 B、"倾斜"按钮 I;在"段落"选项组中单击"居中"对齐按钮 ≡,使标题居中。

③ 选中标题,在"开始"选项卡中,单击"段落"选项组中的"对话框启动器"按钮 ,在打开的"段落"对话框内设置段前、段后间距 0.5 行,如图 3.46 所示。

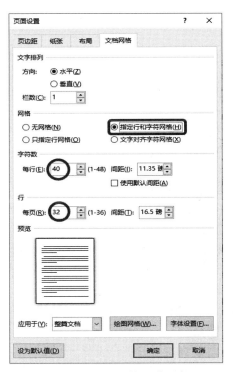
图 3.45 "文档网格"选项卡

图 3.46 段落间距设置

(4) 要求③的实施步骤

① 将光标定位在第 1 段,在"插入"选项卡的"文本"选项组中,单击"首字下沉"按钮,从弹出的菜单中选择"首字下沉选项"命令,打开"首字下沉"对话框。

② 在"位置"选项区域中单击"下沉"按钮,"字体"设为"华文新魏",下沉行数设为"3 行",距正文"28.35 磅",如图 3.47 所示,单击"确定"按钮。

③ 先选中第 2 段,再按【Ctrl】键,选中其余各段落(除小标题外),在"开始"选项卡中,单击"段落"选项组中的"对话框启动器"按钮 ,打开"段落"对话框。在"特殊"下拉列表中选择"首行"选项,并输入"2 字符",如图 3.48 所示,单击"确定"按钮。

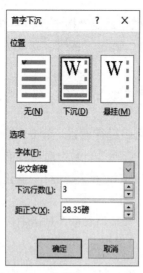

图3.47 "首字下沉"对话框

图3.48 首行缩进设置

（5）要求④的实施步骤

① 先选中第一个小标题，再按【Ctrl】键，选中其他所有小标题，在"开始"选项卡的"字体"选项组中进行设置，单击"字号"下拉列表，从中选择"小四"选项；单击"加粗"按钮 B 。

② 选中所有小标题，在"开始"选项卡的"段落"选项组中，单击"项目符号"按钮 旁边的下三角按钮，打开一个下拉菜单，在其中的"项目符号库"中选择"·"，如图3.49所示。

（6）要求⑤的实施步骤

① 选中正文第3段（不计小标题），在"开始"选项卡的"段落"选项组中，单击"边框"按钮 旁边的下三角按钮，从弹出的菜单中选择"边框和底纹"命令，打开"边框和底纹"对话框。

② 单击"边框"选项卡，在"设置"选项区域中单击"阴影"，在"颜色"下拉列表中选择"紫色"，在"宽度"下拉列表中选择"1.5磅"，在"应用于"下拉列表中选择"段落"，如图3.50所示。

③ 单击"底纹"选项卡，在"填充"下拉列表中选择"浅绿色"，在"应用于"下拉列表中选择"段落"，如图3.51所示，单击"确定"按钮。

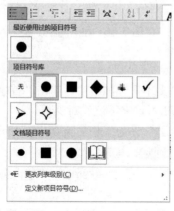

图3.49 "项目符号"下拉菜单

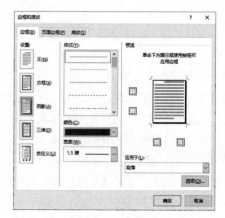

图3.50 边框设置

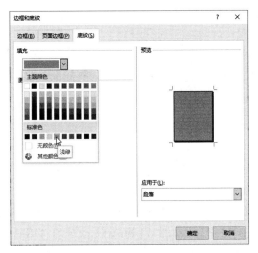

图 3.51 底纹设置

（7）要求⑥的实施步骤

① 选中最后一段，在"布局"选项卡的"页面设置"选项组中，单击"栏"按钮，从弹出的菜单中选择"更多栏"命令，打开"栏"对话框。

② 在"预设"选项区域中单击"两栏"按钮，选中"分隔线"和"栏宽相等"复选框，如图 3.52 所示，单击"确定"按钮。

（8）要求⑦的实施步骤

① 在"设计"选项卡的"页面背景"选项组中，单击"水印"按钮。

② 在弹出的下拉列表中选择"自定义水印"命令，打开"水印"对话框。

③ 在对话框中单击"文字水印"单选按钮，在"文字"下拉列表中选择"样本"，在"字体"下拉列表中选择"华文行楷"，如图 3.53 所示，单击"确定"按钮，即可为整篇文档添加水印效果。

如果要删除水印，在"设计"选项卡的"页面背景"选项组中，单击"水印"按钮，从弹出的下拉列表中选择"删除水印"命令即可。

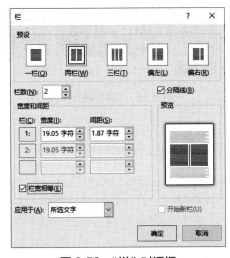

图 3.52 "栏"对话框

图 3.53 "水印"对话框

3.2.3 图文混排

Word 2016 具有十分强大的图文混排功能，除了输入文字外，还可以插入图片、艺术字、公式等，可以美化版面，使文档更加生动活泼。

3.2.3.1 插入图片

（1）从文件中插入图片　将鼠标指针定位在要插入图片的位置，在"插入"选项卡的"插图"选项组中，单击"图片"→"此设备"按钮，弹出"插入图片"对话框，如图 3.54 所示。在列表框中选择要插入的图片，单击"插入"按钮，即可将图片插入文档指定位置。

（2）插入剪贴画　微软的剪贴画功能（ClipArt）支持在 Office 文档中插入各种精美的插图，让文档显得更加生动活泼。在当今搜索引擎尤其是图片搜索早已普及的年代，以前的 Office 插入预置的图片库或插图库似已陈旧过时，因此，微软 Office.com 的剪贴画和图片库已经停止服务，Office 2013 及以后的新版本中不再提供剪贴画库，可通过微软的必应图片搜索功能获得 Office 文档所需要的插图和插画，包括剪贴画。

将鼠标指针定位在要插入剪贴画的位置，在"插入"选项卡的"插图"选项组中，单击"图片"→"联机图片"→"必应图像搜索"，弹出"联机图片"窗口，如图 3.55 所示。在窗口中的搜索框中输入要查找的剪贴画类别或单击窗口下方的所需类别，可在搜索结果中过滤搜索结果的大小（文件尺寸）和类型（文件类型），单击需要插入的剪贴画，点击"插入"按钮将其下载并插入文档。

图 3.54　"插入图片"对话框

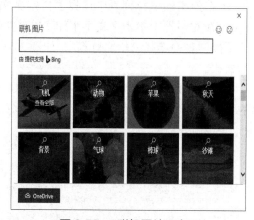

图 3.55　"联机图片"窗口

3.2.3.2 图片格式设置

图片格式设置方法主要有两种。一种方法是单击图片，会弹出"图片工具"的"图片格式"选项卡，如图 3.56 所示。可以利用其中包含的各选项组中的命令对图片的格式进行具体设置。另一种方法是右击图片，然后从弹出的快捷菜单中选择"设置图片格式"命令，在弹出的"设置图片格式"窗格中进行设置。下面具体介绍第一种方法。

（1）"调整"选项组　可以设置图片的亮度、对比度、艺术效果以及颜色等。

图 3.56 "图片工具"的"图片格式"选项卡

① 在文档中插入的图片，有时往往由于原始图片的大小、内容等因素不能满足需要，因此需要对所采用的图片进行进一步处理。而 Word 2016 中的删除图片背景及剪裁图片功能，让用户在文档制作的同时就可以完成图片处理工作。删除图片背景及裁剪图片的操作步骤如下。

a. 选中如图 3.57 所示要进行设置的图片，单击"删除背景"命令，此时在图片上出现遮幅区域，如图 3.58 所示。

 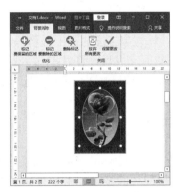

图 3.57 "玫瑰花"图片　　　图 3.58 删除图片背景

b. 在图片上调整选择区域拖动柄，使要保留的图片内容浮现出来。调整完成后，在"背景消除"选项卡中单击"保留更改"按钮，完成图片背景消除操作，如图 3.59 所示。虽然图片中的背景被消除，但是该图片的长和宽依然与之前的原始图片相同，因此需要将不需要的空白区域裁剪掉。

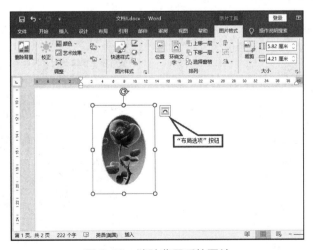

图 3.59 消除背景后的图片

c. 在"图片格式"选项卡中，单击"大小"选项组中的"裁剪"按钮，然后在图片上拖动图片边框的滑块，以调整到适当的图片大小，如图 3.60 所示。

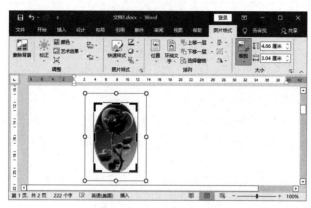

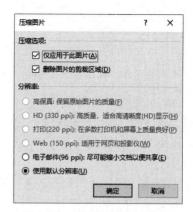

图 3.60　裁剪图片大小　　　　　　图 3.61　"压缩图片"对话框

d. 调整完成后，按【Esc】键退出裁剪操作，此时即在文档中保留裁剪了多余区域的图片。

e. 其实，在裁剪完成后，图片的多余区域依然保留在文档中。如果期望彻底删除图片中被裁剪的多余区域，可以单击"调整"选项组中的"压缩图片"按钮，打开如图 3.61 所示的"压缩图片"对话框。

f. 在该对话框中，选中"压缩选项"区域中的"删除图片的剪裁区域"复选框，然后单击"确定"按钮完成操作。

② 单击"校正"按钮，可以从下拉菜单中设置清晰度（锐化/柔化）和亮度/对比度，其中选择正值表示增加图片的亮度、对比度，选择负值表示降低图片的亮度、对比度。也可在下拉菜单中选择"图片校正选项"命令，在打开的"设置图片格式"窗格中进行亮度、对比度设置，如图 3.62 所示。

③ 单击"颜色"按钮打开下拉菜单，选择合适的选项可以设定图片的颜色效果，例如冲蚀、蓝色、个性色 1 浅色、橄榄色、个性色 3 深色，还可以设置透明色等，如图 3.63 所示。

④ 单击"重置图片"按钮，则可取消对此图片所做的全部格式更改，例如之前的增加亮度、增加对比度、重新着色等操作。

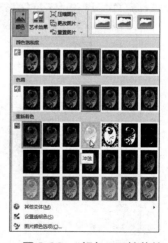

图 3.62　"设置图片格式"窗格　　　　图 3.63　"颜色"下拉菜单

(2)"图片样式"选项组　可以设置图片的样式、边框以及各种其他效果等。

① 在"图片样式"选项组中，单击"其他"按钮，在展开的"图片样式"列表中，系统提供了许多图片样式供用户选择，如图3.64所示，直接单击列表中的样式可以将该样式应用到当前的图片上。

② 如果列表中的样式不能满足要求，可单击"图片样式"选项组中的"图片边框""图片效果""图片版式"三个命令按钮对图片进行多方面的设置，例如，单击"图片效果"按钮，从打开的下拉菜单中可以选择需要的图片效果，如图3.65所示。

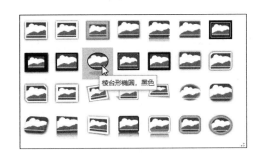
图3.64 "图片样式"列表

图3.65 "图片效果"下拉菜单

(3)"排列"选项组　可以设置图片与文字的环绕方式等。

① 单击"环绕文字"命令，在打开的下拉菜单中选择想要采用的环绕方式，即可设置图片与文字的环绕方式，如图3.66所示。也可以在"环绕文字"下拉列表中单击"其他布局选项"命令，打开如图3.67所示的"布局"对话框。在"文字环绕"选项卡中根据需要设置"环绕方式"和"环绕文字"方式以及与正文文字的距离。设置环绕方式还有两种方式：一种是单击图片右上角的"布局选项"按钮，如图3.59所示，在弹出的"布局选项"窗口中单击选择"文字环绕"区域中的选项，或单击"查看更多"→"布局"窗口→"文字环绕"选项卡，如图3.67所示；另外一种是选中图片后单击鼠标右键，在弹出的快捷菜单中选择"环绕文字"→选择环绕方式，或选择其中的"其他布局选项"→"布局"窗口→"文字环绕"选项卡，如图3.67所示。对于这几种环绕方式，在选择及排版时应注意以下几点。

a. 对于"嵌入型"的图片，可以像移动文字内容一样，使用"复制"的方法来移动。

b. 对于"四周型""紧密型""穿越型""浮于文字上方"的图片，可以直接用鼠标拖动图片调整其位置。

c. 对于"衬于文字下方"的图片，可以在"开始"选项卡的"编辑"选项组中单击"选择"按钮，然后从打开的下拉菜单中选择"选择对象"命令选定此图片，再拖动图片调整位置，再次选择该命令即可退出选择状态。

图3.66 选择环绕方式

图3.67 设置文字环绕布局

② 单击"位置"命令,在打开的下拉菜单中选择想要采用的位置布局方式,即可合理地根据文档类型布局图片,如图3.68所示。也可以在"位置"下拉列表中单击"其他布局选项"命令,打开"布局"对话框,在"位置"选项卡中根据需要设置"水平"和"垂直"位置以及相关选项。

(4)"大小"选项组 可以根据需要裁剪图片以及设置图片的尺寸。

单击"大小"选项组中的"对话框启动器"按钮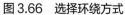,打开"布局"对话框中的"大小"选项卡,如图3.69所示,在其中可设置图片的高度、宽度、缩放比例等。

图3.68 选择位置布局

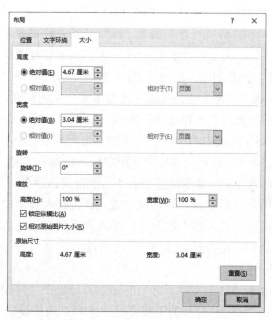
图3.69 调整图片大小

提示

当"锁定纵横比"复选框被选中时,图片的高度与宽度保持相同的尺寸比例,即调整高度,宽度也随之按比例变化。

3.2.3.3 插入艺术字

将鼠标指针定位在要插入艺术字的位置,在"插入"选项卡的"文本"选项组中单击"艺术字"按钮,从打开的艺术字预设样式面板中选择合适的艺术字样式,如图 3.70 所示。打开艺术字文字编辑框,直接输入艺术字文本,如图 3.71 所示,即可在当前位置插入艺术字。

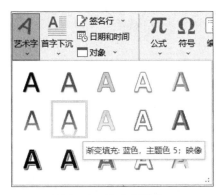

图 3.70 艺术字样式

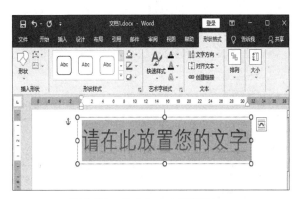

图 3.71 艺术字文字编辑框

艺术字的格式可以通过两种方式设置。一种是单击该艺术字,选择"绘图工具"的"形状格式"选项卡中不同选项组的命令对艺术字的格式进行具体设置。在"形状样式"选项组中,可以对艺术字文字设置填充、轮廓及文字效果;在"文本"选项组中,可以对艺术字文字设置链接、文字方向、对齐方式等;在"排列"选项组中,可以修改艺术字的环绕方式、旋转及组合等;在"大小"选项组中,可以设置艺术字的宽度和高度。绘图工具如图 3.72 所示。

图 3.72 绘图工具

另一种是右击艺术字,从快捷菜单中选择"设置形状格式"命令,在打开的任务窗格中进行艺术字格式设置,如图 3.73 所示。

3.2.3.4 插入形状

在"插入"选项卡的"插图"选项组中,单击"形状"按钮,弹出如图 3.74 所示的图形下拉列表。在图形下拉列表中找到要绘制的图形，如心形♡。选择之后，列表自动关闭，并且在文档编辑区域里指针将变为十字形。在文档编辑区中按住左键的同时拖动鼠标，在合适的位置松开即可绘制出心形。

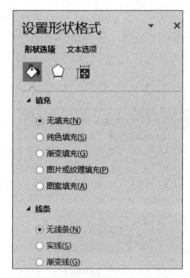

图 3.73 "设置形状格式"任务窗格

图 3.74 图形下拉列表

插入形状后，可以在图形中添加文字；也可以将绘制的多个图形对象组合在一起，以便把它们作为一个新的整体对象来移动或更改；还可以将图形对象按一定的顺序叠放起来。

① 添加文字。鼠标右键单击需要添加文字的图形，从弹出的快捷菜单中选择"添加文字"命令，这时光标就出现在选定的图形中，输入内容即可。

② 组合。按【Ctrl】或【Shift】键，用鼠标逐次单击选中要组合的图形对象。右击选定的图形对象，在弹出的快捷菜单中选择"组合"→"组合"命令，即可将多个图形对象组合起来。若要修改组合后的图形中的某一个图形，需选择组合图形后右击，在快捷菜单中选择"组合"→"取消组合"命令，分成多个独立图形后进行修改，修改后重新组合成一个图形。

提示

也可以将图形对象放在绘图画布中，绘图画布能帮助用户将各个图形对象组合在一起，只需在"插入"选项卡的"插图"选项组中，单击"形状"按钮，在弹出的下拉列表中执行"新建画布"命令，即可在文档中插入绘图画布。插入绘图画布后，便可创建绘图。用户可以在"绘图工具"中的"形状格式"选项卡下，单击"插入形状"选项组中的"其他"按钮。在打开的形状库中提供了各种线条、矩形、基本形状、箭头、公式形状、流程图、星与旗帜以及标注。用户可以根据实际需要，单击希望添加到绘图画布中的形状，这些形状即组合成一个图形。

③ 叠放次序。右击图形，从快捷菜单中选择"置于顶层"或"置于底层"中的相应命令即可调整多个重叠图形的叠放次序。

形状的格式可以通过两种方式设置。一种是单击图形，选择"绘图工具"的"形状格式"选项卡中包含的各选项组中的命令对形状的格式进行具体设置，例如可以单击"形状样式"选项组中的"形状效果"按钮，设置阴影效果、三维效果等，还可以单击"形状填充"按钮，设置渐变、纹理等效果。

另一种是右击图形，从快捷菜单中选择"设置形状格式"命令，在打开的任务窗格中进行形状的格式设置。

3.2.3.5　插入文本框

文本框是一种可移动位置、可调整大小的文字或图形容器。使用文本框，可以在一页上放置多个文字块内容，或使文字按照与文档中其他文字不同的方式排列。在"插入"选项卡的"文本"选项组中单击"文本框"按钮，从弹出的菜单中选择"绘制横排文本框"或"绘制竖排文本框"命令，此时鼠标指针变成十字形，按住左键，拖动鼠标，绘制出文本框，就可以在文本框中输入横排文本或竖排文本。

插入文本框后，也可以对其进行编辑操作。要编辑文本框，可以单击该文本框，选择"绘图工具"的"形状格式"选项卡中包含的各选项组中的命令对文本框的格式进行具体设置；也可右击文本框，从快捷菜单中选择"设置形状格式"命令，在打开的任务窗格中进行文本框格式设置。

3.2.3.6　插入 SmartArt 图形

SmartArt 图形主要用于在文档中列示项目、演示流程、表达层次结构或者关系，并通过图形结构和文字说明有效地传达作者的观点和信息。Word 2016 提供了多种样式的 SmartArt 图形，用户可根据需要选择适当的样式插入文档中。操作步骤如下。

① 将鼠标指针定位在要插入 SmartArt 图形的位置，在"插入"选项卡的"插图"选项组中，单击"SmartArt"按钮，打开如图 3.75 所示的"选择 SmartArt 图形"对话框。

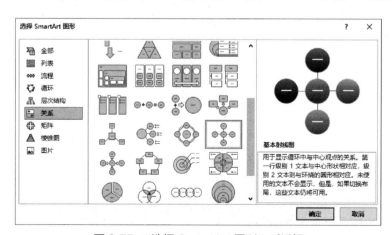

图 3.75　"选择 SmartArt 图形"对话框

② 在该对话框中列出了所有 SmartArt 图形的分类，以及每个 SmartArt 图形的外观预览效果和详细的使用说明信息。在此选择"关系"类别中的"基本射线图"图形，单击"确定"按钮，将其插入文档，此时的 SmartArt 图形还没有具体的信息，只显示占位符文本，例如"[文本]"，如图 3.76 所示。

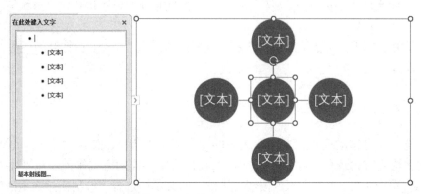

图 3.76　新的 SmartArt 图形

③ 可以在 SmartArt 图形中各形状上的文字编辑区域内直接输入所需信息替代占位符文本，也可以在"文本"窗格中输入所需信息。在"文本"窗格中添加和编辑内容时，SmartArt 图形会自动更新，即根据"文本"窗格中的内容自动添加或删除形状。如果看不到"文本"窗格，则可以在"SmartArt 工具"中的"SmartArt 设计"选项卡下，单击"创建图形"选项组中的"文本窗格"按钮，以显示该窗格。或者单击 SmartArt 图形左侧的显示"文本"窗格按钮将该窗格显示出来。

对于插入文档中的 SmartArt 图形，使用"SmartArt 工具"中的"SmartArt 设计"/"格式"选项卡中不同选项组的命令可对其进行编辑操作，如更改布局、套用样式、添加或删除形状、设置形状样式等，如图 3.77 所示。

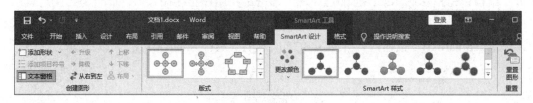

图 3.77　SmartArt 工具

3.2.3.7　屏幕截图

Office 2016 增加了屏幕图片捕获功能，可以让用户方便地在文档中直接插入当前桌面上打开的窗口画面，并且可以按照所需的范围截取图片内容。在 Word 文档中插入屏幕画面的操作步骤如下。

① 将鼠标指针定位在要插入图片的文档位置，在"插入"选项卡的"插图"选项组中单击"屏幕截图"按钮，如图 3.78 所示。

② 在"可用的视窗"列表中显示出目前在计算机中开启的应用程序窗口画面，可以在其

中选择并单击需要的窗口，即可将整个窗口画面作为图片插入文档中。

③ 除此之外，也可以单击下拉列表中的"屏幕剪辑"命令，此时可以通过鼠标拖动的方式截取当前桌面上的任意屏幕区域，并将截取的区域作为图片插入文档中。

图 3.78　插入屏幕截图

3.2.3.8　插入公式

用 Word 编辑文档，有时需要在文档中插入数学公式，例如编辑数学考试试卷。使用键盘和"字体"中的"上标""下标"及"插入"选项卡中的"符号"只能解决一些简单问题，利用 Word 2016 的公式功能可以建立复杂的数学公式。操作步骤如下。

① 在"插入"选项卡的"符号"选项组中，单击"公式"按钮 π 公式▼ 旁边的下三角按钮，在弹出的"公式"下拉列表中选择相应的公式模式，例如选择 $x = \dfrac{-b \pm \sqrt{b^2 - 4ac}}{2a}$，如图 3.79 所示。

② 修改公式中的数值，如修改成 $x = \dfrac{-b \pm \sqrt{e^2 - 4af}}{2e}$。

③ 很多时候，列表中的公式模式并不能满足需要，这时可以选择"插入新公式"命令，建立自己需要的公式。

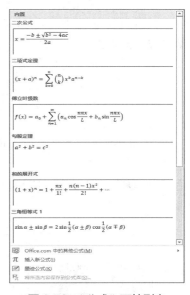

图 3.79　"公式"下拉列表

④ 选择"插入新公式"命令之后，在文档窗口中将显示"在此处键入公式"编辑框，同时当前选项卡会自动切换为"公式工具"的"公式"选项卡，如图 3.80 所示，可以在这里选择结构和数学符号进行输入。

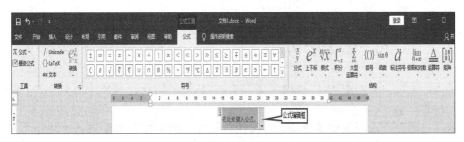

图 3.80　公式工具

⑤ 输入公式后，单击"公式编辑框"以外的任何位置，即可把公式插入文档中。如果要重新编辑公式，只需单击该公式，即可回到公式编辑器的窗口重新编辑。

3.2.3.9 案例实施

（1）案例要求

① 在任意位置插入任意一幅图片，宽度为"150磅"，高度为"120磅"，环绕方式为"上下型"，设置图像"冲蚀"效果，阴影样式为"外部居中偏移"。

② 在任意位置插入第2行第2列样式的艺术字，设置文字内容为"老生常谈"，字号"44"，字形"加粗、倾斜"，环绕方式为"衬于文字下方"，艺术字形状为"拱形上弯"，竖排显示，形状效果为"预设4"。

③ 在任意位置插入一横排文本框，宽度为"150磅"，高度为"50磅"，设置文本内容为"计算机教育要提高"，字体颜色为"红色"，字号为"三号"，垂直对齐方式为"居中"，文本框填充效果为"径向渐变-个性色1"，形状效果为"等角轴线：左下"。

④ 在正文末尾插入一个形状图形"星与旗帜"中的"水平卷形"，填充颜色为"浅绿色"，透明度为"50%"，线条颜色为"深蓝"，粗细为"1.25磅"。

（2）插入图片的步骤

① 将鼠标指针定位在要插入图片的位置，在"插入"选项卡的"插图"选项组中，单击"图片"→"此设备"按钮，打开"插入图片"对话框。

② 在列表框中选择要插入的图片所在的文件夹，如图3.81所示，选定图片，单击"插入"按钮，将图片插入文档。

③ 单击图片，在"图片工具"下的"图片格式"选项卡中，单击"大小"选项组中的"对话框启动器"按钮，打开"布局"对话框，在"大小"选项卡中取消锁定纵横比，设置宽度为"150磅"，高度为"120磅"，如图3.82所示，单击"确定"按钮。

图3.81 "插入图片"对话框

图3.82 "布局"对话框的"大小"选项卡

④ 单击"排列"选项组中的"环绕文字"命令，从打开的下拉菜单中选择"上下型环绕"，如图3.83所示。

⑤ 单击"调整"选项组中的"颜色"按钮，从打开的下拉菜单中选择"冲蚀"，如图3.84所示。

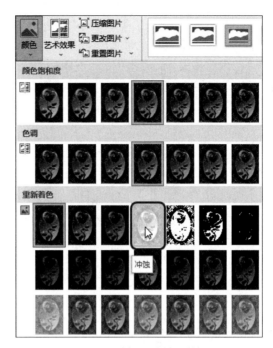

图 3.83　选择环绕方式　　　图 3.84　选择"冲蚀"效果

⑥ 单击"图片样式"选项组中的"图片效果"按钮，从打开的下拉菜单中选择"阴影"→"偏移：中"，如图 3.85 所示。

（3）插入艺术字的步骤

① 将鼠标指针定位在要插入艺术字的位置，在"插入"选项卡的"文本"选项组中，单击"艺术字"按钮，弹出如图 3.86 所示的艺术字下拉列表，从中选择第 2 行第 2 列样式。

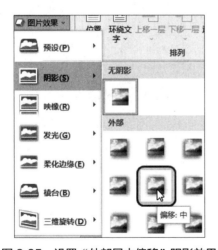
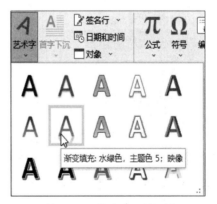

图 3.85　设置"外部居中偏移"阴影效果　　　图 3.86　艺术字下拉列表

② 选择艺术字样式后，打开艺术字文字编辑框，直接输入艺术字文本"老生常谈"。选中艺术字，在"开始"选项卡的"字体"选项组中进行设置，在"字号"下拉列表中输入"44"，按【Enter】键；单击"加粗"按钮 B 、"倾斜"按钮 I 。

③ 单击艺术字，在"绘图工具"下的"形状格式"选项卡中，单击"排列"选项组中的"环绕文字"命令，从打开的下拉菜单中选择"衬于文字下方"。

④ 单击"艺术字样式"选项组中的"文本效果"按钮，从打开的下拉菜单中选择"转换"→"拱形：弯"，如图 3.87 所示。

图 3.87　艺术字形状设置

⑤ 在"文本"选项组中，单击"文字方向"→"垂直"，即可设置艺术字竖排显示，如图 3.88 所示。

 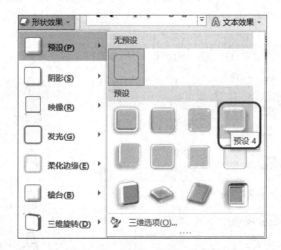

图 3.88　设置艺术字竖排显示　　图 3.89　设置"预设 4"效果

⑥ 单击"形状样式"选项组中的"形状效果"按钮，从打开的下拉菜单中选择"预设"→"预设 4"，如图 3.89 所示。

（4）插入文本框的步骤

① 在"插入"选项卡的"文本"选项组中，单击"文本框"按钮，从弹出的菜单中选择"绘制横排文本框"命令，此时鼠标指针变成十字形，按住左键，拖动鼠标，绘制出文本框，

在文本框中输入文本"计算机教育要提高",设置字体颜色为"红色",字号为"三号"。

② 单击文本框,在"绘图工具"下的"形状格式"选项卡中,单击"大小"选项组中的"对话框启动器"按钮,打开"布局"对话框。在"大小"选项卡中设置宽度为"150 磅",高度为"50 磅",如图 3.90 所示。

③ 在"位置"选项卡中设置垂直对齐方式为"居中",如图 3.91 所示,单击"确定"按钮。

图 3.90 "布局"对话框的"大小"选项卡

④ 在"形状样式"选项组中单击"形状填充"按钮,从下拉菜单中选择"渐变"→"其他渐变",如图 3.92 所示;在打开的"设置形状格式"任务窗格中,在"填充"选择区域内选择"渐变填充",然后在"预设渐变"下拉列表中选择"径向渐变-个性色 1",如图 3.93 所示,最后关闭任务窗格。

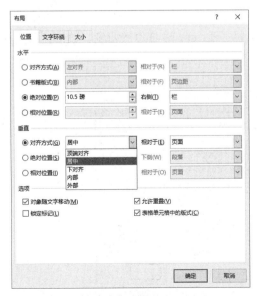

图 3.91 "布局"对话框的"位置"选项卡

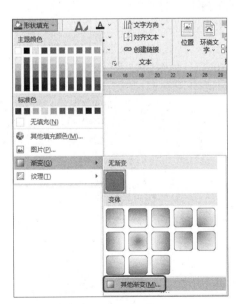

图 3.92 渐变填充

⑤ 单击"形状效果"按钮，从打开的下拉菜单中选择"三维旋转"→"等角轴线：左下"，如图3.94所示。

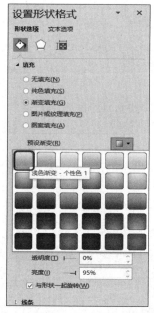

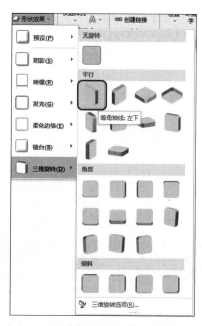

图3.93 "径向渐变-个性色1"设置　　　图3.94 "等角轴线：左下"设置

（5）插入形状的步骤

① 在"插入"选项卡的"插图"选项组中，单击"形状"按钮，从打开的下拉列表中选择"星与旗帜"中的"水平卷形"。选择之后，列表自动关闭，并且在文档编辑区里指针将变为十字形。在文档编辑区中按住左键的同时拖动鼠标，在合适的位置松开即可绘制出图形。

② 单击绘制的水平卷形，在"绘图工具"下的"形状格式"选项卡中，单击"形状样式"选项组右下角的"对话框启动器"按钮，打开"设置形状格式"任务窗格。也可以通过右击绘制的水平卷形，从弹出的快捷菜单中选择"设置形状格式"命令来打开此窗格。在"填充"区域内选择"纯色填充"，然后在"颜色"区域内选择"浅绿色"，在"透明度"数值调节框中输入"50%"，如图3.95所示。

图3.95 填充颜色设置　　　图3.96 线条颜色设置

③ 在"线条"区域内选择"实线",然后在"颜色"区域内选择"深蓝色",如图 3.96 所示,在"宽度"框中选择"1.25 磅",最后单击"关闭"按钮关闭任务窗格。

3.2.4 主题与文档封面

3.2.4.1 主题

通过文档主题,用户可以快速改变文档的整体外观,主要包括文档中的颜色、字体和图形格式效果,使文档具有协调的主题颜色和主题字体的外观,使文档外观达到高质量的专业水准要求。文档主题由一组有统一设计元素的格式选项构成,包括主题颜色(配色方案)、主题字体(包括标题和正文字体)以及主题效果(包括线条和填充效果)。

主题可以在 Word、Excel 和 PowerPoint 等各种 Office 应用程序之间共享,这样可以保证应用了相同主题的相关业务文档具有统一的外观。主题只能应用于 2007 及更高的版本,以兼容模式打开的 2000 或 2003 版本的文档无法使用主题,要将其转换为高版本文档才可以使用。

对正在打开的文档应用主题,会影响文档中可使用的样式。对文档使用主题的操作步骤如下。

① 单击"设计"选项卡→"文档格式"选项组中的"主题"下拉按钮,打开如图 3.97 所示的下拉列表。

② 在打开的"主题"下拉列表中选择所需的主题。当鼠标指向某种主题时,文档会显示出应用该主题后的预览效果,极大地方便了用户的选择,这就是高版本 Word 所具有的"实时预览"功能。单击所选择的主题即可将其应用于当前文档。

如果下拉列表中没有列出所需要的主题,可单击列表下方的"浏览主题"命令,以在此计算机上查找该主题;如果要将文档恢复到模板默认的主题,可在"主题"下拉列表中单击"重设为模板中的主题"按钮,如图 3.97 所示。

用户不但可以对文档应用系统提供的预定义主题,还可以根据需要建立自定义文档主题。其方法是,对文档完成主题颜色、主题字体和主题效果的设置后,单击"主题"下拉列表中的"保存当前主题"命令,弹出"保存当前主题"对话框,保存位置和保存类型维持默认选择不变,输入用户自定义主题的文件名即可。注意默认的保存类型是"Office 主题(*.thmx)",默认的保存位置(在 Win7/Win10 系统中)为"C:\Users\用户名\AppData\RoamingMicrosoft\Templates\Document Themes"。

3.2.4.2 文档封面

美观大方、风格鲜明的封面可以使文档更加完美,是专业文档不可缺少的组成部分。通过使用插入封面功能,用户可以借助系统提供的预置了多种常用封面样式的内置封面库,方便快捷地为文档插入风格独特的封面。无论当前光标在文档中的什么位置,插入的封面总是位于文档的首页。

(1)添加封面

① 单击"插入"选项卡"页面"选项组中的"封面"下拉按钮,打开如图 3.98 所示的"封面"面板。

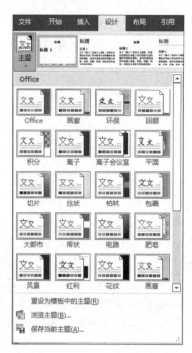
图 3.97 "主题"下拉列表

图 3.98 "封面"面板

② 在打开的"封面"面板中,单击所需的封面布局,即可在文档的开始处插入封面,该封面位于文档的第一页,现有文档内容自动后移。

③ 为文档插入封面后,当前光标自动切换到封面页,按需求编辑封面内容即可。

(2) 替换及删除封面　如果在文档中再插入一个封面,则新的封面将取代之前插入的封面,之前的被替换掉;如果要删除插入的封面,可单击"插入"选项卡"页面"选项组中的"封面"下拉按钮,选择"删除当前封面"命令,如图 3.98 所示。

(3) 自定义封面

① 选中准备包含在文档封面中的内容(可包括文本、图形图像、文本框、艺术字等对象),单击"插入"选项卡"页面"选项组中的"封面"下拉按钮,选择"将所选内容保存到封面库"命令,如图 3.98 所示。

② 弹出"新建构建基块"对话框,输入"名称",输入"说明"(可选),其他选项保持默认设置,单击"确定"按钮,建立用户自定义封面。

③ 要使用该封面时,单击"页面"选项组中的"封面"下拉按钮,在打开的"封面"面板中选择新建的自定义封面。

3.3　表格的应用

表格是 Word 文档中经常使用的一种组织、整理、显示数据的形式,它具有简明、直观、概要等特点。表格结构严谨,效果直观,用一张简明的表格表达和描述数据比用许多文字描述说明起到的效果更好。

与早先版本相比,Word 2016 中的表格有了很大改变,增添了表格样式、实时预览等全新的功能与特性,最大限度地简化了表格的格式化操作,用户可以更加轻松地创建出专业、美观的表格。

3.3.1 创建表格

(1) 使用"插入表格"命令创建表格

① 将鼠标指针定位在要插入表格的位置,在"插入"选项卡的"表格"选项组中,单击"表格"按钮,从弹出的下拉列表中执行"插入表格"命令。

② 打开如图 3.99 所示的"插入表格"对话框,可以通过在"表格尺寸"区域中单击微调按钮分别指定表格的"列数"和"行数"。还可以在"'自动调整'操作"区域中根据实际需要选中相应的单选按钮,以调整表格尺寸,其中包括"固定列宽""根据内容调整表格"和"根据窗口调整表格"。如果用户选中了"为新表格记忆此尺寸"复选框,在下次打开"插入表格"对话框时,就默认保持此次的表格设置。设置完毕后,单击"确定"按钮,即可将表格插入文档。

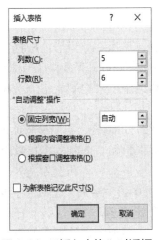
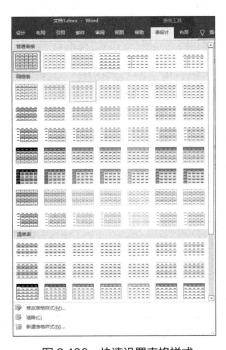

图 3.99 "插入表格"对话框　　图 3.100 快速设置表格样式

③ 此时,在 Word 2016 的功能区中会自动打开"表格工具"的"表设计"选项卡。用户可以在表格中输入数据,然后在"表格样式"选项组中的"表格样式库"中选择一种满意的表格样式,以快速完成表格格式化操作,如图 3.100 所示。

(2) 使用即时预览创建表格

① 将鼠标指针定位在要插入表格的位置,在"插入"选项卡的"表格"选项组中单击"表格"按钮。

② 在弹出的下拉列表中的"插入表格"区域,以滑动鼠标的方式指定表格的行数和列数。与此同时,可以在文档中实时预览到表格的大小变化,如图 3.101 所示。确定行、列数目后,单击鼠标左键即可将指定行、列数目的表格插入文档。

图 3.101　插入并预览表格

(3) 手动绘制表格　如果要创建不规则的复杂表格,可以采用手动绘制表格的方法。

① 将鼠标指针定位在要插入表格的位置,在"插入"选项卡的"表格"选项组中,单击"表格"按钮,从弹出的下拉列表中执行"绘制表格"命令。

图 3.102　手动绘制表格

② 此时,鼠标指针会变为铅笔状,用户可以先绘制一个大矩形以定义表格的外边界,然后在该矩形内根据实际需要绘制行线和列线。此时 Word 会自动打开"表格工具"的"布局"选项卡,并且"绘图"选项组中的"绘制表格"按钮处于选中状态,如图 3.102 所示。

③ 如果要擦除某条线,可以在"布局"选项卡中单击"绘图"选项组中的"橡皮擦"按钮。此时鼠标指针会变为橡皮擦的形状,单击需要擦除的线条即可将其擦除。

④ 擦除线条后,再次单击"绘图"选项组中的"橡皮擦"按钮,或者直接按【Esc】键退出,使其不再处于选中状态。这样就可以继续在"布局"选项卡中设计表格的样式。

 提示

单击"表格工具"中的"表设计"选项卡,可以在"边框"选项组中的"笔样式"下拉列表框中为绘制边框应用不同的线型,在"笔画粗细"下拉列表框中为绘制边框应用不同的线条宽度,在"笔颜色"下拉列表中更改绘制边框的颜色。

3.3.2 编辑表格

创建表格之后，会出现"表设计"和"布局"两个选项卡，如图 3.103、图 3.104 所示。在"表设计"选项卡中，可以设置表格样式、边框和底纹等；在"布局"选项卡中，可以进行插入行或列、合并或拆分单元格、调整单元格的行高或列宽等操作。

图 3.103 表格工具"表设计"选项卡

图 3.104 表格工具"布局"选项卡

3.3.2.1 插入单元格、行或列

向表格中添加单元格的操作步骤如下：将光标定位在某一个单元格中，单击"表格工具"的"布局"选项卡，在"行和列"选项组中，根据需要执行相关操作。

① 单击"在上方插入"或"在下方插入"按钮，则在光标所在单元格的上方或下方插入一新行。

② 单击"在左侧插入"或"在右侧插入"按钮，则在光标所在单元格的左侧或右侧插入一新列。

③ 如果需要插入单元格，可单击"行和列"选项组中的"对话框启动器"按钮，弹出如图 3.105 所示的"插入单元格"对话框，选择相应的插入方式，并单击"确定"按钮。

将光标定位在某个单元格中，单击鼠标右键，在弹出的快捷菜单中选择"插入"命令，在弹出的菜单中根据需要可进行插入单元格、行或列的操作；将光标定位在表格外行线左侧或列线上侧，单击出现的插入行或列按钮⊕，可在行线下方插入一新行或在列线右侧插入一新列。

图 3.105 "插入单元格"对话框

3.3.2.2 删除单元格、行或列

在表格中删除某单元格、行或列的操作步骤如下：将光标定位在需删除的单元格中，单击"表格工具"的"布局"选项卡，在"行和列"选项组中，单击"删除"按钮打开下拉菜单，

如图 3.106 所示，然后根据需要执行下面的命令。

① 选择"删除单元格"命令，将弹出如图 3.107 所示的"删除单元格"对话框，在其中选择需要的单元格删除方式，就会删除以光标所在位置为基准的行、列或单元格。

② 选择"删除列"命令，将删除光标所在的列。

③ 选择"删除行"命令，将删除光标所在的行。

④ 选择"删除表格"命令，则将删除整个表格。

如果选定了多行或多列，插入或删除的就是多行或多列。也可以通过在单元格中单击鼠标右键执行类似功能的操作。

图 3.106 "删除"下拉菜单　　图 3.107 "删除单元格"对话框

3.3.2.3　调整行高和列宽

① 使用"表格属性"对话框。选中行或列，在"表格工具"的"布局"选项卡"表"选项组中，单击"属性"按钮，打开如图 3.108 所示的"表格属性"对话框。在"行"和"列"选项卡中可调整所选行的行高或所选列的列宽。

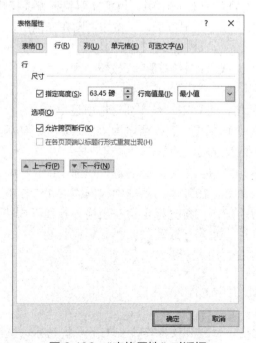

图 3.108 "表格属性"对话框

② 使用鼠标进行拖动。将鼠标指向表格的行、列线上，鼠标变成双向箭头┽╂时，按住鼠标左键拖动，即可调整表格各行、列的高度和宽度。若同时按住【Alt】键，则可精确调整。

③ 使用"单元格大小"选项组。将光标置于表格中，单击"表格工具"中的"布局"选项卡，在"单元格大小"选项组中的"高度"文本框中输入数值可以改变行高，在"宽度"文本框中输入数值可以改变列宽，如图3.109所示。也可以选择"自动调整"命令让Word自动调整行高和列宽，在弹出的菜单中可以选择"根据内容自动调整表格""根据窗口自动调整表格"或"固定列宽"；如果要调整选定的行或列，可以选择"分布行"在所选行之间平均分布高度，选择"分布列"在所选列之间平均分布宽度。

图3.109 "单元格大小"选项组

3.3.2.4 合并或拆分单元格

合并或拆分单元格在设计表格的过程中是一项十分有用的功能。用户可以将表格中同一行或同一列中的两个或多个单元格合并为一个单元格，也可以将表格中的一个单元格拆分成多个单元格。

（1）合并单元格　选定要合并的所有单元格，在"布局"选项卡的"合并"选项组中，单击"合并单元格"按钮，或右击要合并的单元格，从弹出的快捷菜单中选择"合并单元格"命令，就可以将选定单元格合并成一个单元格。

图3.110 "拆分单元格"对话框

（2）拆分单元格　将鼠标指针定位在要拆分的单元格中，或者选择多个要拆分的单元格，在"布局"选项卡的"合并"选项组中，单击"拆分单元格"按钮，或右击要拆分的单元格，从弹出的快捷菜单中选择"拆分单元格"命令，打开如图3.110所示的"拆分单元格"对话框，在对话框中输入要拆分的行数和列数，单击"确定"按钮，即可得到拆分后的单元格。

> **提示**
>
> 如果选择多个单元格进行拆分，需要在"拆分单元格"对话框中选择"拆分前合并单元格"复选框，否则会将每个单元格拆分成设置的行数和列数。

3.3.2.5 表格与文本之间的转换

Word 2016具有自动进行表格和文本之间转换的功能，用户可以将编排好的表格转换成文本，或者将录入的文本转换成表格。

（1）将文本转换成表格

① 选择要转换为表格的文本。为了方便将文本转换成表格，在Word文档中输入文本时，文本之间的分隔符需要采用相同的符号，例如按【Tab】键产生的制表符或按空格键产生的空格，也可以是减号等其他分隔符，每行结尾按【Enter】键。

② 在"插入"选项卡的"表格"选项组中,单击"表格"按钮,从弹出的下拉列表中,选择"文本转换成表格"命令。

③ 打开如图 3.111 所示的"将文字转换成表格"对话框,"文字分隔位置"区域中包括"段落标记""逗号""空格""制表符"和"其他字符"单选按钮。通常,Word 会根据用户在文档中输入的分隔符,默认选中相应的单选按钮,本例默认选中"制表符"单选按钮。同时,Word 会自动识别出表格的尺寸。用户可根据实际需要,设置其他选项。确认无误后,单击"确定"按钮。

④ 经过上述步骤,原先文档中的文本就被转换成表格了。用户可以进一步设置表格的格式。

(2) 将表格转换成文本

① 选择需要转换成文本的表格。

② 在"表格工具"的"布局"选项卡中,单击"数据"选项组中的"转换为文本"命令,打开"表格转换成文本"对话框,如图 3.112 所示。

③ 在该对话框中选择用来分隔文字的符号,例如"制表符",单击"确定"按钮,即可完成将表格转换成文本的操作。

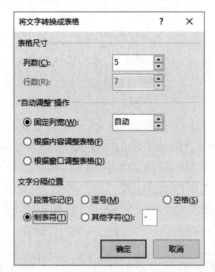

图 3.111 "将文字转换成表格"对话框　　图 3.112 "表格转换成文本"对话框

3.3.3 表格的格式设置

(1) 单元格中文字的对齐方式　在表格中,单元格文字的水平对齐方式有左、中、右三个位置,垂直对齐方式也有上、中、下三个位置,对水平与垂直对齐方式进行组合,就有九种对齐方式。对单元格、行或列中的文本设置对齐方式的操作步骤如下。

① 选中表格中要设置对齐方式的文本。

② 单击"布局"选项卡的"对齐方式"选项组中所需的对齐方式按钮,如图 3.113 所示。

(2) 表格的对齐与环绕方式　表格的对齐方式是指整个表格相对于页面的对齐方式。选中整个表格,在"布局"选项卡的"表"选项组中,单击"属性"按钮,打开如图 3.114 所示的"表格属性"对话框,在"表格"选项卡中设置表格的对齐方式与文字环绕方式。

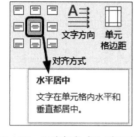

图 3.113 "对齐方式"选项组

图 3.114 表格对齐方式与文字环绕方式设置

(3) 边框和底纹　选定要更改边框和底纹的表格区域,在"表设计"选项卡的"边框"选项组中,单击"边框"下的下三角按钮,从弹出的菜单中选择"边框和底纹"命令,打开"边框和底纹"对话框,参见前面的图 3.33,在该对话框中进行同样的设置即可。或者单击"表设计"选项卡的"边框"选项组右下角的"对话框启动器"按钮,即弹出"边框和底纹"对话框。

(4) 绘制斜线表头　在实际工作中,经常需要使用带有斜线表头的表格。斜线表头是指在表格的第 1 个单元格中以斜线划分多个项目标题,分别对应表格的行和列。在以前 Word 2007 等版本有内置的斜线表头选项,而 Word 2016 已无此选项,可采取如下操作步骤。

① 将光标定位在需要绘制斜线的单元格中,在"表设计"选项卡的"边框"选项组中单击"边框"下的下三角按钮,从弹出的菜单中选择"斜下框线"或"斜上框线"命令,如图 3.115 所示,以建立所需的斜线表头。

图 3.115 "边框"下拉列表

② 或者单击"表设计"选项卡的"边框"选项组右下角的"对话框启动器"按钮,弹出"边框和底纹"对话框。在"预览"区域内选择"斜线",在"应用于"下拉列表中选择"单元格"选项,如图 3.116 所示,单击"确定"按钮,即可绘制斜线表头。

③ 绘制斜线表头之后,依次输入相应的表头文字,通过空格键与回车键移动到合适的位置,如图 3.117 所示。

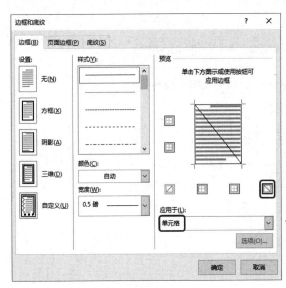

图 3.116　绘制斜线表头　　　　　　　图 3.117　斜线表头绘制效果图

也可以手动绘制斜线表头，操作步骤如下。

① 在"插入"选项卡的"表格"选项组中，单击"表格"按钮，从弹出的下拉列表中选择"绘制表格"命令。

② 鼠标指针变为铅笔状，用铅笔状光标在表格的第一行第一个单元格中单击，然后按住鼠标左键向右下角拖动出一条斜线，斜线到达单元格右下角后释放鼠标，即可完成斜线表头的绘制。

如果需要将单元格分为三栏或多栏，使用这些方法是无法完成的，可以通过插入形状的方法来实现。在"插入"选项卡中，点击"插图"选项组中"形状"按钮，在下拉列表中选择"线条"中的"直线"，在单元格中插入直线，从单元格左上角端点开始，绘制出直线，将一个单元格划分为三栏或多栏。表头中的文本，可以通过插入"形状"中"基本形状"中的"文本框"来实现。

（5）设置标题行跨页重复　文档中内容较多的表格，难免会跨越两页或更多页面。此时，如果希望表格的标题可以自动地出现在每个页面的表格上方，可以通过如下操作步骤实现。

① 将鼠标指针定位在指定为表格标题的行中。

② 执行"布局"选项卡→"数据"选项组→"重复标题行"按钮 [重复标题行] 即可。

3.3.4　表格的计算与排序

（1）表格的计算　在日常应用中，有时要对表格的数据进行计算，如求和、求平均数等。虽然 Word 不是一款数据处理方面的软件，但它仍然具有一些基本的计算功能。操作步骤如下。

① 将光标定位在要放置计算结果的单元格内，在"布局"选项卡的"数据"选项组中，单击"公式"按钮，打开"公式"对话框。

② 在"公式"的文本框中输入"="及计算公式，也可以在"粘贴函数"下拉列表中选择一个合适的函数，在"编号格式"下拉列表中选择计算结果的表示格式，如图 3.118 所示。

③ 单击"确定"按钮，即可得到计算结果。

在输入计算公式时，要用到单元格地址。单元格的地址用其所在的列号和行号表示。每一列的列号依次用字母 A，B，C…表示，每一行的行号依次用数字 1，2，3…表示，如 B5 表示第 2 列第 5 行的单元格。图 3.119 列出了作为函数自变量的单元格地址的表示方法。

Word 的表格计算自动化能力较差，如果单元格的内容发生变化，计算结果不能自动更新，必须选定结果之后右击，从快捷菜单中选择"更新域"命令才能更新。

图 3.118 "公式"对话框

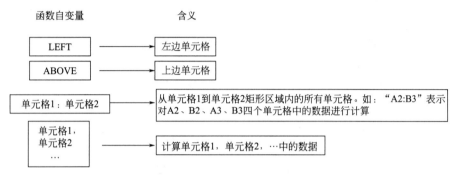

图 3.119 作为函数自变量的单元格地址的表示方法

（2）表格的排序　表格中的某类数据依据某种条件进行排列称为排序。操作步骤如下。

① 将光标定位在表格中，在"布局"选项卡的"数据"选项组中，单击"排序"按钮，打开"排序"对话框。

② 在"主要关键字"列表中选择排序的依据，在"类型"列表中选择排序的方法，单击"升序"或"降序"选择排序的顺序，如图 3.120 所示。

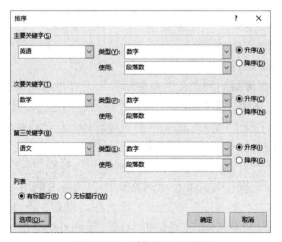

图 3.120 "排序"对话框

③ 如果在按照"主要关键字"排序时遇到相同的数据，还可以指定"次要关键字"和"第三关键字"，单击"有标题行"单选按钮，即可在排序时忽略表格第一行。

3.3.5 案例实施

3.3.5.1 案例要求

① 建立如图 3.121 所示的表格，然后在"大学计算机基础"的右边插入一列，列标题为"平均分"，并计算各人的平均分（保留 1 位小数）；在表格的最后增加一行，行标题为"各科平均分"，并计算各科的平均分（保留 1 位小数）。

② 将表格第一行的行高设置为 25 磅，该行文字为加粗、小四，其余各行的行高设置为 16 磅；将表格各列的列宽设置为 96 磅，所有文字水平居中对齐。

③ 按各人的平均分从高到低排序。

④ 将表格的外边框设置为红色 1.5 磅实线，内边框设置为蓝色 0.75 磅实线，对第一行与最后一行添加 10%的底纹。

⑤ 在表格的上面插入一行，合并单元格，然后输入标题"成绩表"，字体为"黑体"，三号，居中，取消底纹。

姓名	高等数学	大学英语	大学计算机基础
张晓	89	90	79
何川	83	73	92
穆凡	76	83	87
王浩	80	89	76
李静	75	78	81

图 3.121 样例

3.3.5.2 案例实施步骤

（1）要求①的实施步骤

① 在"插入"选项卡的"表格"选项组中，单击"表格"按钮，从弹出的菜单中选择"插入表格"命令，打开"插入表格"对话框。

② 在对话框中输入列数 4、行数 6，单击"确定"按钮，即可创建一个 6 行 4 列的表格，然后按照样例在表格中输入数据。

③ 将鼠标指针定位在最后一列，在"表格工具"下"布局"选项卡的"行和列"选项组中，单击"在右侧插入"按钮，即可插入一列，并输入列标题"平均分"；将鼠标指针定位在最后一行，在"表格工具"下"布局"选项卡的"行和列"选项组中，单击"在下方插入"按钮，即可插入一行，并输入行标题"各科平均分"。增加一行更简便的方法是，如图 3.122 所示，将鼠标指针定位在某行行线左侧时会出现带圆圈的加号标志⊕，单击此标志即可在此行线下方增加一行；增加列的操作与此类似，可在所选择列线右侧增加一列。

④ 将鼠标指针定位在"平均分"列的第二行，在"布局"选项卡的"数据"选项组中，单击"公式"按钮，打开"公式"对话框。在对话框中删除系统自动给出的公式"=SUM(LEFT)"，但是"="一定要保留。

⑤ 单击"粘贴函数"下拉列表框，从中选择 AVERAGE 函数，在该函数的括号内输入"LEFT"或者"B2：D2"，在"编号格式"列表中输入"0.0"，即保留一位小数，如图 3.123 所示，单击"确定"按钮。

图 3.122 插入一行　　　图 3.123 "公式"对话框

⑥ 同理计算其余行的平均分。如果上一步采用的参数是"B2：D2"，则第三行中的 AVERAGE 函数的括号内应该是"B3：D3"，其他行依此类推。

⑦ 将鼠标指针定位在"各科平均分"行的第二列，在"布局"选项卡的"数据"选项组中，单击"公式"按钮，打开"公式"对话框。在对话框中删除系统自动给出的公式"=SUM（ABOVE）"，但是"="一定要保留。

⑧ 单击"粘贴函数"下拉列表框，从中选择 AVERAGE 函数，在该函数的括号内输入"ABOVE"或"B2：B6"，在"编号格式"列表中输入"0.0"，即保留一位小数，单击"确定"按钮。

⑨ 同理计算其余列的平均分。其他列的函数参数是"C2：C6""D2：D6"等。

（2）要求②的实施步骤

① 选中第一行，在"布局"选项卡的"表"选项组中，单击"属性"按钮，打开"表格属性"对话框。

② 在"行"选项卡中选中"指定高度"复选框，并在列表中输入"25 磅"，如图 3.124 所示，单击"确定"按钮。之后再设置其他行的行高。也可以在"单元格大小"选项组中的表格"高度"框中设置。

③ 选中整个表格，在"布局"选项卡的"表"选项组中，单击"属性"按钮，打开"表格属性"对话框。

④ 在"列"选项卡中选中"指定宽度"复选框，并在列表中输入"96 磅"，单击"确定"按钮。

⑤ 选中第一行，在"开始"选项卡的"字体"选项组中设置为加粗、小四。

⑥ 选中整个表格，在"布局"选项卡的"对齐方式"选项组中设置为水平居中，如 3.3.3 节的图 3.113 所示。

（3）要求③的实施步骤

选中表格的前 6 行数据（不包括最后一行），在"布局"选项卡的"数据"选项组中，单击"排序"按钮，打开"排序"对话框。在"排序"对话框中，在"列表"区域选中"有标题行"单选按钮，然后从"主要关键字"列表中选择"平均分"，单击"平均分"的排序"类型"下拉列表，从中选择"数字"类型，单击"降序"单选按钮，如图 3.125 所示，最后单击"确定"按钮。

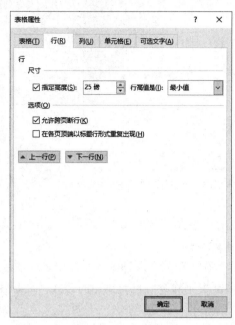

图 3.124 "行"选项卡

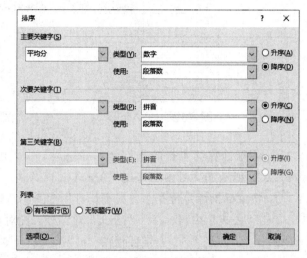

图 3.125 "排序"对话框

(4) 要求④的实施步骤

① 选中整个表格,在"表设计"选项卡的"边框"选项组中,单击"边框"下的下三角按钮,从弹出的菜单中选择"边框和底纹"命令,打开"边框和底纹"对话框,也可以通过单击"边框"选项组右下角的"对话框启动器"按钮来打开该窗口。

② 单击"边框"选项卡,在"设置"选项区域中选择"自定义",在"样式"下拉列表中选择"实线",在"颜色"下拉列表中选择"红色",在"宽度"下拉列表中选择"1.5 磅",单击"预览"区域图示表格的四条外围框线以便更改表格外框线,如图 3.126 所示。

③ 在"颜色"下拉列表中选择"蓝色",在"宽度"下拉列表中选择"0.75 磅",然后单击"预览"区域图示表格内部的中间点以便更改表格内边框线,单击"确定"按钮,即可得到表格的边框效果,如图 3.127 所示。

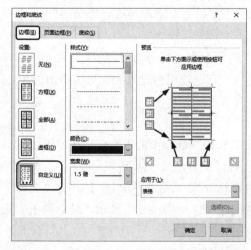

图 3.126 "边框和底纹"对话框的"边框"选项卡

姓名	高等数学	大学英语	大学计算机基础	平均分
张晓	89	90	79	86.0
何川	83	73	92	82.7
穆凡	76	83	87	82.0
王浩	80	89	76	81.7
李静	75	78	81	78.0
各科平均分	80.6	82.6	83.0	

图 3.127 表格的边框效果

④ 选中表格第一行后按【Ctrl】键再选中最后一行，在"边框和底纹"对话框中单击"底纹"选项卡，在"图案"区域的"样式"下拉列表中选择"10%"，如图 3.128 所示，单击"确定"按钮。

（5）要求⑤的实施步骤

① 将鼠标指针定位在表格第一行，在"布局"选项卡的"行和列"选项组中，单击"在上方插入"按钮，即可在表格最上方插入一行。也可通过鼠标右键操作实现。

② 单击"合并"选项组中的"合并单元格"按钮，即可将新插入一行的所有单元格合并为一个单元格。

③ 在该单元格中输入标题"成绩表"，选中"成绩表"，在"开始"选项卡的"字体"选项组中设置"黑体"，三号，在"段落"选项组中设置居中。

④ 将鼠标指针定位在表格标题行，在"表设计"选项卡的"表格样式"选项组中，单击"底纹"按钮，从弹出的下拉菜单中选择"无颜色"，如图 3.129 所示，即可取消标题行的底纹效果。

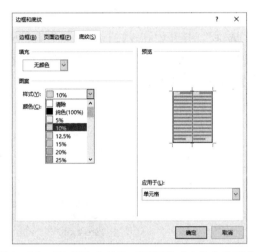

图 3.128 "边框和底纹"对话框的"底纹"选项卡

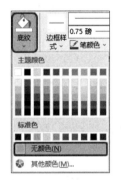

图 3.129 "无颜色"底纹

3.4 长文档编辑

Word 是目前应用广泛的文字处理软件，功能十分强大，其中用于编辑长文档的功能具有很高的实用价值。在编辑一些长达几十页或是几百页的论文或著作等文档时，如果不掌握一定的方法和技巧，只使用普通的编辑方法，将花费大量的时间精力在前后翻动文档页面上，这样的文档在结构上层次不清，在内容上难以查找，从而使编辑效率大大降低。因此，熟练地组织和维护长文档就成了一个关键问题。

Word 2016 提供了一系列编辑长文档的便捷功能，正确地使用这些功能，就能有效地提高组织和管理文档时的工作效率，编辑和维护长文档就会变得得心应手。

3.4.1 样式

使用样式，可以轻松快捷地编排具有统一格式的段落，使文档格式严格保持一致。而且，样式便于修改，如果文档中多个段落使用了同一样式，只要修改样式，文档中所有应用该样式的文本格式都会自动调整，可以省去一些格式设置上的重复性操作。

（1）使用样式　Word 2016 中提供了"快速样式库"，用户可以从中进行选择以便为文本或段落快速应用某种样式。操作步骤如下。

① 选择要使用样式的文本或段落，在"开始"选项卡的"样式"选项组中，单击"样式名称"列表右侧的"其他"按钮 ，在打开的如图 3.130 所示的"快速样式库"中选择所需的样式。

② 若"快速样式库"中没有想使用的样式，可单击"样式"选项组中的"对话框启动器"按钮 ，打开"样式"任务窗格。

③ 在"样式"任务窗格的右下角单击"选项"，打开如图 3.131 所示的"样式窗格选项"对话框。在"选择要显示的样式"下拉列表中选择"所有样式"，单击"确定"按钮后就可以在如图 3.132 所示的"样式"任务窗格中看到所有可用的样式了。

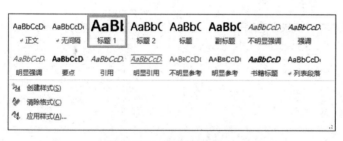

图 3.130　快速样式库

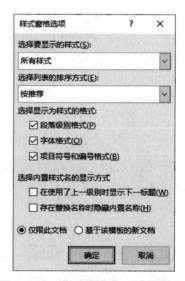

图 3.131　"样式窗格选项"对话框

④ 单击某个样式，即将该样式应用到所选文本或段落。

除了单独为选定的文本或段落设置样式外，Word 2016 还内置了许多经过专业设计的样式集，而每个样式集都包含了一整套可应用于整篇文档的样式设置。样式集会更改整个文档的字体和段落属性。要想查看更改样式集后的完整效果，可在"开始"选项卡的"样式"选项组中选择可用样式。只要用户选择了某个样式集，其中的样式设置就会自动应用于整篇文档，从而实现快速更改文档的外观，如图 3.133 所示。

图 3.132 "样式"任务窗格　　　　　　　　图 3.133 应用样式集

（2）新建样式　除了已有样式外，还可以根据需要创建新样式。操作步骤如下。

① 选中已经完成格式定义的文本或段落，在弹出的浮动工具栏中执行"样式"→"创建样式"命令，如图 3.134 所示。

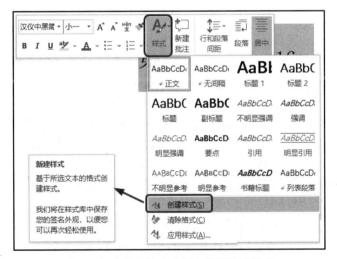

图 3.134 将所选内容保存为新快速样式

② 此时打开"根据格式化创建新样式"对话框，在"名称"文本框中输入新样式的名称，例如"一级标题"，如图 3.135 所示。

③ 如果在定义新样式的同时，还希望针对该样式进行进一步定义，则可以单击"修改"按钮，打开如图 3.136 所示的对话框。在该对话框中，用户可以定义该样式的类型是针对文本还是段落，以及样式基准和后续段落样式。除此之外，用户也可以单击"格式"按钮，分别设置该样式的字体、段落、边框、编号、文字效果、快捷键等。

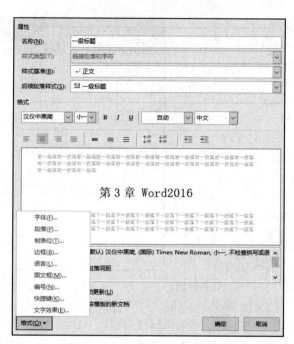

图 3.135　定义新样式名称　　　　图 3.136　修改新样式定义

④ 单击"确定"按钮，新定义的样式会出现在快速样式库中，并可以根据该样式快速调整文本或段落的格式。

也可以通过以下方式创建样式：在"开始"选项卡的"样式"选项组中，单击"样式名称"列表右侧的"其他"按钮，在打开的如图 3.130 所示的快速样式库中选择"创建样式"，打开"根据格式化创建新样式"对话框创建新的样式。或者通过单击"样式"任务窗格左下角的"新建样式"按钮来打开该对话框进行操作。

(3) 复制并管理样式　在编辑文档的过程中，如果需要使用其他模板或文档的样式，可以将其复制到当前的活动文档或模板中，而不必重复创建相同的样式。操作步骤如下。

① 打开需要复制样式的文档，在"开始"选项卡的"样式"选项组中，单击"对话框启动器"按钮，打开"样式"任务窗格。单击"样式"任务窗格底部的"管理样式"按钮，打开如图 3.137 所示的"管理样式"对话框。

② 单击"导入/导出"按钮，打开"管理器"对话框中的"样式"选项卡，如图 3.138 所示。在该对话框中，左侧区域显示的是当前文档中所包含的样式列表，而右侧区域则显示出在 Word 默认文档模板中所包含的样式。

③ 这时，可以看到在右侧的"样式位于"下拉列表框中显示的是"Normal.dotm（共用模板）"，而不是用户所要复制样式的目标文档。为了改变目标文档，单击"关闭文件"按钮。将文档关闭后，原来的"关闭文件"按钮就会变成"打开文件"按钮。

④ 单击"打开文件"按钮，弹出"打开"对话框。在"文件类型"下拉列表中选择"所有 Word 文档"，通过"查找范围"找到目标文件所在的路径，然后选中已经包含了特定样式的文档。

⑤ 单击"打开"按钮将文档打开，此时在样式"管理器"对话框的右侧将显示出包含在打开文档中的可选样式列表，这些样式均可以被复制到其他文档中，如图 3.139 所示。

图 3.137 "管理样式"对话框

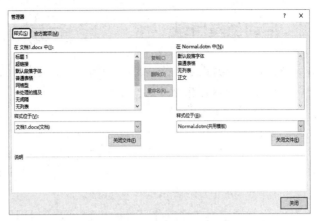

图 3.138 样式"管理器"对话框

图 3.139 打开包含多种样式的文档

⑥ 选中右侧样式列表中所需要的样式类型，然后单击"复制"按钮，即可将选中的样式复制到新的文档中。也可以选择左侧样式列表中所需要的样式类型，然后单击"复制"按钮将其复制到右侧的文档中。

⑦ 单击"关闭"按钮，结束操作。此时就可以在自己文档中的"快速样式库"中看到已添加的新样式了。

（4）修改和删除样式　对于不再需要的样式可以修改或删除，样式一旦更改，所有应用该样式的文本或段落都会随着样式的更新而更新。

① 修改样式。在"样式"任务窗格中指向要修改的样式，单击其右侧的下拉箭头，如图3.140所示，在展开的列表中选择"修改"命令，打开"修改样式"对话框对样式进行重新设置，修改后的样式自动反映在所有应用它的内容上。

② 删除样式。在"样式"任务窗格中指向要删除的样式，单击其右侧的下拉箭头，在展开的列表中选择"删除"命令，打开确认删除对话框，单击对话框中的"是"按钮，当前样式便被删除，这时文档中所有应用此样式的段落会自动应用"正文"样式。

图 3.140 修改样式

3.4.2 自动创建目录

目录通常是长篇文档不可缺少的一项内容,它列出了文档中的各级标题及其所在的页码,可以使用户对文档的内容和整体层次结构有一个大概的了解,方便阅读。Word 具备的自动创建目录功能可以避免手工编制目录的烦琐和容易出错的缺陷,当编辑修改文档使得页码变动时,能够实现目录自动更新,比起手动创建目录更加准确、可靠,极大地提高了工作效率。

(1)创建目录　创建目录最简单的方法是利用标题样式。通常,目录分为三级,可使用相应的"标题 1""标题 2""标题 3"样式来格式化,当然也可以使用其他多级标题样式或者自己创建的样式,按下列步骤自动生成目录。

① 将鼠标指针定位在要创建目录的位置,在"引用"选项卡的"目录"选项组中,单击"目录"按钮,从弹出的下拉列表中选择"自定义目录"命令,打开如图 3.141 所示的"目录"对话框。

② 用户可以在"打印预览"和"Web 预览"区域中看到 Word 在创建目录时使用的新样式设置。另外,如果用户正在创建读者将在打印页上阅读的文档,那么在创建目录时应包括标题和标题所在页面的页码,即选中"显示页码"复选框,从而便于读者快速翻到需要的页。如果用户创建的是读者将要在 Word 中联机阅读的文档,则可以将目录中各项的格式设置为超链接,即选中"使用超链接而不使用页码"复选框,以便读者可以通过单击目录中的某项标题转到对应的内容。

③ 单击"确定"按钮完成所有设置,插入目录效果如图 3.142 所示。

在"视图"选项卡的"显示"选项组中,单击"导航窗格"命令,在文档编辑窗口的左侧将出现"导航"任务窗格,在此窗格中会显示目录效果。

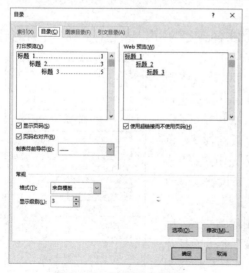

图 3.141 "目录"对话框

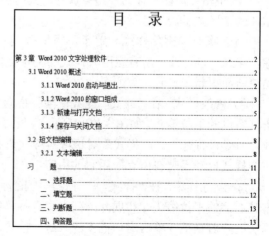

图 3.142 自动创建目录效果

（2）更新目录　有时在文档目录编制完成后，文档的内容发生了变化，如页码或者标题发生了变化，这时就要更新目录，操作步骤如下。

① 在"引用"选项卡的"目录"选项组中，单击"更新目录"按钮，打开如图 3.143 所示的"更新目录"对话框。

② 在该对话框中选中"只更新页码"单选按钮或者"更新整个目录"单选按钮，然后单击"确定"按钮，即可按照指定要求更新目录。

也可以把鼠标指向目录后右击，从弹出的快捷菜单中选择"更新域"命令，如图 3.144 所示，在打开的"更新目录"对话框中进行设置。

图 3.143　"更新目录"对话框

图 3.144　"更新域"命令

3.4.3　文档分页与分节

分隔符是文档中分隔页、栏或节的符号，包括分页符、分栏符和分节符。对于长文档编辑，分页与分节操作通常是进行格式设置的前道工序，在文档中插入这些分隔符即可实现文档分页或分节：分页符是分隔相邻页之间的文档内容的符号；分节符可将文档分隔为多个节，在同一文档的不同节中可以设置不同的页格式，例如页面边框、页眉/页脚等。

（1）插入分页符　在编辑文档的过程中，当文本及图表等内容达到一页时，Word 会根据页边距的大小和打印纸张的大小，在适当的位置自动插入一个分页符，然后开始新的一页。如果需要在某个特定位置强制分页，可手动插入分页符，以确保章或节标题等特定内容在新的一页开始。插入分页符的操作步骤如下。

将光标置于需要分页的位置，按【Ctrl】+【Enter】快捷键；或者在"布局"选项卡的"页面设置"选项组中单击"分隔符"按钮，从打开的"插入分页符和分节符"列表中单击"分页符"命令即可，如图 3.145 所示。

（2）插入分节符　在文档中插入分节符，不仅可以将文档内容划分为不同的页面，还可以分别针对不同的节进行页面设置操作。插入分节符的操作步骤如下。

① 将光标置于需要分节的位置，在"布局"选项卡的"页面设置"选项组中，单击"分隔符"按钮，打开"插入分页符和分节符"列表，如图 3.145 所示。分节符的类型共有四种，分别是

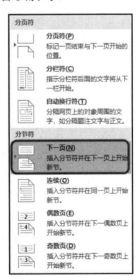
图 3.145　"插入分页符和分节符"列表

"下一页""连续""偶数页"和"奇数页"。

　　a."下一页":分节符后的文本从新的一页开始。

　　b."连续":新节与其前面一节同处于当前页中。

　　c."偶数页":分节符后面的内容转入下一个偶数页。

　　d."奇数页":分节符后面的内容转入下一个奇数页。

　② 单击"下一页"分节符后,在当前光标位置处即插入了一个不可见的分节符。

　插入的分节符不仅将光标位置后面的内容分为新的一节,还会使该节从新的一页开始,实现了既分节又分页的目的。

　默认方式下,Word 将整个文档视为一节,所有对文档的设置都是应用于整篇文档的。插入"分节符"将文档分成几"节"后,可以根据需要设置每"节"的格式,例如,为文档各节创建不同的页眉或页脚。

　(3) 为文档各节创建不同的页眉或页脚　为文档各节创建不同的页眉的操作步骤如下。

　① 插入"下一页"分节符后,将鼠标指针放置在文档的某一节中,并切换至"插入"选项卡,在"页眉和页脚"选项组中单击"页眉"按钮。

　② 从弹出的下拉列表中选择"编辑页眉"命令,进入页眉编辑区,输入页眉内容。这样,所设置的页眉就被应用到文档中的每一页了。

　③ 选择"页眉和页脚工具"的"页眉和页脚"选项卡,在"导航"选项组中单击"下一节"按钮,进入页眉的第二节区域,如图 3.146 所示。

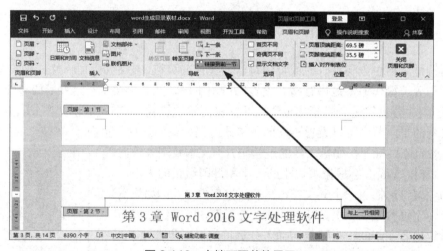

图 3.146　文档不同节的显示

　④ 在"导航"选项组中单击"链接到前一节"按钮,断开新节中的页眉与前一节中的页眉之间的链接。此时,Word 2016 页面中将不再显示"与上一节相同"的提示信息,也就是说用户可以更改本节现有的页眉了。同理,可为文档各节创建不同的页脚。

3.4.4　使用文档导航窗格与大纲视图

　Word 2016 增加的文档导航窗格有标题导航、页面导航、关键字/词导航和特定对象导航四种功能。使用文档导航窗格,可以轻松查找、定位到想查阅的段落、页面、文字或特定的对象，便捷轻松地对长文档进行编辑排版。其中，特定对象导航功能还可以允许用户按照所查找内容的类型来进行查找，例如按照图形、表格、公式、脚注/尾注、某审阅者的批注等类型进行查找。

另外，还可以使用 Word 的大纲视图来浏览长文档的架构，轻松创建大纲并处理文本，包括展开和折叠层级、更改标题级别、显示指定级别的内容等。

（1）使用文档导航窗格　文档导航窗格可以通过"视图"选项卡→"显示"选项组中的"导航窗格"复选框来打开和关闭，也可以通过按【Ctrl】+【F】快捷键来打开。打开的"导航"窗格如图 3.147 所示，窗格中有三个选项卡，分别为"标题""页面"和"结果"。

① 标题导航。单击"导航"窗格上的"标题"选项卡，将文档导航方式切换到"标题导航"，"导航"窗格中自动列出文档标题。应用文档标题导航的前提条件是打开的文档必须具有标题结构，否则就无法用文档标题进行导航。文档的标题结构越完整，导航效果就会越精确。

只要单击"导航"窗格中的标题，就会将当前光标定位到相关段落；单击标题前的三角符号，如图 3.147 中方框所示处，可展开或折叠大纲层次以显示或隐藏所包含的所有下级标题；拖放文档内的标题，可以重排文档结构；在所需处理的标题上单击鼠标右键，在弹出的快捷菜单中可以在该标题之前或之后添加新标题或删除标题，还可以设置文档在标题导航窗格中的显示方式，包括全部展开或全部折叠，还可设置显示标题级别。

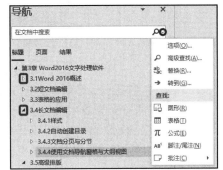

图 3.147　文档导航窗格

② 页面导航。页面导航是根据文档的默认分页进行导航。单击"导航"窗格上的"页面"选项卡，将文档导航方式切换到"页面导航"，"导航"窗格上会显示文档中所有页面的缩略图，单击缩略图可以移动到文档中的相关页面。

③ 关键字/词导航。单击"导航"窗格上的"结果"选项卡以进入关键字/词导航方式。在搜索文本框中输入关键字/词，"导航"窗格上就会即时显示搜索结果。搜索结果是包含关键字/词的导航链接，单击导航链接，即可快速定位到文档的相应位置。

④ 特定对象导航。单击搜索框右侧放大镜后面的倒三角按钮"▼"，可弹出如图 3.147 所示的命令窗口，选择"查找"栏中的相关选项，就可以快速查找文档中的图形、表格、公式、脚注/尾注、某审阅者的批注。

在关键字/词导航和特定对象导航中，如果文档中关键字/词或对象很多，则需要在搜索结果中进行二次查找。在实际应用中，可根据实际需要将几种导航方式结合使用，以获得最佳导航效果。

（2）打开大纲视图　打开大纲视图的操作步骤如下：单击"视图"选项卡→"视图"选项组中的"大纲视图"按钮。打开大纲视图后，选项卡自动切换为"大纲显示"选项卡，如图 3.148 所示。

在大纲视图中，各段落通过划分等级显示以方便用户浏览，其中共使用三个符号来表示文本的级别，其含义如下：

　⊕：表示在这个段落的下面还有附带的文本。
　⊖：表示在这个段落的下面没有附带的文本。

●：表示该段落为正文文本，但在这里取消了段落的缩进。

（3）设置段落的大纲级别　设置段落的大纲级别的操作步骤如下。

① 选定要设置级别的段落，如图3.148所示，被选定的文本在大纲级别栏中显示为3级，表示此处文本在文档中的级别为3级。

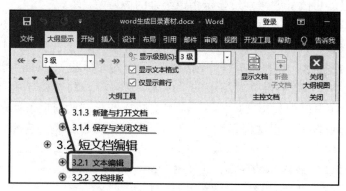

图3.148　大纲视图

② 在"大纲显示"选项卡中，单击大纲级别栏下拉列表框，选择要设置的级别，设置完成后，段落前的符号会发生改变。

（4）利用大纲级别浏览文档　在设置完成文档的各段落级别之后，可以通过调整显示级别以便浏览文档：单击"显示级别"下拉列表框，选择需要显示的级别，即可浏览所要求级别及其以上的内容。例如，在显示级别栏选择"3级"，则在大纲视图中显示的是文档中3级及以上级别的文本，如图3.148所示。

双击标识符号●可以展开显示下一级的内容；再双击它，则可关闭下一级内容的显示。这样，可以按用户需要按级别浏览整个文档。

3.5　高级排版

3.5.1　审阅与共享文档

在与他人一同处理文档的过程中，审阅、跟踪文档的修订状况将成为最重要的环节之一，用户需要及时了解其他用户更改了文档的哪些内容，以及为何要进行这些更改。

Word 2016提供了多种方式来协助用户完成文档审阅的相关操作，同时用户还可以通过全新的审阅窗格来快速对比、查看、合并同一文档的多个修订版本。

（1）拼写和语法检查　在编辑文档时，用户经常会因为疏忽而造成一些错误，很难保证输入文本的拼写和语法都完全正确。Word 2016的拼写和语法功能开启后，将自动在它认为有错误的字句下面加上波浪线，从而提醒用户。如果出现拼写错误，则用红色波浪线进行标记；

如果出现语法错误，则用绿色波浪线进行标记。此项检查功能默认是开启的。关闭此功能后则需手动开启，操作步骤如下。

① 单击"文件"选项卡，打开 Office 后台视图，执行"选项"命令，打开"Word 选项"对话框，切换到"校对"选项卡。

② 在"在 Word 中更正拼写和语法时"区域中选中"键入时检查拼写"和"键入时标记语法错误"复选框，如图 3.149 所示。用户还可根据需要选中"经常混淆的单词"等其他复选框，设置相关功能。

③ 单击"确定"按钮，拼写和语法检查功能的开启工作完成。

拼写和语法检查功能的使用十分简单，在"审阅"选项卡的"校对"选项组中，单击"拼写和语法"按钮，根据检查到的问题智能打开"拼写检查"或"语法"任务窗格，然后根据具体情况进行忽略或更改等操作，如图 3.150 所示。

图 3.149　设置自动拼写和语法检查功能

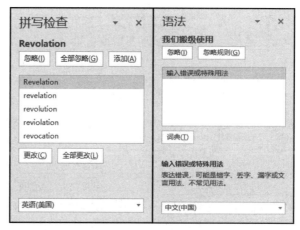

图 3.150　使用自动拼写和语法检查功能

（2）修订文档　当用户在修订状态下修改文档时，Word 应用程序将跟踪文档中所有内容的变化状况，同时会把用户在当前文档中修改、删除、插入的每一项内容标记下来，操作步骤如下。

① 打开所要修订的文档，在"审阅"选项卡的"修订"选项组中，单击"修订"按钮，即可开启文档的修订状态，如图 3.151 所示。

图 3.151　开启文档修订状态

② 用户在修订状态下直接插入的文档内容会通过颜色和下划线标记下来，删除的内容可以在右侧的页边空白处显示出来，如图3.152所示。

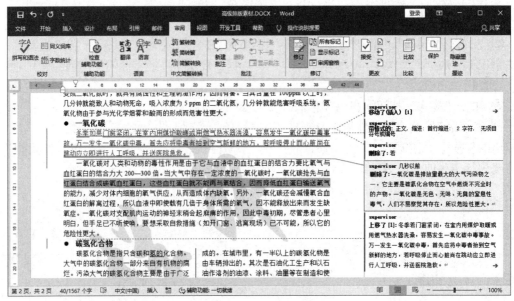

图3.152 修订当前文档

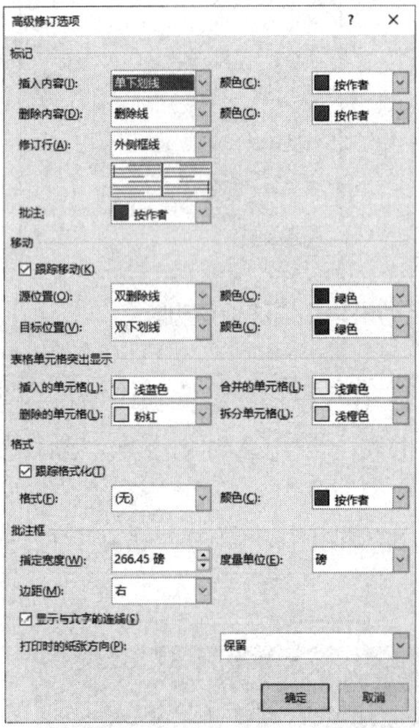

Word 2016还允许用户对修订内容的样式进行自定义设置，操作步骤如下。

① 在"审阅"选项卡的"修订"选项组中，单击"对话框启动器"按钮，弹出"修订选项"对话框，单击其中的"高级选项"按钮，弹出如图3.153所示的"高级修订选项"对话框。

② 用户可以根据自己的浏览习惯和具体需求在"标记""移动""表格单元格突出显示""格式""批注框"五个区域中设置修订内容的显示情况。

（3）添加批注　在多人审阅文档时，可能需要彼此之间对文档内容的变更状况作一个解释，或者向文档作者询问一些问题，这时就可以在文档中插入"批注"信息。"批注"与"修订"的不同之处在于，"批注"并不在原文的基础上进行修改，而是在文档页面的空白处添加相关的注释信息，并用有颜色的方框框起来。

如果需要为文档内容添加批注信息，只需在"审阅"选项卡的"批注"选项组中单击"新建批注"按钮，然后直接输入批注信息即可，如图3.154所示。

图3.153 "高级修订选项"对话框

如果要删除文档中的某一条批注信息，则可以右键单击所要删除的批注，在随后打开的快捷菜单中执行"删除批注"命令。如果要删除文档中的所有批注，则需单击任意批注信息，然后在"审阅"选项卡的"批注"选项组中执行"删除"→"删除文档中的所有批注"命令，如图 3.155 所示。

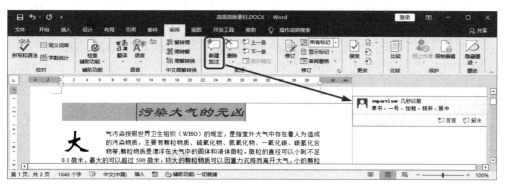

图 3.154　添加批注

另外，文档被多人修订或审阅后，可以在"审阅"选项卡的"修订"选项组中执行"显示标记"→"特定人员"命令，在列表中将显示出所有对该文档进行过修订或批注操作的人员名单，如图 3.156 所示。可以通过选择审阅者姓名前面的复选框，查看不同人员对本文档的修订或批注意见。

图 3.155　删除文档中的所有批注　　　　图 3.156　审阅者名单

（4）审阅修订和批注　文档内容修订完成以后，还需要对文档的修订和批注状况进行最终审阅，并确定最终的文档版本。当审阅修订和批注时，可以按照如下步骤接受或拒绝文档内容的每一项更改。

① 在"审阅"选项卡的"更改"选项组中，单击"上一处"或"下一处"按钮即可定位到文档中的上一处或下一处修订或批注。

② 对于修订信息，可以单击"更改"选项组中的"拒绝"或"接受"按钮来选择拒绝或接受当前修订对文档的更改；对于批注信息，可以在"批注"选项组中单击"删除"按钮将其删除。

③ 重复步骤①～②，直到文档中不再有修订和批注。

④ 如果要拒绝对当前文档做出的所有修订，可以在"更改"选项组中执行"拒绝"→"拒绝所有修订"命令；如果要接受所有修订，可以在"更改"选项组中执行"接受"→"接受所有修订"命令，如图 3.157 所示。

（5）快速比较文档　文档经过最终审阅以后，用户可能需要通过对比的方式查看修订前后两个文档版本的变化情况。Word 2016 提供了"精确比较"功能，可以显示两个文档的差异。

使用"精确比较"功能对文档版本进行比较的操作步骤如下。

① 在"审阅"选项卡的"比较"选项组中，执行"比较"→"比较"命令，打开"比较文档"对话框。

② 在"原文档"区域中通过浏览找到要用作原始文档的文档，在"修订的文档"区域中，通过浏览找到修订完成的文档，如图 3.158 所示。

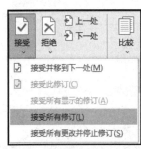

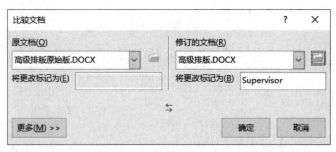

图 3.157　接受所有修订　　　　　　　　图 3.158　比较文档

③ 单击"确定"按钮，此时两个文档之间的不同之处将突出显示在"比较结果"文档的中间，以供用户查看，如图 3.159 所示。在文档比较视图左侧的审阅窗格中，自动统计了原文档与修订文档之间的具体差异情况。

图 3.159　对比同一文档的不同版本

（6）标记文档的最终状态　如果文档已经确定修改完成，用户可以为文档标记最终状态来表示文档的最终版本，此操作可以将文档设置为只读，并禁用相关的编辑命令，操作步骤如下。

标记文档的最终状态，可以选择"文件"选项卡，打开 Office 后台视图，然后执行"信息"→"保护文档"→"标记为最终"完成设置，如图 3.160 所示。

（7）共享文档　Word 2016 简化了文件分享操作，对共享功能和微软的云存储 OneDrive 进行了整合。在"文件"菜单的"共享"界面中，用户可以直接将文件保存到微软云 OneDrive 中，然后邀请其他用户一起来查看、编辑文档。Word 程序本身提供的四种共享方式是与人共享、电子邮件、联机演示和发布至博客，如图 3.161 所示。

现在只简单介绍使用电子邮件方式的共享。依次单击"文件"选项卡→"共享"→"电子邮件"，如图 3.161 所示，出现四种（或五种）选项：作为附件发送、以 PDF 形式发送、以 XPS 形式发送、以 Internet 传真形式发送（和发送链接）。

图 3.160　标记文档的最终状态

图 3.161　使用电子邮件方式共享文档

① 选择"作为附件发送"，则每个人获取副本进行审阅。

② 选择"以 PDF 形式发送"或"以 XPS 形式发送"，则将文档保存为 PDF 或 XPS 格式，保留了文档的布局、格式、字体和图像，使得内容不能轻易更改，保证了文档的只读性和原貌，还能够使没有部署 Office 产品的用户可以正常浏览文档内容。

③ 选择"以 Internet 传真形式发送"，这种选项不需要传真机，但需要传真服务提供商。

3.5.2　构建并使用文档部件

文档部件实际上就是对某一段指定文档内容（文本、图片、表格、段落等文档对象）的封装手段，也可以单纯地将其理解为对这段文档内容的保存和重复使用，这为在文档中共享已有的设计或内容提供了高效手段。

（1）构建文档部件　要将文档中某一部分内容保存为文档部件并反复使用，可以执行如下操作步骤。

① 在如图 3.162 所示的文档中，"学生成绩"表格很有可能在撰写其他同类文档时再次被使用，因此希望可以通过文档部件的方式进行保存。

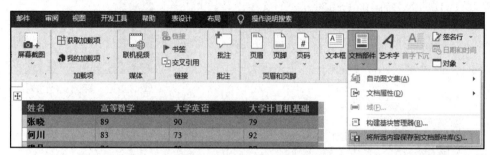

图 3.162　选择要被创建为文档部件的内容

② 选中表格，在"插入"选项卡的"文本"选项组中单击"文档部件"按钮，并从下拉列表中执行"将所选内容保存到文档部件库"命令。

③ 打开如图 3.163 所示的"新建构建基块"对话框，为新建的文档部件设置"名称"属性，并在"库"类别下拉列表中选择"表格"选项。

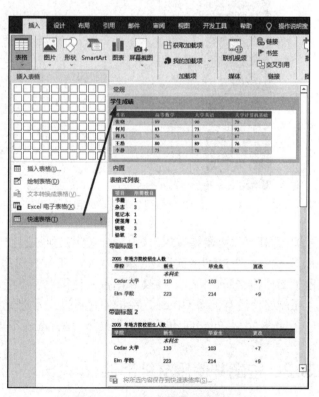

图 3.163　设置文档部件的相关属性　　图 3.164　使用已创建的文档部件

④ 单击“确定”按钮，完成文档部件的创建工作。

（2）使用文档部件　将光标定位在文档中要插入文档部件的位置，在“插入”选项卡的“表格”选项组中，单击“表格”→“快速表格”按钮，从其下拉列表中就可以直接找到刚才新建的文档部件，单击即可将其直接重用在文档中，如图 3.164 所示。

3.5.3　邮件合并

Word 2016 提供了强大的邮件合并功能，该功能具有极佳的实用性和便捷性，邮件合并可以将一个主文档与一个数据源结合起来，最终生成一系列输出文档。

如果要制作或发送一些信函或邀请函之类的邮件给客户或合作伙伴，就可以使用邮件合并功能来实现，这类邮件的内容通常分为固定不变的内容和变化的内容。下面举例说明如何利用邮件合并功能实现自动填写邀请人的信息到邀请函文档。

（1）邮件合并的任务要求　例如，有一份如图 3.165 所示的邀请函文档，在这个文档中已经输入了邀请函的正文内容，这一部分就是固定不变的内容。邀请函中的被邀请人姓名以及称谓等信息就属于变化的内容，而这部分信息保存在 Excel 工作表中，其内容见图 3.166。

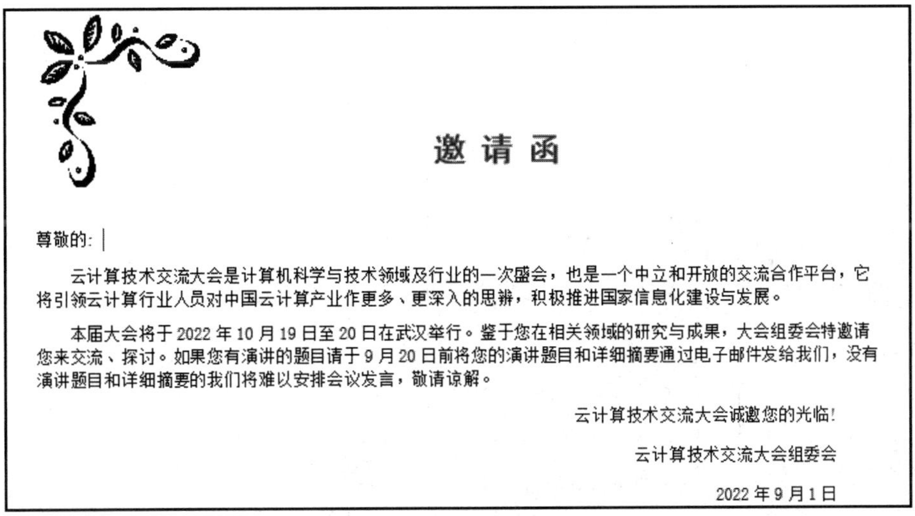

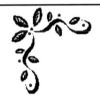

邀请函

尊敬的：

云计算技术交流大会是计算机科学与技术领域及行业的一次盛会，也是一个中立和开放的交流合作平台，它将引领云计算行业人员对中国云计算产业作更多、更深入的思辨，积极推进国家信息化建设与发展。

本届大会将于 2022 年 10 月 19 日至 20 日在武汉举行。鉴于您在相关领域的研究与成果，大会组委会特邀请您来交流、探讨。如果您有演讲的题目请于 9 月 20 日前将您的演讲题目和详细摘要通过电子邮件发给我们，没有演讲题目和详细摘要的我们将难以安排会议发言，敬请谅解。

云计算技术交流大会诚邀您的光临!

云计算技术交流大会组委会

2022 年 9 月 1 日

图 3.165　邀请函文档

	A	B	C	D
1	编号	姓名	单位	性别
2	A001	陈元	天津大学	男
3	A002	钱水	武汉大学	男
4	A003	王丽	西北工业大学	男
5	A004	孙小	桂林电子学院	女
6	A005	张红	浙江大学	女
7	A006	黄红	同济大学	男

图 3.166　保存在 Excel 工作表中的被邀请人信息

（2）邮件合并的操作步骤　下面介绍如何利用邮件合并功能将数据源中被邀请人的信息自动填写到邀请函文档中，操作步骤如下。

① 在“邮件”选项卡的“开始邮件合并”选项组中，单击“开始邮件合并”→“邮件合并分步向导”命令，如图 3.167 所示。

② 打开“邮件合并”任务窗格，如图 3.168 所示，进入“邮件合并分步向导”的第 1 步（共 6 步）。在“选择文档类型”选项区域中，选择一个希望创建的输出文档的类型（本例选中“信函”单选按钮）。

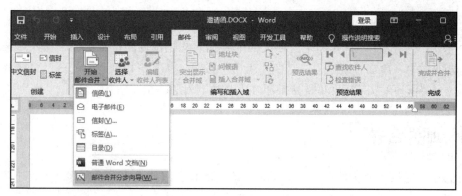

图 3.167 "邮件"选项卡

③ 单击"下一步:开始文档"超链接,进入"邮件合并分步向导"的第 2 步,在"选择开始文档"选项区域中选中"使用当前文档"单选按钮,以当前文档作为邮件合并的主文档。

④ 单击"下一步:选择收件人"超链接,进入"邮件合并分步向导"的第 3 步,在"选择收件人"选项区域中选中"使用现有列表"单选按钮,如图 3.169 所示,然后单击"浏览"超链接。

⑤ 打开"选取数据源"对话框,选择保存客户资料的 Excel 工作表文件,然后单击"打开"按钮。此时打开"选择表格"对话框,选择保存客户信息的工作表名称,如图 3.170 所示,单击"确定"按钮。

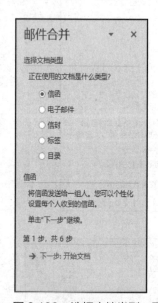
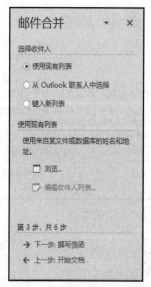
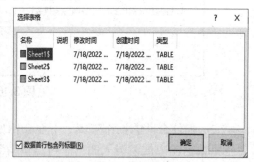

图 3.168 选择文档类型　　图 3.169 选择邮件合并数据源　　图 3.170 选择数据工作表

⑥ 打开"邮件合并收件人"对话框,可以对需要合并的收件人信息进行修改。然后单击"确定"按钮,完成现有工作表的链接工作。

⑦ 选择了收件人列表之后,单击"下一步:撰写信函"超链接,进入"邮件合并分步向导"的第 4 步。如果用户此时还未撰写信函的正文部分,可以在活动文档窗口中输入与所有输出文档中保持一致的文本。如果需要将收件人信息添加到信函中,先将鼠标指针定位在文

档中的合适位置，然后单击"地址块""问候语"等超链接。本例单击"其他项目"超链接。

⑧ 打开如图 3.171 所示的"插入合并域"对话框，在"域"列表框中，选择要添加到邀请函中被邀请人姓名所在位置的域，本例选择"姓名"域，单击"插入"按钮。插入所需的域后，单击"关闭"按钮，文档中的相应位置就会出现已插入的域标记。

⑨ 在"邮件"选项卡的"编写和插入域"选项组中，单击"规则"→"如果...那么...否则..."命令，打开"插入 Word 域"对话框，在"域名"下拉列表框中选择"性别"，在"比较条件"下拉列表框中选择"等于"，在"比较对象"文本框中输入"男"，在"则插入此文字"文本框中输入"先生"，在"否则插入此文字"文本框中输入"女士"，如图 3.172 所示。然后单击"确定"按钮，这样就可以使被邀请人的称谓与性别建立关联。

图 3.171　插入合并域

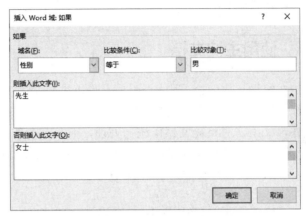

图 3.172　插入域规则

⑩ 在"邮件合并"任务窗格中，单击"下一步：预览信函"超链接，进入"邮件合并分步向导"的第 5 步，如图 3.173 所示。在"预览信函"选项区域中，单击"<<"或">>"按钮，查看具有不同被邀请人姓名和称谓的信函。

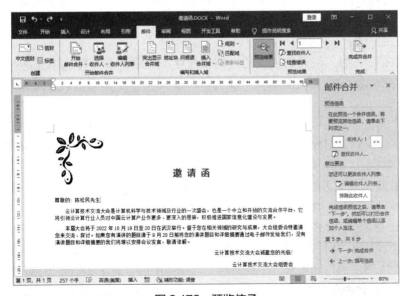

图 3.173　预览信函

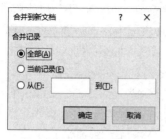

图 3.174　合并到新文档

⑪ 预览并处理输出文档后，单击"下一步：完成合并"超链接，进入"邮件合并分步向导"的最后一步。在"完成合并"选项区域中，用户可以根据实际需要选择单击"打印"或"编辑单个信函"超链接，进行合并工作。本例单击"编辑单个信函"超链接。

⑫ 打开"合并到新文档"对话框，在"合并记录"选项区域中，选中"全部"单选按钮，如图 3.174 所示，然后单击"确定"按钮。

这样，Word 会将 Excel 中存储的收件人信息自动添加到邀请函正文中，并合并生成一个新文档，在该文档中，每页中的邀请函客户信息均由数据源自动创建生成。

3.5.4　使用主控文档

用户在编辑长文档时，通常会将所有的内容都存放在一个文件中，文件尺寸很大，调入内存进行读写操作时会占用较多资源，导致处理文档时速度缓慢。如果将文档划分成多个独立的文件，又无法对整篇文档作统一处理，而且多个独立不关联的文件也不易管理。使用 Word 提供的主控文档功能，是编制处理长文档非常合适的方法。使用主控文档功能将长文档分成较小的、更易于管理的子文档，可统一设置其章、节标题和正文格式，便于组织、维护和管理。

主控文档是一组单独文件（子文档）的容器。主控文档包含一系列相关子文档的链接，可以用主控文档控制长文档，例如长篇文章或整本书，而把长文档划分为若干组成部分作为主控文档的子文档，例如把整本书的各章（或节）内容作为子文档。每个子文档都以文件形式独立存在，既可以被单独打开，也可以在主控文档中打开，受主控文档控制。在主控文档中，把所有子文档作为一个整体看待，对其进行查看、重新组织、设置格式、校对、打印和创建目录等操作，允许用户对每个子文档进行独立的操作。此外，可以将主控文档保存在网络上，并将文档划分为独立的子文档，以便与其他人分别在各自的子文档中进行协同工作。下面介绍该功能的使用方法。

（1）创建主控文档　创建主控文档，需要先建立大纲，然后将大纲中的标题指定为子文档。也可以将当前现有文档添加到主控文档，使其成为子文档。创建主控文档的操作步骤如下。

① 单击"文件"选项卡→"新建"→"空白文档"，创建空文档；单击"视图"选项卡→"大纲"按钮，切换到大纲视图下；输入文档的大纲，并用内置的标题样式对各级标题进行格式化。

② 选定要拆分为子文档的标题和文本。注意：所选定内容中第一个标题的格式就是每个子文档的起始标题样式或大纲级别。例如，如果所选内容以"标题 2"开始，那么在选定的内容中所有具有"标题 2"样式的段落都将创建一个新的子文档。选定的方法是将鼠标移到该标题前的空心十字符号，此时鼠标指针变成十字箭头，单击鼠标即可选定该标题包括的内容。

③ 单击"大纲显示"选项卡"主控文档"选项组中的"显示文档"按钮，使其处于选中状态（高亮显示），此时可见"创建"（子文档）按钮；如果处于未选中状态，则"创建"和"插

入"（子文档）等六个按钮不可见；如图 3.175 所示，单击"创建"（子文档）按钮，原文档将变为主控文档，并根据选定的内容创建子文档；重复上一步和本步骤，创建其余子文档，结果如图 3.176 所示，可见每个子文档被放在一个虚线框中，在虚线框的左上角显示子文档图标，子文档之间用分节符隔开。

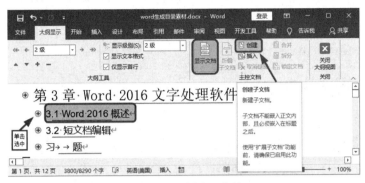

图 3.175　创建子文档

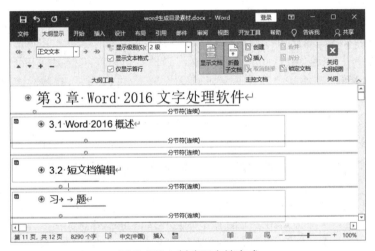

图 3.176　创建子文档完成

④ 保存文件。在保存主文档的同时，会自动保存创建的子文档。在主文档的大纲视图中，单击"折叠子文档"按钮使其处于未选中状态，则该按钮转变为"展开子文档"并呈未选中状态，"创建"（子文档）按钮呈灰色无效状态。此时主文档如图 3.177 所示，可见其包括的子文档文件名及存储位置。再单击"展开子文档"按钮，则该按钮转变为"折叠子文档"按钮并呈高亮选中状态，此时"创建"（子文档）按钮呈可用状态。

 提示

> 将已有文档转换成主控文档的操作与此基本相同。打开已有文档，切换到大纲视图方式，使用标题样式建立主控文档的大纲，其余操作与上述操作的步骤基本相同。

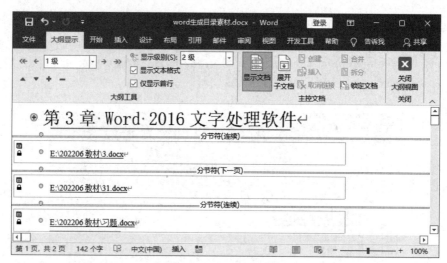

图 3.177 主文档结构

（2）处理主控文档　可使用大纲视图处理主控文档，例如：扩展、折叠子文档或者更改视图，以显示或隐藏详细信息；通过添加、删除、组合、拆分、重命名和重新排列子文档，可快速更改文档结构。这些操作可以通过大纲视图中"主控文档"选项组中的相关命令来完成。

在主控文档中使用的模板控制着全部文档，当然也可以在主控文档和子文档中使用不同的模板或不同的设置。在主控文档中进行的格式设置、修改、修订等操作都能自动同步到对应子文档中，这在需要反复修改、拆分、合并子文档时特别重要。

（3）处理子文档　利用主控文档，用户可以为子文档创建目录、索引、交叉引用以及页眉和页脚。操作时，从主控文档中打开要处理的子文档。如果子文档在主控文档中进行了折叠，则每个子文档都以超链接形式出现。按住【Ctrl】键并单击超链接，将在单独的窗口中显示该子文档。

（4）合并主控文档和子文档　主控文档和子文档转成普通文档的方法很简单，在大纲视图下，单击"大纲显示"选项卡中的"展开子文档"按钮以完整显示所有子文档内容，选中所有显示的子文档内容（不要选中主控文档中的文本等内容），单击"大纲显示"选项卡中的"显示文档"展开"主控文档"区，单击"取消链接"即可，最后另存为 Word 文档即可得到合并后的普通文档。

3.5.5　添加引用

在对长文档进行编辑的过程中，使用脚注、书目、题注和索引，可以更有效地组织文档的引用内容和关键内容。

3.5.5.1　使用脚注和尾注

脚注和尾注用来为文档中的文本提供解释、批注以及相关的参考资料。通常使用脚注解释本页面中的内容，对其中较难理解的内容进行说明，位于本页面的底部或指定文本的下方；尾注用于表明所引用的文献来源，位于文档或指定节的结尾处。脚注和尾注都由两个链接的部分组成：注释引用标记及相应的注释文本。脚注和尾注由一条分隔符线（短横线）与正文分开，注释引用标记可以自动进行编号或者创建自定义标记，在添加、删除或移动自动编号的注释时，Word 会对脚注和尾注引用标记重新进行编号。在文档中插入脚注或尾注的操作步骤如下。

① 在页面视图中，单击要插入注释引用标记的位置。

② 单击"引用"选项卡"脚注"选项组中的"插入脚注"或"插入尾注"按钮，即可插入注释引用标记。在默认情况下，脚注被置于每页的结尾处，而尾注则放在文档的结尾处。

③ 要更改脚注或尾注的格式，单击"脚注"对话框启动器按钮，弹出"脚注和尾注"对话框，如图 3.178 所示，可设置其位置、脚注布局、格式及应用更改范围；如果要使用自定义标记替代传统的编号格式，单击"格式"区域中的"符号"按钮，从可用的符号中选择标记，最后单击"插入"按钮。

④ 插入注释引用标记后，在光标所在位置输入注释文本。完成后，双击脚注或尾注编号，可以返回到文档中的注释引用标记。

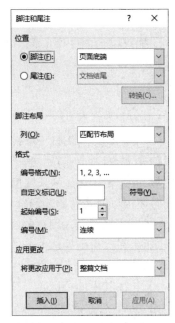

图 3.178 "脚注和尾注"对话框

在文档中删除脚注或尾注的操作方法很简单，在文档中选定要删除的脚注或尾注的引用标记，然后按【Delete】键。注意，该操作将删除文档中的注释引用标记而不是注释文本。删除注释引用标记后，Word 会自动对剩余的注释重新进行编号。

要查看脚注或尾注的内容，只需将鼠标指针移动到脚注或尾注的引用标记上，屏幕上就会弹出其对应的注释文本提示框。需要修改时，只要双击其引用标记，即可在其注释文本与文档间切换。

3.5.5.2 插入引文与书目

在编写论文或专业图书时，对参考文献的引用处理起来非常烦琐，尤其文献与引用较多或经常变化时。从 Word 2007 开始，增加了引文与书目功能，提供了 12 种文献引用样式，较好地解决了文献的编辑、管理、保存、共享以及文献的引用与更新问题，是解决文献与引用问题的较好方法。书目是在创建文档时参考或引用的源的列表，通常位于文档的末尾。在 Word 2007 和 Word 2016 中，可以根据为该文档提供的源信息自动生成书目。当新建源时，源信息会保存到计算机上，以便查找和使用已创建的任何源；可以选择所需书目样式，也可以添加新书目样式。

将文档中所引用的文献输入"源管理器"中是建立书目的较好方式。在源管理器中，将每条文献称为一个"源"。Word 提供的源包括图书、期刊文章、会议记录、报告及网站等多种文献来源分类。使用者需根据文献的种类来添加源。使用源管理器插入的书目，可以很容易地进行格式转换以符合特定的要求。

使用源管理器添加新源的操作步骤如下：单击"引用"选项卡→"引用与书目"选项组中的"管理源"按钮，弹出"源管理器"对话框，然后单击其中的"新建"按钮，弹出"创建源"对话框，在其中进行把图书、网站等类型的源添加到源列表的操作，最后单击"确定"按钮，返回到"源管理器"对话框；或者通过单击"引用"选项卡→"插入引文"下拉按钮，从打开的下拉菜单中选择"添加新源"命令来建立新源；也可以使用源管理器导入源列表。

插入书目的操作步骤如下：单击"引用"选项卡→"引文与书目"选项组中的"书目"下拉按钮，从打开的下拉列表中选择"书目"，可以在文档当前位置将列表中的源插入作为书目。

3.5.5.3 插入题注

题注就是给图片、表格、图表、公式或其他对象添加的编号标签，通常包括编号和说明，以便读者查找和阅读。使用题注功能，可以保证长文档中图片、表格或图表等对象能够按顺序自动编号。移动、插入或删除带题注的图片、表格等对象时，Word 会自动更新题注的编号，而且还可以对带有题注的项目进行交叉引用。在文档中插入题注的操作步骤如下。

① 选择要插入题注的对象，如表格、公式、图表或其他对象。

② 在"引用"选项卡的"题注"选项组中，单击"插入题注"按钮，弹出"题注"对话框，如图 3.179 所示。

③ 在其中的"标签"列表中，选择符合该对象的标签，例如表格、公式或图表；在"题注"文本框中，输入要显示在标签之后的任意文本，包括标点符号。

④ 如果"标签"列表中没有所需的标签，可单击"新建标签"，弹出"新建标签"对话框，在其"标签"框中输入标签名称，单击"确定"按钮，返回到"题注"对话框，如图 3.179 所示，新建的标签名将出现在"标签"下拉列表中，还可以在此设置该标签的位置及编号格式。

图 3.179 "题注"对话框

3.5.5.4 插入索引

索引就是以关键词为检索对象的列表，通常位于文档末尾处。索引能使读者根据相应的关键词快速定位到正文的相关位置，获得这些关键词的详细信息。专业文章、杂志、论文、图书等通常在结尾处附有索引，列出文档中涉及的重要名词、专业术语、概念、定义、定理等，以便读者快速查看这些索引项的详细信息。

手动为长文档制作索引，不但工作量大、烦琐而且易出错，更改文档内容后，又得重新更改索引。Word 会自动执行创建索引涉及的大部分操作，可以使用户轻松进行更新或应用格式更改。要创建索引，必须首先标记索引项，然后生成索引。

用户可以通过提供文档中主索引项的名称和交叉引用标记索引项，可以为普通文本如单词、短语或符号创建索引项，也可以为包含延续数页的主题创建索引项，还可以创建引用其他索引项的索引。当用户选择文本并将其标记为索引项时，Word 会在该文本后添加一个特殊的 XE（索引项）字段，该域包括已标记的主索引项及用户选择包含的任何交叉引用信息。标记好所有索引项之后，可以选择一种索引设计并生成索引。Word 会收集索引项，将它们按字母顺序排序，引用其页码，查找并删除同一页上的重复索引项，然后在文档中显示该索引。

（1）标记索引项　下面介绍标记索引项并创建索引的主要操作步骤及注意事项。

① 如果使用现有文本作为索引项，选中该文本；如果需要自己输入文本作为索引项，在

要插入索引项的位置单击鼠标,然后在"引用"选项卡的"索引"选项组中单击"标记条目"按钮,弹出如图3.180所示的"标记索引项"对话框。

② 使用现有文本作为索引项,则在"主索引项"框中显示该文本;如果需要自己输入文本,则在该文本框中输入相应文本。

③ 根据需要,可以通过创建次索引项、第三级索引项或另一个索引项的交叉引用来自定义索引项。

a. 如要创建次索引项,在"次索引项"文本框中输入文本。

b. 如要创建第三级索引项,在次索引项文本后输入半角冒号,再输入第三级索引项文本。

c. 如要创建对其他索引项的交叉引用,单击"选项"区域中的"交叉引用",然后在文本框中输入其他索引项的文本。

④ 单击"标记"按钮即可标记索引项;单击"标记全部"按钮即可标记文档中与此文本相同的所有文本;如果要标记其他索引项,选中文本,然后在"标记索引项"对话框中重复上述操作;完成标记索引项后,此时的"取消"按钮变为"关闭"按钮,单击"关闭"按钮即可完成标记索引项的操作。

(2) 插入索引 完成标记索引项的操作后,可以在文档中插入索引,其操作步骤如下。

① 单击要添加索引的位置,通常在文档结尾处。

② 在"引用"选项卡的"索引"选项组中,单击"插入索引"按钮,弹出"索引"对话框,如图3.181所示。

③ 单击"索引"选项卡,在"格式"下拉列表框中选择索引的风格,可以在"打印预览"列表框看到效果。此外还可以根据需求设置其他选项,例如选中"页码右对齐"复选框,将页码靠右排列;还可以设置"类型""栏数""语言""排序依据"等。

④ 单击"确定"按钮,索引创建完成。

图 3.180 "标记索引项"对话框

图 3.181 "索引"对话框

习题

一、选择题

1. 使用鼠标选定矩形块文本时，按住（　　）键不放，将鼠标指针移到该块的左上角，拖曳鼠标到右下角。

    A. Ctrl　　　　　　B. Alt　　　　　　C. Shift　　　　　　D. Enter

2. 在 Word 中，按（　　）键与功能区上的复制按钮功能相同。

    A. Ctrl+C　　　　　B. Ctrl+V　　　　　C. Ctrl+A　　　　　D. Ctrl+S

3. 在 Word 中，利用（　　）显示方式可查看与打印效果一致的各种文档。

    A. 阅读视图　　　　B. 页面视图　　　　C. Web 版式视图　　D. 大纲视图

4. 在 Word 中，如果使用了项目符号或编号，则项目符号或编号在（　　）时自动出现。

    A. 每次按回车键　　　　　　　　　　B. 一行输入完毕并回车

    C. 按 Tab 键　　　　　　　　　　　　D. 文字输入超过右边界

5. 将选定的文本从文档的一个位置复制到另一个位置，可按住（　　）键再用鼠标拖动。

    A. Ctrl　　　　　　B. Alt　　　　　　C. Shift　　　　　　D. Enter

6. 在编辑文本时，可用（　　）键和方向键选择多个字符。

    A. Ctrl　　　　　　B. Tab　　　　　　C. Shift　　　　　　D. Alt

7. 目前在打印预览状态，若要打印文件，则（　　）。

    A. 必须退出预览状态后才可以打印　　B.在打印预览状态可以直接打印

    C.在打印预览状态下不能打印　　　　D.只能在打印预览状态下打印

8. 如果文档很长，用户可以用 Word 提供的（　　）功能，同时在两个窗口中滚动查看同一文档的不同部分。

    A.拆分窗口　　　　B.滚动条　　　　　C.排列窗口　　　　　D.帮助

9. 打开 Word 文档一般是指（　　）。

    A. 把文档的内容从内存中读入并显示出来

    B. 为指定的文件开设一个新的、空的文档窗口

    C. 把文档的内容从磁盘调入内存并显示出来

    D. 显示并打印出指定文档的内容

10. 在 Word 中，将部分文本内容复制到其他位置，首先进行的操作是（　　）。

    A. 剪切　　　　　　B. 粘贴　　　　　　C. 复制　　　　　　D. 选择

11. 下列方式中，可以显示出页眉和页脚的是（　　）。

    A.草稿视图　　　　B.页面视图　　　　C.大纲视图　　　　　D.Web 版式视图

12. 在 Word 中，将所选中的文本字体设置为加粗的操作是单击功能区中的（　　）按钮。

    A.U　　　　　　　B.I　　　　　　　　C.B　　　　　　　　D.A

二、填空题

1. 剪贴板是（　　）中的一个区域。

2. 在 Word 中要复制已选定的文本，可以按下（　　）键，同时用鼠标拖动选定文本到指定的位置。

3. （　　）是对多篇具有相同格式的文档的格式定义。
4. 当修改一个文档时，必须把（　　）移到要修改的位置。
5. 按键盘上的（　　）键可以改变状态栏中的"插入/改写"模式。
6. 打印之前最好先进行（　　），以保证取得满意的打印效果。
7. 新建文档的快捷键是 Ctrl+（　　），打开文档的快捷键是 Ctrl+（　　），保存文档的快捷键是 Ctrl+（　　）。
8. Word 中，"打印预览"按钮位于（　　）工具栏中。
9. 图文混排是指（　　）和（　　）的排列融为一体。
10. 打印 Word 文档时可以（　　）双面打印。

三、判断题

1. 文本框的位置无法调整，要想重新定位只能删掉该文本框以后重新插入。（　　）
2. 在分栏对话框的"栏数"输入框中可以设置文档分成的栏数。（　　）
3. 利用"拼写和语法检查"功能，可以检查中文文字的拼音错误。（　　）
4. 在使用 Word 中的查找功能时，搜索的范围都是整篇文档。（　　）
5. 某论文要用规定的纸张大小，但在打印预览时发现最后一页只有一行，若要把这一行提到上一页，最好的办法是改变纸张大小。（　　）
6. "保存"和"另存为"的作用是一样的。（　　）
7. 只能使用插入公式的方法插入数学公式。（　　）
8. 合并单元格操作将各单元格中的内容也一起合并。（　　）
9. Word 是系统软件。（　　）
10. 在"页边距"设置中还可以对装订线进行设置。（　　）

四、简答题

1. 如何在文档中添加批注？
2. Word 中的样式有什么作用？如何应用？
3. 如何在 Word 文档中设置制表位？
4. 什么是索引？如何在文档中插入索引？
5. 如何通过 Tell Me 搜索框执行邮件合并？

04

第4章

Excel 2016电子表格

4.1 Excel 2016 概述

4.1.1 Excel 2016 功能简介

由 Microsoft 公司推出的 Office 办公软件是目前全球普及、功能强大的办公自动化软件产品，其中 Excel 是该办公软件的一个重要组成部分，它可以进行各种数据的处理、统计分析和辅助决策操作，广泛地应用于管理、统计、财经、金融等众多领域。Excel 2016 继承了以前版本的优点，并增添了许多新的功能，例如迷你图能突出显示数据趋势等。

Excel 2016 作为 Office 2016 办公软件组成之一，是电子表格界首屈一指的软件。使用 Excel 2016，用户可完成表格输入、统计、分析等多项工作，可生成精美直观的表格、图表和报表，还能够将表格中的数据转换为各种可视图表显示或打印出来，大大提高用户的工作效率。对于在学校、企业、工厂、银行等单位从事会计、统计、文员、数据分析、仓管等与数据有关工作的人员，Excel 2016 是不可多得的好帮手。

4.1.2 Excel 2016 的启动和退出

（1）启动 Excel 2016　启动 Excel 2016 的方法有多种，这里主要介绍常用的四种方法。

① 从"开始"菜单启动。单击屏幕左下角的"开始"按钮，在"开始"菜单中选择"Excel 2016"选项，即可启动 Excel 2016。

② 从桌面快捷方式启动。在 Windows 桌面上找到 Excel 2016 的快捷方式图标，双击该图标，即可启动 Excel 2016。

③ 运行"EXCEL.EXE"命令启动 Excel 2016。使用组合键【Windows】+【R】打开"运行"对话框，输入 Excel 2016 可执行文件的安装路径（如"C:\Program Files\Microsoft Office\Office16\EXCEL.EXE"）或直接输入"excel"，单击"确定"按钮，即可启动 Excel 2016，如图 4.1 所示。

④ 双击 Excel 文档启动 Excel 2016。通过打开任意"*.xlsx"文档也可快速启动 Excel 2016。

（2）退出 Excel 2016　完成相应操作后，需要退出应用程序，退出 Excel 2016 的方法主要有以下几种。

① 在文档的标题栏上单击鼠标右键，在弹出的快捷菜单中选择"关闭"命令，即可退出 Excel 2016，如图 4.2 所示。

② 单击 Excel 2016 窗口右上角的"关闭"按钮，即可退出 Excel 2016。

③ 如果当前的活动窗口是 Excel 2016 的工作窗口，可以使用【Alt】+【F4】组合键快速退出 Excel 2016。

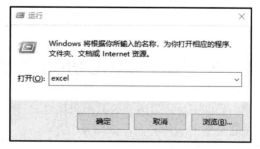

图 4.1　使用"运行"对话框启动 Excel 2016

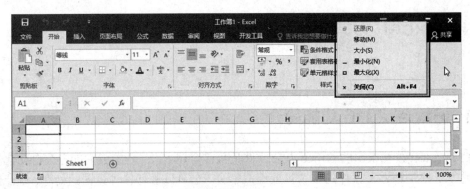

图 4.2　使用快捷菜单退出 Excel 2016

需要说明的是，打开 Excel 2016 的"文件"选项卡，在弹出的菜单中可以看到"关闭"命令。如果当前系统有一个以上正在编辑的 Excel 文档，单击此命令也可以退出 Excel 2016。但是，如果当前系统只有一个正在编辑的 Excel 文档，单击此命令只能关闭正在编辑的工作簿，无法退出 Excel 2016，如图 4.3 所示。

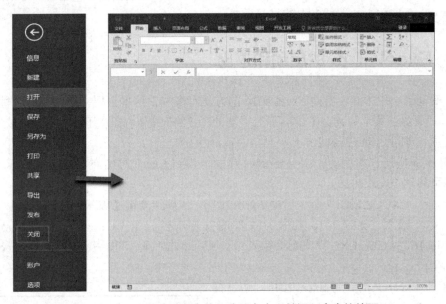

图 4.3　Excel 2016 "文件"选项卡中"关闭"命令的使用

4.1.3　Excel 2016 的窗口组成

启动 Excel 2016 后，系统自动建立一个名称为"工作簿 1"的空白文档，呈现在面前的就是它全新的工作界面，如图 4.4 所示。

Excel 2016 界面美观、大方、立体感强，操作直观、方便，工作界面主要由快速访问工具栏、标题栏、"文件"选项卡、功能区、名称框和编辑栏、工作表编辑区、状态栏等部分组成。用户接下来要进行的所有关于电子表格的操作都将在此界面完成。

（1）快速访问工具栏　快速访问工具栏位于标题栏的左侧，相当于在 Windows 中使用的快捷菜单。快速访问工具栏包括一些编辑表格时常用的工具按钮，是一个可自定义的快速访问工具栏，默认的快速访问工具栏中包含保存■、撤销■和恢复■三个命令按钮。如果需要在快速访问工具栏中添加其他命令按钮，可单击其右侧的"自定义快速访问工具栏"按钮■，在弹出的菜单中单击所需要的命令，即可将其添加到快速访问工具栏中，同时在该命令前会显示√，如图 4.5 所示。

图 4.4　Microsoft Excel 2016 的工作窗口

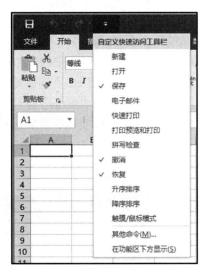

图 4.5　自定义快速访问工具栏

（2）标题栏　标题栏位于 Excel 2016 窗口的最顶端，主要用于显示当前编辑的文件名称以及应用程序的名称，如"工作簿 1-Excel"，其中"工作簿 1"表示当前编辑文件的名称，"Excel"表示应用程序的名称。如果建立了多个工作簿，默认命名为"工作簿 2""工作簿 3"，依此类推，保存时可以自定义名称。在标题栏的右侧有一个"功能区显示选项"按钮■和三个窗口控制按钮,分别是"最小化"按钮、"最大化"按钮/"还原"按钮和"关闭"按钮。

(3)"文件"选项卡 Excel 2016 的"文件"选项卡是用于对文档或应用程序执行操作的命令集。单击"文件"选项卡后,会显示一些基本命令,包括信息、新建、打开、保存、打印、关闭、选项以及其他命令,如图 4.6 所示。

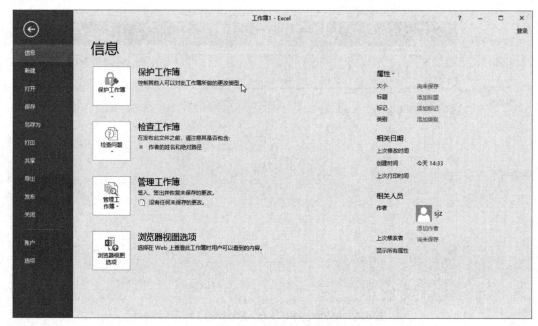

图 4.6 "文件"选项卡

(4)功能区 Excel 2016 的功能区由各种选项卡和包含在选项卡中的各种命令按钮组成,利用它可以轻松地查找以前隐藏在复杂菜单和工具栏中的命令和功能。

在功能区中,用于数据处理的所有命令被组织在不同的选项卡中。在每个选项卡中,命令又被分类放置在不同的组中。命令组的右下角通常都会有一个"对话框启动"按钮,用于打开与该组命令相关的任务窗格或对话框,以便用户对要进行的操作做进一步的设置,如图 4.7 所示。

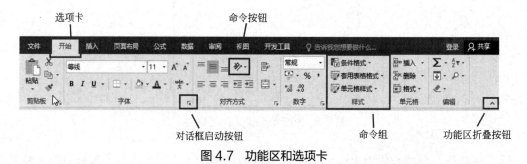

图 4.7 功能区和选项卡

① 选项卡:位于功能区的顶部。标准的选项卡为"开始""插入""页面布局""公式""数据""审阅"和"视图",缺省的选项卡为"开始"选项卡。单击不同选项卡,即可切换功能区

中显示的工具命令。

② 命令组：位于每个选项卡内部。例如，"开始"选项卡中包括"剪贴板""字体""对齐方式""数字""样式""单元格"以及"编辑"等组，相关的命令组合在一起来完成各种任务。

③ 命令：按组来排列，用于执行特定的命令或显示命令菜单，其表现形式有信息框、菜单或按钮。

④ 功能区折叠按钮：单击该按钮可以折叠功能区，只显示选项卡名称，单击选项卡名称，可以打开其对应的功能区。

(5) 名称框和编辑栏　名称框和编辑栏位于功能区的下方工作区的上方，如图 4.8 (a) 所示。

名称框用于显示当前单元格的地址和名称。当选择单元格或区域时，名称框中将出现相应的地址名称。使用名称框也可以快速转到目标单元格中，例如：在名称框中输入"D15"，按【Enter】键即可将活动单元格定位在第 D 列第 15 行。

编辑栏主要用于向活动单元格中输入、修改数据或公式。单击"插入函数"按钮 f_x 可弹出"插入函数"对话框，在对话框中选择需要插入的函数。当向单元格中输入数据或公式时，在名称框和编辑栏之间会出现两个按钮，如图 4.8 (b) 所示。单击"输入"按钮 ✓，可以确定输入或修改该单元格的内容，同时退出编辑状态；单击"取消"按钮 ✗，则可取消对该单元格的编辑。

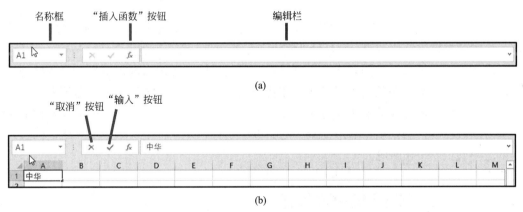

图 4.8　名称框和编辑栏

(6) 工作表编辑区　工作表编辑区位于 Excel 2016 工作界面的中间，是处理数据的主要场所，可以输入不同类型的数据，是最直观显示所有输入内容的区域，由行号、列标、工作表标签、滚动条、工作区等组成，如图 4.9 所示。行号以"1、2、3…"等阿拉伯数字表示，一个工作表区域中最多可以有 2^{20} 行，即 1048576 行；列标以"A、B、C…"等英文字母表示，一个工作表区域中最多可以有 2^{14} 列，即 16384 列。工作区主要用于编辑数据。滚动条用来拖动显示工作区中未显示的内容。工作表标签用于显示工作表的名称。

(7) 状态栏　状态栏位于窗口底部，用于显示当前数据的编辑状态、页面显示方式以及调整页面显示比例等，如图 4.10 所示。

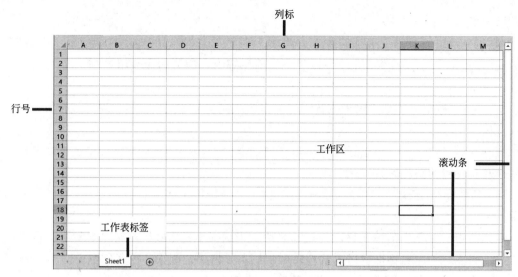

图 4.9　工作表编辑区

图 4.10　状态栏

一般情况下，状态栏左侧显示"就绪"模式；向单元格中输入数据时，显示"输入"模式；对单元格中的数据进行修改时，则显示"编辑"模式。状态栏右侧由视图切换按钮、缩放级别和显示比例三部分组成。视图切换按钮可以实现普通视图、页面布局视图和分页预览视图之间的切换，以深灰色为底色的表示当前正在使用的视图方式。缩放级别随着右侧显示比例滑块的拖动而改变。向左拖动滑块，可减小文档显示比例；向右拖动滑块，可增大文档显示比例。单击缩放级别，会弹出"显示比例"对话框，可以在对话框中选择或输入所需的显示比例，单击"确定"按钮即可。

4.1.4　Excel 2016 的基本概念

Excel 的主要操作对象包括工作簿、工作表和单元格，它们是 Excel 电子表格的基本组成元素，用户所有的工作都是在这三个操作对象中进行的，因此，对它们的概念以及作用要有明确的认识。

（1）工作簿　在 Excel 中生成的文件叫作工作簿，主要用于存储和处理数据文件，其扩展名为".xlsx"。也就是说，一个 Excel 文件就是一个工作簿。每个工作簿可由一个或多个工作表组成。在默认情况下，Excel 2016 的一个工作簿只包含一个名为"Sheet1"的工作表。工作簿除了包含工作表外，还可以包含文字说明、宏表、图表等，因此可以在单个工作簿中管理各种类型的信息。当启动 Excel 2016 时，系统将自动创建一个名称为"工作簿1"的工作簿。

（2）工作表　工作表是工作簿的一部分，是 Excel 用来处理和存储数据最主要的文档，通常称为电子表格。工作表主要由单元格、行号、列标、工作表标签滚动按钮、插入工作表按钮和工作表标签等组成。行号显示在工作表窗口的左侧，一个工作表有 1048576 行，依次用数字 1，2，3，…，1048576 表示；列标显示在工作表窗口的上方，一个工作表有 16384 列，依次用字母 A，B，C，…，XFD 表示；工作表标签位于工作表的左下方，用于显示工作表的名称。

（3）单元格　单元格是工作表编辑区一行一列交叉处的小方格，它是 Excel 工作簿的最小组成单位，主要用于存储数据。工作表编辑区中每个长方形的小格就是一个单元格，每个单元格都通过其对应的行号和列标（通常称为单元格地址）进行命名和引用。例如：位于第 B 列第 3 行的单元格表示为 B3。在工作表中，多个连续的单元格称为单元格区域，被绿色框包围的单元格称为当前单元格或活动单元格，用户只能对当前单元格进行操作。

（4）工作簿、工作表和单元格的关系　工作簿、工作表和单元格之间的关系是包含与被包含的关系，即一个工作簿包含多个工作表，一个工作表又由多个单元格组成，如图 4.11 所示。

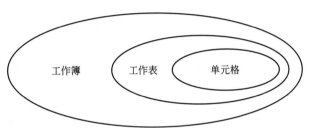

图 4.11　工作簿、工作表和单元格的关系

4.2　工作簿和工作表的操作

工作簿是 Excel 2016 存储并处理工作数据的文件单位，即 Excel 文档就是工作簿，它是 Excel 工作区中一个或多个工作表的集合，其扩展名为".xlsx"，默认情况下 Excel 2016 包含一个工作表，也可以在"文件"选项卡下单击"选项"按钮，打开"Excel 选项"对话框，在"常规"选项卡中设置默认工作表个数，取值范围为 1～255。熟练掌握工作表和工作簿的操作是方便有效地进行数据计算和管理的基础。

本节学习目标如下。
① 掌握新建、保存、打开和关闭工作簿的方法。
② 掌握工作表的插入、删除、重命名、移动和复制等操作。
③ 掌握单元格、行和列的选定、插入、删除、移动和复制等操作。
④ 掌握工作簿和工作表的保护方法。
⑤ 掌握输入与编辑数据的方法。

4.2.1 工作簿的新建、打开、保存和关闭

Excel 中的工作簿相当于 Word 中的文档,是存储和处理数据文件的场所,工作簿的基础操作主要包括新建工作簿、打开工作簿、保存工作簿以及关闭工作簿等。

(1) 新建工作簿 在开始制作 Excel 电子表格之前,首先需要新建一个工作簿,这就好像在填写一张表格之前,必须先准备好一张空白表格一样。

① 新建空白工作簿。通常情况下,启动 Excel 2016 时系统会自动创建一个名为"工作簿1"的工作簿,用户可以根据工作需要创建多个工作簿,新创建的工作簿名称按照创建顺序自动命名为"工作簿2""工作簿3"等等。

若已经启动 Excel 2016,可以选择"文件"选项卡中的"新建"命令,打开"新建"窗格,如图 4.12 所示。单击"空白工作簿"选项,即可创建一个新的空白工作簿。

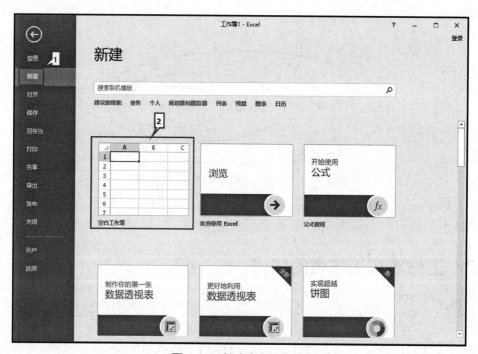

图 4.12 新建空白工作簿

② 利用模板创建工作簿。Excel 内同样存在预先设置好内容格式及样式的特殊工作簿,可利用其创建具有统一规格、统一框架的工作簿。Excel 2016 提供了业务、个人、规划器和跟踪器、列表、预算等联机模板,这些模板需要从 Microsoft Office Online 中下载。

(2) 保存工作簿 一个工作簿建立以后,在对它进行编辑的同时,要经常进行保存操作,以防数据丢失。

① 保存新建工作簿。选择"文件"选项卡中的"保存"命令,显示"另存为"界面,如图 4.13 所示。在该界面中可以单击"浏览"选择工作簿要保存的位置,也可以直接选择系统推荐的文件夹,打开"另存为"对话框,修改文件保存位置并输入文件名称,单击"保存"按钮即可。

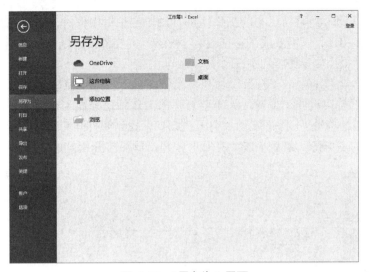

图 4.13 "另存为"界面

② 保存已有的工作簿。保存已有的工作簿和保存新建的工作簿的方法相同，只是在保存的过程中不弹出"另存为"对话框，其保存文件的位置、文件名称、文件类型与上次的设置相同。

如果需要对修改后的工作簿重新命名或更改文件的位置、类型，选择"文件"选项卡中的"另存为"命令，系统显示"另存为"界面。在该界面中可以单击"浏览"选择工作簿要保存的位置，也可以直接选择系统推荐的文件夹，打开"另存为"对话框，修改文件保存位置并输入新的文件名称，单击"保存"按钮即可。

③ 设置自动保存。Excel 中可以设置自动保存，方法如下。

选择"文件"选项卡中的"选项"命令，弹出"Excel 选项"对话框，在该对话框中选择"保存"选项，启用"保存自动恢复信息时间间隔"复选框，设置时间，单击"确定"按钮即可，如图 4.14 所示。

图 4.14 设置自动保存

（3）打开工作簿　当要对已有的工作簿进行浏览或编辑操作时，需要先将工作簿打开。如果未启动 Excel 2016，只需要找到扩展名为".xlsx"的文件，用鼠标双击即可。如果已经启动 Excel 2016，可采用如下方法打开工作簿。

选择"文件"选项卡中的"打开"命令，系统显示"打开"窗口，如图 4.15 所示。窗口右侧显示的是最近使用过的工作簿，如果要打开的工作簿已经显示在列表中，单击要打开的工作簿即可。否则，单击"浏览"打开"打开"窗口，找到要打开工作簿的存储位置，在列表区中选择要打开的工作簿，最后单击"打开"按钮，即可打开指定的工作簿。

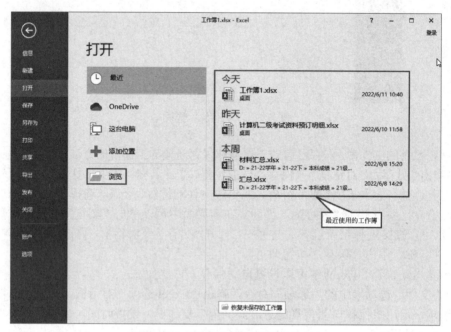

图 4.15　打开最近使用过的工作簿

（4）关闭工作簿　工作簿的创建、编辑或保存工作完成后，可以将工作簿关闭，以释放其占用的内存空间，从而提高计算机的运行速度。关闭工作簿可以使用以下几种方法。

① 单击工作簿窗口右上角的"关闭"按钮。
② 在标题栏上单击鼠标右键，在弹出的快捷菜单中选择"关闭"命令。
③ 直接按【Alt】+【F4】组合键。

4.2.2　工作表的基本操作

在 Excel 中，一个工作簿可以包含多个工作表，工作表是 Excel 用来处理和存储数据最主要的文档。对工作表的基本操作包括选定、切换、插入、删除、重命名、移动和复制等，熟练掌握这些基本操作，能够大大提高工作效率。

（1）选定工作表　对工作表进行编辑之前应先选定工作表，选定工作表有如下几种方法。

① 选定单个工作表。要想选定单个工作表，只需直接用鼠标单击相应的工作表标签即可，如图 4.16 所示。

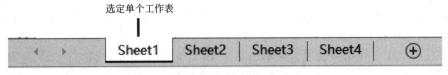

图 4.16 选定单个工作表

② 选定多个工作表。根据工作表是否相邻，有不同的方法。

a. 选定不相邻的多个工作表：先选定一个工作表，再按住【Ctrl】键，同时单击任意想要选定的工作表的标签，这样就可以选定工作簿中不连续的多个工作表，如图 4.17（a）所示。

b. 选定相邻的多个工作表：先选定一个工作表，再按住【Shift】键，同时单击想要选定的最后一个工作表的标签，这样就可以选定这两个工作表及其中间的所有工作表，如图 4.17（b）所示。

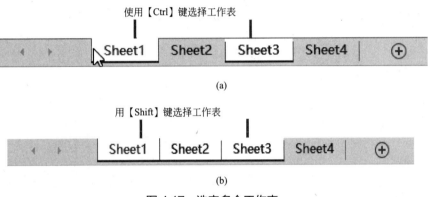

图 4.17 选定多个工作表

③ 选定全部工作表。要想选定一个工作簿中的所有工作表，只需在任意一个工作表标签上单击鼠标右键，在弹出的快捷菜单中选择"选定全部工作表"命令即可，如图 4.18 所示。

（2）插入工作表　在默认的情况下，Excel 2016 只有一个工作表，用户可以通过执行插入工作表的操作来增加工作表。插入工作表有以下几种方法。

图 4.18 选定全部工作表

① 方法一：单击工作表标签右侧的"插入工作表"按钮 ⊕，就可以在工作表标签的末尾插入一个新的工作表。

② 方法二：在"开始"选项卡中单击"单元格"命令组中的"插入"按钮，在弹出的下拉菜单中选择"插入工作表"命令，即可以在当前工作表标签前插入一个新的工作表。

③ 方法三：在任意工作表标签上单击鼠标右键，在弹出的快捷菜单中选择"插入"命令，如图 4.19 所示，打开"插入"对话框，如图 4.20 所示，在"常用"选项卡下选择"工作表"，单击"确定"按钮，也可在当前工作表标签前插入新的工作表。

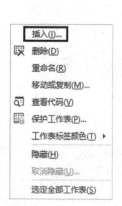

图 4.19　插入工作表快捷菜单　　　　图 4.20　"插入"对话框

　　使用方法一，只会在工作表标签最后的位置插入一张工作表。如果使用方法二或方法三来插入工作表，并在插入前选择了多个连续的工作表，再做插入动作可以一次插入多张工作表，选择了几张工作表就会插入几张工作表。

（3）删除工作表　用户完成工作后，可以将一些不需要保留的工作表删除，以减少工作表的数量，节省空间。删除工作表有以下两种方法。

① 方法一：在要删除的工作表标签上单击鼠标右键，在弹出的快捷菜单中选择"删除"命令即可。

② 方法二：选定需要删除的工作表，在"开始"选项卡中单击"单元格"命令组中的"删除"按钮，再在弹出的列表中选择"删除工作表"命令即可。

（4）重命名工作表　Excel 中的工作表名称默认为"Sheet 1""Sheet 2""Sheet 3"等，为了方便管理、记忆和查找，可以为工作表重命名，为其取一个能反映工作表特点的名称。重命名工作表有如下几种方法。

① 方法一：用鼠标双击需要重命名的工作表标签，此时工作表标签底纹显示为灰色，直接输入新名称，按【Enter】键即可。

② 方法二：在需要重命名的工作表标签上单击鼠标右键，在弹出的快捷菜单中选择"重命名"命令，输入新名称，按【Enter】键即可。

③ 方法三：选定需要重命名的工作表，在"开始"选项卡中单击"单元格"命令组中的"格式"按钮，在弹出的下拉列表中选择"重命名工作表"命令，输入新名称，按【Enter】键即可。

（5）移动或复制工作表　Excel中工作表的位置不是固定不变的，有时需要移动或复制工作表，提高表格的制作效率。用户既可以在同一工作簿中移动或复制工作表，也可以将工作表移动或复制到其他工作簿中。

① 在同一工作簿中移动或复制工作表，有以下几种方法。

a. 方法一：在需要移动的工作表标签上按住鼠标左键不放，此时光标所在位置会出现一个白板状图标，而且在工作表标签的左上方出现一个黑色倒三角标志▼。沿着工作表标签按住鼠标左键拖动，当黑色倒三角移动到目标位置时，松开鼠标即可。

如果要复制工作表，可以先按住【Ctrl】键，然后拖动要复制的工作表标签到达目标位置，先松开鼠标再松开【Ctrl】键即可。

b. 方法二：在需要移动的工作表标签上单击鼠标右键，在弹出的快捷菜单中选择"移动或复制"命令，如图4.21（a）所示，打开"移动或复制工作表"对话框，在"下列选定工作表之前"列表中选择一个工作表，如图4.21（b）所示，单击"确定"按钮即可。

c. 方法三：选定需要移动的工作表，在"开始"选项卡中单击"单元格"命令组中的"格式"按钮，在弹出的列表中选择"移动或复制工作表"命令，也可打开如图4.21（b）所示的"移动或复制工作表"对话框进行设置。

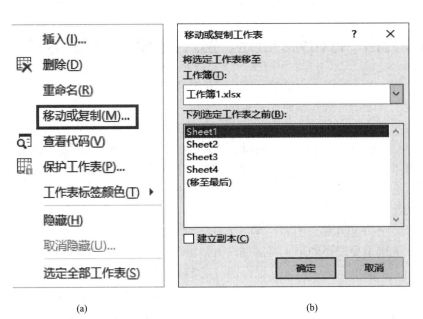

图4.21　移动和复制工作表

如果是复制工作表，只需要将"移动或复制工作表"对话框中的"建立副本"复选框选中即可。

② 在不同工作簿间移动或复制工作表可采用以下方法。打开要移动或复制的原工作簿和目标工作簿。在"开始"选项卡中单击"单元格"命令组中的"格式"按钮，在弹出列表中选择"移动或复制工作表"命令，打开"移动或复制工作表"对话框。在"将选定工作表移至工作簿"中选定要移至的目标工作簿，在"下列选定工作表之前"列表中选择一个工作表，单击"确定"按钮即可在不同工作簿间移动或复制工作表。

（6）隐藏工作表　用户在进行数据处理时，可以将暂时不用的工作表隐藏起来。隐藏的方法是鼠标右键单击要隐藏的工作表标签，在弹出的快捷菜单中，单击"隐藏"命令即可将工作表隐藏。也可在"开始"选项卡中单击"单元格"命令组中的"格式"按钮，在弹出列表中选择"隐藏或取消隐藏"命令下的"隐藏工作表"子命令将工作表隐藏。

若要取消被隐藏的工作表，则在任意一个工作表标签上单击鼠标右键，选择快捷菜单中的"取消隐藏"命令，然后在弹出的对话框中选择要取消隐藏的工作表的名称即可完成取消隐藏。也可在"开始"选项卡中单击"单元格"命令组中的"格式"按钮，在弹出列表中选择"隐藏或取消隐藏"命令下的"取消隐藏工作表"子命令完成取消隐藏。

（7）网格线和行号、列标的显示或隐藏　默认情况下，工作表的网格线、行号、列标都是显示的，可以将其隐藏。在"视图"选项卡中单击"显示"命令组中的"网格线"复选框、"标题"复选框，取消选中状态即可隐藏；再次单击"网格线"复选框、"标题"复选框，使其处于选中状态，即可取消隐藏。

（8）为工作表添加背景　默认情况下，工作表是没有背景效果的，整个工作表都是一种颜色，很单调。为了使工作表看上去更生动，可以将某一图片设置为整个工作表的背景。打开工作簿，选中要添加背景的工作表。单击"页面布局"选项卡下"页面设置"命令组中的"背景"按钮，打开"插入图片"对话框，选择要设为背景的图片，单击"插入"按钮即可。

4.2.3　单元格、行和列的选定、插入、删除、移动和复制

编辑工作表，即对工作表中的单元格、行和列进行操作，如选定、插入、删除、移动和复制等，以方便工作表的管理和编辑。

（1）选定单元格、行和列　编辑工作表，首先要选定单元格、行、列，常用方法如下。

① 选定单元格。包括选定单个单元格、多个相邻单元格和多个不相邻单元格等情形。

a. 选定单个单元格。选定一个单元格，只要将鼠标移至该单元格，然后单击即可。单元格被选中后，会以绿色边框显示，其对应的行号和列标也将突出显示，而且名称框中也会显示该单元格的地址。

b. 选定多个相邻单元格。有以下两种方法。

方法一：先选中要选择的单元格区域左上角的单元格，然后按住鼠标左键拖动到要选择单元格区域右下角的单元格中，松开鼠标即可选定多个相邻的单元格。

方法二：先选中要选择的单元格区域左上角的单元格，然后在按住【Shift】键的同时，单击要选择单元格区域右下角的单元格，这样可以选定它们之间的单元格。

c. 选定多个不相邻单元格。要同时选定多个不相邻的单元格，首先选中要选择的任意单元格（区域），然后在按住【Ctrl】键的同时，用鼠标选择其余要选定的单元格（区域），这样就可以选定多个不连续的单元格（区域）。

② 选定行或列。包括选定整行或整列、多个连续的行或列、多个不连续的行或列等情形。

a. 选定整行或整列。要选定工作表的整行或整列，可将鼠标移至工作表左侧要选定行的行号上或顶端要选定列的列标上，当鼠标指针变为➡或⬇时，单击即可选定相应的行或列。

b. 选定多个连续的行或列。按住鼠标左键，在左侧的行号上拖动或在顶端的列标上拖动，即可选定多个连续的行或列。

c. 选定多个不连续的行或列。先选中任意要选定的一行或一列，按住【Ctrl】键的同时，用鼠标单击左侧的行号或顶端的列标，即可选择多个不连续的行或列。

（2）插入单元格、行和列　编辑好一个工作表后，有时会发生错格的情况，这时可在原有表格的基础上插入单元格、行和列，以添加遗漏的数据或推动其他单元格、行和列回到应在的位置。插入单元格、行和列的方法如下。

① 方法一：单击需要插入单元格、行和列的位置。在"开始"选项卡中单击"单元格"命令组中的"插入"按钮，在弹出的下拉列表中选择"插入单元格"命令，如图4.22（a）所示，打开"插入"对话框，根据需要选择合适的插入方式选项，如图4.22（b）所示，单击"确定"按钮即可。

如果需要插入行或列，也可以在图4.22（a）菜单中直接选择"插入工作表行"或"插入工作表列"命令，此时会在活动单元格的上边或左边插入一个空白行或一个空白列。

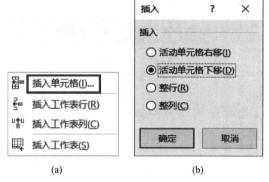

图4.22　插入单元格

② 方法二：在需要插入单元格、行和列的位置单击鼠标右键，在弹出的快捷菜单中选择"插入"命令，也可以打开如图4.22（b）所示的"插入"对话框进行相应的设置。

（3）删除单元格、行和列　工作表编辑过程中，除了需要插入单元格、行和列添加数据以外，还经常需要删除多余的单元格、行和列。删除单元格、行和列的方法如下。

① 方法一：单击需要删除的单元格、行和列。在"开始"选项卡中单击"单元格"命令组中的"删除"按钮，在弹出列表中选择"删除单元格"命令，打开"删除"对话框，根据需要选择合适的删除方式选项，单击"确定"按钮即可。

如果需要删除行或列，可以在菜单中选择"删除工作表行"或"删除工作表列"命令，删除活动单元格所在的行或列。

② 方法二：在需要删除单元格、行和列的位置单击鼠标右键，在弹出的快捷菜单中选择"删除"命令，也可以打开"删除"对话框进行相应的设置。

（4）移动或复制单元格、行和列　在编辑工作表的过程中，经常需要移动和复制单元格、行和列，以提高工作效率。移动或复制单元格、行和列的方法如下。

① 方法一：选择要移动或复制的单元格、行和列。若要移动单元格、行和列，在"开始"选项卡的"剪贴板"命令组中，单击"剪切"命令，也可使用快捷键【Ctrl】+【X】；若要复制单元格、行和列，在"开始"选项卡"剪贴板"命令组中，单击"复制"命令，也可使用快捷键【Ctrl】+【C】。在目标位置单击"开始"选项卡"剪贴板"命令组中的"粘贴"命令，即可移动和复制单元格、行和列，也可使用快捷键【Ctrl】+【V】。

② 方法二：使用鼠标完成单元格、行和列移动或复制。选择要移动或复制的单元格、行

和列,将鼠标指向所选范围的边框,当指针变为移动指针时,可将单元格、行和列拖动到需要的位置;要复制单元格、行和列,按住【Ctrl】键并将鼠标指向所选范围的边框,当指针变为复制指针时,可将单元格、行和列拖动到需要的位置。不能使用鼠标移动或复制不相邻的单元格、行和列。

(5)合并单元格　在编辑工作表的过程中,有时需要将多个单元格合并为一个单元格,首先选中需要合并的单元格区域,然后在"开始"选项卡的"对齐方式"命令组中,单击"合并后居中"命令按钮,在弹出的下拉菜单中根据需要单击"合并后居中""跨越合并""合并单元格"或"取消单元格合并"命令,如图4.23所示。"合并后居中""跨越合并""合并单元格"这几个功能相似,"跨越合并"略有不同,适用于将一个单元格区域合并为多行的情况。也可以通过"设置单元格格式"对话框中"对齐"选项卡下的"合并单元格"复选框的设置来完成合并单元格或取消合并,如图4.24所示。

图4.23　合并单元格

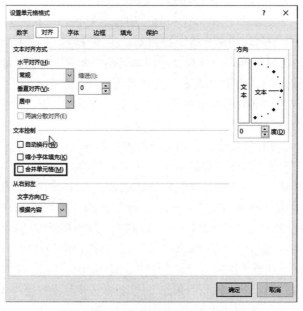

图4.24　"设置单元格格式"对话框

4.2.4 工作簿和工作表的保护

表格做好后,为了防止有些重要的数据被他人改动或复制,可以使用 Excel 提供的保护功能,设置密码,对工作簿和工作表进行保护。

(1) 保护工作簿　单击"审阅"选项卡下的"更改"命令组中的"保护工作簿"按钮(图 4.25),在弹出的下拉列表中选择"保护结构和窗口"命令,打开"保护结构和窗口"对话框(图 4.26),如果要保护工作簿的结构,就选中"结构"复选框,如果要使工作簿窗口在每次打开工作簿时大小和位置都一样,就选中"窗口"复选框,设置密码并确认密码后,单击"确定"按钮即可。

图 4.25 "保护工作簿"按钮

图 4.26 "保护结构和窗口"对话框

> 提示
>
> 选中"结构"复选框,可使工作簿的结构保持不变,复制、移动、重命名、删除等操作均无效。
> 选中"窗口"复选框,可使工作簿的窗口保持当前的形式,窗口不能被移动、调整大小、关闭等。

(2) 保护工作表　单击"审阅"选项卡下"更改"命令组中的"保护工作表"按钮,打开"保护工作表"对话框,如图 4.27(a)所示,在"允许此工作表的所有用户进行"列表中选中需要的复选框。根据实际需要输入密码,单击"确定"按钮,则会弹出"确认密码"对话框,如图 4.27(b)所示,重新输入刚才的密码。设置完成后,单击"确定"按钮即可。

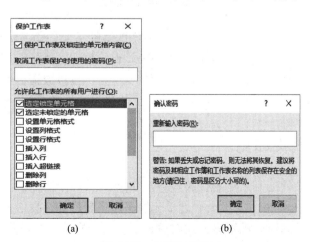
图 4.27 保护工作表

提示

设置工作表的保护后，工作表中的所有单元格都被保护起来，不能进行任何操作。如果试图对工作表进行操作，则会弹出提示对话框，提示该工作表是只读的，进行操作之前应该取消工作表的保护状态。

（3）保护单元格区域　如果只需要对工作表的某个单元格区域进行保护，需要先选择整个表格，在"设置单元格格式"对话框的"保护"选项卡中解除对全部单元格的锁定，选中要进行保护的单元格区域，再在"设置单元格格式"对话框的"保护"选项卡中选中对该单元格区域的锁定，如图 4.28 所示，最后点击"确定"完成对工作表中选定单元格区域的保护。

图 4.28　锁定单元格

在实际应用中，有时希望只有一部分单元格中的数据是允许输入和编辑的，即只有特定单元格区域不受保护。此时就需要先在工作表中选择需要不保护的单元格区域，在"设置单元格格式"对话框中，单击"保护"选项卡下"锁定"复选框以取消该选择，单击"确定"按钮，再进行保护工作表设置，设置后，只有该单元格区域允许输入和编辑。

4.2.5　数据输入和填充

数据是构成电子表格的基本要素，无论想制作出什么样的电子表格，都需要在表格中输入多种多样的数据。Excel 2016 工作表中的单元格保存了默认的数据格式，而在一些有特殊要求的场合，经常需要输入特殊的数据，此时就需要对数据格式进行设置，对所输入的数据进行编辑。

Excel 具有在同一工作表中自动填写重复录入项的功能，可以提高输入效率，快速输入各种类型的数据也是 Excel 的一项重点内容。此外，Excel 也支持不同工作表中自动填写重复录入项的功能。

4.2.5.1 输入数据

使用 Excel 2016 制作电子表格时，需要输入多种类型的数据，如文本型、数值型、时间和日期型等，每种数据都有其特定的格式和输入方法。

在默认情况下，输入数据后，按【Enter】键，Excel 会自动移动至同列中的下一行单元格中；按【Tab】键，将会移动至同行中的下一列单元格中；按输入按钮，则会停留在本单元格中，不移动。

在默认情况下，输入数据按【Enter】键确认后，Excel 会自动移动至同列中的下一行单元格中，可以单击"文件"选项卡下"选项"，在弹出的"Excel 选项"对话框"高级"选项卡中，编辑"按 Enter 键后移动所选内容"来设置不同的方向。

（1）输入文本型数据　文本型数据是 Excel 表格中非常重要的数据，它能直观地表达表格中数值所显示的内容。文本型数据包括汉字、英文字母、数字以及其他合法的符号或由汉字、英文字母、数字及其他合法符号所组成的字符串，例如，"辽宁""第 1 步""Win 10"等都属于文本型数据，文本型数据通常是不参与运算的。此外，对于身份证号、银行卡号以及以 0 开头的编号等数据，虽然是纯数字数据，但是也往往设置成文本类型。默认情况下，所有在单元格中输入的文本型数据均为左对齐。

如果输入的文本型数据长度超出了单元格的宽度，会产生两种结果。

① 若右侧相邻的单元格中含有数据，则超出单元格的部分不会显示，把单元格的列宽增大后，就能够看到全部的数据；

② 若右侧相邻的单元格中没有数据，则超出的文本会扩展显示到右侧相邻的单元格中。

（2）输入数值型数据　数值型数据是用于办公的电子表格最重要的组成部分。在 Excel 中，数值型数据是使用最多也是最为复杂的数据类型。数值型数据可以由数字"0～9"、正号"+"、负号"–"、圆括号"（）"、小数点"."、千位分隔号","、分数号"/"、百分号"%"、指数符号"E"或"e"、货币符号"￥"或"$"等组成。默认情况下，所有在单元格中输入的数值型数据均为右对齐。

在 Excel 中，如果输入的是数字，将被默认为可以直接参与计算的数值格式，前面的零将会被认为无效而省略。将该数字的格式设为文本，则输入的所有数字都能显示，身份证号、银行卡号等由长数字组成，设为文本类型才会正确显示。

① 输入正数。如果要输入正数，可以在单元格中直接输入。例如输入"100"或"+100"，都可以在单元格中得到100。

② 输入负数。如果要输入负数，可以直接在数字前加一个负号"–"，或者使用圆括号"（）"将数字括起来。例如输入"–100"或"（100）"，都可以在单元格中得到–100。

③ 输入分数。分数的格式为"分子/分母"。输入时需要先输入整数部分，然后输入一个空格，最后输入分子/分母。例如单元格内容为分数 $\dfrac{3}{5}$，则输入过程是：首先单击要输入分数的单元格，然后输入数字"0"，再输入一个空格，最后输入"3/5"，按【Enter】键。此时将在单元格中显示为"3/5"，在编辑栏中则显示为"0.6"。如果在单元格中输入"8 $\dfrac{3}{5}$"，则在单元格中显示"8 3/5"，而在编辑栏中则显示为"8.6"。结果如图4.29所示。

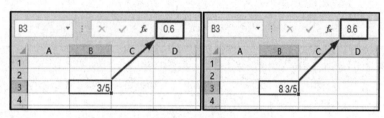

图4.29 输入"0 3/5"和"8 3/5"

需要注意的是，如果不先输入"0"，而直接输入"3/5"，Excel将默认为日期格式的数据，在单元格中显示为"3月5日"，而在编辑栏中显示为"2022-3-5"（即自动显示出系统当前年份）。

④ 输入小数。如果要输入小数，可直接在指定的位置输入小数点，例如25.34。在办公使用的表格中，有时需要将整数数据显示为小数形式，以求精确，例如将"79"显示为"79.00"。数据量较大时，每次都输入".00"会很麻烦，此时可以通过"设置单元格格式"对话框进行设置。

单击"开始"选项卡中"数字"命令组右下角的"对话框启动器"按钮 ，即可打开"设置单元格格式"对话框，单击"数字"选项卡，在"分类"列表框中选择"数值"选项，在"小数位数"文本框中设置小数点后需要的位数，单击"确定"按钮，此时，在单元格中输入"79"后，会自动显示"79.00"，如图4.30所示。

 提示

在输入小数时，如果输入的数据量比较大，且都含有相同的小数位数，可以使用系统提供的"自动插入小数点"功能。单击"文件"选项卡，在列表中单击"Excel 选项"按钮，打开"Excel 选项"对话框，单击左侧列表中的"高级"选项，在右侧栏中选中"自动插入小数点"复选框，并在"位数"文本框中设置小数位数，单击"确定"按钮即可。例如将自动插入小数点位数设置为2，在单元格中输入"12345"时，会自动显示为"123.45"。

图 4.30 通过"设置单元格格式"对话框设置数字格式

⑤ 科学记数。有时向单元格中输入的数据比较大时，会以科学记数法的形式表示。计算机中的科学记数法与日常生活中的科学记数法有所不同。例如，对于"123000000000"，平时生活中表示为"$1.23×10^{11}$"，而在 Excel 单元格中表示为"1.23E+11"，如图 4.31（a）所示；对于"0.0000000456"，平时生活中表示为"$4.56×10^{-8}$"，而在 Excel 单元格中表示为"4.56E-08"，如图 4.31（b）所示。这样的显示并不会影响数值的计算，而在编辑栏中都显示输入数据的原始形式。

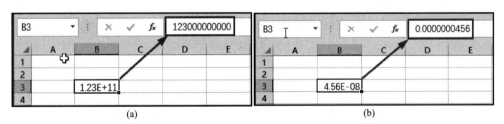

图 4.31 输入"123000000000"和"0.0000000456"

（3）输入时间和日期　时间和日期是人们日常生活中最常用的数值之一，用户在制作电子表格时也会经常需要输入时间和日期。时间和日期的输入与数字型数据不同，在 Excel 2016 中，时间和日期是按数字处理的，可以在计算中当作数值使用。如在 A1 单元格中输入"2016 年 1 月 21 日"，在 A2 单元格中输入"2000 年 1 月 21 日"，在 A3 单元格中输入"=A1-A2"，按【Enter】键确认后，在 A3 单元格中显示"5844"，代表两个日期相差的天数。单元格中时间和日期的显示方式取决于 Excel 对时间和日期显示格式的设置。

输入日期的格式有多种，可以用斜杠"/"、分隔线"-"来分隔日期中的年、月、日，或者使用文本的组合来输入，Excel 都可以识别并转换为内部默认的日期格式。可使用快捷键【Ctrl】+【;】输入当前日期，使用【Ctrl】+【Shift】+【;】输入当前时间。

例如，要输入"2022 年 1 月 21 日"，可以在单元格中输入"2022/1/21"或"2022-1-21"

或"2022年1月21日",而编辑栏中都会显示Excel默认的日期格式"2022/1/21"。

输入时间时,在时、分、秒之间可以用冒号":"隔开。Excel 2016默认输入的时间是按24小时制的方式输入的。如果要以12小时制的方式输入时间,则在输入的时间后加一个空格,然后输入"AM"(表示上午)或"PM"(表示下午)。

例如,要输入下午2时28分56秒,24小时制的输入格式为"14:28:56",而12小时制的输入格式为"2:28:56 PM",也可输入"下午2时28分56秒",而在编辑栏中都将显示为"14:28:56"。如图4.32所示。

如果要在单元格中同时输入日期和时间,先输入日期或先输入时间均可,中间要用空格隔开。例如输入"2022-1-21 14:28:56"或输入"14:28:56 2022-1-21",都将在单元格中显示"2022/1/21 14:28:56",在编辑栏中显示为"2022/1/21 14:28:56"。

(4)输入符号 在制作表格的过程中,可能会需要插入一些实用的特殊符号,但这些符号又不能直接用键盘输入,此时可以使用Excel 2016的插入符号功能。

单击需要插入特殊符号的单元格,在"插入"选项卡中单击"符号"命令组中的"符号"按钮,打开"符号"对话框,如图4.33所示,单击合适的选项卡,选择需要的特殊符号,单击"确定"按钮即可。

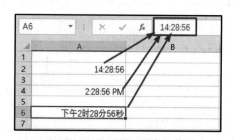

图4.32 输入时间

图4.33 插入符号

图4.34 数据有效性设置

(5)输入有效数据 在Excel中,可以通过在单元格中设置数据有效性来进行相关的控制,定义在单元格中输入的数据类型、范围、格式等,从而保证数据输入的准确性,提高工作效率。

首先选择需要设置数据有效性的单元格区域,单击"数据"选项卡上的"数据工具"命令组中的"数据验证"按钮,在弹出的下拉列表中单击"数据验证…"命令,弹出"数据验证"对话框,如图4.34所示,在此对话框中设置有效性条件、出错警告等即可。若要取消有效性设置,只需在"数据验证"对话框中单击左下角的"全部清除"按钮即可。

4.2.5.2 填充数据

在 Excel 中输入数据时,免不了要输入一些相同或有规律的数据,逐个输入这些数据,既费时又费力,Excel 提供的填充数据功能便是专门为方便这类数据的输入而开发的,使用填充数据功能,可以大大提高工作效率。

(1)填充相同的数据 在单元格中填充相同的数据,可以使用鼠标拖动填充柄的方法实现。填充柄是位于选定区域右下角的小黑方块▭,当鼠标指向填充柄时,指针变成黑十字形状✚。

在要填充相同数据的起始单元格中输入不包含数字的文本型数据或数值型数据,选定该单元格,将鼠标指针移动到单元格的右下角,当鼠标指针变成黑十字形状✚后,向下拖动填充柄到所需的位置,释放鼠标,即可完成相同数据的填充,如图 4.35 所示。

图 4.35 填充相同数据

如果单元格中输入的是含有数字的文本型数据,拖动填充柄时,填充的将是有规律的数据。要想填充相同的数据,单击右下角的"自动填充选项"按钮▦▾,在打开的列表中选择"复制单元格"选项,即可完成相同数据的填充。

在单元格中,使用填充柄填充数值型数据或不包含数字的文本型数据时,填充的是相同的数据,相当于复制填充;填充含有数字的文本型数据时,填充的是有规律的数据,相当于序列填充。很多数据填充可以双击填充柄来完成,方便快捷。

(2)填充序列 所谓序列是指一组有规律的数据,如"1、2、3……""甲、乙、丙……""星期一、星期二、星期三……"等等。常见的序列有等差序列、等比序列和日期序列。填充序列有以下方法。

① 使用填充柄填充等差序列。选择要填充序列的起始单元格,输入等差序列的前两个数据,以此确定等差序列的首项和步长。选定刚输入数据的两个单元格,出现一个绿色边框,将鼠标指针移动到边框右下角的填充柄上,向下拖动填充柄到指定位置,释放鼠标,即可完成等差序列的填充,如图 4.36 所示。

② 使用命令按钮填充等比序列。选择要填充序列的起始单元格,输入等比序列的起始数据,以此确定等比序列的首项。选定刚输入数据的单元格,单击"开始"选项卡下的"编辑"命令组中的"填充"按钮,在弹出的列表中选择"序列"命令,打开"序列"对话框,选择需要的"系列产生在"和"类型"项,输入"步长值"和"终止值",单击"确定"按钮,即可完成序列的填充,如图 4.37 所示。

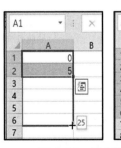

图 4.36 填充等差序列

③ 填充日期序列。在 Excel 中日期序列包括年份、季度、月份、星期、日期等等，其中月份和星期还可以用英文来表示。日期序列的填充方法与前面介绍的等差序列和等比序列的填充方法相同，如图 4.38 所示。

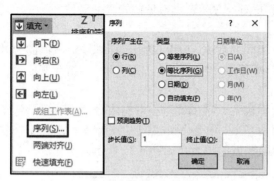

图 4.37　等比序列填充　　　　　　图 4.38　各种日期序列的填充

（3）自定义序列　除了 Excel 2016 中默认的序列以外，用户还可以根据需要自定义序列。

单击"文件"选项卡，在下拉列表中单击"选项"按钮。打开"Excel 选项"对话框，选择左侧的"高级"选项，单击右侧"常规"栏中的"编辑自定义列表"按钮，如图 4.39 所示。打开"自定义序列"对话框，左侧为 Excel 2016 默认的序列，在中间的"输入序列"文本框中输入需要自定义的序列，单击右侧的"添加"按钮，即可将自定义序列添加到左侧的"自定义序列"列表中，如图 4.40 所示。

还可以使用对话框下方的"从单元格中导入序列"选项，单击"折叠"按钮，从工作表的单元格中选择需要导入的序列，再单击"折叠"按钮，返回"选项"对话框，单击"导入"按钮，也可将自定义序列添加到左侧的"自定义序列"列表中。

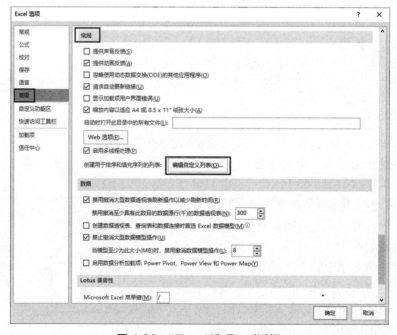

图 4.39　"Excel 选项"对话框

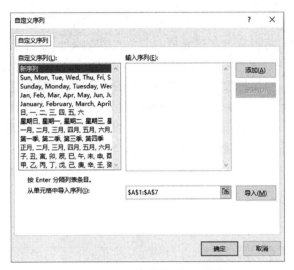

图 4.40 “自定义序列”对话框

4.2.6 经典实例

4.2.6.1 要求

新建工作表，输入数据，如图 4.41 所示。

	A	B	C	D	E	F	G
1	实例	1	1	2000年	10月1日	10月1日	10月1日
2	实例	1	2	2001年	10月2日	11月1日	10月1日
3	实例	1	3	2002年	10月3日	12月1日	10月1日
4	实例	1	4	2003年	10月4日	1月1日	10月1日
5	实例	1	5	2004年	10月5日	2月1日	10月1日
6	实例	1	6	2005年	10月6日	3月1日	10月1日
7	实例	1	7	2006年	10月7日	4月1日	10月1日
8	实例	1	8	2007年	10月8日	5月1日	10月1日
9	实例	1	9	2008年	10月9日	6月1日	10月1日

图 4.41 数据填充实例

4.2.6.2 操作步骤

① 输入第一行数据。

② 单击 A1 单元格，将鼠标放在单元格右下角的填充柄处，鼠标指针变成黑十字形状✚。按住鼠标左键向下拖曳至 A9，释放鼠标即可。

③ 单击 B1 单元格，将鼠标放在单元格右下角的填充柄处，鼠标指针变成黑十字形状✚。按住鼠标左键向下拖曳至 B9，释放鼠标即可。也可以直接双击 B1 单元格右下角的填充柄。

④ 单击 C1 单元格，将鼠标放在单元格右下角的填充柄处，鼠标指针变成黑十字形状✚。按住【Ctrl】键，再按住鼠标左键向下拖曳至 C9，释放鼠标即可。

⑤ 单击 D2 单元格，输入“2001 年”，使用鼠标选中“D1：D2”单元格区域，将鼠标放在 D2 单元格右下角的填充柄处，鼠标指针变成黑十字形状✚。按住鼠标左键向下拖曳至 D9，

释放鼠标即可。

⑥ 单击 E1 单元格，将鼠标放在单元格右下角的填充柄处，鼠标指针变成黑十字形状✚。按住鼠标左键向下拖曳至 E9，释放鼠标即可。也可以直接双击 E1 单元格右下角的填充柄。

⑦ 单击 F1 单元格，将鼠标放在单元格右下角的填充柄处，鼠标指针变成黑十字形状✚。按住鼠标左键向下拖曳至 F9，释放鼠标，在弹出的菜单中选择"以月填充（M）"。

⑧ 单击 G1 单元格，将鼠标放在单元格右下角的填充柄处，鼠标指针变成黑十字形状✚。按住【Ctrl】键，再按住鼠标左键向下拖曳至 G9，释放鼠标即可。也可以按住鼠标左键向下拖曳至 G9，释放鼠标，然后点击智能标记，在弹出的菜单中选择"复制单元格（C）"。

4.3 格式化工作表

Excel 2016 提供了丰富的格式化命令，利用这些命令，用户可以设置工作表中数据的字体格式、数字格式和对齐方式，为表格添加边框和底纹，插入艺术字、图形等对象，应用条件格式和自动嵌套格式对工作表进行修饰，使其更美观、更具观赏性，把一份布局合理、结构规范、界面美观的电子表格呈现给浏览者。

对工作表进行格式化，不仅能够美化工作表，而且可以使工作表数据的含义更加清晰，有利于区分和查看工作表数据，以及对工作表数据进行数据分析，所以要熟练掌握格式化工作表的方法和技巧，并在实际操作中逐步提高自己的应用水平。

本节学习目标如下。

① 熟练掌握 Excel 2016 单元格的格式设置。
② 掌握 Excel 2016 特殊格式的应用。

4.3.1 单元格格式

Excel 数据是单元格中非常重要的内容。在 Excel 2016 中，对不同单元格中的数据，可根据需要设置不同的格式，如设置字体的格式、数字的格式和对齐方式等，还可以复制单元格格式。

（1）设置字体格式　为使工作表中的某些数据更加突出，使整个工作表更加美观，通常对不同的单元格设置不同的字体。字体的格式包括字体、字形、字号、字颜色和特殊效果等。默认情况下，单元格中的数据字体为"宋体"，字形为"常规"，字号为"11"，字颜色为黑色。要设置字体格式可以在"开始"选项卡下的"字体"命令组中进行。也可以单击"对话框启动器"按钮 ⌐，启动"设置单元格格式"对话框，如图 4.42 所示，在"字体"选项卡下进行设置。

（2）设置数字格式　在 Excel 2016 中，数据格式有多种类型，如数值、货币、会计专用、时间和日期、科学记数等。但是，无论应用哪种格式，都要根据单元格中数据的属性来确定。默认情况下，单元格中的数字格式为"常规"。要设置数字格式，可以在"开始"选项卡下的"数字"命令组中进行。也可以单击"对话框启动器"按钮，启动"设置单元格格式"对话框，在"数字"选项卡下进行设置。

图 4.42 "设置单元格格式"对话框

需要说明的是,使用"数字"命令组直接设置数字格式和使用"设置单元格格式"对话框设置数字格式还是有区别的。例如,将 A1 单元格中的"-12.3456"设置为数值型,保留两位小数,使用上述两种方法设置后,分别显示为红色字体的"(12.35)"和黑色字体的"-12.35",如图 4.43 和图 4.44 所示。

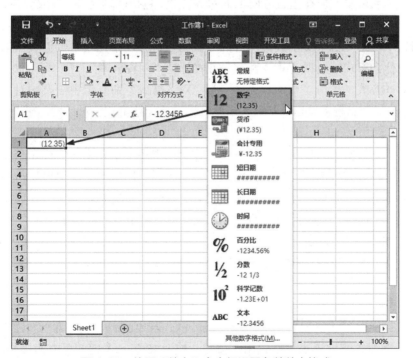

图 4.43 使用"数字"命令组设置负数数字格式

图 4.44 使用"设置单元格格式"对话框设置负数数字格式

（3）设置对齐方式　对齐是指单元格中的内容在显示时，相对单元格上下左右的位置。在 Excel 2016 中，数据对齐方式包括水平对齐和垂直对齐。水平对齐用于控制单元格中的数据在水平方向上的对齐方式，包括左对齐、右对齐、居中对齐、分散对齐、两端对齐等。垂直对齐用于控制单元格中数据在垂直方向上的对齐方式，包括两端对齐、分散对齐、居中对齐、顶端对齐、底端对齐等。

默认情况下，单元格中文本数据的对齐方式为左对齐，单元格中数值数据的对齐方式为右对齐。不论什么格式的数据，其垂直对齐方式都是"垂直居中"。

要设置对齐方式，单击"开始"选项卡下"对齐方式"命令组中需要的对齐方式按钮即可。也可以单击"对话框启动器"按钮，启动"设置单元格格式"对话框，在"对齐"选项卡下进行设置。

（4）复制单元格格式　在实际使用中，往往会出现多个单元格的格式完全相同的情况，此时，如果逐个设置会很麻烦。可以先设置好一个单元格的格式，其他单元格的格式设置通过复制此单元格格式来完成，这样可以大大提高工作效率。复制单元格格式仅仅是对单元格的格式进行复制，而不复制单元格中的内容。复制单元格格式的方法如下。

① 使用"格式刷"按钮。选中设置完格式的单元格，单击"开始"选项卡下"剪贴板"命令组中的"格式刷"按钮 ，当鼠标变为 形状时，用鼠标左键单击某一单元格，即可将格式复制到该单元格中；若要将格式复制到一个单元格区域中，按住鼠标左键拖动一个单元格区域即可。

以上方法只能对单元格或单元格区域复制一次；若要复制多次，可以双击"格式刷"按钮 再进行复制。再次单击"格式刷"按钮，或者按【Esc】键即可取消操作。

② 使用"选择性粘贴"命令。选中设置完格式的单元格，单击"开始"选项卡下"剪贴

板"命令组中的"复制"按钮 。选中要使用该格式的单元格或单元格区域,单击"开始"选项卡下"剪贴板"命令组中"粘贴"按钮 下方的倒三角按钮 ,在弹出的下拉列表中选择"格式"命令,即可完成复制单元格格式。

(5)添加边框和底纹　在 Excel 2016 工作表中添加边框和底纹,可增加工作表的视觉效果,使其更加美观,而且重点突出。

① 添加边框。工作表中的单元格都带有浅灰色的边框线(可以在 Excel 选项中设置网格线颜色),这是 Excel 默认的网格线。单击"视图"选项卡"显示"命令组中的"网格线"复选框取消设定,可以不显示网格线。默认的网格线在打印时是不会被打印出来的,而在制作财务、统计等报表时,通常需要设置出表格和单元格的边框,使数据等更加鲜明。

要添加边框,单击"开始"选项卡下"字体"命令组中的"对话框启动器"按钮 ,打开"设置单元格格式"对话框,在"边框"选项卡下,根据需要设置外边框、内部边框或无边框等,单击"确定"按钮即可。

② 添加底纹。可以通过为工作表的数据区域添加底纹,将重要的数据突出显示,方便查看工作表数据。

要添加底纹,单击"开始"选项卡下"字体"命令组中的"对话框启动器"按钮 ,打开"设置单元格格式"对话框,在"填充"选项卡下,根据需要设置填充效果、图案颜色和图案样式等,单击"确定"按钮即可。

4.3.2　特殊格式的应用

Excel 2016 提供了许多预定义的表格格式和单元格样式,还可以根据条件设置单元格中数据的格式。使用这些样式和格式,可以迅速地制作出外观精美的工作表。

(1)条件格式　在 Excel 2016 中,处理一些数据较多的表格时,经常会看得眼花缭乱,稍不注意就会搞错行列。这时用户希望将行或列间隔设置成不同格式,可以通过对工作表设置条件格式来完成。

可根据指定的数值或公式确定条件,然后将格式应用到符合条件的选定单元格中,便于对工作表中的数据进行统计和分析。

① 突出显示单元格规则。选择要设置突出显示的单元格区域,单击"开始"选项卡"样式"命令组中的"条件格式"下拉按钮,选择"突出显示单元格规则",打开级联菜单,如图 4.45(a)所示,选择需要的选项进行设置即可。例如:选择"大于"选项,打开"大于"对话框,如图 4.45(b)所示,在该对话框中输入"60",单击"确定"按钮,即可将值大于 60 的单元格突出显示为"浅红填充色深红色文本"样式。

② 项目选取规则。选择要设置项目选取规则的单元格区域,单击"条件格式"下拉按钮,选择"项目选取规则",打开级联菜单,如图 4.46(a)所示,选择需要的选项进行设置即可。例如:选择"高于平均值"选项,打开"高于平均值"对话框,如图 4.46(b)所示,在该对话框中选择"绿填充色深绿色文本",单击"确定"按钮,即可将高于平均值的单元格显示为"绿填充色深绿色文本"样式。

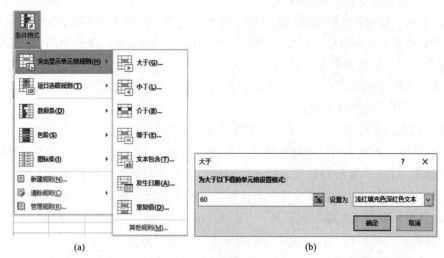

图 4.45 突出显示单元格规则

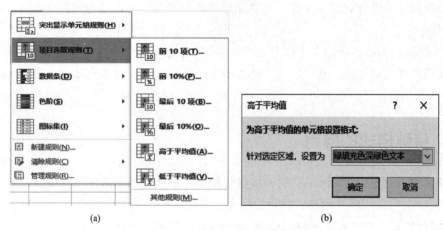

图 4.46 项目选取规则

③ 数据条。选择要显示数据条的单元格区域，单击"条件格式"下拉按钮，选择"数据条"命令，打开级联菜单，如图 4.47 所示，选择需要的样式进行设置即可。

④ 色阶。选择要使用色阶的单元格区域，单击"条件格式"下拉按钮，选择"色阶"命令，打开级联菜单，如图 4.48 所示，选择需要的样式进行设置即可。

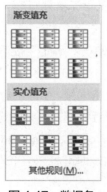

图 4.47 数据条

图 4.48 色阶

⑤ 图标集。选择要使用图标集的单元格区域，单击"条件格式"下拉按钮，选择"图标集"命令，打开级联菜单，如图4.49所示，选择需要的样式进行设置即可。

⑥ 新建规则。选择要使用新建规则的单元格区域，单击"条件格式"下拉按钮，选择"新建规则"命令，打开"新建格式规则"对话框，如图4.50所示，选择"选择规则类型"并设置"编辑规则说明"，单击"确定"按钮，即可完成设置。

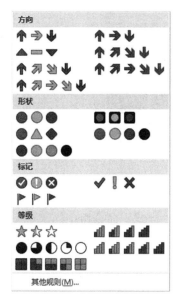

图4.49 图标集

图4.50 "新建格式规则"对话框

⑦ 清除规则。当不需要应用条件格式显示时，可以将已应用的条件格式清除。

选中要清除条件格式的单元格区域，单击"条件格式"下拉按钮，选择"清除规则"命令，然后选择"清除所选单元格的规则"或"清除整个工作表的规则"即可完成设置。

⑧ 管理规则。对于已经应用了条件格式的单元格，如果对效果不满意，也可以对条件格式进行编辑、修改以达到满意的效果。

选中要修改条件格式的单元格区域。单击"条件格式"下拉按钮，选择"管理规则"命令，打开"条件格式规则管理器"对话框，单击"编辑规则"按钮。打开"编辑格式规则"对话框，对条件格式进行修改，单击"确定"按钮，返回"条件格式规则管理器"对话框，再单击"确定"按钮，即可完成设置。

（2）套用表格格式 若想提高工作效率，可以利用Excel 2016提供的套用表格格式功能来美化工作表。Excel 2016在以往版本的基础上设置了多种效果的表格格式，包括浅色、中等深浅、深色三大类。

选中需要套用表格格式的单元格区域。单击"开始"选项卡下"样式"命令组中的"套用表格格式"按钮，在弹出的列表中选择需要的表格格式即可，如图4.51所示。

如果Excel 2016中内置的表格样式不能满足需求，可以在"套用表格格式"列表中选择"新建表格样式"命令，自己定义想要的表格格式。

（3）单元格样式 Excel 2016提供了多种单元格样式，使用单元格样式，可以使每个单元格都具有不同的特点。

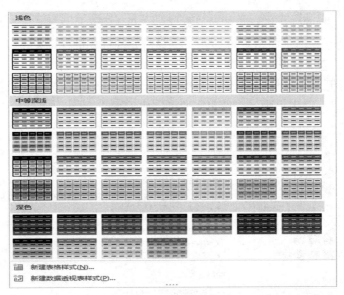

图 4.51 套用表格格式

选中要设置样式的单元格区域。单击"开始"选项卡下"样式"命令组中的"单元格样式"按钮,在弹出的列表中选择需要的单元格样式,如图 4.52 所示,即可套用单元格样式。

如果内置的单元格样式不能满足需求,可以在"单元格样式"列表中选择"新建单元格样式"命令,自己定义想要的单元格样式。

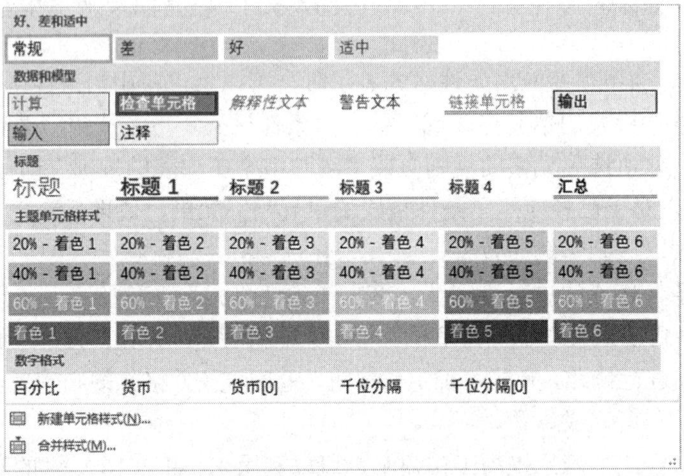

图 4.52 套用单元格样式

4.3.3 经典实例

4.3.3.1 任务

打开工作簿,显示数据如图 4.53 所示,对其进行格式化处理。

	A	B	C	D	E	F
1	大学一年级第一学期期末成绩					
2	学号	姓名	高等数学	大学英语	计算机	机械制图
3	C120305	王清华	92	91	86	86
4	C120101	包宏伟	98	99	99	96
5	C120203	吉祥	86	86	73	92
6	C120104	刘康锋	78	88	86	74
7	C120301	刘鹏举	95	91	95	78
8	C120306	齐飞扬	90	87	95	93
9	C120206	闫朝霞	88	89	78	90
10	C120302	孙玉敏	82	90	93	84
11	C120204	苏解放	84	95	91	92
12	C120201	杜学江	98	93	92	93
13	C120304	李北大	93	95	92	88
14	C120103	李娜娜	98	92	92	88
15	C120105	张桂花	89	73	95	91
16	C120202	陈万地	88	92	88	89
17	C120205	倪冬声	93	93	90	86
18	C120102	符合	99	93	93	92
19	C120303	曾令煊	87	78	89	93
20	C120106	谢如康	75	95	93	95

图 4.53　原始数据

4.3.3.2　要求

① 合并 A1：F1 单元格，设置标题为"大学一年级第一学期期末成绩表"，文字格式：黑体，20，蓝色。

② 设置 A2：F2 单元格文字格式为宋体、14 号，底纹为黄色。

③ 设置整个表格数据水平居中，垂直居中。

④ 为工作表加绿色双实线外框、绿色单实线内框。

⑤ 使用条件格式设置成绩小于 80 的数据为红色、加粗；成绩大于等于 95 的数据加粗，单元格底纹为橙色。

4.3.3.3　操作步骤

① 选中 A1：F1 单元格，单击"开始"选项卡下"对齐方式"命令组中的"对话框启动器"按钮，打开"设置单元格格式"对话框，在"对齐"选项卡中，选中"合并单元格"复选框，在"字体"选项卡中单击"字体"下拉列表，选择"黑体"，单击"字号"下拉列表，选择"20"，单击字体"颜色"按钮，选择蓝色，如图 4.54 所示。

② 选中 A2：F2 单元格，在"开始"选项卡下的"字体"命令组中，单击"字体"下拉列表，选择"宋体"，单击"字号"下拉列表，选择"14"，单击"填充颜色"按钮右侧的倒三角按钮，在弹出的"颜色"列表中选择黄色，效果如图 4.55 所示。

③ 选中数据区域 A1：F20，在"开始"选项卡下的"对齐方式"命令组中，单击"居中"按钮和"垂直居中"按钮。

④ 选中数据区域 A1：F20，单击"开始"选项卡下的"对齐方式"命令组的"对话框启动器"按钮，弹出"设置单元格格式"对话框，选择"边框"标签，在"线条"中的"样式"里选中双实线，"颜色"里选择绿色，然后单击"预置"中的"外边框"按钮，再在"线条"中的"样式"里选中单实线，"颜色"里选择绿色，然后单击"预置"中的"内部"按钮，如图 4.56 所示，单击"确定"按钮，效果如图 4.57 所示。

图4.54 "设置单元格格式"对话框"字体"选项卡　　图4.55 字体设置效果

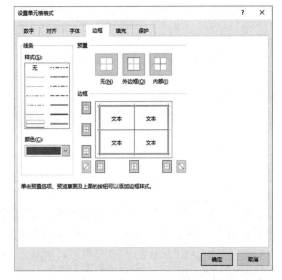

图4.56 "设置单元格格式"对话框"边框"选项卡　　图4.57 边框设置效果

⑤ 选中C3：F20单元格，单击"开始"选项卡下"样式"命令组中的"条件格式"按钮，在弹出的列表中选择"新建规则"命令。打开"新建格式规则"对话框，在"选择规则类型"列表中选择"只为包含以下内容的单元格设置格式"选项，在"编辑规则说明"中设置条件为"单元格值，小于，80"，单击"格式"按钮，打开"设置单元格格式"对话框，设置字体为加粗、红色，单击"确定"按钮，返回"新建格式规则"对话框，如图4.58所示，再单击"确定"按钮，完成设置。按照上述操作设置成绩大于等于95的数据为加粗，单元格底纹为橙色，效果如图4.59所示。

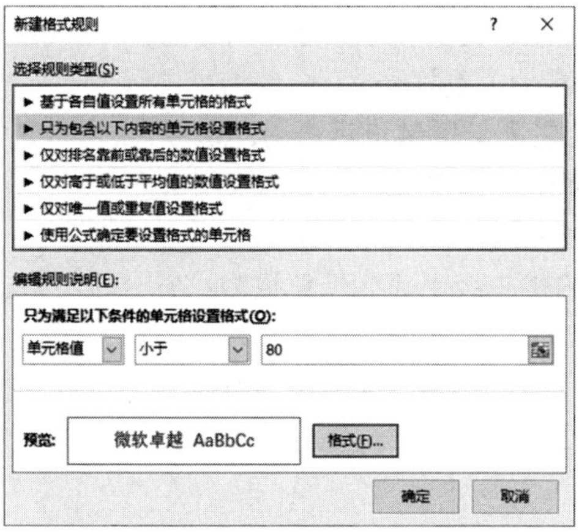

图 4.58 “新建格式规则”对话框

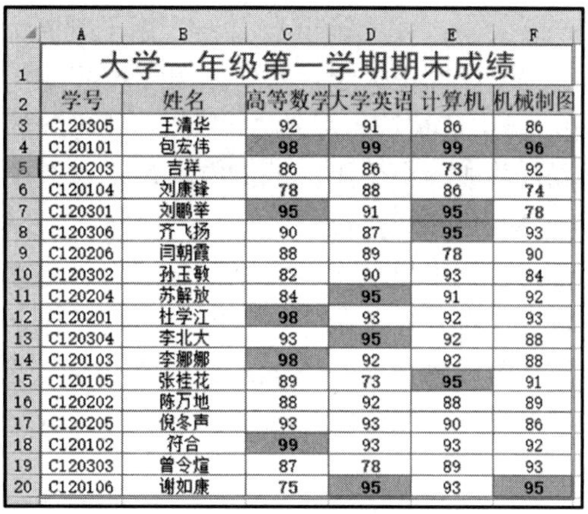

	A	B	C	D	E	F
1	大学一年级第一学期期末成绩					
2	学号	姓名	高等数学	大学英语	计算机	机械制图
3	C120305	王清华	92	91	86	86
4	C120101	包宏伟	98	99	99	96
5	C120203	吉祥	86	86	73	92
6	C120104	刘康锋	78	88	86	74
7	C120301	刘鹏举	95	91	95	78
8	C120306	齐飞扬	90	87	95	93
9	C120206	闫朝霞	88	89	78	90
10	C120302	孙玉敏	82	90	93	84
11	C120204	苏解放	84	95	91	92
12	C120201	杜学江	98	93	92	93
13	C120304	李北大	93	95	92	88
14	C120103	李娜娜	98	92	92	88
15	C120105	张桂花	89	73	95	91
16	C120202	陈万地	88	92	88	89
17	C120205	倪冬声	93	93	90	86
18	C120102	符合	99	93	93	92
19	C120303	曾令煊	87	78	89	93
20	C120106	谢如康	75	95	93	95

图 4.59 最终效果图

4.4 公式与函数的使用

公式和函数是 Excel 2016 最基本、最重要的应用工具之一，数据的分析与处理功能主要是借助公式和函数来实现的。

公式是 Excel 2016 中最常用的计算工具，公式可以解决的问题非常多，它和函数结合在一起，能极大地提升 Excel 对数据的分析与处理能力，而数组公式更有利于提高计算速度。

本节学习目标如下。

① 熟练掌握公式的使用方法与技巧。

② 熟练掌握函数的作用及使用方法。

③ 能够使用数组公式进行数据计算。

4.4.1 公式的使用

公式是对工作表中的数据进行计算的等式。利用公式可以对同一工作表中的各单元格的数据、同一工作簿不同工作表中的单元格数据或其他工作簿的工作表中单元格的数据进行计算。

（1）公式的运算符及优先级　公式必须以等号“=”开头，后面跟表达式。表达式由操作数和运算符组成。操作数可以是单元格、常量或函数等。默认情况下，公式的计算结果显示在单元格中，公式本身显示在编辑栏中。

运算符用于对公式中的元素进行运算。Excel 2016 的公式中使用的运算符有算术运算符、比较运算符、引用运算符和文本运算符。

① 算术运算符：加号“+”用于加法运算；减号“-”用于减法运算；乘号“*”用于乘法运算；除号“/”用于除法运算；百分号“%”用于百分比的转换；乘方“^”用于幂运算。

② 比较运算符：等于号“=”用于判断是否相等；大于号“>”用于判断大小；小于号“<”

用于判断大小；大于等于号">="用于判断大于等于，即不小于；小于等于号"<="用于判断小于等于，即不大于；不等于号"< >"用于判断是否不相等。

③ 引用运算符：冒号":"表示对两个单元格之间的区域进行引用；逗号","将多个引用区域合并成一个引用区域；空格表示对两个或多个共同单元格区域的引用。

④ 文本运算符：连字符"&"将多个文本串链接成一个文本框。

若在公式中出现多种类型的运算符，运算符的优先级由高到低依次为：冒号、空格、逗号、负号、百分号、乘方、乘除、加减、连字符、比较运算符。

（2）公式的输入　在 Excel 2016 中输入公式的方法与输入文本的方法类似，可以直接在单元格中输入，也可以在编辑栏中输入，输入公式总是以输入一个"="开头，然后输入公式的表达式。

① 直接输入。选择要输入公式结果的单元格，先输入等号"="，再输入公式，按【Enter】键或单击"输入"按钮即可。这时单元格中将直接显示公式计算的结果，而公式则在编辑栏中显示。

② 引用单元格输入。选择要输入公式结果的单元格，先输入等号"="，再单击在公式中出现的第一个单元格，其地址将显示在编辑栏中，然后输入运算符，按照此方法，依次输入单元格的地址和运算符，直到公式结束，按【Enter】键或单击"输入"按钮即可。

（3）公式的移动与复制　单元格中的公式同单元格中的数据一样，也可以移动或复制到其他单元格中，从而提高工作效率。

① 移动公式。移动公式可以使用剪切、粘贴命令来完成，方法与移动普通单元格相似，也可以使用拖曳的方法来完成。

首先选中包含公式的单元格，将鼠标移动到选中的单元格边框上，当鼠标变为十字箭头形状时，按住鼠标左键不放，将其拖动到目标单元格后释放鼠标即可。

② 复制公式。复制公式可以使用"开始"选项卡下"剪贴板"命令组中的"复制"按钮 和 "粘贴"按钮 ，也可以使用复制快捷键【Ctrl】+【C】和粘贴快捷键【Ctrl】+【V】。

当需要在工作表的一行或一列输入类似的公式时，如果逐个输入，速度会很慢，可以使用填充法复制公式，会节约很多时间。首先选中包含公式的单元格，将鼠标移到单元格右下角的填充柄 位置，鼠标指针变成黑十字形状 ，按住鼠标左键不放，向行或列方向拖动鼠标，到达目标位置后释放鼠标即可。

（4）公式的显示与隐藏　用户输入公式后，将自动计算出结果。为方便用户检查公式的正确性，可通过设置，使公式在单元格中显示出来。单击"公式"选项卡下"公式审核"命令组中的"显示公式"按钮 ，工作表中含有公式的单元格都将显示出公式。若要取消显示公式，再次单击"公式"选项卡下"公式审核"命令组中的"显示公式"按钮 即可。

4.4.2　引用单元格

在 Excel 中，一个引用地址代表工作表中的一个单元格或单元格区域。单元格引用的作用在于标识工作表中的单元格或单元格区域，并指明公式中所使用的数据的地址。在编辑公式时需要对单元格地址进行引用。Excel 2016 根据单元格地址被复制到其他单元格后是否会改变分为三种引用形式：相对引用、绝对引用和混合引用。

（1）相对引用　单元格的相对引用，就是直接用字母表示列，用数字表示行。例如 D8 单元格表示第 D 列和第 8 行交叉处的单元格。相对引用是把一个含有单元格地址引用的公式复制到一个新的位置或用一个公式填入一个选定范围时，公式中的单元格地址会根据情况发生改变。变化规律为：横向复制公式时，列标发生改变，而行号不变；纵向复制公式时，行号发生变化，而列标不变。这就是相对引用的特点。在 Excel 中，默认引用为相对引用。相对引用与包含公式函数的单元格位置相关，引用的单元格地址不是固定地址，而是相对于公式所在单元格的相对位置，当将引用该地址的公式或函数复制到其他单元格时，这种相对位置关系也随之被复制。

以计算学生成绩为例，在 E2 单元格中输入计算总分的公式“=C2+D2”，按【Enter】键，得到计算结果 183，如图 4.60（a）所示。选中 E2 单元格，双击填充柄或按住鼠标左键向下拖动填充柄至 E19 单元格后，释放鼠标左键，结果如图 4.60（b）所示。选中 E2：E19 中任一单元格，编辑栏中显示的是当前选中的单元格的公式，例如选中 E6，编辑栏中显示“=C6+D6”。

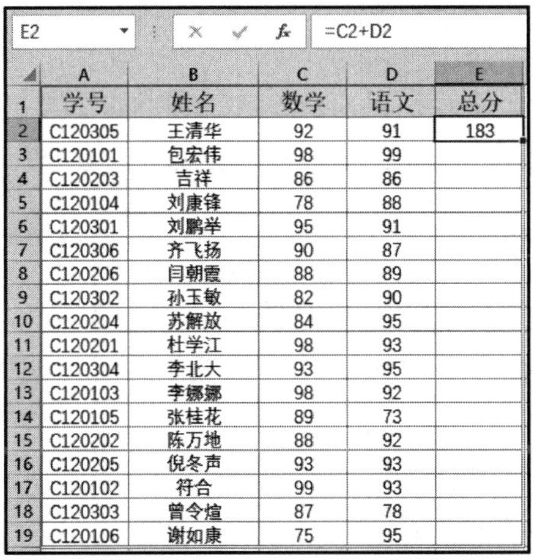

E2　=C2+D2

	A	B	C	D	E
1	学号	姓名	数学	语文	总分
2	C120305	王清华	92	91	183
3	C120101	包宏伟	98	99	
4	C120203	吉祥	86	86	
5	C120104	刘康锋	78	88	
6	C120301	刘鹏举	95	91	
7	C120306	齐飞扬	90	87	
8	C120206	闫朝霞	88	89	
9	C120302	孙玉敏	82	90	
10	C120204	苏解放	84	95	
11	C120201	杜学江	98	93	
12	C120304	李北大	93	95	
13	C120103	李娜娜	98	92	
14	C120105	张桂花	89	73	
15	C120202	陈万地	88	92	
16	C120205	倪冬声	93	93	
17	C120102	符合	99	93	
18	C120303	曾令煊	87	78	
19	C120106	谢如康	75	95	

(a)

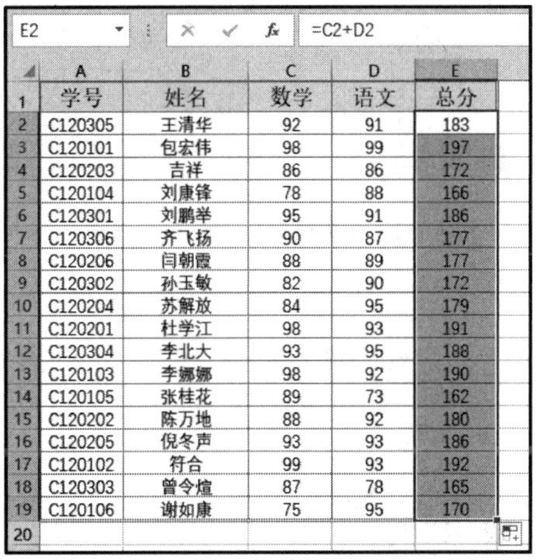

E2　=C2+D2

	A	B	C	D	E
1	学号	姓名	数学	语文	总分
2	C120305	王清华	92	91	183
3	C120101	包宏伟	98	99	197
4	C120203	吉祥	86	86	172
5	C120104	刘康锋	78	88	166
6	C120301	刘鹏举	95	91	186
7	C120306	齐飞扬	90	87	177
8	C120206	闫朝霞	88	89	177
9	C120302	孙玉敏	82	90	172
10	C120204	苏解放	84	95	179
11	C120201	杜学江	98	93	191
12	C120304	李北大	93	95	188
13	C120103	李娜娜	98	92	190
14	C120105	张桂花	89	73	162
15	C120202	陈万地	88	92	180
16	C120205	倪冬声	93	93	186
17	C120102	符合	99	93	192
18	C120303	曾令煊	87	78	165
19	C120106	谢如康	75	95	170
20					

(b)

图 4.60　相对引用

（2）绝对引用　绝对引用是把一个含有单元格地址引用的公式复制到一个新的位置或用一个公式填入一个范围时，公式中的单元格地址保持不变，即该地址不随复制或填充的目的单元格的变化而变化。绝对地址在被复制到其他单元格时，其单元格地址不会改变。在复制公式时，如果不希望所引用的位置发生变化，就要用到绝对引用。表示方法为在引用单元格前加符号“$”，如“=$A$6+$B$3”，此时无论如何改变公式的位置，A6 和 B3 两个单元格都固定不变。

以上例计算学生成绩为例，数学成绩系数为 1.3，语文成绩系数为 1.1[图 4.61（a）]，在 E2 单元格中输入计算总分的公式“=C2*G2+D2*H2”，按【Enter】键，得到计算结果 219.7，选中 E2 单元格，双击填充柄或鼠标左键向下拖动填充柄至 E19 单元格后，释放鼠标左键，结果如图 4.61（a）所示，快速填充的单元格公式计算有误。选中 E2：E19 中任一单元格，编辑栏中显示的是当前选中的单元格的公式，例如选中 E6 单元格，编辑栏中显示“=C6*G6+D6*H6”。每位学生的成绩不同，但是成绩的系数是相同的，是固定不变的，因此存放系数的单元格应该使用绝对引用，故在 E2 单元格中输入计算总分的公式“=C2*$G$2+D2*$H$2”，双击填充柄或鼠标左键向下拖动填充柄至 E19 单元格，此时得到正确结果如图 4.61（b）所示，选中 E6 单元格，编辑栏中显示“=C6*$G$2+D6*$H$2”。

E2　=C2*G2+D2*H2

	A	B	C	D	E	F	G	H
1	学号	姓名	数学	语文	总分		数学系数	语文系数
2	C120305	王清华	92	91	219.7		1.3	1.1
3	C120101	包宏伟	98	99	0			
4	C120203	吉祥	86	86	0			
5	C120104	刘康锋	78	88	0			
6	C120301	刘鹏举	95	91	0			
7	C120306	齐飞扬	90	87	0			
8	C120206	闫朝霞	88	89	0			
9	C120302	孙玉敏	82	90	0			
10	C120204	苏解放	84	95	0			
11	C120201	杜学江	98	93	0			
12	C120304	李北大	93	95	0			
13	C120103	李娜娜	98	92	0			
14	C120105	张桂花	89	73	0			
15	C120202	陈万地	88	92	0			
16	C120205	倪冬声	93	93	0			
17	C120102	符合	99	93	0			
18	C120303	曾令煊	87	78	0			
19	C120106	谢如康	75	95	0			
20								

(a)

E2　=C2*$G$2+D2*$H$2

	A	B	C	D	E	F	G	H
1	学号	姓名	数学	语文	总分		数学系数	语文系数
2	C120305	王清华	92	91	219.7		1.3	1.1
3	C120101	包宏伟	98	99	236.3			
4	C120203	吉祥	86	86	206.4			
5	C120104	刘康锋	78	88	198.2			
6	C120301	刘鹏举	95	91	223.6			
7	C120306	齐飞扬	90	87	212.7			
8	C120206	闫朝霞	88	89	212.3			
9	C120302	孙玉敏	82	90	205.6			
10	C120204	苏解放	84	95	213.7			
11	C120201	杜学江	98	93	229.7			
12	C120304	李北大	93	95	225.4			
13	C120103	李娜娜	98	92	228.6			
14	C120105	张桂花	89	73	196			
15	C120202	陈万地	88	92	215.6			
16	C120205	倪冬声	93	93	223.2			
17	C120102	符合	99	93	231			
18	C120303	曾令煊	87	78	198.9			
19	C120106	谢如康	75	95	202			
20								

(b)

图 4.61　绝对引用

（3）混合引用　混合引用是在一个单元格地址中，既有相对地址又有绝对地址的混合引用，包括绝对列和相对行，或绝对行和相对列。例如 A$3 或$A3，这类引用被称为“混合引用”。如果“$”符号在行号前，表示该行位置是“绝对不变”的，而列位置会随着目的位置的变化而变化，即固定引用行而允许列变化。如果“$”符号在列号前，表示该列位置是“绝对不变”的，而行位置会随着目的位置的变化而变化，即固定引用列而允许行变化。

如图 4.62 所示，B2：J10 单元格区域中的数据由行列相乘得到，经分析在 B2 单元格中输入公式“=A2*B1”，在向下快速填充时，A2 单元格要逐渐变化到 A10，而 B1 单元格不变，向右快速填充时，B1 单元格要逐渐变化到 B10，而 A2 单元格不变，即该公式既不能使用相对引用，又不能使用绝对引用，而应使用混合引用。由此分析出 B1 单元格向下填充时行列均不变，向右填充时列变而行不变，因此公式中 B1 应写成 B$1；A2 单元格向下填充时行变列不变，向右填充时行列均不变，因此公式中 A2 应写成$A2。经过以上分析，B2 单元格中应输入公式“=B$1*$A2”，然后向下填充，再向右快速填充即能得到结果。

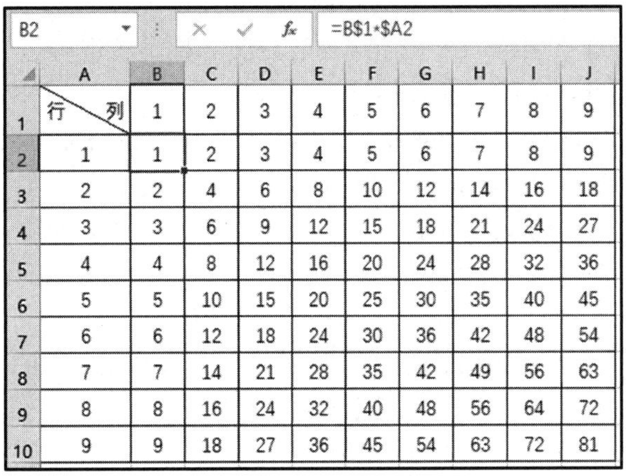
B2 =B$1*$A2

	A	B	C	D	E	F	G	H	I	J
1	行 列	1	2	3	4	5	6	7	8	9
2	1	1	2	3	4	5	6	7	8	9
3	2	2	4	6	8	10	12	14	16	18
4	3	3	6	9	12	15	18	21	24	27
5	4	4	8	12	16	20	24	28	32	36
6	5	5	10	15	20	25	30	35	40	45
7	6	6	12	18	24	30	36	42	48	54
8	7	7	14	21	28	35	42	49	56	63
9	8	8	16	24	32	40	48	56	64	72
10	9	9	18	27	36	45	54	63	72	81

图 4.62　混合引用

（4）三种引用之间的关系　相对引用、绝对引用和混合引用反映的是向其他单元格或单元格区域复制公式或自动填充时，单元格地址是如何变化的。可使用功能键【F4】对单元格的相对引用，绝对引用和混合引用进行切换。如果初始是相对引用，按一次【F4】键将其转换为绝对引用，按两次【F4】键转换为行方向的混合引用，按三次【F4】键转换为列方向的混合引用，按四次【F4】键又转换回最初的相对引用。复制公式时，拖动单元格右下角的填充柄，可以直接双击填充柄，也可以直接使用【Ctrl】+【C】组合键复制单元格中的公式，然后使用【Ctrl】+【V】组合键粘贴公式。移动公式时，可以直接拖动公式所在的单元格边框，也可以直接使用【Ctrl】+【X】组合键剪切单元格中的公式，然后使用【Ctrl】+【V】组合键粘贴公式。

4.4.3　单元格名称的定义与引用

名称就是给常量、公式、单元格或单元格区域起的名字，利用名称可以实现很多功能，例如在公式或函数中使用定义的名称以实现绝对引用。

（1）在名称框中定义名称　在名称框中定义名称，先选择要定义名称的单元格或单元格区域，然后单击名称框，输入名称后按【Enter】键即可。

例如：把 B2 单元格命名为“价格”，首先单击 B2 单元格，单击名称框，输入“价格”后按【Enter】键即可，结果如图 4.63 所示。

又如：如果把 A1：B4 单元格区域命名为“书目价格”，首先选中 A1：B4，单击名称框，输入"书目价格"后按【Enter】键即可，结果如图 4.64 所示。

图 4.63 将单元格命名为"价格"　　图 4.64 将单元格区域命名为"书目价格"

（2）根据所选内容定义名称　根据所选内容定义名称是将现有行和列标题转换为名称，选择要命名的单元格区域，必须包含行标题或列标题。

例如：以上例数据为例，将 A2：A4 命名为"图书名称"，B2：B4 命名为"平均单价（元）"。首先选择单元格区域 A1：B4，单击"公式"选项卡上的"定义的名称"命令组中"根据所选内容创建"按钮，弹出"以选定区域创建名称"对话框，如图 4.65 所示，在该对话框中，可以设置"首行""最左列""末行""最右列"复选框来指定包含标题的位置，此例中保留"首行"项同时取消其他项的选择，最后单击"确定"按钮即可。

（3）在"新建名称"对话框中定义名称　单击"公式"选项卡上的"定义的名称"命令组中"定义名称"按钮，弹出"新建名称"对话框，在"名称"文本框中输入名称，此处输入"图书价格"；在"范围"下拉列表中选择工作簿或工作表的名称，以此来限定该名称在某个工作表中有效还是在工作簿的所有工作表中均有效，此处使用默认的"工作簿"；在"备注"文本框中输入备注信息，备注信息最多 255 个字符，用于对该名称的简要说明，此处输入"所有图书价格"；"引用位置"中显示当前选择的单元格或单元格区域，如果需要修改，在"引用位置"框单击鼠标，然后在工作表中重新选择单元格或单元格区域，若为一个常量命名，则直接输入等号"="然后输入常量值，若为一个公式命名，则直接输入等号"="然后输入公式，此处选择 A1：B4 单元格，如图 4.66 所示，单击"确定"按钮，完成命名操作并返回工作表。

图 4.65 "以选定区域创建名称"对话框　　图 4.66 "新建名称"对话框

（4）编辑名称　如果要修改已定义的名称，单击"公式"选项卡下"定义的名称"命令组中"名称管理器"按钮，弹出"名称管理器"对话框，如图 4.67 所示，在"名称管理器"对话框中，可以新建名称、编辑名称，也可以删除选中的名称。选中某个名称，单击"编辑"按钮可以修改已命名名称的引用位置和适用范围等；单击"删除"按钮，可删除已有的命名；单击"新建"则弹出"新建名称"对话框。

图 4.67 "名称管理器"对话框

（5）引用名称

① 通过"名称框"引用。单击"名称框"右侧的黑色箭头，下拉列表中会显示所有已被命名的单元格名称，但不包括常量和公式的名称。单击选择某一名称，该名称所引用的单元格或区域将会被选中。如果是在输入公式的过程中，该名称将出现在公式中。

② 在公式中引用。将 B2 单元格命名为"价格"，在 D2 单元格中输入公式"=价格*C2"，双击填充柄后发现，D3、D4 单元格分别为"=价格*C3""=价格*C4"，说明 B2 单元格被命名为"价格"后，在公式中使用时是绝对引用，因此通过命名可以实现绝对引用，如图 4.68 所示。

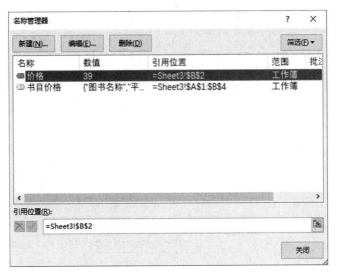

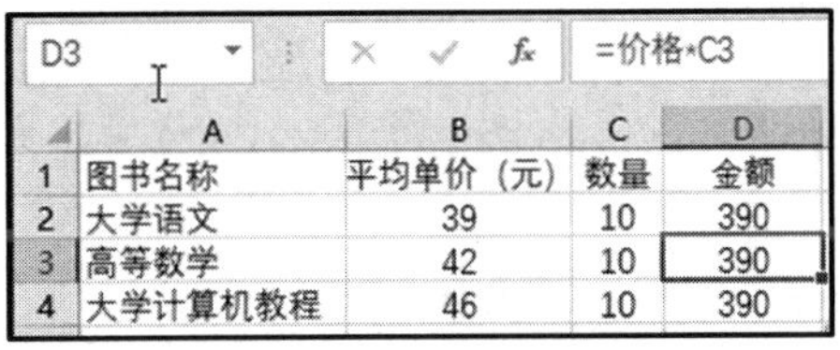

图 4.68 在公式中引用名称

4.4.4 函数的应用

函数与公式既有区别又有联系。函数是 Excel 2016 预先定义的特殊公式，公式是由用户自行设计的对工作表中的数据进行计算和处理的等式。函数的结构是以函数名开始，然后是左圆括号、以逗号分隔的参数，最后以右圆括号结束。其中，函数名表示将执行的操作；参数表示函数要计算的值，通常是一个单元格区域，也可以是更为复杂的内容。

4.4.4.1 Excel 2016 常用函数

Excel 2016 提供了大量的函数，主要有以下类别：数学和三角函数，时间和日期函数，财务函数，统计函数，查找和引用函数，数据库函数，文本函数，逻辑函数，工程函数，信息函数，多维数据集函数，加载宏和自动化函数等。此外，还可以利用 VBA 编写自定义函数，以完成特定的需要。表 4.1 列出了常用函数格式及功能。

表 4.1 常用函数格式及功能

函数名	格式	功能
求和	SUM（N1，N2，…）	求各表达式之和
条件求和	SUMIF（N1，N2，N3）	对满足条件的单元格求和
多条件求和	SUMIFS（N1，N2，N3，…）	对满足多个条件的单元格求和
求平均	AVERAGE（N1，N2，…）	求各表达式的平均值
条件求平均	AVERAGEIF（N1，N2，N3）	对满足条件的单元格求平均
多条件求平均	AVERAGEIFS（N1，N2，N3，…）	对满足多个条件的单元格求平均
最大值	MAX（N1，N2，…）	求一组数值中的最大值，忽略逻辑值和文本
最小值	MIN（N1，N2，…）	求一组数值中的最小值，忽略逻辑值和文本
计数	COUNT（N1，N2，…）	求各个参数中的数值型数据的个数
计数	COUNTA（N1，N2，…）	计算区域中非空单元格的个数
条件计数	COUNTIF（N，条件）	统计指定区域中满足条件的单元格数目
多条件计数	COUNTIFS（N，条件，…）	统计指定区域中满足多个条件的单元格数目
条件	IF（条件表达式，值1，值2）	当条件为真时，返回值1，否则返回值2
排名	RANK.EQ（N1，N2，N3）	返回某数字在一列数字中相对于其他数值的排名，有相同值的返回最高排名
排名	RANK.AVG（N1，N2，N3）	返回某数字在一列数字中相对于其他数值的排名，有相同值的返回平均排名
纵向查找函数	VLOOKUP（N1，N2，N3，N4）	在表格数组的首列查找指定的值，并由此返回表格数组当前行中其他列的值
横向查找函数	HLOOKUP（N1，N2，N3，N4）	在表格数组的首行查找指定的值，并由此返回表格数组当前列中其他行的值
截取函数	MID（N1，N2，N3）	返回文本字符串中从指定位置开始的特定数目的字符，该数目由用户指定
平方根	SQRT（N）	求表达式值的算术平方根值
求余	MOD（N1，N2）	求 N1 整除 N2 的余数
绝对值	ABS（N）	求表达式值的绝对值
取整	INT（N）	取不大于表达式值（为实数）的整数部分
四舍五入	ROUND（N，m）	对表达式值保留 m 位小数，对 $m+1$ 进行四舍五入
随机	RAND（）	随机产生一个大于等于 0 且小于 1 的小数
贷款本息偿还	PMT（月利率，月份，本金）	计算在固定利率下，贷款的等额分期偿还额

4.4.4.2 函数的输入

函数的输入方式一般有两种：直接输入和使用"插入函数"对话框进行输入。

（1）直接输入　和输入公式的方法一样，在单元格中先输入一个等号"="，然后依次输入函数名、左括号、参数、右括号，按【Enter】键即可。

（2）使用"插入函数"对话框　有时用户对所要使用的函数并不熟悉，不能确定函数的拼写或参数，此时可以使用"插入函数"对话框来插入函数。插入函数的步骤如下。

选择要插入函数的单元格。单击编辑栏中的"插入函数"按钮，打开"插入函数"对话框，如图 4.69 所示，选择函数的类别和需要的函数，单击"确定"按钮。打开"函数参数"对话框，如图 4.70 所示，Excel 自动将需要计算的单元格区域填充到"Number1"参数框中。如果自动填充的参数不正确，可以手动直接修改或单击"Number1"右侧的"折叠"

按钮，此时"函数参数"对话框转换成一个浮动框，在工作表中选择需要计算的单元格区域，再单击"折叠"按钮，返回"插入函数"对话框，单击"确定"按钮，即可完成函数的插入。

图 4.69 "插入函数"对话框

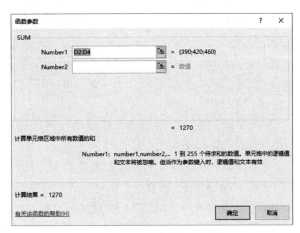

图 4.70 "函数参数"对话框

4.4.4.3 函数错误分析与处理

用户在使用函数时，有时输入的函数表达式是正确的，但函数结果却是错误值。常见的错误原因和解决方法如下。

（1）"####"错误

错误原因：输入单元格中的数据太长或者函数所产生的结果太长，单元格的宽度不够；日期运算结果为负值；日期序列超过系统允许的范围。

解决方法：增大单元格的宽度，使结果能够完全显示；更正日期运算函数式，使其结果为正值；使输入的日期序列在系统允许范围之内（1～2958465）。

（2）"#DIV/0"错误

错误原因：在含有除法的函数表达式中，除数为 0 值；可能除数直接使用了 0 值或除数所引用的单元格中的数值为 0，或者引用了空单元格（运算对象是空单元格，Excel 将其作为 0 值处理）。

解决方法：直接为除数输入不为零的数，或者在用作除数的单元格中输入不为零的值，或者修改引用的空白单元格。

（3）"#NAME？"错误

错误原因：在函数表达式中使用了 Excel 不能识别的文本，如可能输入错误的名称或者输入了一个已被删除的名称；函数名称拼写错误；引用文本时没有加引号（" "）或者用了中文状态下的引号（""）；使用"分析工具库"等加载宏部分的函数，而没有加载相应的宏。

解决方法：针对具体公式，逐一检查错误的对象。如果是使用了不存在的名称而产生的，应确认使用的名称确实存在；如果是函数名拼写错误，则输入正确的函数名称即可；修改引号；加载相应的宏。

（4）"NULL！"错误

错误原因：函数表达式中使用了不正确的区域运算符或不正确的单元格引用等。

解决方法：检查并改正区域运算符，或者修改不正确的单元格引用。

（5）"#NUM！"错误

错误原因：提供了无效的参数给工作表函数；函数式返回的结果太大或太小，Excel 无法表示出来。

解决方法：检查并更正使函数中使用的参数类型正确；如果函数结果太大或太小，就需更改函数表达式，使其结果介于 -10^{308} 和 $+10^{308}$ 之间。

（6）"#REF！"错误

错误原因：函数引用的单元格或单元格区域被删除，并且软件无法自动调整，造成错误引用；链接的数据不可用。

解决方法：修改函数表达式中无效的引用单元格；调整链接的数据，使其处于可用状态。

（7）"#VALUE！"错误

错误原因：输入引用文本项的数学公式，如果使用了不正确的参数或运算符，或者当执行自动更正公式功能时不能更正公式，都将产生错误信息"#VALUE！"。

解决方法：应确认公式或函数所需的运算符或参数正确，并且公式引用的单元格中包含有效的数值。

（8）"#N/A"错误

错误原因：无信息可用于所要执行的计算。在建立模型时，用户可以在单元格中输入"#N/A"，以表明正在等待数据。任何引用含有"#N/A"值的单元格都将返回"#N/A"。

解决方法：在等待数据的单元格内填上数据。

4.4.5 数组公式的应用

前面介绍的公式都是执行一个简单计算且返回一个计算结果的情况，如果需要同时对一组或多组数据进行计算，计算的结果可能是一个或多个，这种情况只有用数组公式才能处理。

数组就是具有某种联系的多个元素的集合，这些元素可以分别参与运算也可以共同参与运算。一维数组可以存储在一行或一列数据中，二维数组可以存储在一个矩形的单元格区域中。

数组公式是可以在数组的一项或多项上执行多个计算的公式。数组公式可以返回多个结果，也可返回一个结果。例如，可以将数组公式放入单元格区域中，并使用数组公式计算列或行的小计。也可以将数组公式放入单个单元格中，然后计算单个量。位于多个单元格中的数组公式称为多单元格公式，位于单个单元格中的数组公式称为单个单元格公式。

数组公式最大的特征就是所引用的参数就是数组参数，包括区域数组和常量数组。区域数组是一个矩形的单元格区域，如"$B$3：$E$5"。常量数组是一组给定的常量。如果该数组是一维的，数据间可以用"，"或"；"隔开，如{1,3,5,7,9}、{1;3;5;7;9}。如果该数组是二维的，列数据之间用"，"隔开，行数据之间用"；"隔开，如{1,3,5,7,9;1,3,5,7,9}。

数组公式的输入，同前面所讲的普通公式的输入方法相似。与普通公式最大的不同之处是，公式字符输入完成后，普通公式直接按【Enter】键进行确认，而数组公式必须按【Ctrl

+【Shift】+【Enter】组合键进行确认。输入数组公式的步骤如下。

首先选中要使用数组公式的单元格区域，如 F2：F19。输入数组公式"=C2：C19+D2：D19+E2：E19"，如图 4.71（a）所示。按【Ctrl】+【Shift】+【Enter】组合键确认，结果如图 4.71（b）所示，在数组公式的外面会自动加上大括号"{}"。

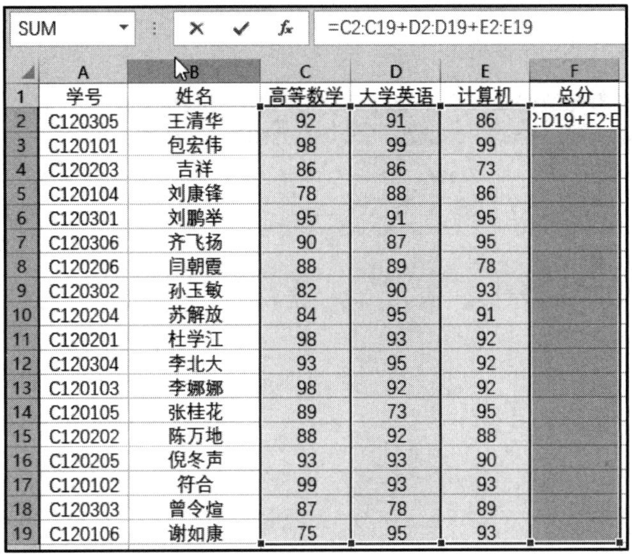

图 4.71 使用数组公式

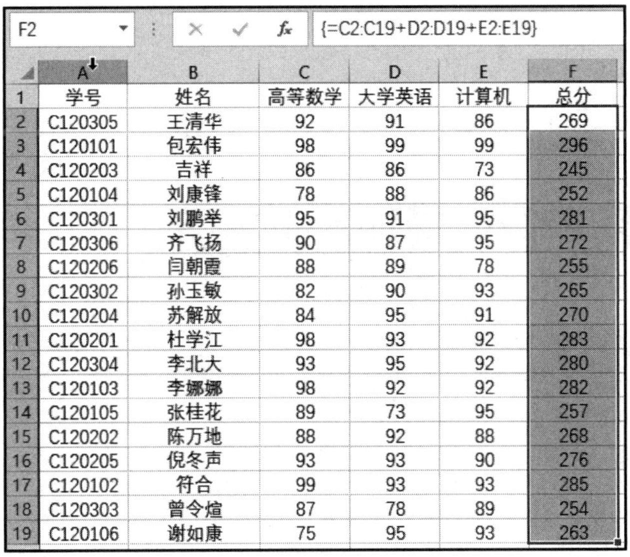

图 4.72 提示框

这就是计算三个单元格区域的数组公式。利用数组公式进行批量计算，可节省计算时间。此外，数组公式还有一个特点：输入完数组公式后，数组公式是一个整体，不可以修改其中的一部分。例如修改 F4 单元格的公式将加法改为乘法，将出现如图 4.72 所示的提示框。这个特点将保证公式集合的完整性不被修改，可以预防用户在操作时无意间修改到表格的公式。当然如果确实要修改公式，必须选中公式所在的所有单元格。

4.4.6 经典实例

4.4.6.1 任务

对图 4.73 使用函数与公式统计学生的成绩。

(a)

(b)

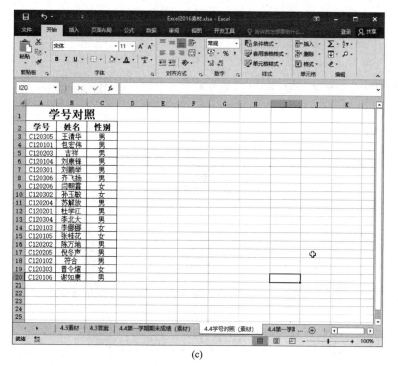

图 4.73 原始数据

4.4.6.2 要求

① 使用查找函数查找出所有学生的姓名,学号与姓名的对照在"4.4 学号对照(素材)"工作表中。

② 使用函数计算出班级,学号的第 4 位和第 5 位代表班级,"01"代表 1 班,"02"代表 2 班,"03"代表 3 班。

③ 使用函数计算出所有学生的"总分""平均分"。

④ 使用函数以平均分为排名依据计算出所有学生的"专业排名"。

⑤ 使用函数计算出所有学生的高等数学、大学英语、计算机、机械制图的总分及平均分的最高分和最低分。

⑥ 使用函数计算出三个班级的"优秀率",平均分大于等于 90 的为优秀。

⑦ 使用函数分别计算出三个班级每科的平均分。

⑧ 使用函数计算出每个班级的总分。

4.4.6.3 操作步骤

(1)要求①的实施步骤

① 单击 B3 单元格,点击"插入函数"按钮,在"插入函数"对话框"或选择类别"列表中选择"常用函数",在"选择函数"下拉列表中选择"VLOOKUP"函数,如图 4.74 所示。如果在常用函数中找不到该函数,可以在"搜索函数"框中直接键入函数名,然后单击转到按钮即可(此功能对所有函数有效)。也可以单击"或选择类别"右侧的向下箭头,然后找到

"查找与应用"类别函数,"VLOOKUP"函数属于此类别。

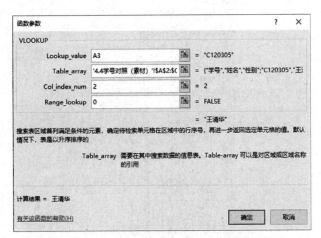

图 4.74 "插入函数"对话框　　　　图 4.75 "VLOOKUP 函数参数"对话框

② 单击"确定"按钮,弹出"VLOOKUP 函数参数"对话框,第一个参数"Lookup_value"为要查找的值,此处单击 A3 单元格,即要查找 A3 这个单元格的学号所对应的姓名;第二个参数"Table_array"为查找的范围,此处单击"4.4 学号对照(素材)"工作表的 A2:C20 单元格区域,然后按【F4】功能键切换至绝对引用;第三个参数"Col_index_num"为查找到符合要求的一行数据时,第几列是想要的结果,此处输入"2",因为要查找姓名,"4.4 学号对照(素材)"工作表查找区域的第二列为姓名;第四个参数"Range_lookup"为查找时是精确匹配还是大致匹配,FALSE 或 0 为精确匹配,TRUE 或 1 为近似匹配,此处输入"0"。对话框如图 4.75 所示。

③ 单击"确定"按钮,然后快速填充至 B20,如图 4.76 所示。

图 4.76 使用查找函数查找的结果

> **提示**
>
> VLOOKUP 函数的"Table_array"参数为查找范围,快速填充时查找范围应不变,因此使用绝对引用,也可将查找范围单元格区域重新命名,之后使用自定义名称可以达到同样效果。

(2)要求②的实施步骤

① 单击 C3 单元格,点击"插入函数"按钮,在弹出的"插入函数"对话框中,选择"逻辑"类别的"IF"函数,弹出 IF 函数参数对话框。第一个参数"Logical_test"为判断条件,输入"MID(A3,4,2)="01"";第二个参数"Value_if_true"是条件为真时的值,此处输入"1 班";第三个参数"Value_if_false"是条件为假时的值,此题目条件为假时有两种情况,需要使用函数嵌套来完成,因此,先随意输入"0",如图 4.77 所示,单击"确定"按钮。

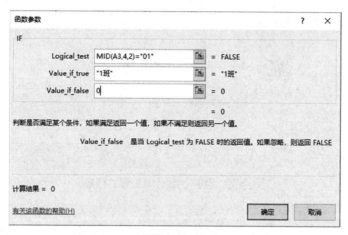

图 4.77 IF 函数参数对话框设置(1)

② 单击选中"编辑栏"IF 函数的第三个参数"0",按【Delete】键删除,单击"名称框",选择 IF 函数进行嵌套,弹出嵌套 IF 函数的函数参数对话框,第一个参数输入"MID(A3,4,2)="02"",第二个参数输入"2 班",第三个参数输入"3 班",如图 4.78 所示。

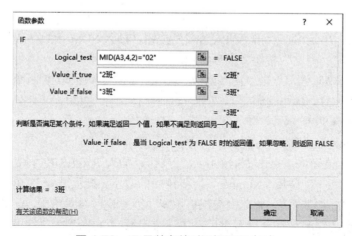

图 4.78 IF 函数参数对话框设置(2)

③ 单击"确定"按钮,然后快速填充至 C20,如图 4.79 所示。

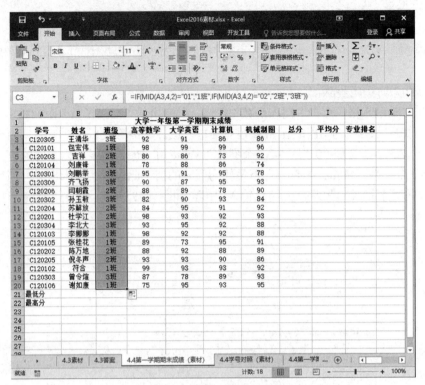

图 4.79 使用函数计算班级的结果

 提示

MID(A3,4,2)的含义是对 A3 单元格内容进行截取,从第 4 位开始截取 2 位,在此题中为代表班级的 2 位数字。此外应注意,此函数结果为文本类型,因此,作为条件时,MID(A3,4,2)= "01",01 要加双引号,代表此处是文本而不是数字。

(3) 要求③的实施步骤

① 单击"H3"单元格,点击"插入函数"按钮,插入 SUM 函数,选择要求和的单元格区域 D3:G3,单击"确定"按钮,然后快速填充至 H20。

② 单击"I3"单元格,点击"插入函数"按钮,插入 AVERAGE 函数,选择要求平均值的单元格区域 D3:G3,单击"确定"按钮,然后快速填充至 I20。

计算结果如图 4.80 所示。

(4) 要求④的实施步骤

① 单击"J3"单元格,点击"插入函数"按钮,插入 RANK.EQ 函数,弹出 RANK.EQ 函数参数对话框。第一个参数"Number"为要排序的数字,此处选择 I3 单元格;第二个参数"Ref"为一组数,快速填充时,此范围应保持不变,因此使用绝对引用,此处选择"I3:I20"单元格区域,单击【F4】切换至绝对引用;第三个参数"Order"为排序方式,0 或省略为降序,非 0 值为升序,此处输入"0"。对话框如图 4.81 所示。

图 4.80　计算"总分"和"平均分"的结果

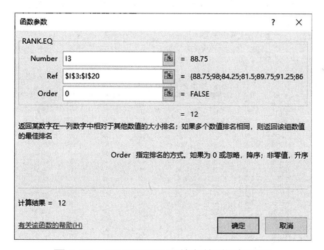

图 4.81　RANK.EQ 函数参数对话框设置

② 单击"确定"按钮，然后快速填充至 J20，如图 4.82 所示。
（5）要求⑤的实施步骤
① 单击"D21"单元格，点击"插入函数"按钮，插入 MIN 函数，弹出"函数参数"对话框，选中单元格区域"D3：D20"，单击"确定"按钮，快速填充至 I21。
② 单击"D22"单元格，点击"插入函数"按钮，插入 MAX 函数，弹出"函数参数"对话框，选中单元格区域"D3：D20"，单击"确定"按钮，快速填充至 I22。
效果如图 4.83 所示。

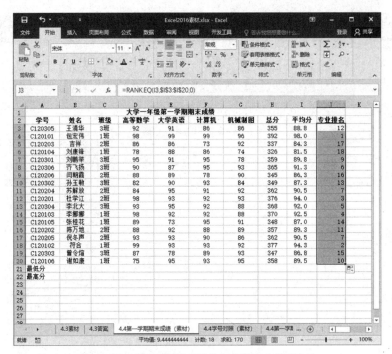

图 4.82 使用函数计算"专业排名"的结果

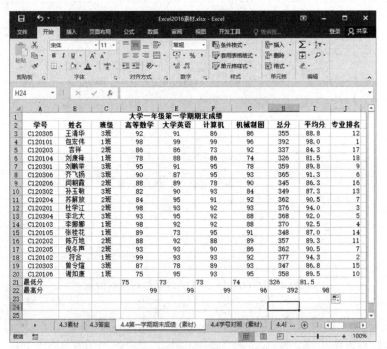

图 4.83 使用函数计算最高分和最低分的结果

（6）要求⑥的实施步骤

① 单击"N3"单元格，点击"插入函数"按钮，插入 COUNTIFS 函数，弹出"函数参数"对话框。第一个参数"Criteria_range1"作为条件 1 的单元格区域，此处输入"C3：C20"；第二个参数"Criteria1"为条件 1，此处输入"1 班"；第三个参数"Criteria_range2"作为条件

2 的单元格区域，此处输入"I3：I20"；第四个参数"Criteria2"为条件，此处输入">=90"，代表班级是"1 班"并且成绩大于等于 90 的人数。参数设置如图 4.84 所示。

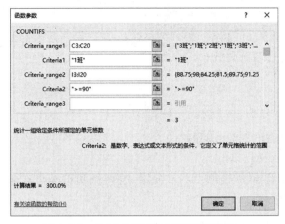

图 4.84　COUNTIFS 函数参数设置

图 4.85　COUNTIF 函数参数设置

② 单击"确定"按钮，单击"编辑栏"中 COUNTIFS 函数最右侧，输入除法运算符"/"，再单击"名称框"中 COUNTIF 函数嵌套，弹出 COUNTIF 函数参数对话框。第一个参数"Range"作为条件 1 的单元格区域，此处输入"C3：C20"；第二个参数"Criteria"为条件，此处输入"1 班"，代表 1 班的人数。参数设置如图 4.85 所示。

③ 单击"确定"按钮，单击"文件"选项卡"数字"命令组"对话框启动器"按钮，设置以百分比方式显示，小数点后保留 1 位。以同样的方法计算出 2 班、3 班的优秀率，结果如图 4.86 所示。

图 4.86　优秀率计算结果

（7）要求⑦的实施步骤

① 单击"O3"单元格，点击"插入函数"按钮，插入 AVERAGEIF 函数，弹出"函数参数"对话框，第一个参数"Range"为条件的单元格区域，此处选择"C3：C20"，按【F4】键切换至绝对引用，第二个参数"Criteria"为条件，此处输入"1 班"，第三个参数"Average_range"为要求平均值的单元格区域，此处选择"D3：D20"，如图 4.87 所示。

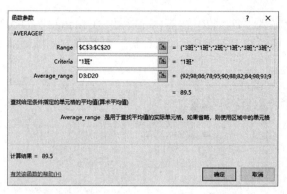

图 4.87 AVERAGEIF 函数参数设置

② 单击"确定"按钮,横向快速填充至 R3。以同样的方法计算出 2 班、3 班的数据,如图 4.88 所示。

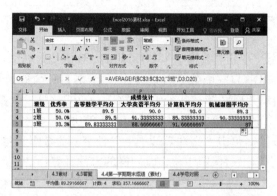

图 4.88 三个班级的各科平均分计算结果

(8) 要求⑧的实施步骤

① 单击"S3"单元格,点击"插入函数"按钮,插入 SUMIF 函数,弹出"函数参数"对话框。第一个参数"Range"作为条件的单元格区域,此处选择"C3:C20";第二个参数"Criteria"为条件,此处输入"1 班";第三个参数"Sum_range"为要求和的单元格区域,此处选择"H3:H20"。对话框如图 4.89 所示。

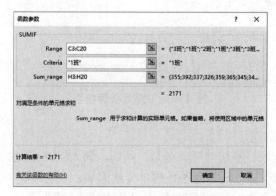

图 4.89 SUMIF 函数参数设置

② 单击"确定"按钮，以同样的方法计算出 2 班、3 班的数据，如图 4.90 所示。

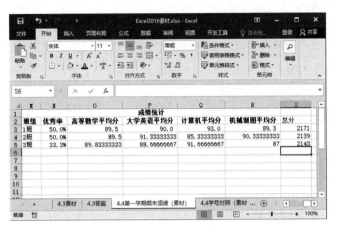

图 4.90　各班级总分计算结果

4.5　Excel 2016 数据管理

Excel 作为电子表格软件，还具有数据管理的功能，能进行数据的排序、筛选、分类汇总等数据操作。数据透视表具有强大的数据分析和数据重组能力，能为工作表数据重组、报表制作以及信息分析等提供强大的支持。

Excel 2016 具有强大的数据组织管理和分析功能，充分利用这些功能可以方便有效地解决工作中的数据管理问题：排序可以使用户更清晰地浏览数据；筛选可以轻松地过滤出需要的数据而保持原表不变；分类汇总可以满足多种数据整理需求；数据透视表是一种对大量数据快速汇总和建立交叉列表的交互式表格，可以显示不同的页面来筛选数据，也可以根据需要显示区域中的明细数据。

本节学习目标如下。
① 了解 Excel 2016 的排序规则。
② 掌握排序操作方法。
③ 熟练创建自动筛选和高级筛选。
④ 掌握数据的分类汇总方法。
⑤ 学会数据合并计算。
⑥ 理解数据透视表。
⑦ 熟练掌握数据透视表的建立与修改方法。

4.5.1　数据的排序

排序是统计工作中经常涉及的一项工作，它是指将一组杂乱的数据，按照一定的顺序，根据数据值和数据类型重新排列。在 Excel 2016 中，可以对整个工作表或选定的单元格区域进行排序。数据排序的方式有升序和降序两种，也可以自定义排序规则。使用特定的排序方式对单元格中的数据进行重新排列，可以方便使用和查看。对于不同类型的数据，排序的标准也不同。

① 数字：按照数字的大小排序。
② 字母：按照字母的先后顺序排序。
③ 汉字：按照汉语拼音的顺序或笔画顺序排序。
④ 日期：按照日期的先后排序。
⑤ 逻辑值：升序时 FALSE 在前 TRUE 在后，降序时相反。
⑥ 空格：总是排在最后。

Excel 2016 中的数据排序包括简单排序、复杂排序和自定义排序。

（1）简单排序　简单排序也称单条件排序，就是按照单个条件（即某一字段）对工作表中的数据进行排序。

简单排序的方法为：选定要排序的列中的任意非空单元格，单击"数据"选项卡下的"排序和筛选"命令组中的"升序"按钮 或"降序"按钮 ，即可按照所选定的方式进行简单排序。也可单击"开始"选项卡下的"编辑"命令组中的"排序和筛选"按钮 ，在弹出的下拉列表中选择"升序"命令或"降序"命令进行排序。

（2）复杂排序　复杂排序也称多条件排序，是指按照多个条件（即多个字段）对工作表中的数据进行排序。这是针对经过简单排序后仍有相同数据的情况进行的一种排序方式。

复杂排序的方法为：打开需要进行排序的工作表，选定工作表中的任意非空单元格，单击"数据"选项卡下的"排序和筛选"命令组中的"排序"按钮 ，打开"排序"对话框，如图 4.91（a）所示，在对话框中选择"主要关键字"，设置"排序依据"和"次序"，单击"添加条件"按钮，在列表中会增加"次要关键字"一行，按照同样方法进行设置，如图 4.91（b）所示，单击"确定"按钮即可。

在"排序"对话框中，各选项表示的意义如下。
① "添加条件"按钮：添加排序关键字。
② "删除条件"按钮：删除排序关键字。
③ "复制条件"按钮：复制排序关键字。
④ "上移"或"下移"按钮：更改列的排序顺序。
⑤ "选项"按钮：打开"排序选项"对话框。
⑥ "数据包含标题"复选框：选中该复选框，表示选定区域的第一行为标题行，不参与排序；取消该复选框，表示选定区域的第一行参与排序。
⑦ "排序依据"：若按文本、数字、日期和时间进行排序，选择"数值"；若按格式进行排序，选择"单元格颜色""字体颜色"或"单元格图标"。
⑧ "次序"：包括"升序""降序"和"自定义序列"选项。

在 Excel 2016 中，默认情况下，方向是按列进行排序，方法是按字母进行排序的，也可以设置按行排序或按笔画排序。方法为：单击"排序"对话框中的"选项"按钮，打开"排序选项"对话框，如图 4.92 所示，在"方向"列表中选中"按行排序"，在"方法"列表中选择"笔画排序"，单击"确定"按钮，即可返回"排序"对话框进行相关的设置。

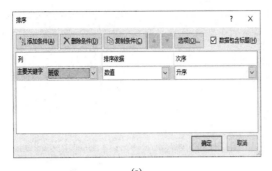

(a)

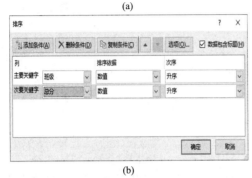

(b)

图 4.91 设置"主要关键字"和"次要关键字"

图 4.92 "排序选项"对话框

> **提示**
>
> 如果创建的表格中没有表头,则在"排序"对话框中的"主要关键字"和"次要关键字"下拉列表中将显示"列 A""列 B"和"列 C"等选项,此时只需要选择其中某个选项即可进行基于该列的排序。

(3)自定义排序 当简单排序和复杂排序都不能满足实际需要时,可以使用自定义排序,使排序按照自己所期望的方式进行。

自定义排序的方法为:打开需要进行排序的工作表,选定工作表中的任意非空单元格,单击"数据"选项卡下的"排序和筛选"命令组中的"排序"按钮；打开"排序"对话框,在对话框中设置"主要关键字"和"排序依据",选择"次序"下拉列表中的"自定义序列"选项,如图 4.93 所示；打开"自定义序列"对话框,如图 4.94 所示,在"自定义序列"中选择所需的已自定义的序列,单击"确定"按钮,返回"排序"对话框,如图 4.95 所示,在"次序"下拉列表中选择需要的自定义序列,单击"确定"按钮,即可按照自定义的序列进行排序。

图 4.93 选择"自定义序列"选项

图 4.94 "自定义序列"对话框

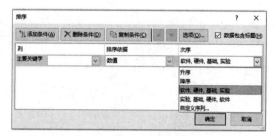
图 4.95 选择已定义的自定义序列

4.5.2 数据的筛选

在工作表中查找符合某一条件的记录时，可以使用数据筛选功能，将符合要求的数据显示在工作表中并把不符合要求的数据隐藏起来。Excel 2016 提供了三种数据筛选方式：自动筛选、自定义筛选和高级筛选。此外还可清除筛选。

（1）自动筛选　自动筛选适用于简单条件的筛选，利用自动筛选功能，可快速获得需要查询的信息，有利于提高数据分析效率。

自动筛选的方法为：打开需要进行筛选的工作表，选定任意非空单元格，单击"数据"选项卡下的"排序和筛选"命令组中的"筛选"按钮，工作表标题行中的每个单元格右侧都会出现一个筛选下拉按钮，点击需要进行筛选列的下拉按钮，将不需要项目的复选框取消，单击"确定"按钮即可。

> 进行自动筛选后，筛选下拉按钮变成形状。单击该按钮，在展开的列表中选择"全选"复选框，单击"确定"按钮，即可显示出所有数据。

进行自动筛选时，可以按"颜色"进行筛选，可以按"文本"进行筛选，还可按"数字"进行筛选。若按"文本"进行筛选，鼠标指向"文本筛选"命令，展开子列表如图4.96（a）所示；若按"数字"进行筛选，鼠标指向"数字筛选"命令，展开子列表如图4.96（b）所示。

（2）自定义筛选　如果要对一列中的数据进行多条件筛选，可以使用自定义筛选来实现。

自定义筛选的方法为：打开需要进行筛选的工作表，选定任意非空单元格，单击"数据"选项卡下的"排序和筛选"命令组中的"筛选"按钮，工作表标题行中的每个单元格右侧都会出现一个筛选下拉按钮，点击需要进行筛选列的下拉按钮，将鼠标指向"数字筛选"命令，在子列表中选择"自定义筛选"命令，打开"自定义自动筛选方式"对话框，如图 4.97 所示，根据实际需要设置筛选条件，单击"确定"按钮，即可完成自定义筛选。

图 4.96 "筛选"子列表　　　　图 4.97 "自定义自动筛选方式"对话框

（3）高级筛选　高级筛选适用于多个条件的筛选。在进行高级筛选时，首先要创建条件区域，筛选时以此区域中的条件为筛选基础。

① 创建条件区域。创建的条件区域是否正确，将决定高级筛选的结果。

创建条件区域的方法为：首先打开需要进行筛选的工作表，在工作表中数据的下方输入筛选条件的列名称和筛选条件即可。

② 开始高级筛选。条件区域创建完成后，就可以使用高级筛选功能。

高级筛选的方法为：单击创建好条件区域的工作表数据中的任意非空单元格，单击"数据"选项卡下的"排序和筛选"命令组中的"高级"按钮，打开"高级筛选"对话框，如图 4.98 所示，单击"列表区域"右侧的"折叠"按钮，对话框自动折叠，选择筛选区域，如图 4.99（a）所示，再单击"折叠"按钮，返回"高级筛选"对话框，单击"条件区域"右侧的"折叠"按钮，对话框自动折叠，选择条件区域，如图 4.99（b）所示，再单击"折叠"按钮，返回"高级筛选"对话框，如图 4.100 所示，单击"确定"按钮，即可完成高级筛选。

图 4.98 "高级筛选"对话框

图 4.99 选择"列表区域"和"条件区域"对话框　　图 4.100 返回"高级筛选"对话框

> **提示**
>
> 在"高级筛选"对话框中，选择"在原有区域显示筛选结果"，筛选结果在原数据处显示，不符合条件的数据隐藏；选择"将筛选结果复制到其他位置"，可将筛选结果复制到其他位置。若选中"选择不重复的记录"复选框，当有多行满足条件时，重复行只显示一行。
> "高级筛选"条件区域的列名称一定与列表区域的列名称严格一致，否则无法完成高级筛选。

（4）清除筛选　清除某列的筛选条件：在已设有自动筛选条件的列标题旁边的筛选箭头上单击，从列表中选择"从'××'中清除筛选"（××为列标题名称）。

清除工作表中的所有筛选条件并重新显示所有行：在"数据"选项卡上的"排序和筛选"命令组中，单击"清除"按钮。

退出自动筛选状态：在已处于自动筛选状态的数据列表中的任意位置单击鼠标，在"数据"选项卡上的"排序和筛选"命令组中，单击"筛选"按钮。

4.5.3　数据的分类汇总

分类汇总是 Excel 2016 中重要的功能之一，可以免去输入大量公式和函数的操作。分类汇总是按照不同的类别进行统计的一项重要指标。使用分类汇总功能可以快速地得到指定的数据汇总信息，有效地提高工作效率。

创建分类汇总的数据清单时要满足下面两项要求：要进行分类汇总的数据表的各列必须有列标题；要进行分类汇总的数据已经按汇总关键字进行排序。

（1）创建分类汇总　创建分类汇总的方法为：对需要分类汇总的数据进行排序，选择任意单元格，单击"数据"选项卡下的"分级显示"命令组中的"分类汇总"按钮，打开"分类汇总"对话框，在"分类字段"下拉列表框中选择分类字段，在"汇总方式"下拉列表框中选择汇总的方式，在"选定汇总项"列表框中选择需汇总的项目，单击"确定"按钮完成分类汇总。

在"分类汇总"对话框中，各选项表示的意义如下。

① "分类字段"：选择要计算分类汇总的列。

② "汇总方式"：选择用来计算分类汇总的汇总函数。

③ "选定汇总项"：包含要计算分类汇总的值的每个列。

④ "替换当前分类汇总"复选框：将替换上次进行的分类汇总操作。

⑤ "每组数据分页"复选框：按每个分类汇总自动分页，将不同类别的数据放在不同的页面上。

⑥ "汇总结果显示在数据下方"：若选中，则汇总的结果显示在数据下方；若取消，则汇总的结果显示在数据上方。

（2）分级显示数据　分类汇总创建完成以后，为了方便查看数据，可将暂时不使用的数据隐藏起来，减小界面的占用空间，当需要查看被隐藏的数据时，可将其显示。

隐藏或显示分类汇总的方法为：打开分类汇总后的工作表，可以看到列标左侧有分级显示符号 1 2 3 ，单击工作表左侧的 − 按钮可隐藏相应级别的数据，按钮变成 +，单击 + 按钮，将显示相应级别的数据，按钮变成■。

也可以自行创建分级显示，方法如下。

首先对要建立分级显示的单元格区域以分组依据的数据列进行排序；再在每组明细行的紧上方或紧下方插入带公式的汇总行，输入摘要说明和汇总公式；选择同组中的明细行或列（不包括汇总行），在"数据"选项卡上的"分级显示"命令组中，单击"创建组"按钮下方的箭头，在弹出的下拉列表中选择"创建组"命令，弹出"创建组"对话框，选择以"行"或"列"来创建组。

数据列表收缩部分明细后，如果只希望复制显示的内容，则首先使用分级显示符号 1 2 3 ■ ■ 来隐藏不需要复制的明细数据，再选择要复制的数据区域。在"开始"选项卡的"编辑"命令组中，单击"查找和选择"按钮，单击下拉列表中"定位条件"命令，打开"定位条件"对话框，如图 4.101 所示，单击选中"可见单元格"选项，单击"确定"按钮，再进行复制粘贴就可以复制想要的数据。

如果要删除分级显示，首先单击包含分级显示的工作表，在"数据"选项卡的"分级显示"命令组中，单击"取消组合"按钮下方的箭头，在弹出的下拉列表中单击"消除分级显示"命令即可。

（3）删除分类汇总　分类汇总创建完成以后，当不再需要时，可以将其删除。

删除分类汇总的方法为：打开需删除分类汇总的工作表，选择任意单元格，单击"数据"选项卡下的"分级显示"命令组中的"分类汇总"按钮，打开"分类汇总"对话框，单击"全部删除"按钮即可删除分类汇总。

图 4.101　"定位条件"对话框

4.5.4　数据透视表

数据透视表是一种可以快速汇总大量数据的交互式表格，它可以转换行和列来查看源数据的不同汇总结果，可以显示不同的选项卡来筛选数据，还可以根据需要显示区域中的明细数据，并且如果原始数据发生改变，用户可以更新数据透视表，直接获取新数据计算结果。

数据透视图以图形的形式表示数据透视表中的数据，可以像数据透视表一样更改数据透视图的布局和数据。

（1）创建数据透视表　若要创建数据透视表，必须先创建源数据，源数据列表中每一列都成为汇总多行信息的数据透视表字段，列名称为数据透视表的字段名。

创建数据透视表的方法为：打开要创建数据透视表的工作表，选中任意非空单元格，单击"插入"选项卡下"表格"命令组中的"数据透视表"按钮；打开"创建数据透视表"对话框，如图 4.102 所示，在"表/区域"文本框中自动显示出工作表名称和数据区域，如果区域不正确，可重新选择数据区域；单击"确定"按钮，Excel 2016 将自动新建一个工作表，并在功能区出现"数据透视表工具/分析"和"数据透视表工具/设计"选项卡，右侧出现"数据透视表字段"任务窗格，如图 4.103 所示。

图4.102 "创建数据透视表"对话框

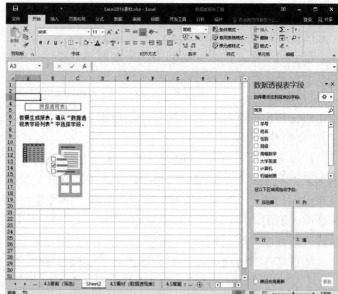

图4.103 创建空数据透视表

① 添加或删除字段。在数据透视表中,可以根据需要添加或删除字段,来完成对数据透视表的重新布局。

若要将字段放置到布局部分的特定区域中,可以直接将字段名从字段列表中拖动到布局部分的某个区域中,也可以在"数据透视表字段"任务窗格中的"选择要添加到报表的字段"字段列表的字段名称上单击右键,然后从快捷菜单中选择相应命令,此处以"班级"为筛选器,"姓名"为行标签,"高等数学""大学英语""计算机""机械制图"为求和项,结果如图4.104所示。

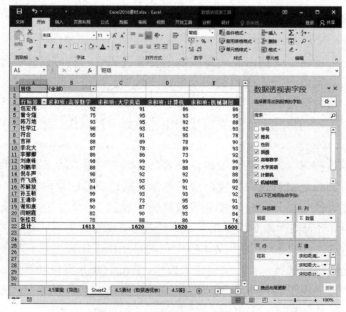

图4.104 数据透视表创建效果

如果要删除字段，只要在字段列表中单击取消对该字段名称复选框的选择即可。

② 筛选统计数据。在数据透视表中，可以通过字段的筛选按钮对统计数据进行筛选。

筛选统计数据的方法为：打开创建好的数据透视表，单击"筛选器"后的筛选按钮或者"行标签"字段右侧的筛选按钮，在弹出列表中的"选择字段"文本框下选择需要的字段，例如选中"1班"复选框，如图 4.105 所示，单击"确定"按钮，即可筛选出"1班"的统计数据，如图 4.106 所示，此时，"行标签"右侧的筛选按钮由 变成 。

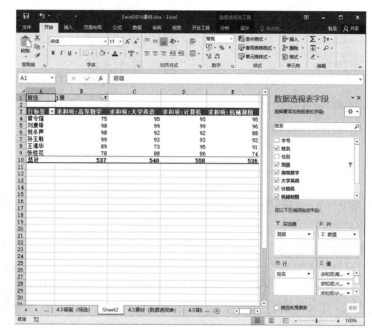

图 4.105　筛选器选择"1班"　　　　　图 4.106　筛选统计数据效果

③ 更改汇总方式。在数据透视表中，可以更改字段的汇总方式，操作步骤如下：选中数据透视表中要更改汇总方式字段下的任意非空单元格，单击"数据透视表工具/分析"选项卡，设置"活动字段"命令组中的"活动字段"为"求和项：高等数学"，单击"字段设置"按钮 ，打开"值字段设置"对话框，如图 4.107 所示，在"计算类型"标签下选择需要的计算类型，如"最小值"，单击"确定"按钮，结果如图 4.108 所示。

④ 更新数据透视表。对于创建好的数据透视表，如果数据源中的数据发生改变，可以在数据透视表中进行更新。更新数据透视表的方法为：选中数据透视表中的任意单元格，单击"数据透视表工具/分析"选项卡下"数据"组中的"更改数据源"按钮，打开"更改数据透视表数据源"对话框，在"表/区域"中重新选择数据源区域，单击"确定"按钮，即可完成数据透视表的更新。

> **提示**
>
> 单击"数据透视表工具/分析"选项卡下"数据"组中的"刷新"按钮，也可更新数据透视表。

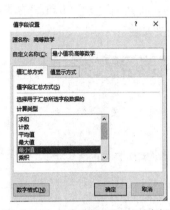

图4.107 "值字段设置"对话框

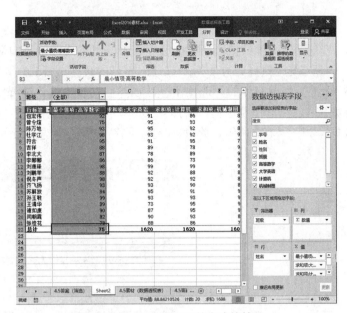

图4.108 更改字段汇总方式的效果

（2）切片器的使用　切片器是使用简便的筛选组件，它包含一组按钮，便于用户快速筛选数据透视表中的数据，而无须打开下拉列表查找筛选的项目。单击切片器提供的按钮可以直接筛选数据透视表数据，步骤如下。

单击"数据透视表工具/分析"选项卡下"筛选"命令组中的"插入切片器"按钮；打开"插入切片器"对话框，如图4.109（a）所示，选择相应字段前的复选框，这里选中"学号"复选框，单击"确定"按钮，此时可以看到数据透视表中插入与所选字段相关联的切片器，如图4.109（b）所示。

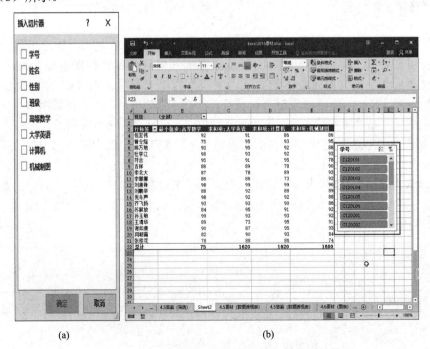

(a)　　　　　　　　　　　　　　(b)

图4.109 "插入切片器"对话框及插入切片器的效果

单击"切片器"中的一个学号,例如"C120102",系统会自动筛选出学号为"C120102"的"孙玉敏"同学的成绩,如图 4.110 所示。

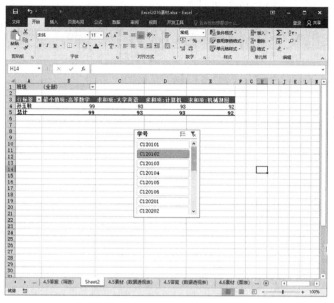

图 4.110　切片器的筛选效果

在筛选数据后,切片器右上角的"清除筛选器"按钮呈可用状态,单击该按钮,即可清除对该字段的筛选。默认情况下,切片器中的按钮按升序排序,以字段名称为切片器的名称。如果用户对默认的切片器选项设置不满意,可以重新进行设置,单击"切片器工具"选项卡下"切片器"命令组中的"切片器设置"命令按钮,弹出"切片器设置"对话框,如图 4.111 所示,在此可以重新设置切片器名称等。设置完毕,单击"确定"按钮即可。

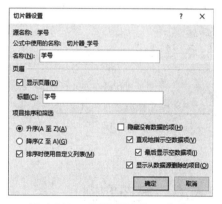

图 4.111　"切片器设置"对话框

4.5.5　数据透视图

数据透视表以数据的方式呈现统计结果,数据透视图则以图形的形式表现数据透视表中的数据。为数据透视图提供源数据的是相关联的数据透视表,在相关联的数据透视表中对字段布局和数据所做的更改,会立即反映在数据透视图中。除了数据源来自数据透视表以外,数据透视图与标准图表的组成元素基本相同,包括数据系列、坐标轴、图表标题及图例等。与普通图表的区别在于,当创建数据透视图时,数据透视图的图表区中将显示字段筛选器,以便对基本数据进行排序和筛选。

创建数据透视图的步骤如下:选中数据透视表内任意单元格,单击"数据透视表工具/分析"选项卡下"工具"命令组中的"数据透视图"按钮,打开"插入图表"对话框,选择需要的图表样式,单击"确定"按钮,此时在工作表中插入了数据透视图,同时在窗口右侧显示

"数据透视图字段"任务窗格,如图 4.112 所示。

若要删除数据透视图,单击数据透视图中的任意空白位置,然后按【Delete】键即可。删除数据透视图不会删除相关联的数据透视表。

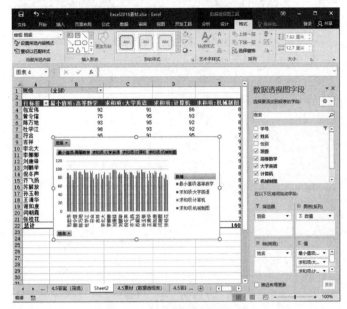

图 4.112 创建数据透视图

单击"插入"选项卡,在"图表"命令组中也可以找到"数据透视图"按钮,在弹出的列表中选择"数据透视图和数据透视表"命令,打开"创建数据透视表"对话框,可同时创建数据透视表和数据透视图。

4.5.6 经典实例

4.5.6.1 要求

① 对图 4.113 中的工作表数据完成分类汇总,求每个班级各科的平均分。

② 对图中工作表数据使用高级筛选,筛选出"班级"为"1 班"并且"大学英语"和"计算机"均大于 90 的数据;筛选条件放入 I2:K3 单元格区域,结果放入以 A22 单元格为起始的区域中,自动筛选出班级是"1 班"的数据。

③ 对图中工作表数据做如下操作:创建数据透视表,将其放入一个新工作表中,将工作表重命名为"透视表",以"班级"为报表筛选,以"性别"为行标签,以"数值"为列标签,以"高等数学""大学英语""计算机""机械制图"为求平均值项;为数据透视表添加簇状柱形图显示男女学生的各科平均成绩,图表放在 C9:E24 单元格区域。

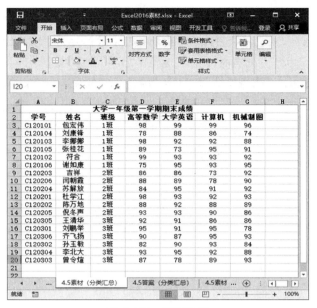

图 4.113　原始数据

4.5.6.2　操作步骤

（1）要求①操作步骤

① 选中 A2：G20 单元格区域，单击"数据"选项卡下"排序和筛选"命令组中的"排序"按钮，打开"排序"对话框，在"主要关键字"下拉列表中选择"班级"，单击"确定"按钮，即可按班级进行排序，如图 4.114 所示。

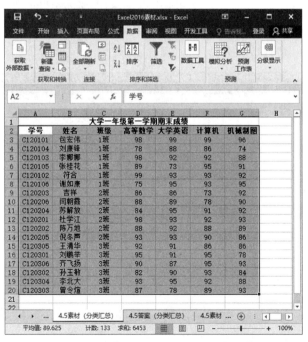

图 4.114　按"班级"进行排序的结果

② 单击"数据"选项卡下"分级显示"命令组中的"分类汇总"按钮。打开"分类汇总"对话框，如图 4.115 所示。在"分类字段"下拉列表框中选择分类字段"班级"；在"汇总方式"下拉列表框中选择汇总方式"平均值"；在"选定汇总项"列表框中选择需汇总的项目"高等数学""大学英语""计算机""机械制图"，单击"确定"按钮完成分类汇总，如图 4.116 所示。

图 4.115　"分类汇总"对话框

图 4.116　分类汇总结果

（2）要求②操作步骤

① 首先创建条件区域，在工作表中数据的右侧输入筛选条件的列名称和筛选条件即可，二者不能相邻。根据题目要求，在 I2：K2 区域输入列名称，在 I3：K3 区域输入筛选条件，如图 4.117 所示。

图 4.117　创建条件区域

② 选择创建好条件区域的工作表数据中的任意非空单元格，单击"数据"选项卡下的"排序和筛选"命令组中的"高级"按钮，打开"高级筛选"对话框，如图4.118所示。单击"列表区域"选择筛选区域A2：G20，单击"条件区域"选择条件区域I2：K3，再单击"复制到"选择A22单元格。

图4.118 "高级筛选"对话框　　　　图4.119 高级筛选结果

③ 单击"确定"按钮，即可完成高级筛选，筛选结果如图4.119所示。

④ 选中C2单元格，单击"数据"选项卡下的"排序和筛选"命令组中的"筛选"按钮，工作表标题行中的每个单元格右侧都会出现一个筛选下拉按钮。点击"班级"列的下拉按钮，弹出如图4.120（a）所示的下拉列表，单击选中"1班"，单击"确定"按钮，完成自动筛选，结果如图4.120（b）所示。

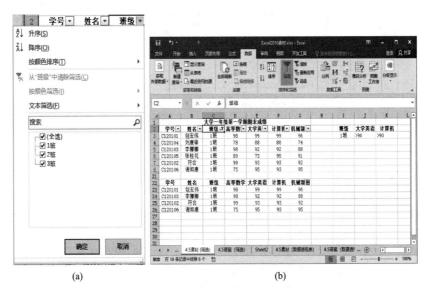

(a)　　　　　　　　　　　(b)

图4.120 自动筛选下拉列表和筛选结果

（3）要求③操作步骤

① 打开工作表，选中任意非空单元格。单击"插入"选项卡下"表格"命令组中的"数据透视表"按钮，打开"创建数据透视表"对话框，如图 4.121 所示。

② 单击"确定"按钮，即可创建数据透视表，将工作表重命名为"透视表"，如图 4.122 所示。

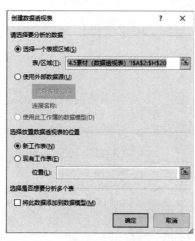

图 4.121 "创建数据透视表"对话框

图 4.122 创建数据透视表

③ 在"数据透视表字段"任务窗格中选择以"班级"为筛选器，以"性别"为行标签，以"数值"为列标签，将"高等数学""大学英语""计算机""机械制图"放入数值区域，单击每个字段右侧的小倒三角，在弹出的菜单中选择"值字段设置"，在弹出的"值字段设置"对话框"值汇总方式"中选择"平均值"，单击"确定"按钮，如图 4.123 所示。

图 4.123 创建数据透视表求平均值

④ 单击"数据透视表工具/分析"选项卡下"工具"命令组中的"数据透视图"命令按钮,弹出"插入图表"对话框,选择"簇状柱形图",单击"确定"按钮,调整图表到 C9:E24 单元格区域,如图 4.124 所示。

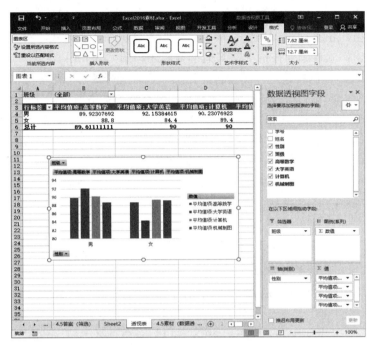

图 4.124　添加簇状柱形图效果

4.6　Excel 2016 图表应用

图表是工作表中数据的图形化,运用工作表中的数据可绘制出各种图表,通过对图表的格式化和修饰,可以制作出具有一定专业水平的图表。图表也是数理统计、财务分析等数据分析方面的有用工具。

与数据表比较,图表更具有直观性,能够生动地反映数据变化趋势和对比关系,帮助我们分析和比较数据。建立图表后,可以通过增加图表项,如数据标记、图例、标题、文字、趋势线、误差线及网格线来美化图表及强调某些信息。大多数图表项可被移动或调整大小。也可以通过图案、颜色、对齐、字体及其他格式属性设置这些图表项的格式。

本节学习目标如下。
① 学会创建迷你图。
② 了解图表的术语。
③ 掌握图表的创建方法。
④ 熟练掌握图表的编辑与修饰方法。

4.6.1 创建迷你图

迷你图是 Excel 2016 的新增功能，是工作表单元格中的一个微型图表（不是对象），可提供数据的直观表示。用户可以使用迷你图以可视化方式在数据旁边汇总趋势，也可以突出显示最大值和最小值。由于迷你图在一个很小的空间内显示趋势，因此，对于仪表板或需要以易于理解的可视化格式显示业务情况的其他位置，迷你图尤其有用。

下面以图 4.125 为例创建迷你图。首先在工作表中选择要插入迷你图的一个空白单元格或单元格区域，在“插入”选项卡下的“迷你图”命令组中单击要创建迷你图的类型，如“柱形图”，弹出“创建迷你图”对话框，如图 4.126 所示，在“数据范围”输入框中输入或选择创建迷你图所需的数据单元格区域“F9：F12”，在“位置范围”输入框输入或选择放置迷你图的位置“$G$10”，单击“确定”按钮即可创建迷你图，如图 4.127 所示。用鼠标双击填充柄或按住鼠标左键拖动填充柄可以快速填充完成多个迷你图表的创建，即可以快速填充得到多个迷你图，方便快捷。

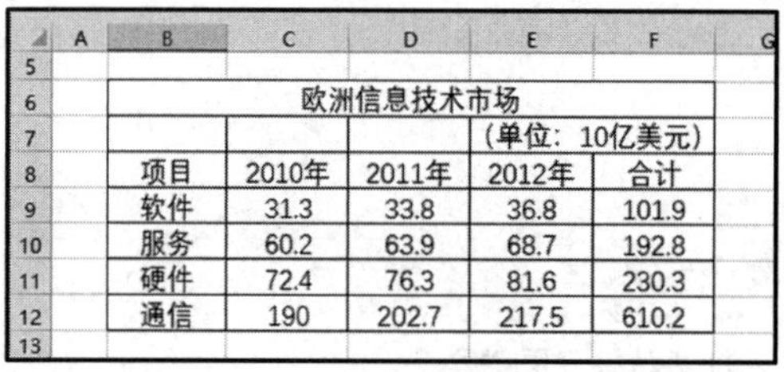

欧洲信息技术市场				
			(单位：10亿美元)	
项目	2010年	2011年	2012年	合计
软件	31.3	33.8	36.8	101.9
服务	60.2	63.9	68.7	192.8
硬件	72.4	76.3	81.6	230.3
通信	190	202.7	217.5	610.2

图 4.125　欧洲信息技术市场信息

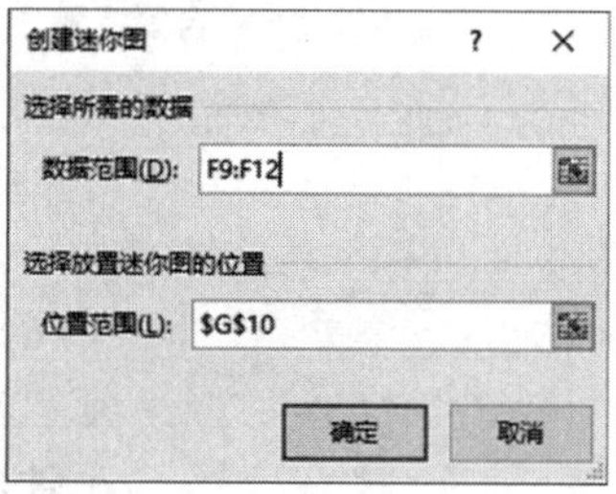

图 4.126　“创建迷你图”对话框

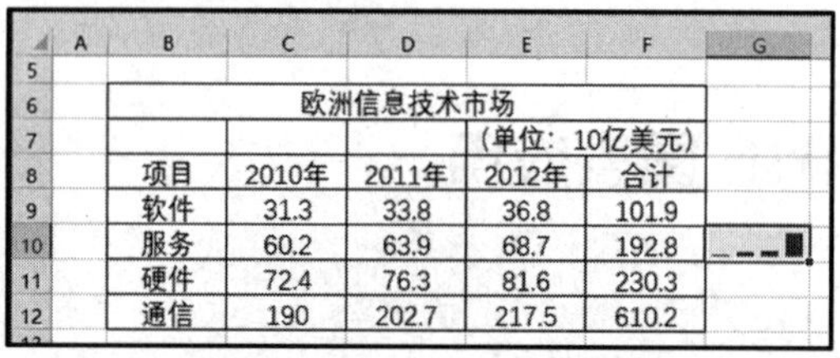

欧洲信息技术市场				
			(单位：10亿美元)	
项目	2010年	2011年	2012年	合计
软件	31.3	33.8	36.8	101.9
服务	60.2	63.9	68.7	192.8
硬件	72.4	76.3	81.6	230.3
通信	190	202.7	217.5	610.2

图 4.127　迷你图创建结果

在工作表中选中迷你图，将出现“迷你图工具”，并显示“设计”选项卡，“设计”选项卡中包括“迷你图”“类型”“显示”“样式”和“分组”等多个命令组，如图 4.128 所示。

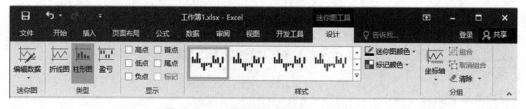

图 4.128　“迷你图工具/设计”选项卡

如果要删除迷你图，只需单击迷你图所在的单元格，然后单击功能区中的“设计”选项卡下"分组"命令组中的"清除"按钮；如果要删除一组迷你图，可以单击"清除"按钮右侧的下拉按钮，在弹出的菜单中选择"清除所选的迷你图组"命令。

4.6.2 图表的结构及类型

在使用图表之前，首先认识 Excel 2016 中图表的结构和类型。
（1）图表的结构　图表的结构如图 4.129 所示。

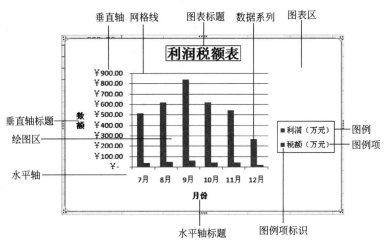

图 4.129　图表的结构

① 图表标题：用于说明图表的名称，一般为主题的说明性的文本，可以自动与坐标轴对齐或在图表顶部居中。

② 绘图区：绘图区是通过轴界定的区域，包括所有数据系列、分类名、刻度线标志和坐标轴标题。

③ 网格线：在图表中用于方便查看和计算数据的线条，网格线是坐标轴上刻度线的延伸。

④ 系列：在图表中绘制的相关数据点。这些数据源自数据表的行或列。图表中的每个数据系列具有唯一的颜色或图案，并且在图表的图例中表示。可以在图表中绘制一个或多个数据系列，但饼图只有一个数据系列。

⑤ 坐标轴：用于界定图表绘图区，它是度量的参照框架。X 轴通常为分类轴并含有分类名称；Y 轴通常为数值轴并含有带刻度的数据。在坐标轴上可以添加标题。

⑥ 图例：图例是一个方框，用于说明图表中的数据系列所表示的字段或分类指定的图案或颜色。

（2）图表的类型　Excel 2016 中共内置了 11 大类 73 种图表类型，可供用户直接调用。下面介绍几种常见的图表类型。

① 柱形图。柱形图用于比较相交于类别轴上的数值的大小，显示一段时间内的数据变化，通常用于表现不同项目之间的对比。在柱形图中，通常类别数据显示于横轴（即 X 轴）上，而数值显示于纵轴（即 Y 轴）上。

柱形图包括"二维柱形图""三维柱形图""圆柱图""圆锥图"和"棱锥图"五栏共 19 种具体的柱形图。

② 折线图。折线图用于显示数据随时间的变化趋势,将同一数据序列的数据点在图上用直线连接起来。折线图尤其适用于分析在相等时间间隔下数据的发展趋势。同样,在折线图中,通常类别数据显示于横轴上,而数值显示于纵轴上。

折线图包括"二维折线图"和"三维折线图"两栏共 7 种具体的折线图,分别为"折线图""带数据标记的折线图""堆积折线图""带标记的堆积折线图""百分比堆积折线图""带数据标记的百分比堆积折线图"和"三维折线图"。

③ 饼图。饼图用于显示组成数据系列的项目在项目总和中所占的比例。圆心角不同的扇形表示不同数据系列所占的比例,并组成一个圆形。在饼图中,同颜色的数据标志组成一个数据系列,显示占整个饼图的百分比。

使用饼图的情况:仅有一个要绘制的数据系列;要绘制的数值没有负值;要绘制的数值几乎没有零值;类别数目不超过七个;各类别分别代表整个饼图的一部分。

饼图包括"二维饼图"和"三维饼图"两栏共 6 种具体的饼图,分别为"饼图""分离型饼图""复合饼图""复合条饼图""三维饼图"和"分离型三维饼图"。

④ 条形图。条形图主要用于显示各个项目之间的对比。在条形图中,通常类别数据显示于纵轴上,而数值显示于横轴上。

使用条形图的情况:轴标签过长;显示的数值是持续型的。

条形图包括"二维条形图""三维条形图""圆柱图""圆锥图"和"棱锥图"五栏共 15 种具体的条形图。

⑤ 面积图。面积图强调值的大小随时间发生的变化,以引起用户对值的发展趋势的重视。通过显示所绘制的值的总和,面积图还可以显示部分与整体的关系。在面积图中,通常类别数据显示于横轴上,而数值显示于纵轴上。

面积图包括"二维面积图""三维面积图"两栏共 6 种具体的面积图,分别为"面积图""堆积面积图""百分比堆积面积图""三维面积图""三维堆积面积图""三维百分比堆积面积图"。

⑥ XY 散点图。XY 散点图用于显示若干数据系列中各数值之间的关系,或将两组数据绘制为 *XY* 坐标的一个系列,通常用于科学数据、统计数据和工程数据。

XY 散点图包括"散点图"一栏共 5 种具体的散点图,分别为"仅带数据标记的散点图""带平滑线和数据标记的散点图""带平滑线的散点图""带直线和数据标记的散点图""带直线的散点图"。

⑦ 其他图表。其他类型包含五栏图表,分别为"股价图""曲面图""圆环图""气泡图"和"雷达图"。

股价图:股价图是利用数据表中股票在一段时间内的开盘价、最高价、最低价和收盘价,绘制出的连续图形,用于显示股票价格的波动情况,并据此判断股票价格的发展趋势。它包括"盘高-盘低-收盘图""开盘-盘高-盘低-收盘图""成交量-盘高-盘低-收盘图""成交量-开盘-盘高-盘低-收盘图"4 种。

曲面图:类似地形图,显示两组数据的相互关系,并找到其中的最佳组合数据,利用工作表中列或行中的两组数据可以绘制曲面图。它包括"三维曲面图""三维曲面图(框架图)""曲面图""曲面图(俯视框架图)"4 种。

圆环图:像饼图一样,用多个圆心角不同的圆环组成一个整圆,显示出各部分数据与整体数据之间的比例关系。与饼图不同的是，它可以包含多个数据系列，即可以显示多个圆环。它包括"圆环图""分离型圆环图"2种。

气泡图：用不同大小的圆形表示数据的相互关系的图形。利用工作表中列的数据（第一列中列出 X 值，在相邻列中列出相应的 Y 值和气泡大小的值）可以绘制气泡图。它包括"气泡图""三维气泡图"2种。

雷达图：比较若干数据系列的聚合值，可以使用雷达图。它包括"雷达图""带数据标记的雷达图""填充雷达图"3种。

4.6.3　创建图表

在 Excel 2016 中，图表有两种形式：一种是图表与相关数据同时显示于同一工作表中；另一种是图表单独存在于一个工作表中，而相关数据存在于另一工作表中。

要创建图表，首先选中要创建图表的数据区域，单击"插入"选项卡下"图表"命令组右下角的"对话框启动器"按钮 ，打开"插入图表"对话框，如图 4.130 所示，选择"所有图表"标签，根据需要选择图表类型，单击"确定"按钮即可。也可以先不选数据区域，直接插入图表，然后单击"图表工具/设计"选项卡下"数据"命令组中的"选择数据"命令，弹出"选择数据源"对话框，如图 4.131 所示，然后选择数据，同样可以创建图表。

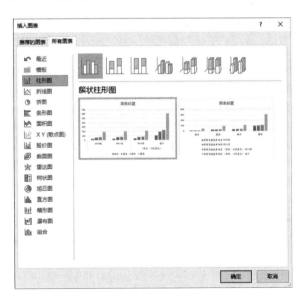

图 4.130　"插入图表"对话框

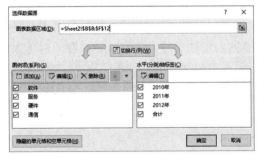

图 4.131　"选择数据源"对话框

4.6.4　修改图表

在工作表中创建完图表后，选中创建好的图表，在功能区将出现"图表工具"选项卡，并带有"设计"和"格式"两个子选项卡，分别如图 4.132（a）、(b）所示。用户可以使用这些选项中的命令来修改图表，如调整图表的大小和位置、更改图表类型、切换图表行列、修改图表数据、增加或减少图表数据等，也可以添加标题和数据标签、设置图例和坐标轴。

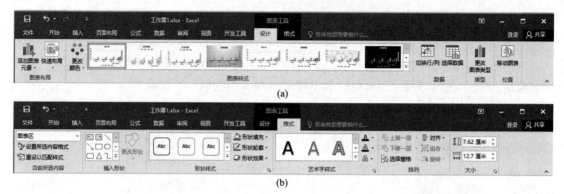

(a)

(b)

图 4.132 "图表工具"选项卡的"设计"和"格式"子选项卡

4.6.4.1 调整图表大小和位置

（1）调整图表大小　图表创建完成以后，若对默认的大小不满意，可以调整图表的大小。

调整图表大小的方法为：使用鼠标单击图表空白区域选中图表，图表四周会显示蓝色边框，表示图表已被选中；此时图表边框上出现 8 个编辑点，分别是四边的中点和四个顶点，将鼠标移到任意一个编辑点上时，鼠标变为"↖"，按住鼠标左键不放进行拖动，鼠标变为十状，显示的灰色区域为图表调整后的大小，松开鼠标即可。

（2）调整图表的位置　图表创建完成以后，当创建好的图表遮盖住工作表数据区域而影响查看数据时，可以对图表的位置进行调整。

调整图表位置的方法为：使用鼠标单击图表空白区域选中图表，按住鼠标左键不放，当鼠标变为✥形状时，拖动图表到所需位置，释放鼠标左键即可。

4.6.4.2 更改图表类型

图表创建完成以后，若分析要求有变化，图表类型无法确切地体现工作表数据所包含的信息，此时就需要修改图表类型。对于大多数二维图表，可以通过更改图表类型使其显示完全不同的外观。

更改图表类型的方法为：使用鼠标单击图表空白区域选中图表，单击"图表工具/设计"选项卡下"类型"命令组中的"更改图表类型"按钮，打开"更改图表类型"对话框，选择所需的图表类型即可。

4.6.4.3 切换图表行列

图表创建完成以后，有时互换图表的行和列会更有利于分析数据。

切换图表行列的方法为：使用鼠标单击图表空白区域选中图表，单击"图表工具/设计"选项卡下"数据"命令组中"切换行/列"按钮即可。

4.6.4.4 修改图表数据

图表创建完成以后，图表中的数据与表格中的数据是动态联系的，改变原始数据，则图表中的图形将相应改变。

修改图表数据的方法为：选中图表中需要修改的图形所对应的单元格数据，修改单元格中的数据，按【Enter】键即可。

4.6.4.5 增加或减少图表数据

图表创建完成以后，仍然可以把某些数据添加至图表中或者将图表中的某些数据删除。增加或减少图表数据的方法为：使用鼠标单击图表空白区域选中图表，单击"图表工具/设计"选项卡下"数据"命令组中的"选择数据"按钮，打开"选择数据源"对话框，单击"图表数据区域"窗格中的"折叠"按钮，折叠对话框，在工作表中重新选择数据区域，再单击"折叠"按钮，展开对话框，单击"确定"按钮即可。

 提示

若需要增加或减少的数据在图表数据源旁边，单击图表，此时会显示数据的选取边框，将鼠标移动到边框上，当显示为双箭头时，拖曳鼠标增加或减少数据，也可增加或减少图表数据。

4.6.4.6 添加标题

图表创建完成以后，为了使图表更易于理解，可以为图表添加标题、坐标轴标题。还可以将标题链接到数据表所在单元格中的相应文本。当对工作表中文本进行更改时，图表中链接的标题将自动更新。

（1）添加图表标题　单击要添加标题的图表的任意位置，然后单击"图表工具/设计"选项卡"图表布局"命令组中的"添加图表元素"按钮，鼠标指向弹出的下拉列表中的"图表标题"右侧箭头，在层叠菜单中选择"居中覆盖标题"或"图表上方"命令，在"图表标题"文本框中输入标题文字即可。

若要对标题设置格式，可以在图表标题上单击鼠标右键，在快捷菜单中选择"设置图表标题格式"命令，打开"设置图表标题格式"窗格进行设置，如图 4.133 所示。

（2）添加坐标轴标题　单击要添加坐标轴标题的图表的任意位置，然后单击"图表工具/设计"选项卡"图表布局"命令组中的"添加图表元素"按钮，鼠标指向弹出的下拉列表中的"轴标题"右侧箭头，在层叠菜单中选择"主要横坐标轴"或"主要纵坐标轴"设置坐标轴标题，在"坐标轴标题"文本框中输入表明坐标轴含义的文本即可。

图 4.133 "设置图表标题格式"窗格

若要设置坐标轴标题文本的格式，可以鼠标右键单击坐标轴标题，在弹出的快捷菜单中单击"设置坐标轴标题格式"命令，打开"设置坐标轴标题格式"窗格。

如果转换到不支持坐标轴标题的其他图表类型（如饼图等），则不再显示坐标轴标题。

（3）将标题链接到单元格　单击图表中要链接到工作表单元格的图表标题或坐标轴标题，然后在工作表的编辑栏中输入等号"="，选择工作表中包含链接文本的单元格，按【Enter】键确认即可。

4.6.4.7　添加数据标签

如果要快速标识图表中的数据系列，可以向图表的数据点添加数据标签。默认情况下，数据标签链接到工作表中的数据值，在工作表中对这些值进行更改时图表中的数据标签会自动更新。

在图表中选择要添加数据标签的数据系列，单击图表区的空白位置，可向所有数据系列的所有数据点添加数据标签。单击"图表工具/设计"选项卡"图表布局"命令组中的"添加图表元素"按钮，鼠标指向弹出的下拉列表中的"数据标签"右侧箭头，在层叠菜单中选择相应的显示选项，其中可用的数据标签选项因选用的图表类型而不同。

选择的图表元素不同，数据标签添加的范围就会不同。例如，如果选定了整个图表，数据标签将应用到所有数据系列；如果选定了单个数据点，则数据标签将只应用于选定的数据系列或数据点。

4.6.4.8　设置图例

创建图表时，会自动显示图例，在图表创建完成以后可以隐藏图例或更改图例的位置和格式。单击要进行图例设置的图表，单击"图表工具/设计"选项卡"图表布局"命令组中的"添加图表元素"按钮，鼠标指向弹出的下拉列表中的"图例"右侧箭头，在层叠菜单中选择相应的显示选项。

若要设置图例的格式，可以鼠标右键单击图例，在弹出的快捷菜单中单击"设置图例格式"命令同样可以打开"设置图例格式"窗格。

4.6.4.9　设置坐标轴

在创建图表时，一般会为大多数图表类型显示主要的横纵坐标轴。可以根据需要，设置坐标轴的格式、调整坐标轴刻度间隔、更改坐标轴上的标签等。选择要设置坐标轴的图表，单击"图表工具/设计"选项卡"图表布局"命令组中的"添加图表元素"按钮,鼠标指向弹出的下拉列表中的"坐标轴"右侧箭头,在层叠菜单中根据需要选择"主要横坐标轴"或"主要纵坐标轴"设置坐标轴显示与否,以及坐标轴的显示方式。

若要指定详细的坐标轴显示方式和刻度选项,可双击坐标轴或鼠标右键单击坐标轴,选择"设置坐标轴格式"命令,在"设置坐标轴格式"窗格中完成相应的设置,如图 4.134 所示,可以对坐标轴上的刻度类型及间隔、标签位置及间隔、坐标轴颜色及粗细等格式进行详细的设置。

为了使图表更易于理解,可以在图表的绘图区显示或隐藏从任何横坐标轴和纵坐标轴延伸出的水平和垂直网格线。

选择要显示或隐藏网格线的图表,单击"图表工具/设计"选项卡"图表布局"命令组中的"添加图表元素"按钮,鼠标指向弹出的下拉列表中的"网格线"右侧箭头,在层叠菜单中根据需要设置横纵网格线的显示与否,以及是否显示次要网格线,在要设置格式的网格线上双击鼠标,打开"设置主要网格线格式"窗格,如图 4.135 所示,设置指定网格线的线型、颜色等。

图 4.134 "设置坐标轴格式"窗格　　图 4.135 "设置主要网格线格式"窗格

4.6.5 经典实例

4.6.5.1 任务

对图 4.136 工作表中 1 班成绩做图表。

图 4.136 原始数据

4.6.5.2 要求

在工作表中插入图表，完成如下操作。
① 图表类型为"簇状柱形图"，数据区域为 B2：B8、E2：H8；
② 图表标题为"期末成绩表"，X 轴标题为"名字"，Y 轴标题为"分数"；
③ 设置最大值为"100"，最小值为"60"，主要刻度为"10"，次要刻度为"5"，图例在图表右侧显示。

4.6.5.3 操作步骤

① 创建图表。选中要创建图表的 B2：B8 单元格区域，按住【Ctrl】键，同时选中 E2：H8 单元格区域，单击"插入"选项卡"图表"命令组右下角的"对话框启动器"按钮，打开"插入图表"对话框，如图 4.137 所示，根据需要选择"柱形图"中的"簇状柱形图"，单击"确定"按钮，创建的图表如图 4.138 所示。

② 选中图表，单击"图表标题"，将图表标题修改为"期末成绩表"。

③ 选中图表，单击"图表工具/设计"选项卡"图表布局"命令组中的"添加图表元素"命令按钮，在弹出的下拉列表中选择"轴标题"，然后在层叠菜单中选择"主要横坐标轴"，在图表横坐标轴标题中输入"名字"。

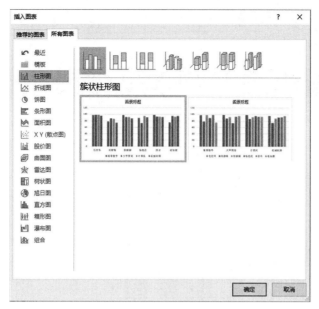

图 4.137 选择图表类型

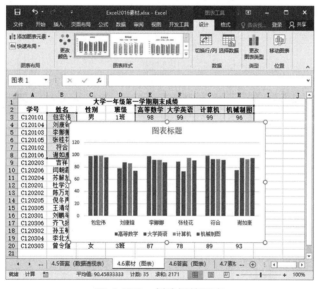

图 4.138 创建好的图表

④ 选中图表,单击"图表工具/设计"选项卡"图表布局"命令组中的"添加图表元素"命令按钮,在弹出的下拉列表中选择"轴标题",然后在层叠菜单中选择"主要纵坐标轴",在图表纵坐标轴标题中输入"分数",如图 4.139 所示。

⑤ 鼠标右键单击纵坐标轴,在弹出的快捷菜单中选择"设置坐标轴格式"命令,弹出"设置坐标轴格式"窗格,在"坐标轴选项"中设置最大值为"100",最小值为"60",主要刻度为"10",次要刻度为"5",如图 4.140 所示。

⑥ 单击"关闭"按钮,效果如图 4.141 所示。

⑦ 选中图表,单击"图表工具/设计"选项卡"图表布局"命令组中的"添加图表元素"

命令按钮,在弹出的下拉列表中选择"图例",然后在层叠菜单中选择"右侧"命令,效果如图 4.142 所示。

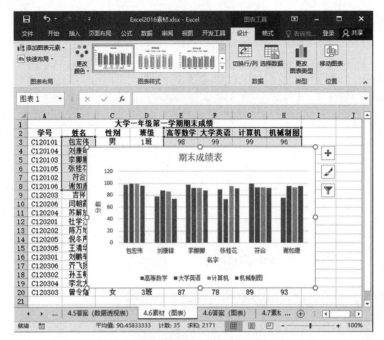

图 4.139　添加图表标题和坐标轴标题

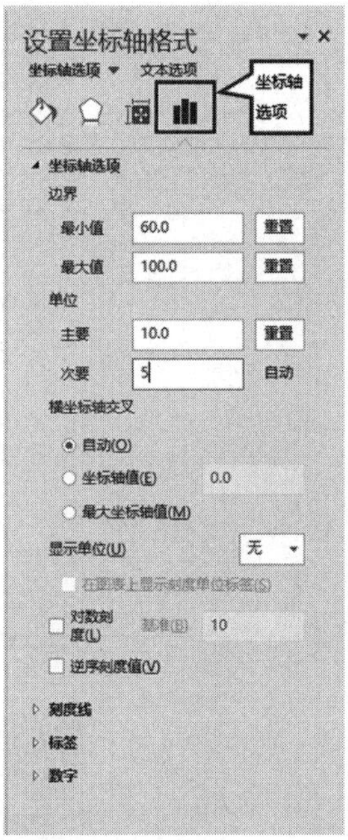

图 4.140　设置坐标轴格式

图 4.141　坐标轴格式的设置效果

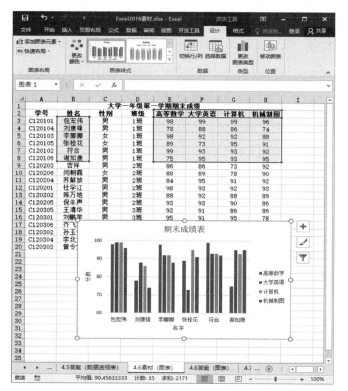

图 4.142　在右侧显示图例效果

4.7　打印工作表

完成工作表的编辑操作后,通常需要将其中的数据、插入对象、图表等打印输出。利用 Excel 2016 提供的设置页面、设置打印区域、打印预览等功能,可以对工作表进行纸张方向、纸张大小、页边距、打印区域、页眉和页脚等打印设置,只有合理设置才能打印出理想的效果。

本节学习目标如下。

① 熟练掌握 Excel 2016 页面设置。
② 熟练掌握 Excel 2016 页眉和页脚设置。
③ 掌握 Excel 2016 工作表打印设置。

4.7.1　设置纸张

(1) 设置纸张方向　纸张方向分为"纵向"和"横向"。打印工作表的高度大于宽度时,选择"纵向"打印;反之,选择"横向"打印。

设置纸张方向的方法为:单击"页面布局"选项卡"页面设置"命令组中的"纸张方向"

按钮 ，在弹出的下拉列表中选择"横向"命令或"纵向"命令即可。

（2）设置纸张大小　纸张大小是指将要打印的工作表打印在何种规格的纸上，如A4、B5等。

设置纸张大小的方法为：单击"页面布局"选项卡"页面设置"命令组中的"纸张大小"按钮 ，在弹出的下拉列表中选择适合的纸张大小，也可以点击"其他纸张大小"命令，打开"页面设置"对话框，在"纸张大小"框中选择合适的纸张，单击"确定"按钮即可。

4.7.2 设置页边距

页边距是指打印工作表的边缘与打印纸边缘的距离。

设置页边距的方法为：单击"页面布局"选项卡"页面设置"命令组中的"页边距"按钮 ，在弹出的下拉列表中选中一种页边距，如"普通""宽""窄"，也可以点击"自定义边距"命令，打开"页面设置"对话框，设置上、下、左、右以及页眉和页脚打印后相对页边的位置，单击"确定"按钮即可。

4.7.3 设置页眉与页脚

页眉和页脚分别位于页面的顶端和底端，用来打印表格名称、页号、作者等信息。设置页眉和页脚可使表格显得更加专业，也更便于阅读和归档。可以为工作表添加预定义的页眉或页脚，也可以添加自定义的页眉或页脚，还可以添加一些特定元素。

为工作表添加页眉和页脚的方法为：单击"页面布局"选项卡"页面设置"命令组中的"对话框启动器"按钮 ，打开"页面设置"对话框，在"页眉/页脚"选项卡下，单击"页眉"下拉按钮，在弹出的下拉列表中选择要使用的页眉，单击"页脚"下拉按钮，在弹出的下拉列表中选择要使用的页脚，单击"打印预览"按钮，单击"确定"按钮即可。

用户可以根据需要自定义页眉和页脚，只需单击"页面设置"对话框中"页眉/页脚"标签下的"自定义页眉"或"自定义页脚"按钮，打开"页眉"或"页脚"对话框，在左、中、右文本框中输入或插入想要的内容，单击"确定"按钮。

> **提示**
>
> 在"页面设置"对话框的"页眉/页脚"标签下，选中"奇偶页不同"复选框，可以在同一工作表中，为奇数页和偶数页设置不同的页眉和页脚；选中"首页不同"复选框，可以为工作表的首页设置与其他页不同的页眉和页脚。

4.7.4 设置打印区域

打印工作表时，有时不需要打印出整张工作表，可以通过设置打印区域，只打印出需要打印的部分。

设置打印区域的方法为：选中要打印的工作表区域，单击"页面布局"选项卡"页面设置"命令组中的"打印区域"按钮 ，在弹出的下拉列表中选择"设置打印区域"命令即可。

4.7.5 设置分页

当打印多页工作表时，Excel 2016 会自动使用分页符进行分页，其位置取决于纸张大小、页边距和打印比例。用户可以在分页预览中查看分页情况。自动分页效果可能与用户的要求不符，可以自行调整分页位置。

（1）分页预览　分页预览可以使用户方便地完成打印前的准备工作。

设置分页预览的方法为：打开工作簿，选中要打印的工作表，单击"视图"选项卡"工作簿视图"命令组中的"分页预览"按钮 。

（2）调整分页　若要调整分页位置，可以插入水平分页符来改变页面上数据的行数，插入垂直分页符来改变页面上数据的列数，也可以直接使用鼠标拖动分页符来改变分页符的位置。

① 插入分页符。插入分页符分为插入水平分页符和插入垂直分页符，方法为：打开要插入分页符的工作表，选定要插入分页符位置下方或右侧的一行或一列单元格，单击"页面布局"选项卡"页面设置"命令组中的"分隔符"按钮 ，在弹出的下拉列表中选择"插入分页符"命令，此时在所选行的上方或所选列的左侧出现的虚线即为分页符。

② 移动分页符。在分页预览视图中，可以使用鼠标拖动分页符来调整分页，方法为：打开要移动分页符的工作表，单击状态栏上的"分页预览"按钮 ，工作表从"普通"视图切换到"分页预览"视图，将鼠标指针移动到需要移动的分页符上，光标变为上下箭头或左右箭头形状时，按住鼠标左键不放，拖动分页符到所需位置，释放鼠标即可。

③ 删除分页符。要删除分页符，可以先选定水平分页符下方的行单元格或垂直分页符右侧的列单元格，单击"页面布局"选项卡"页面设置"命令组中的"分隔符"按钮 ，在弹出的下拉列表中选择"删除分页符"命令即可。

4.7.6 打印图表

图表在保存工作簿时会一起保存在工作簿文档中，可对图表进行单独的打印设置。

当图表放置于单独的工作表中时，直接打印该张工作表即可单独打印该图表；当图表以嵌入方式与数据列表位于同一张工作表中时，首先单击选中该图表，然后通过单击"文件"选项卡"打印"命令进行打印，即可只将选定的图表输出到纸上，此时，如果没有单独选中该图表，该图表将作为工作表的一部分与数据列表一起打印出来。

如果不打印工作表中的图表，只将需要打印的数据区域（不包括图表）设定为打印区域再打印即可。也可以单击"文件"选项卡"选项"命令，弹出"Excel 选项"对话框，单击"高级"，在"此工作簿的显示选项"区域的"对于对象，显示"下，单击选中"无内容（隐藏对象）"，如图 4.143 所示，嵌入工作表中的图表将会被隐藏起来，再打印，将不会打印嵌入的图表。

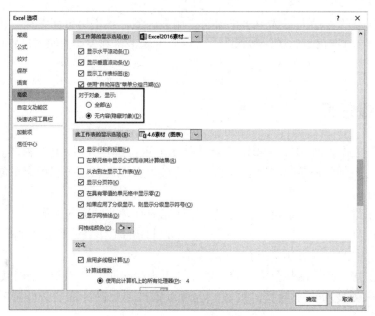

图 4.143 "Excel 选项"对话框设置

4.7.7 经典实例

4.7.7.1 任务

对图 4.144 所示的工作表进行打印设置。

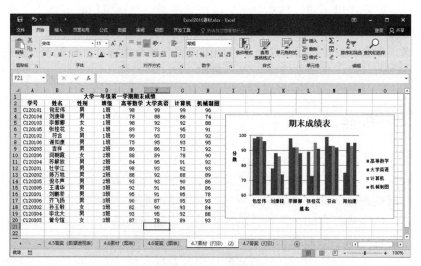

图 4.144 原始数据

4.7.7.2 要求

① 设置"纸张方向"为"横向"。

② 设置"纸张大小"为"Letter"。
③ 设置"页眉"为"期末成绩表",居中对齐。
④ 设置打印区域为 A1 至 H20,使用打印预览查看效果。

4.7.7.3 操作步骤

① 单击"页面布局"选项卡"页面设置"命令组中的"纸张方向"按钮,在弹出的下拉列表中选择"横向"命令。

② 单击"页面布局"选项卡"页面设置"命令组中的"纸张大小"按钮,在弹出的下拉列表中选择"Letter"。

③ 单击"页面布局"选项卡"页面设置"命令组中的"对话框启动器"按钮,打开"页面设置"对话框,在"页眉/页脚"选项卡下,单击"自定义页眉"按钮,弹出"页眉"对话框,在中间输入"期末成绩表",如图 4.145 所示,单击"确定"按钮。

图 4.145　自定义页眉

④ 选中要打印的工作表区域,即 A1 至 H20,单击"页面布局"选项卡"页面设置"命令组中的"打印区域"按钮,在弹出的下拉列表中选择"设置打印区域"命令。打印预览效果如图 4.146 所示。

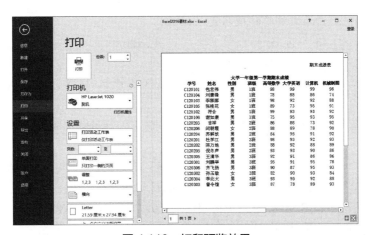

图 4.146　打印预览效果

习题

1. Excel 是 Windows 操作平台下的（　　）软件。
   A. 文字处理　　　B. 电子表格　　　C. 桌面印刷　　　D. 办公应用
2. Excel 是目前最流行的电子表格软件，它的计算和存储数据的文件叫（　　）。
   A. 工作簿　　　B. 工作表　　　C. 文档　　　D. 单元格
3. Excel 中（　　）操作不能实现在第 n 行之前插入一行。
   A. 在活动单元格中，单击右键，选择菜单中"插入"，再选择"整行"
   B. 选择第 n 行，单击右键，选择菜单中的"插入"
   C. 选择第 n 行，选择菜单"格式"中的"行"
   D. 选择第 n 行，选择菜单"插入"中的"行"
4. 某区域由 A4、A5、A6 和 B4、B5、B6 组成，下列不能表示该区域的是（　　）。
   A. A4：B6　　　B. A4：B4　　　C. B6：A4　　　D. A6：B4
5. 如果 B2、B3、B4、B5 单元格的内容分别为"4""2""5""=B2*B3-B4"，则 B2、B3、B4、B5 单元格实际显示的内容分别是（　　）。
   A. 4、2、5、2　　　B. 2、3、4、5　　　C. 5、4、3、2　　　D. 4、2、5、3
6. 若在 A1 单元格中输入（123），则 A1 单元格的内容为（　　）。
   A. 字符串"123"　　B. 字符串"(123)"　　C. 数"123"　　D. 数字量"-123"
7. （　　）不属于"设置单元格格式"对话框中"数字"选项卡中的内容。
   A. 字体　　　B. 货币　　　C. 日期　　　D. 自定义
8. 在 Excel 中，单元格地址是指（　　）。
   A. 每个单元格　　　　　　　B. 每个单元格的大小
   C. 单元格所在的工作表　　　D. 单元格在工作表中的位置
9. 在 Excel 中，若单元格引用随公式所在单元格位置的变化而改变，则称之为（　　）。
   A. 绝对引用　　B. 相对引用　　C. 混合引用　　D. 3D 引用
10. 在 Excel 中对某列进行升序排序时，则该列上有完全相同项的行将（　　）。
    A. 保持原始次序　　　B. 逆序排列
    C. 重新排序　　　　　D. 排在最后
11. 在 Excel 中工作簿文件的扩展名是（　　）。
    A. doc　　　B. txt　　　C. xlsx　　　D. pot
12. 公式"=C3/Sheet3！\$B\$4"表示（　　）。
    A. 当前工作表 C3 单元格的内容除以 Sheet3 工作表 B4 单元格的内容（表示为绝对地址）
    B. 当前工作表 C3 单元格的内容除以 Sheet3 工作表 B4 单元格的内容（表示为相对地址）
    C. 当前工作表 C3 单元格的内容除以 Sheet3 工作表 B4 单元格的内容
    D. C3 单元格的内容除以当前工作表 Sheet3 的内容
13. 关于公式"=AVERAGE（A2：C2　B1：B10）"和公式"=AVERAGE（A2：C2，B1：B10）"，下列说法正确的是（　　）。

A. 两个公式计算结果一样

B. 第一个公式写错了，没有这样的写法

C. 第二个公式写错了，没有这样的写法

D. 两个公式都正确

14. 函数"SUM（参数1，参数2，…）"的功能是（ ）。

    A. 求括号中指定的各参数的总和

    B. 找出括号中指定的各参数中的最大值

    C. 求括号中指定的各参数的平均值

    D. 求括号中指定的各参数中具有数值类型数据的个数

15. 假如单元格D2的值为6，则函数"=IF（D2>8，D2/2，D2*2）"的结果为（ ）。

    A. 3   B. 6   C. 8   D. 12

16. 在Excel工作表的单元格D1中输入公式"=SUM（A1：C3）"，其结果为（ ）。

    A. A1与A3两个单元格之和

    B. A1，A2，A3，C1，C2，C3六个单元格之和

    C. A1，B1，C1，A3，B3，C3六个单元格之和

    D. A1，A2，A3，B1，B2，B3，C1，C2，C3九个单元格之和

17. 在Excel中若单元格C1中公式为"=A1+B2"，将其复制到E5单元格，则E5中的公式是（ ）。

    A. =C3+A4   B. =C5+D6   C. =C3+D4   D. =A3+B4

18. Excel的筛选功能包括（ ）和自动筛选。

    A. 直接筛选   B. 高级筛选   C. 简单筛选   D. 间接筛选

19. Excel中，对数据表进行分类汇总前，要先（ ）。

    A. 筛选   B. 选中   C. 按任意列排序   D. 按分类列排序

20. 在Excel中，下面关于分类汇总的叙述错误的是（ ）。

    A. 分类汇总前数据必须按关键字字段排序

    B. 分类汇总的关键字段只能是一个字段

    C. 汇总方式只能是求和

    D. 分类汇总可以删除，但删除汇总后排序操作不能撤销

第5章 PowerPoint 2016 演示文稿制作

5.1 PowerPoint 2016 概述

5.1.1 PowerPoint 2016 功能简介

PowerPoint 是 Microsoft Office 办公套装软件的一个重要组成部分，用于设计制作信息展示领域的各种电子演示文稿。演示文稿由多张幻灯片组成，组成同一个演示文稿的幻灯片相互联系，共同展示演示文稿的主题。

演示文稿已经成为人们工作生活的重要组成部分，在工作汇报、企业宣传、产品推介、婚礼庆典、项目竞标、管理咨询、教育培训等领域占有举足轻重的地位。本章将介绍演示文稿的设计原则与制作流程、演示文稿的美化、演示文稿中对象的应用、演示文稿交互效果的设置以及演示文稿的放映与输出等内容。

5.1.2 PowerPoint 2016 的启动和退出

（1）启动 PowerPoint 2016　启动 PowerPoint 2016 的方法有多种，这里主要介绍四种方法。

① 从"开始"菜单启动。单击屏幕左下角的"开始"按钮，在"开始"菜单中选择"PowerPoint 2016"选项，即可启动 PowerPoint 2016。

② 从桌面快捷方式启动。在 Windows 桌面上找到 PowerPoint 2016 的快捷方式图标，双击该图标，即可启动 PowerPoint 2016。

③ 运行"POWERPNT.EXE"命令启动。使用组合键【Windows】+【R】打开"运行"对话框，输入 PowerPoint 2016 可执行文件的安装路径（如"C:\Program Files\Microsoft Office\Office16\POWERPNT.EXE"）或直接输入"POWERPNT"，单击"确定"按钮，即可启动 PowerPoint 2016，如图 5.1 所示。

图 5.1　使用"运行"对话框启动 PowerPoint 2016

④ 通过现有 PowerPoint 演示文稿启动。打开任意"*.pptx"演示文稿也可快速启动 PowerPoint 2016。

（2）退出 PowerPoint 2016　结束演示文稿的编辑工作后，需要退出应用程序，退出 PowerPoint 2016 的方法主要有以下几种。

① 在文档的标题栏上单击鼠标右键,在弹出的快捷菜单中选择"关闭"命令,即可退出 PowerPoint 2016,如图 5.2 所示。

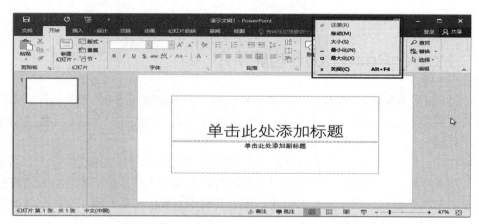

图 5.2　使用快捷菜单退出 PowerPoint 2016

② 单击 PowerPoint 2016 窗口右上角的"关闭"按钮,即可退出 PowerPoint 2016。
③ 如果当前的活动窗口是 PowerPoint 2016 的工作窗口,可以使用【Alt】+【F4】组合键快速退出 PowerPoint 2016。

需要说明的是,打开 PowerPoint 2016 的"文件"选项卡,在弹出的菜单中可以看到"关闭"命令,如果当前系统有一个以上正在编辑的 PowerPoint 文档,单击此命令也可以退出 PowerPoint 2016。但是,如果当前系统只有一个正在编辑的 PowerPoint 文档,单击此命令只能关闭正在编辑的文档,无法退出 PowerPoint 2016。"文件"选项卡"关闭"命令的使用如图 5.3 所示。

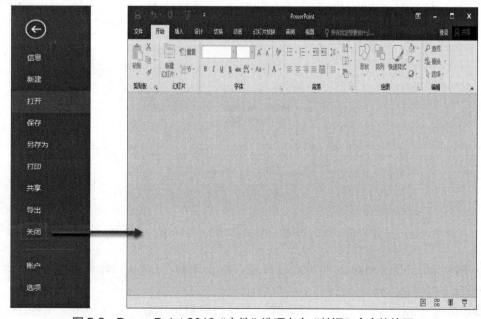

图 5.3　PowerPoint 2016 "文件"选项卡中"关闭"命令的使用

5.1.3　PowerPoint 2016 的窗口组成

启动 PowerPoint 2016 以后，就可以看到如图 5.4 所示的 PowerPoint 2016 的工作窗口。

图 5.4　PowerPoint 2016 的工作窗口

（1）标题栏　标题栏位于窗口的顶部。它的左边是"快速访问工具栏"，相当于在 Windows 中使用的快捷菜单。快速访问工具栏包含"保存""撤销""恢复""从头开始"几个命令按钮。单击快速访问工具栏右侧向下箭头可以打开"自定义快速访问工具栏"菜单，向工具栏中添加或删除按钮。标题栏中间显示当前的演示文稿名，如果还没有保存演示文稿且未命名，则标题栏显示通用的默认名，例如"演示文稿1"。标题栏最右边是最小化按钮、向下还原按钮/最大化按钮和关闭按钮。

（2）功能区　PowerPoint 2016 窗口标题栏下面是功能区，如图 5.5 所示。功能区由各种选项卡和包含在选项卡中的各种命令按钮组成，利用功能区可以轻松地查找以前隐藏在复杂菜单和工具栏中的命令和功能。

在功能区中，所有命令被组织在不同的选项卡中。在每个选项卡中，命令又被分类放置在不同的命令组中。命令组的右下角通常都会有一个"对话框启动器"按钮，用于打开与该组命令相关的任务窗格或对话框，以便用户对要进行的操作做进一步的设置。

图 5.5　PowerPoint 2016 的功能区

（3）"文件"选项卡　PowerPoint 2016 的"文件"选项卡是用于对文档或应用程序执行操作的命令集。单击"文件"选项卡后，会显示一些基本命令，包括信息、新建、打开、保存、打印、关闭、选项以及其他命令，如图 5.6 所示。

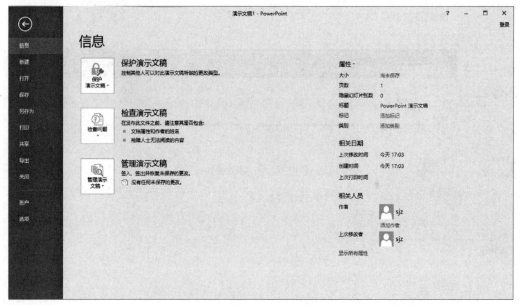

图 5.6　"文件"选项卡打开窗口

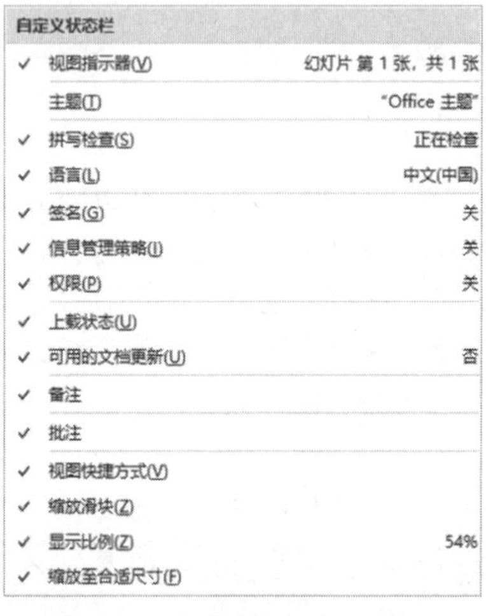

（4）状态栏　PowerPoint 2016 的状态栏位于窗口的最底部，显示当前视图状态、幻灯片编号、主题以及显示比例等信息。如果在幻灯片浏览视图中，状态栏会显示出相应的视图模式；如果在普通视图中，则会显示当前的幻灯片编号，并显示整个演示文稿中有多少张幻灯片。在状态栏空白区域单击鼠标右键，弹出"自定义状态栏"菜单，如图 5.7 所示，可以打开或关闭状态栏上显示的功能项按钮。

图 5.7　"自定义状态栏"菜单

在状态栏右侧是"快捷按钮和显示比例滑杆"栏，其中包括：视图按钮，可以切换视图显示状态；缩放级别按钮，显示当前缩放比例，单击该按钮可以打开"显示比例"对话框；显示比例滑块，拖动滑块可以放大或缩小幻灯片视图，单击加号（+）和减号（-）按钮具有同样的效果；最右侧的按钮可使幻灯片在缩放后重新适应窗口大小。

5.1.4　幻灯片的视图模式

在 PowerPoint 中，建立用户与机器的交互工作环境是通过视图来实现的。在 PowerPoint 提供的每个视图中，演示文稿的显示方式是不同的，在不同的视图模式下可以对文稿进行不同的处理。PowerPoint 2016 有五种主要视图：普通视图、幻灯片浏览视图、备注页视图、阅读视图和幻灯片放映视图。

（1）普通视图　普通视图是主要的编辑视图，可用于撰写或设计演示文稿。

幻灯片缩略图窗格：此区域以缩略图形式显示演示文稿中的幻灯片。使用缩略图能方便地遍历演示文稿。在这里还可以轻松地重新排列、添加或删除幻灯片。

幻灯片窗格：该窗格显示当前幻灯片的大视图，主要用于编辑当前幻灯片。在此视图中可以添加文本，插入图片、表、SmartArt 图形、图表、图形对象、文本框、电影、声音、超链接和动画。

备注窗格：在幻灯片窗格下的备注窗格中，可以键入应用于当前幻灯片的备注。

（2）幻灯片浏览视图　幻灯片浏览视图以缩略图形式显示演示文稿中的全部幻灯片。该视图模式可以方便地在幻灯片之间添加、删除和移动幻灯片以及设置幻灯片动画和切换效果。还可以预览多张幻灯片上的动画，其方法是选定要预览的幻灯片，然后执行"动画"选项卡→"预览"命令。

在幻灯片浏览视图模式下，无法编辑幻灯片。双击某张幻灯片，将切换到普通视图，开始当前幻灯片的编辑。

（3）备注页视图　在"视图"选项卡的"演示文稿视图"命令组中单击"备注页"命令按钮，切换到备注页视图。在备注页视图中可以添加与观众共享的演说者备注或信息。

（4）阅读视图　阅读视图是一种特殊的查看模式，可以更方便地在屏幕上阅读浏览文档。在激活后，阅读视图将显示当前文档，并隐藏大多数不重要的屏幕元素，包括 Microsoft Windows 任务栏等。

（5）幻灯片放映视图　幻灯片放映视图占据整个计算机屏幕，用于播放演示文稿并提供快捷菜单以控制播放效果。在放映过程中，可以按顺序放映，每按一次任意键（或单击鼠标左键）就放映下一张幻灯片。也可以单击鼠标右键，利用弹出的快捷菜单控制幻灯片的放映。在幻灯片放映视图中所看到的演示文稿就是观众将看到的效果。

切换幻灯片视图可以在"视图"选项卡的"演示文稿视图"命令组选择需要的视图状态，也可以单击"快捷按钮和显示比例滑杆"栏左侧的视图按钮。

5.1.5　快捷键的使用

PowerPoint 2016 的功能区为用户提供了方便使用的快捷键。功能区的每个选项卡及其下面的功能按钮都有快捷键，而且快捷键所需的按键只有一两个。使用快捷键的方法如下。

① 首先按键盘上的【Alt】键，显示第一级快捷键，如图 5.8 所示。在功能区的所有选项卡上会显示字母，在快速访问工具栏上会显示数字，它们就是指定的快捷键。

图 5.8　按【Alt】键后显示第一级快捷键

② 按某个快捷键后，可以打开对应的选项卡，并显示第二级的快捷键。例如，按【N】键将显示"插入"选项卡各命令组的所有快捷键，如图 5.9 所示。

图 5.9　按【N】键后显示第二级快捷键

③ 在图 5.9 的状态下，再按【H】键，即可打开"页眉和页脚"对话框，如图 5.10 所示。

图 5.10　按【H】键后显示"页眉和页脚"对话框

5.2　演示文稿的建立与编辑

制作演示文稿的最基本目的在于"展示"，把表达同一主题的素材合理有序地组织起来，通过演示放映把想要表达的主题展示给他人。

演示文稿的制作流程一般可以分为以下几个步骤：准备素材、确定方案、初步制作、修饰美化、预演播放以及打包交付。在原始素材准备好后，应该根据设计目标和设计要求，对原始文字资料进行合理取舍，整理出主线，提炼归纳出演示文稿的大纲并建立演示文稿，完成演示文稿的基本架构。

本书学习目标如下。

① 掌握新建演示文稿的几种方法。

② 掌握幻灯片版式以及占位符的设置方法。

③ 掌握幻灯片的插入、移动、复制等操作。
④ 掌握演示文稿的保护方法。
⑤ 掌握使用节管理幻灯片的方法。
⑥ 掌握幻灯片批注的添加、编辑与删除等操作。

5.2.1 演示文稿的建立方法

在 PowerPoint 2016 中新建演示文稿时，一般有如下几种选择。

① 新建空白演示文稿。使用空白演示文稿方式，可以创建一个没有任何设计方案和示例文本的空白的演示文稿。在该演示文稿中默认包含一张标题版式的幻灯片。用户可以根据自己的实际需要选择继续新建多张不同版式的幻灯片。

② 根据模板创建演示文稿。模板是预先设计好的演示文稿样本，其扩展名为".potx"。演示文稿的模板一般有明确用途，它包含了演示文稿的样式，包括项目符号和字体的类型与大小、占位符的位置、幻灯片背景设计、演示文稿的配色方案等。使用模板创建演示文稿的目的就是共享样式。

③ 根据主题创建演示文稿。主题是预先设计好的一组演示文稿的样式框架，包括窗口的色彩、文字格式、控件的布局、图标样式等外观样式。用户可以直接在系统提供的主题中选择一个最适合自己的主题，创建一个该主题的演示文稿。在该演示文稿中默认包含一张标题版式的幻灯片，可以根据自己的实际需要选择继续新建多张不同版式的幻灯片。

④ 根据现有内容创建演示文稿。使用现有演示文稿方式，可以根据现有演示文稿的风格样式，建立新的演示文稿，这种方法可以快速创建一个和现有文稿类似的演示文稿，适当修改完善即可。

建立新的演示文稿可以选择以下三种方法。

① 启动 Microsoft PowerPoint 2016 应用程序后，系统会显示如图 5.11 所示的界面，用户可选择自己需要的创建演示文稿的模式，包括"空白演示文稿"与"根据模板和主题创建演示文稿"。

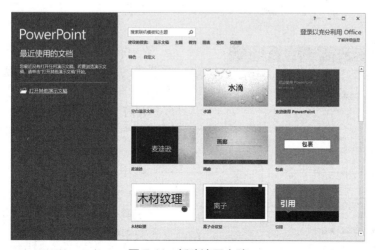

图 5.11 新建演示文稿

② 在指定文件夹的空白处单击鼠标右键，在快捷菜单中选择"新建"命令，然后在下一级层叠菜单中选择"Microsoft PowerPoint 演示文稿"命令，将文件名改为指定文件名后，双击该文件名，进入演示文稿的编辑状态。此时相当于创建了一个空白演示文稿。

③ 双击现有的演示文稿，直接修改完善。

5.2.2 在演示文稿中导入 Word 文档内容

5.2.2.1 方法介绍

在制作演示文稿时，有些原始文字素材是来自 Word 文档的，用户可以使用下面两种方法快速将 Word 文档中的文字复制到演示文稿中。

方法 1：新建一个空白的演示文稿，选择"文件"选项卡中的"打开"命令，文件类型选择"所有文件（*.*）"，找到包含文字素材的 Word 文档将其打开。

方法 2：新建一个空白的演示文稿，在"开始"选项卡中单击"新建幻灯片"按钮右下角的下拉按钮，选择"幻灯片（从大纲）"命令。

需要说明的是，不论使用哪种方法，都需要先把 Word 文档中的内容按照要求设定好大纲级别。

5.2.2.2 经典实例

为了更好地控制教材编写的内容、质量和流程，小李负责起草图书策划方案（请参考"图书策划方案.docx"文件）。他需要将图书策划方案的 Word 文档中的内容制作成向编委会展示的演示文稿。内容需要包含"图书策划方案.docx"文件中的所有讲解要点。

（1）要求

① 演示文稿中的内容编排，需要严格遵循 Word 文档中的内容顺序，并仅需要包含 Word 文档中应用了"标题 1""标题 2""标题 3"样式的文字内容。

② Word 文档中应用了"标题 1"样式的文字，需要成为演示文稿中每页幻灯片的标题文字。

③ Word 文档中应用了"标题 2"样式的文字，需要成为演示文稿中每页幻灯片的第一级文本内容。

④ Word 文档中应用了"标题 3"样式的文字，需要成为演示文稿中每页幻灯片的第二级文本内容。

（2）操作步骤

① 打开 Word 素材文档，切换到大纲视图，在"大纲工具"命令组中设置大纲显示级别为 3 级，查看文档中应用了"标题 1""标题 2""标题 3"样式的文字内容。大纲视图如图 5.12 所示。关闭 Word 素材文档。

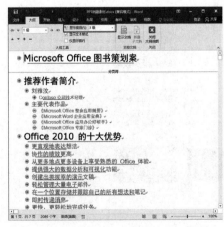

图 5.12　Word 素材文档的大纲视图

② 新建一个空白演示文稿，选择"文件"选项卡中的"打开"命令，文件类型选择"所有文件（*.*）"，找到"图书策划方案.docx"文档并打开。至此就完成了例题中的所有要求。图 5.13 是"幻灯片浏览"视图模式下看到的结果演示文稿。

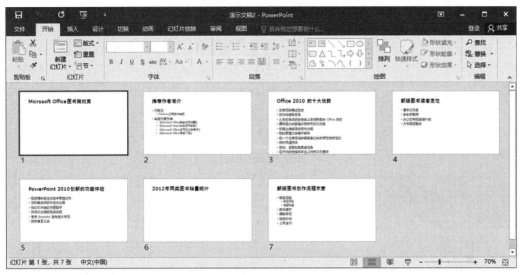

图 5.13　浏览视图下的结果演示文稿

③ 也可以在新建的空白演示文稿中选择"开始"选项卡，单击"新建幻灯片"按钮右下角的下拉按钮，选择"幻灯片（从大纲）"命令，如图 5.14 所示，在"插入大纲"对话框中找到"图书策划方案.docx"文档并插入，也可以完成例题中的所有要求。

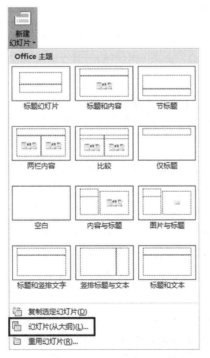

图 5.14　"新建幻灯片"按钮下拉菜单

5.2.3 演示文稿的编辑

5.2.3.1 方法介绍

演示文稿的编辑主要指演示文稿中幻灯片版式的设置、幻灯片中占位符的编辑、幻灯片中文本框的编辑、幻灯片的插入与删除、幻灯片的复制与移动以及使用节来管理幻灯片。

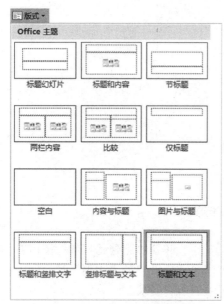

图 5.15 幻灯片的版式

（1）幻灯片版式的设置　PowerPoint 2016 中提供了多个幻灯片版式供用户选择。幻灯片版式是 PowerPoint 软件中的一种常规排版的格式，通过应用幻灯片版式可以更加合理简洁地完成对文字、图片等对象的布局。选择"开始"选项卡中"幻灯片"命令组的"版式"命令，可为当前幻灯片选择版式，如图 5.15 所示。对于新建的空白演示文稿，默认的版式是"标题幻灯片"。

（2）幻灯片中的占位符　占位符就是预先占住一个固定的位置，允许用户向里面添加内容的符号。用于幻灯片中，占位符就表现为一个虚线框，虚线框内往往有"单击此处添加标题"之类的提示语，一旦点击鼠标，提示语会自动消失。用户可以在占位符内输入文字或插入图片等对象，一般占位符的文字有固定的格式，用户也可以通过选中文本内容修改格式。

不同的幻灯片版式有不同的占位符，用户可以通过幻灯片母版为不同版式的幻灯片母版添加或删除占位符。选择"开始"选项卡中"幻灯片"命令组的"重置"命令，可以将幻灯片占位符的位置、大小和格式恢复到默认状态。

（3）幻灯片中的文本框　如果需要在幻灯片中添加文字，除了可以通过幻灯片母版为相应版式的幻灯片母版添加占位符外，也可以在幻灯片合适的位置绘制文本框，并添加文本，设置格式。

① 插入文本框。选择"插入"选项卡，单击"文本"命令组中"文本框"命令的下拉按钮，根据幻灯片的布局需求选择"横排文本框"或"竖排文本框"后，在幻灯片上按住鼠标左键拖动就可以绘制出文本框。在文本框中单击鼠标，文本框处于激活状态（文本框的边框为虚线），光标插入点在文本框中显示，此时可以输入文本。

② 设置文本框中文本格式。设置文本框中文本格式，需要首先选中文本。选择"开始"选项卡，使用"字体"命令组和"段落"命令组中的命令，可以对文本的字体、字号、颜色、对齐方式等进行设置。

③ 设置文本框样式和格式。文本框处于激活或选中状态时，功能区会出现"绘图工具/格式"选项卡，如图 5.16 所示。在该选项卡中可以设置文本框的形状样式、艺术字样式、排列及文本框大小等。

图 5.16 "绘图工具/格式"选项卡

在文本框中单击鼠标右键可以显示快捷菜单,选择快捷菜单中的"设置形状格式"命令,打开"设置形状格式"窗格,如图 5.17 所示。利用该窗格中的"形状选项"和"文本选项"也可以设置文本框的形状样式、艺术字样式、排列及文本框大小。

(4) 幻灯片的插入与删除

① 幻灯片的插入。在演示文稿中插入幻灯片的方法很多,推荐使用"开始"选项卡中"幻灯片"命令组的"新建幻灯片"按钮。单击该命令右下角的下拉按钮,可以选择要插入幻灯片的版式。

如果需要插入多个相同版式的幻灯片,可以先使用上述方法插入第一张,然后在"幻灯片缩略图"窗格使用下列方法快速完成。

方法 1:在"幻灯片缩略图"窗格中,选取一张幻灯片作为新幻灯片的插入位置,按【Enter】键。

图 5.17 "设置形状格式"窗格

方法 2:在"幻灯片缩略图"窗格中,选取一张幻灯片作为新幻灯片的插入位置,单击鼠标右键,选择快捷菜单中的"新建幻灯片"命令。

方法 3:使用【Ctrl】+【M】组合键。

② 幻灯片的删除。要删除幻灯片,只要在"幻灯片缩略图"窗格中选取幻灯片,单击鼠标右键,选择快捷菜单中的"删除幻灯片"命令,或者选取要删除的幻灯片直接按【Delete】键。

(5) 幻灯片的复制与移动

① 幻灯片的复制。复制幻灯片的方法有多种。常用的有下列三种方法。

方法 1:在"幻灯片缩略图"窗格选择目标幻灯片,在"开始"选项卡的"幻灯片"命令组中,单击"新建幻灯片"按钮右下角的下拉按钮,从弹出的列表中单击"复制所选幻灯片"命令,则在当前幻灯片之后插入与当前幻灯片相同的幻灯片。

方法 2:在"幻灯片缩略图"窗格选中目标幻灯片后,使用"开始"选项卡的"剪贴板"命令组的"复制"和"粘贴"按钮。

方法 3:在"幻灯片缩略图"窗格选中目标幻灯片后,单击鼠标右键,选择快捷菜单中的"复制幻灯片"命令。

② 幻灯片的移动。常用的移动幻灯片的方法有以下三种。

方法 1:在"幻灯片缩略图"窗格选中目标幻灯片后,按住鼠标左键拖动到新的位置后松开鼠标。

方法 2:在"幻灯片缩略图"窗格选中目标幻灯片后,使用"开始"选项卡的"剪贴板"命令组的"剪切"和"粘贴"按钮实现幻灯片的移动。

方法3：在"幻灯片浏览"视图模式下，选中目标幻灯片后，按住鼠标左键拖动，也可以实现幻灯片的移动。

（6）使用节来管理幻灯片　"节"主要用来对演示文稿中的幻灯片进行管理。合理使用PowerPoint中的"节"，将整个演示文稿划分成若干个小节来管理，可以帮助用户合理规划文稿结构；同时，编辑和维护也能大大节省时间。

在普通视图下，在"开始"选项卡"幻灯片"命令组中可以看到"节"按钮。单击"节"按钮后面的下拉按钮，选择"新增节"命令，就会在"幻灯片缩略图"窗格中多出一个"无标题节"。在该节上单击鼠标右键，可以看到快捷菜单中的"重命名节""删除节""向上移动节""向下移动节""全部折叠"以及"全部展开"等选项。如果切换为"幻灯片浏览"视图模式，可以全面、清晰地查看页面间的逻辑关系，双击节标题或单击节标题左侧的小三角形图标，都可以展开或收缩属于该小节的页面缩略图。

（7）幻灯片批注的添加与删除　在协同工作环境下，有时需要对他人制作的演示文稿提出建议和意见，或者为自己制作的演示文稿添加一些注释以便他人对演示文稿内容有更好的了解。此时可以选择在演示文稿中添加批注。添加批注的对象可以是整张幻灯片，也可以是幻灯片中的某个对象。

① 添加批注。添加批注的方法是，选择"审阅"选项卡下"批注"命令组中的"新建批注"按钮。如果为整张幻灯片添加批注，需要在"普通视图"模式下，在幻灯片编辑区选定幻灯片后，单击"新建批注"按钮；如果为幻灯片中的某个对象添加批注，要在幻灯片中先选中对象，然后单击"新建批注"按钮。

单击"新建批注"按钮后会发现，"批注"命令组中的另外几个按钮全部被激活，如图5.18所示。同时，屏幕右侧显示"批注"窗格，如图5.19所示。这时，可以在"批注"窗格对批注内容进行编辑；使用"显示标记"按钮控制批注是否被显示；使用"上一条""下一条"按钮查看多个批注内容。

图5.18　"批注"命令组

图5.19　"批注"窗格

② 删除批注。如果不再需要文稿中的批注，可以选择"审阅"选项卡下"批注"命令组中的"删除"按钮删除批注。删除批注时，有三种选择："删除""删除此幻灯片中的所有批注和墨迹""删除此演示文稿中的所有批注和墨迹"。用户可以根据自己的需求选择使用。

要删除演示文稿中的所有标记，也可以单击"文件"选项卡下"信息"命令中的"检查问题"按钮的向下箭头，选择菜单中的"检查文档"命令完成。单击该命令后会看到"文档检查器"对话框，如图5.20所示，单击对话框中的"检查"按钮，"文档检查器"对话框将显示为图5.21的样式，在"批注和注释"右侧选择"全部删除"即可。

图 5.20 "文档检查器"对话框（1）

图 5.21 "文档检查器"对话框（2）

（8）设置演示文稿的属性　演示文稿的属性主要用来描述或标识文档的主题或内容的详细信息，如演示文稿的标题、作者姓名、主题和关键字等。为演示文稿建立属性后，就可以轻松地组织和标识文档。设置演示文稿属性的方法是：选择"文件"选项卡下"信息"命令，单击"属性"按钮右下方的下拉按钮，在菜单中选择"高级属性"命令，此时会打开"属性"对话框，如图 5.22 所示，点击对话框中的"摘要"选项卡，即可以设置演示文稿属性。

图 5.22 演示文稿"属性"对话框

5.2.3.2 经典实例

演示文稿"港口发展项目报告.pptx"共包含 9 张幻灯片,图 5.23 是"幻灯片浏览"视图模式下的原始演示文稿。

(1)要求

将演示文稿按要求分为 4 节,每节的节标题及包含的幻灯片序号见表 5.1。

表 5.1 节标题及所含幻灯片

节标题	所含幻灯片序号	节标题	所含幻灯片序号
项目背景	2~3	已完成的项目	6~7
项目目标	4~5	如期完成的项目	8~9

图 5.23 "幻灯片浏览"视图模式下的原始演示文稿

（2）操作步骤

① 在"幻灯片缩略图"窗格，将光标定位在第1张和第2张幻灯片之间，单击鼠标右键，在快捷菜单中选择"新增节"命令，会出现"无标题节"字样，如图5.24（a）所示，在"无标题节"上单击鼠标右键，在弹出的快捷菜单里选择"重命名节"命令，打开"重命名节"对话框，如图5.24（b）所示，在"节名称"文本框内输入"项目背景"，点击"重命名"按钮，完成节标题的重命名，如图5.24（c）所示。

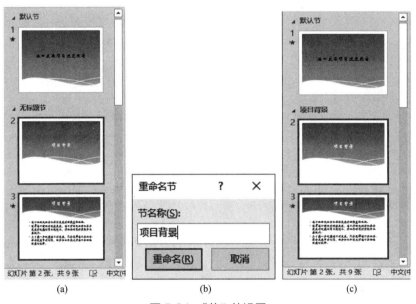

图5.24 "节"的设置

② 参照步骤①完成其他分节。

图5.25为分节后的演示文稿，通过双击节标题或单击节标题左侧的小三角形图标，都可以展开或收缩属于该小节的页面缩略图。对于已经设置好"节"的演示文稿，将视图切换为"幻灯片浏览"模式，可以更全面、更清晰地查看页面间的逻辑关系。

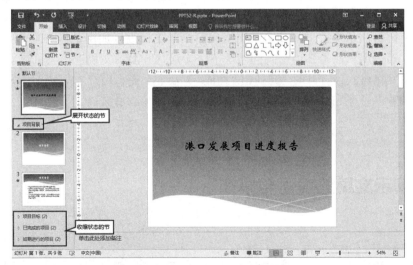

图5.25 分节后的演示文稿

5.2.4 演示文稿的保护

演示文稿创建完毕后，如果演示文稿中保存了一些重要的机密信息，用户最好对其进行保护。保护演示文稿的方法有很多，例如可以将演示文稿标记为最终状态、用密码对演示文稿进行加密等。

选择"文件"选项卡下"信息"命令，单击"保护演示文稿"按钮右下方的下拉按钮，会打开如图 5.26 所示的菜单，可以根据实际需要选择保护演示文稿的方法。

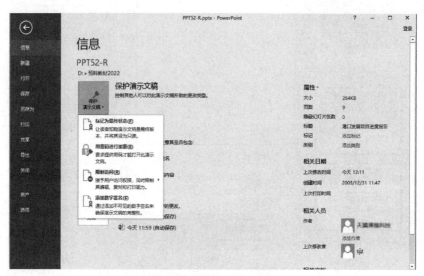

图 5.26　演示文稿的保护

（1）将演示文稿标记为最终状态　将演示文稿标记为最终状态，可以使演示文稿处于只读状态，使其他用户打开该文稿时只能浏览而不能篡改里面的内容。

再次打开被标记为最终状态的文稿时，可以看到显示出一条黄色的警告信息，提示用户该演示文稿已经标记为最终状态，并且可以看到"开始"选项卡中的各个按钮都呈现未激活状态。这说明用户只能浏览而不能编辑。

（2）用密码对演示文稿进行加密　用密码对演示文稿进行加密是指对制作完毕的演示文稿设置密码，陌生用户在不知道密码的情况下，无法打开演示文稿进行浏览或篡改。

被加密的文稿再次被打开时，会弹出"密码"对话框，提示用户"输入密码以打开文件"，用户只有正确输入了密码并单击"确定"按钮，方能打开演示文稿。

5.3　演示文稿的美化与修饰

PowerPoint 2016 提供了多种美化演示文稿外观的功能，包括使用主题、设置背景以及使用模板等。另外,为了使演示文稿中的幻灯片具有一致的外观,还可以使用幻灯片母版功能设计符合用户需要的各种版式的母版。

本节学习目标如下。
① 掌握 PowerPoint 2016 的主题设置方法。
② 掌握 PowerPoint 2016 的背景设置方法。
③ 掌握 PowerPoint 2016 的模板创建及应用方法。
④ 掌握 PowerPoint 2016 的幻灯片母版的使用方法。

5.3.1 演示文稿的主题设置

主题是 PowerPoint 应用程序提供的方便演示文稿设计的一种手段,由主题颜色、主题字体、主题效果以及背景样式四部分组合而成。在 PowerPoint 2016 中将某个主题应用于演示文稿时,该演示文稿中所涉及的颜色、字体、背景、效果等都会自动发生变化。当然,如果用户不喜欢默认的主题方案,还可以单独对主题颜色、字体、效果以及背景样式进行自定义设置。

(1) 应用预置的主题样式

① 内置的主题样式。PowerPoint 2016 为用户提供了一套内置的主题样式,打开演示文稿,选择"设计"选项卡,"主题"命令组内将显示部分主题列表,单击主题列表右下角的"其他"按钮,可以看到全部预置主题,如图 5.27 所示。选择一种样式,单击即可将其应用到当前演示文稿中。

图 5.27 全部预置主题样式列表

② 使用外部主题。如果可选的内置主题不能满足需求,可以单击"设计"选项卡"主题"命令组的"其他"按钮,在下拉列表中单击"浏览主题"选项,打开"浏览主题"对话框,选择所需要的主题样式即可。

需要说明的是,使用内置样式时,可以根据需要将主题应用到整个演示文稿、应用到当前幻灯片或者应用到节,操作方法如下。

a. 将主题应用到整个演示文稿。打开演示文稿后，在选定的主题上单击鼠标左键，或者在选定的主题上单击鼠标右键，然后在快捷菜单中选择"应用于所有幻灯片"。

b. 将主题应用到当前幻灯片。选择需要设置主题的幻灯片，在选定的主题上单击鼠标右键，然后在快捷菜单中选择"应用于选定幻灯片"。

c. 将主题应用到节。有时一个演示文稿被分成若干节，可以为不同的节设置不同的主题。操作步骤为：首先，按要求将演示文稿分成多个节；然后，在"幻灯片缩略图"窗格中，在节标题上单击鼠标左键，这时将选中节中的全部幻灯片；最后，在选定的主题上单击鼠标左键或者在选定的主题上单击鼠标右键，在快捷菜单中选择"应用于选定幻灯片"。

图 5.28 与图 5.29 分别显示了同一演示文稿使用主题前后的效果。

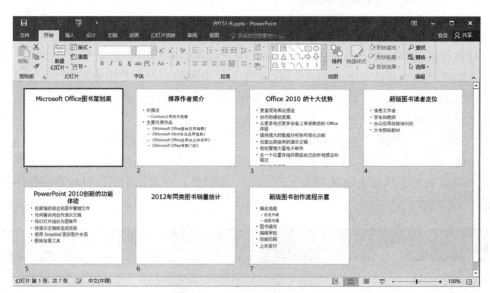

图 5.28　设置主题前的演示文稿

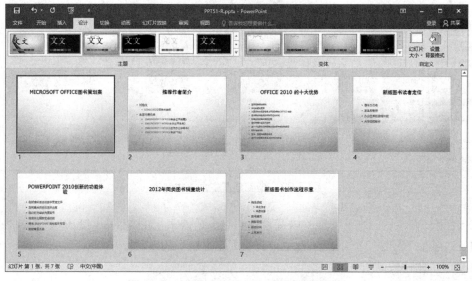

图 5.29　设置"水滴"主题后的演示文稿

（2）使用主题变体　应用了一种内置主题样式后，如果所选样式中的外观不合适，可以利用该主题的"变体"更改主题外观。

在 PowerPoint 2016 中，针对每个主题都提供了四种"变体"，"变体"不更改原主题的布局以及字体，只更改原主题的配色。具体操作如下：为演示文稿应用一种内置主题，例如"切片"主题，单击"设计"选项卡"变体"命令组，可以看到"切片"主题的四种不同变体，如图 5.30 所示，可以根据实际需要选择一种变体。

图 5.30　"切片"主题的变体

（3）设置主题颜色　应用了一种主题样式后，如果所套用样式中的颜色不合适，可以更改主题颜色。主题颜色是指文件中使用的颜色集合，更改主题颜色对改变演示文稿的效果最为显著。用户可以选择预设的主题颜色，也可以自定义主题颜色。

① 应用内置的主题颜色。在 PowerPoint 2016 中有一组预置的主题颜色，用户可以选择一种配色方案直接套用即可。在"设计"选项卡"变体"命令组中单击"其他"按钮，可以看到"颜色"选项，从展开的层叠菜单中选择一种主题颜色，如图 5.31 所示。

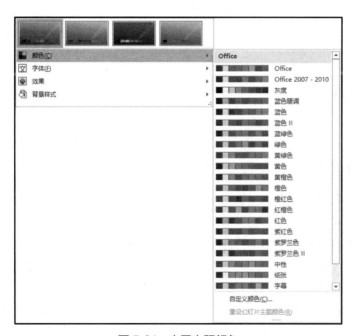

图 5.31　内置主题颜色

② 自定义主题颜色。如果用户对内置的主题颜色都不满意，则可以自定义主题的配色方案，并可以将其保存下来供以后的演示文稿使用，具体操作如下：单击"设计"选项卡"变体"命令组的"其他"按钮，在"颜色"选项的层叠菜单中选择"自定义颜色"选项，弹出"新建主题颜色"对话框，在该对话框中可以对幻灯片中各个元素的颜色进行单独设置；设置完

毕后，在"名称"文本框中输入新建主题的名称，然后单击"保存"按钮，此时，当前演示文稿即会自动应用刚自定义的主题颜色，如图 5.32 所示。

（4）设置主题字体　应用了一种主题样式后，如果用户对所套用样式中的字体不满意，则可以更改主题字体样式。设置主题字体主要包括直接套用内置的字体样式和自定义主题字体两种方式。

① 应用内置的主题字体。在 PowerPoint 2016 中有一组预置的主题字体，用户可以选择一种字体样式直接套用即可。在"设计"选项卡"变体"命令组中单击"其他"按钮，可以看到"字体"选项，从展开的层叠菜单中选择一种主题字体，如图 5.33 所示。

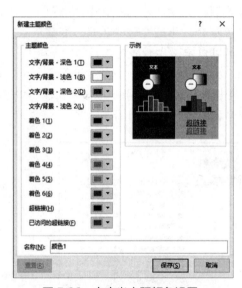

图 5.32　自定义主题颜色设置

图 5.33　内置主题字体

② 应用自定义主题字体。如果对内置的主题字体都不满意，也可以自定义主题字体方案。

自定义主题字体时，需要设置西文和中文两类字体，其中西文和中文字体又包含标题和正文两类，这都需要分类进行设置，设置完毕后可以将其保存下来供以后的演示文稿使用。

具体操作如下：单击"设计"选项卡"变体"命令组的"其他"按钮，在"字体"选项的层叠菜单中选择"自定义字体"选项，弹出"新建主题字体"对话框后，在"标题字体（西文）"下拉列表中选择西文标题字体，在"正文字体（西文）"下拉列表中选择西文正文字体，在"标题字体（中文）"下拉列表中选择中文标题字体，在"正文字体（中文）"下拉列表中选择中文正文字体，所有类别的字体设置完毕后，可以直接预览效果，若满意就可以在"名称"文本框中输入新建主题字体的名称，然后单击"保存"按钮，如图 5.34 所示。

（5）设置主题效果　主题效果是指应用于幻灯片中元素的视觉属性的集合，是一组线条和一组填充效果。通过使用主题效果库，可以快速更改幻灯片中不同对象的外观，使其看起来更加专业、美观。在"设计"选项卡"变体"命令组中单击"其他"按钮，可以看到"效果"

选项，从展开的层叠菜单中选择一种效果样式，当前演示文稿即会自动应用所指定的主题效果，当幻灯片中包含的对象为图形、图表、SmartArt 图形等时，其快速样式即会应用新的主题效果，如图 5.35 所示。

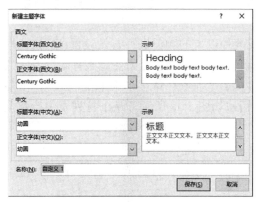

图 5.34　自定义主题字体

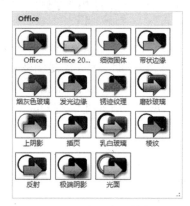

图 5.35　内置主题的效果

（6）保存自定义主题　自定义主题颜色、主题字体或主题效果后，若想将当前演示文稿中的主题用于其他文档，则可以将其另存为主题，方便日后使用。保存当前演示文稿主题的方法为：直接从"主题"下拉列表中单击"保存当前主题"选项，即可弹出"保存当前主题"对话框，设置好名称即可进行保存。

5.3.2　演示文稿的背景设置

如果需要重新设置演示文稿中幻灯片的背景，可以使用 PowerPoint 2016 提供的背景功能，该功能为用户提供了两种设置背景的方法：一种是直接应用内置的背景样式，另一种是自定义背景样式。

（1）应用背景样式　背景样式是系统内置的一组背景效果，会随着用户当前所选择的主题样式的变化而变化。在"设计"选项卡"变体"命令组中单击"其他"按钮，可以看到"背景样式"选项，展开的层叠菜单中显示内置的 12 种背景样式，如图 5.36 所示。单击某一种样式，则当前演示文稿中的所有幻灯片都将自动应用所选择的背景样式。

如果希望只将所选背景样式应用到当前幻灯片，可以在选中的样式上单击鼠标右键，然后选择快捷菜单中的"应用于所选幻灯片"命令。

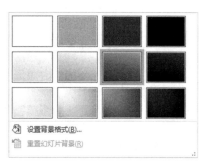

图 5.36　主题内置背景样式的设置

（2）自定义幻灯片背景　如果不满意预置的背景样式，可以自定义幻灯片背景。自定义幻灯片背景可以采用四种方式：纯色填充、渐变填充、图案填充以及图片或纹理填充。下面分别介绍这四种自定义幻灯片背景的方式。

① 纯色填充。所谓纯色填充是指采用一种颜色来设置幻灯片的背景，可以选择任意一种颜色对幻灯片的背景进行填充。具体操作如下：在"设计"选项卡"自定义"命令组中

单击"设置背景样式"按钮，打开"设置背景格式"窗格，单击选中"纯色填充"单选按钮；单击"颜色"右侧的下三角按钮，如图5.37所示，从下拉列表中选择幻灯片背景的颜色；单击"透明度"右侧的微调按钮，调整颜色的透明度；如果想将背景应用到所有幻灯片中，可单击"全部应用"按钮；返回幻灯片，可以看到整个演示文稿已经应用了所设置的纯色背景。

② 渐变填充。渐变填充就是采用两种或两种以上的颜色进行背景设置，可使背景样式更加多样化，色彩更加丰富。但是渐变填充不宜使用过多颜色，否则会让人有眼花缭乱的感觉。具体操作如下：打开"设置背景格式"窗格后，在"填充"选项卡中单击选中"渐变填充"单选按钮，单击"预设渐变"右侧的下三角按钮，如图5.38所示，从下拉列表中选择预设的渐变效果。

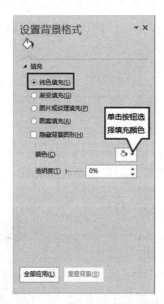 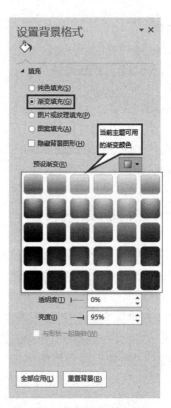

图 5.37　背景颜色填充设置　　　图 5.38　背景颜色渐变填充

需要说明的是，在 PowerPoint 2016 中，渐变颜色随着主题的不同而变化。

除了采用预设的渐变背景外，还可以使用自定义渐变色。如图5.39所示，在"渐变光圈"选项组中选择第一个光圈，从"颜色"下拉列表中选择其颜色；单击第二个光圈，从"颜色"下拉列表中选择第二个光圈的颜色；采用同样的方法，设置第三个光圈的颜色。单击"位置"右侧的微调按钮，可以调整选中光圈的位置；单击"透明度"右侧的微调按钮，设置选中光圈的透明度；单击"亮度"右侧的微调按钮，可以调整选中光圈的亮度。也可以使用渐变光圈滑动条右侧的两个按钮，添加新光圈或删除原有光圈。单击"全部应用"按钮，返回幻灯片中，此时可以看到自定义的渐变背景效果。

③ 图案填充。图案填充就是设置一种前景色，再设置一种背景色，然后将两种颜色进行组合，以不同的图案显示出来。具体操作如下：打开"设置背景格式"窗格，在"填充"选项卡中单击选中"图案填充"单选按钮，如图 5.40 所示；单击"前景"右侧的下三角按钮，从下拉列表中选择图案的前景色；单击"背景"右侧的下三角按钮，从下拉列表中选择图案的背景色；前景色和背景色选择完毕后，由这两种颜色所组成的图案样式将会显示出来，此时可根据自己的需要或喜好选择一种图案样式，单击"全部应用"按钮，返回幻灯片中，可以看到当前打开的幻灯片应用了自定义的图案背景。

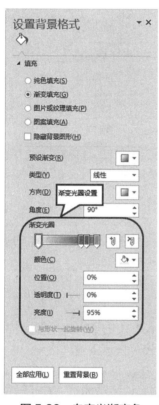
图 5.39 自定义渐变色

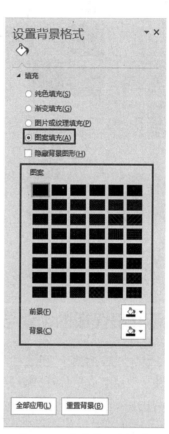
图 5.40 背景的图案填充

④ 图片或纹理填充。图片填充是指把用户保存的漂亮图片应用到幻灯片的背景中；纹理填充是指在 PowerPoint 中利用预置的纹理样式进行填充。具体操作如下。

打开"设置背景格式"窗格，在"填充"选项卡中单击选中"图片或纹理填充"单选按钮。若要采用纹理填充，则可单击"纹理"右侧的下三角按钮，如图 5.41 所示。从下拉列表中选择内置的纹理效果，套用所选择的纹理背景后，幻灯片背景会显示出纹理填充效果。

若要采用图片填充，则可直接单击"文件"按钮，如图 5.42 所示，弹出"插入图片"对话框，从"查找范围"下拉列表中选择背景图片的保存位置，然后单击"插入"按钮即可。此时在"设置背景格式"窗格中，可以单击"透明度"右侧的微调按钮，调整图片的透明度；也可以通过"偏移量""刻度"微调按钮调整图片位置。单击"全部应用"按钮，返回幻灯片中，此时演示文稿中的所有幻灯片都应用了所选择的图片背景。

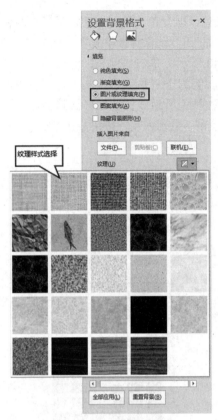
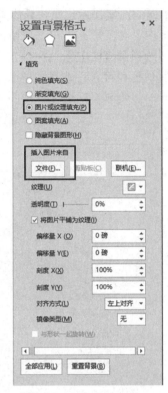

图 5.41 背景的纹理填充　　　　图 5.42 背景的图片填充

5.3.3 演示文稿模板的创建与应用

模板是一个特别设计的演示文稿，扩展名为".potx"，用于提供演示文稿的格式、配色方案、母版样式及产生特效的字体样式等。应用设计模板可快速生成风格统一的演示文稿。

PowerPoint 中预安装了一些模板，用户也可以从 Office 网站上下载更多模板。如果需要重用某个演示文稿的所有样式，也可以将它创建成一个模板，方法如下：打开已经设计好样式的演示文稿，然后选择"文件"选项卡中的"另存为"命令，在"另存为"对话框中，保存类型选择"PowerPoint 模板（*.potx）"，设置模板文件名和模板文件的保存位置后单击"保存"即可。

应用模板创建演示文稿的方法在 5.2.1 节中已经讲过，在此不再赘述。

5.3.4 幻灯片母版的设置

虽然 PowerPoint 2016 仍使用模板，但是更改演示文稿外观的主要方法是向幻灯片母版应用不同的主题，而不是向整个演示文稿应用不同的模板。

幻灯片母版是样本幻灯片，并不是常规演示文稿的一部分，并且仅存在于幕后。在同一个演示文稿中，具有相同版式的所有幻灯片的格式一般是相同的，而这些相同的格式是在幻灯片母版中保存的。修改和使用幻灯片母版可以对演示文稿中的相同版式的每张幻灯片进行统一的样式修改，这样不但节省了编辑修改的时间，还有助于保持演示文稿的风格统一。

选择"视图"选项卡"母版视图"命令组中的"幻灯片母版"按钮，如图 5.43 所示，可以打开"幻灯片母版"选项卡。只要演示文稿中的所有幻灯片使用同一主题，就只需要一个幻灯片母版。不过，如果要对其中一些幻灯片应用不同主题，就需要另一个母版，因为一个母版一次只能应用一个主题。在此，只讨论一个演示文稿只有一个母版的情况。

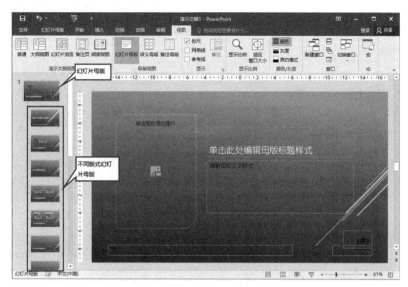

图 5.43　幻灯片母版视图

注意，在图 5.43 中，左侧是针对每种可用版式的、不同的、可以单独定义的版式母版，并且它们被分到了幻灯片母版的下面。对幻灯片母版所做的任何更改都会应用到单独的版式母版，但是也可以对每个版式母版单独进行自定义，以覆盖对幻灯片母版的设置。

在"幻灯片母版"选项卡中，可以编辑幻灯片母版和不同版式母版中占位符的格式，或者在母版中添加或删除占位符。编辑结束后，可以在"幻灯片母版"选项卡"关闭"命令组单击"关闭母版视图"按钮，关闭幻灯片母版视图。

5.3.5　经典实例

演示文稿"港口发展项目报告.pptx"共包含 9 张幻灯片。
（1）要求

除标题幻灯片外，设置其他幻灯片页脚为"港口发展项目报告"字样，右上角为当前幻灯片编号。

（2）操作方法

① 打开演示文稿，选择"视图"选项卡"母版视图"命令组中的"幻灯片母版"按钮，打开"幻灯片母版"选项卡。

② 进入幻灯片母版模式后，选中左边列表中最上面的"幻灯片母版"，然后在幻灯片母版编辑区，将幻灯片编号移到右上角，在"插入"选项卡"文本"命令组中单击"页眉和页脚"按钮，打开"页眉和页脚"对话框，在"幻灯片"选项卡中选中"幻灯片编号""页脚"和"标题幻灯片中不显示"复选框，并在"页脚"项下面的文本框中输入"港口发展项目报

告",单击"应用"按钮,关闭"幻灯片母版"选项卡,如图 5.44 所示。

一个专业的演示文稿风格应该保持一致,包括每张幻灯片的排版布局、颜色、字体、字号等。风格统一的演示文稿可以避免分散观众对演示内容的注意力。合理利用主题、模板以及幻灯片母版能更方便地保证演示文稿风格统一。

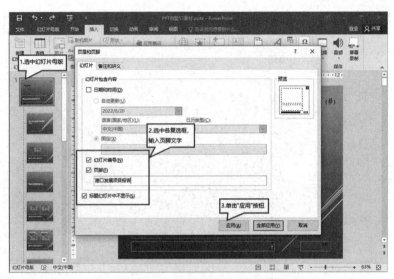

图 5.44 幻灯片母版的编辑

5.4 演示文稿中对象的应用

在欣赏精美的演示文稿时,我们会发现这样一个规律:文不如字,字不如表,表不如图。图形能更加形象直观地表达主题。为了更好地吸引观众的注意力,应尽量让演示文稿图文并茂。这里的图,可以扩展为表格、图表以及 SmartArt 图形。为了达到图文并茂的效果,在制作演示文稿时可以考虑把概念或数据转换成图形。

演示文稿的设计不仅仅是色彩和图形等的美工设计,还包括逻辑、内容及布局等的规划。在使用图形、图表时应该遵循下列原则。

① 图形、图表应该服务于内容。
② 每个图形、图表都应该表达一个明确的信息。
③ 一张幻灯片尽量只放置一个图形或图表。
④ 注意选择正确的 SmartArt 图形样式。
⑤ 让单调的表格美观一些。
⑥ 注意颜色的合理搭配,特别注意背景、文字、图形、图表等颜色与主题的选择。

本节学习目标如下。

① 掌握 PowerPoint 2016 中形状与图片的使用。

② 掌握 PowerPoint 2016 中电子相册的创建及编辑方法。
③ 掌握 PowerPoint 2016 中表格的使用方法。
④ 掌握 PowerPoint 2016 中图表的使用方法。
⑤ 掌握 PowerPoint 2016 中 SmartArt 图形的使用方法。
⑥ 掌握 PowerPoint 2016 中声音和视频的使用方法。
⑦ 掌握 PowerPoint 2016 中艺术字的使用方法。

5.4.1 演示文稿中形状与图片的使用

形状和图片是演示文稿不可或缺的内容，它们可以使演示效果更生动直观。形状与图片设计和应用的好坏直接影响演示文稿的整体风格和视觉效果，应该掌握形状与图片在 PowerPoint 2016 中的基本操作以及一些应用技巧。

5.4.1.1 在幻灯片中插入形状与图片

（1）添加形状　单击"插入"选项卡中"插图"命令组的"形状"按钮下方的下拉按钮，可以看到 PowerPoint 2016 提供的形状库，其中包括线条、矩形、基本形状、箭头总汇、公式形状、流程图、星与旗帜、标注和动作按钮 9 种类型，如图 5.45 所示。

在 PowerPoint 2016 中，插入形状有两个途径。

① 方法 1：插入形状。在图 5.45 中显示的形状库里，选择需要添加的形状，当光标变成"+"形时，按住鼠标左键在幻灯片中拖动绘制形状或直接单击添加形状。

② 方法 2：绘制形状。在"开始"选项卡中单击"绘图"命令组的"形状"按钮，也可展开形状库，选择需要添加的形状，在光标变成"+"形时，按住鼠标左键在幻灯片中拖动绘制形状或直接单击添加形状。

（2）插入屏幕截图　在制作演示文稿过程中，如果需要在幻灯片中插入屏幕截图，可以通过专业截图软件完成，也可以使用 PowerPoint 2016 提供的编辑屏幕截图功能，如图 5.46 所示。操作方法如下。

图 5.45　PowerPoint 2016 形状库

图 5.46　在幻灯片中插入屏幕截图

① 单击"插入"选项卡中"图像"命令组的"屏幕截图"按钮下面的下拉按钮。

② 在弹出的下拉菜单中"可用的视窗"栏中选择需要插入截图的窗口。

③ 当鼠标光标变为十字形时，按住鼠标左键拖动剪辑需要插入的范围，释放鼠标完成屏幕截图插入过程。

（3）插入图片或联机图片　在 PowerPoint 2016 中常用的图片格式有 JPG、BMP、PNG、GIF 等，将图片插入幻灯片的方法是：选择"插入"选项卡"图像"命令组中的"图片"按钮，打开"插入图片"对话框，在对话框中选择目标文件夹、文件类型，找到满意的图片后单击"插入"按钮，图片就被插入幻灯片中。选择"插入"选项卡"图像"命令组中的"联机图片"命令，可以按指定要求搜索联机图片，单击选中的联机图片，就可以把图片插入幻灯片。

5.4.1.2　调整形状的格式

在幻灯片中插入了形状后，可以对其进行一系列的操作，使其满足需求。

（1）编辑与更改形状　编辑与更改形状包括更改形状的类型、编辑形状的顶点等，这些操作都可以通过"绘图工具/格式"选项卡来实现。在向幻灯片中插入形状时，PowerPoint 的功能区会自动出现一个"绘图工具/格式"选项卡，如图 5.47 所示。在该选项卡的"插入形状"命令组中单击"编辑形状"命令后的向下按钮，可以看到"更改形状"和"编辑顶点"两个命令，此时可以直接更换形状的类型或通过调整顶点的位置来改变形状的外形。

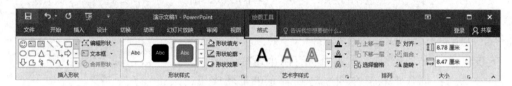

图 5.47　"绘图工具/格式"选项卡

（2）设置形状的样式　选中形状后，选择"绘图工具/格式"选项卡下的"形状样式"命令组，可以设置形状的填充效果、外形轮廓样式以及形状效果。

形状的填充效果只对封闭形状有效，对于直线、箭头等不封闭的形状无法设置填充效果。填充封闭图形时，可以选择主题颜色填充、标准色填充、无色填充、系统内部颜色填充以及图片、纹理、渐变填充等。

设置形状的外形轮廓时，可以修改线条的颜色、粗细、实线或虚线等，当然也可以设置为无轮廓。

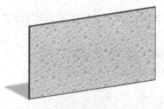

图 5.48　改变了形状和样式的矩形

形状的效果设置主要包括预设效果、阴影效果、映像效果、发光效果、柔化边缘效果、棱台效果以及三维旋转效果等七个方面。图 5.48 为改变了形状和样式的矩形。

（3）设置形状中文字的样式　选中形状后，单击鼠标右键，在快捷菜单中选择"编辑文字"命令，可以向形状中添加文字。通过"绘图工具/格式"选项卡下的"艺术字样式"命令组，可以设置形状中的文字的样式。

（4）形状的组合　当幻灯片中多个形状之间存在一定关系时，往往需要将有关形状作为一个整体进行移动、复制或改变大小，此时可以把多个形状组合在一起，构成形状的组合。将组合恢复为组合前状态的过程称为取消组合。

组合形状时,需要按住【Shift】键,依次单击要组合的每个形状,然后单击"绘图工具/格式"选项卡"排列"命令组的"组合"命令,所有被选中的形状就组合成了一个整体。

如果需要将各个形状恢复成独立的状态,可以选中组合图形后,单击"绘图工具/格式"选项卡"排列"命令组的"取消组合"命令。

5.4.1.3 调整图片的格式

图片被应用到幻灯片之后,一般需要进行格式设置,包括删除图片的背景、选择图片的样式、调整图片的颜色和艺术效果等,从而达到美化图片的目的。设置图片的格式需要先选中图片,此时 PowerPoint 的功能区会自动出现一个"图片工具/格式"选项卡,在该选项卡中完成图片格式的处理,如图 5.49 所示。

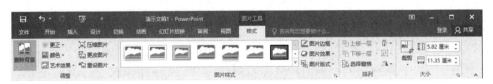

图 5.49 "图片工具/格式"选项卡

(1)删除图片背景 制作幻灯片时,有时需要删除图片的背景,传统的做法是借助 Photoshop 等专业图像处理工具完成。但是 PowerPoint 2016 提供了轻松删除图片背景的方法。操作方法如下。

选中需要处理的图片,单击"图片工具/格式"选项卡中"删除背景"按钮,这时 PowerPoint 的功能区会自动出现一个"背景消除"选项卡,如图 5.50 所示,同时图片的背景变成紫色。图 5.51 显示了单击"删除背景"按钮前后图片的变化。其中图 5.51(b)中紫色部分代表要删除的区域,如果需要修改区域,单击图 5.50 中的"标记要删除的区域"按钮,也可以在图 5.51(b)中拖动可编辑点,确定要保留的区域,选择好后,单击图 5.50 中的"保留更改"按钮,完成背景删除。图 5.52 显示了删除了背景的图片效果。

图 5.50 "背景消除"选项卡

图 5.51 单击"删除背景"按钮前后图片的变化

（2）选择图片的样式　单击"图片工具/格式"选项卡中"图片样式"命令组的"其他"按钮，可以展开图片样式库，这里包含了 28 种预设样式，如图 5.53 所示。

图 5.52　删除了背景的图片效果

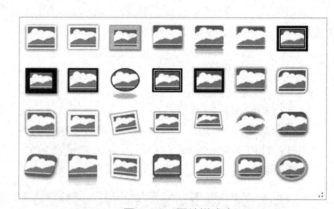

图 5.53　图片样式库

选中图片后，将鼠标指向不同的样式缩略图，可以预览应用样式后的图片效果，选择好合适的样式后，单击该样式确认。

预设样式的图片主要对图片的边框、形状以及整体效果进行了设置。也可以通过"图片样式"命令组的"图片版式""图片边框""图片效果"按钮自行修改图片的样式。

（3）调整图片颜色　图片颜色的调整主要指调整图片颜色的饱和度、色调，还可以对图片重新着色或设置图片的透明度等。选中需要调色的图片，然后单击"图片工具/格式"选项卡"调整"命令组中"颜色"按钮的下拉按钮，弹出如图 5.54 所示的下拉菜单。选择菜单中的"图片颜色选项"命令，打开"设置图片格式"窗格，并自动切换到"图片颜色"选项卡，如图 5.55 所示。在该窗格中可以具体设置颜色选项参数。

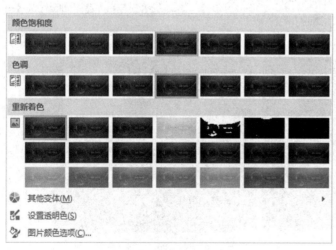

图 5.54　图片的颜色设置

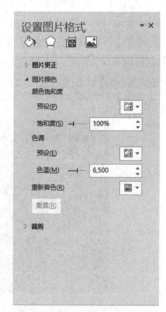

图 5.55　"设置图片格式"窗格

（4）调整图片的大小和位置　插入的图片的大小和位置可能不合适，可以选中图片后用鼠标拖动控制点来大致调整，也可以通过"图片工具/格式"选项卡的"大小"命令组精确调整，当然也可以通过"设置图片格式"窗格中的"大小""位置"选项卡来精确调整。

5.4.2　电子相册的制作

越来越多的用户希望将自己拍摄的相片制作成电子相册，这在 PowerPoint 2016 中可以轻松实现。操作步骤如下。

① 选择"新建相册"命令。单击"插入"选项卡"图像"命令组中"相册"按钮的下拉按钮，在弹出的下拉菜单中选择"新建相册"命令。打开"相册"对话框，如图 5.56 所示。

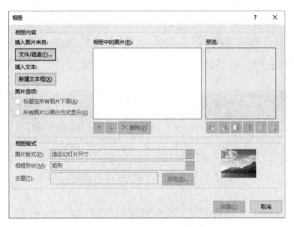

图 5.56　"相册"对话框

② 在"相册"对话框中，单击"文件/磁盘"按钮。在打开的"插入新图片"对话框中选择需要插入的图片。注意，创建相册前应把图片都放在同一个文件夹中，这样在选择图片时，可以按住【Ctrl】键同时选中多张图片。选择结束后单击"插入"按钮。

③ 返回"相册"对话框后，可以设置相册的颜色模式、展示顺序、亮度、对比度、版式等属性，如图 5.57 所示。设置结束单击"创建"按钮，完成相册的创建。

图 5.57　相册属性的设置

5.4.3 演示文稿中表格的建立与修改

表格是数据最直观的展现方式,在演示文稿中经常出现。表格的操作比较简单,首先需要在幻灯片中插入表格,然后对表格进行适当的美化修饰。

(1) 插入表格　可采用以下方法。

方法 1:插入新幻灯片并选择"标题和内容"版式(或其他具有内容区占位符的版式),单击内容区"插入表格"按钮,出现"插入表格"对话框,输入要插入表格的行数和列数,单击"确定"按钮,出现一个指定行列的表格。

方法 2:手绘表格。对于一些结构复杂的表格,或者在插入表格后需要对其结构进行修改,都可以通过手动绘制的方式完成。操作方法是,选择"插入"选项卡"表格"命令组中"表格"按钮下方的下拉按钮,在弹出的菜单中选择"绘制表格"命令,指针移动到幻灯片上后会变成铅笔状,拖动鼠标开始绘制表格外边框。此时 PowerPoint 2016 的功能区会自动出现一个"表格工具/设计"选项卡(图 5.58)和"表格工具/布局"选项卡。在"表格工具/设计"选项卡中"绘制边框"命令组中使用"绘制表格"按钮和"橡皮擦"按钮完成表格的绘制。

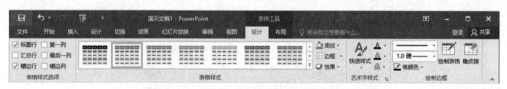

图 5.58　"表格工具/设计"选项卡

(2) 编辑表格　表格制作完成后,可以编辑修改表格,包括设置表格内文本的对齐方式,调整表格大小以及行高和列宽,插入与删除行和列,合并与拆分单元格,设置表格样式,等等。

设置表格样式,需要在表格内单击后,选择"表格工具/设计"选项卡中的"表格样式"命令组的样式库、底纹按钮、边框按钮和效果按钮完成。

设置表格内文字的样式,选择"表格工具/设计"选项卡中的"艺术字样式"命令组的快速样式按钮、文本填充按钮、文本轮廓按钮和文字效果按钮完成。

调整表格大小以及行高和列宽、插入与删除行和列、合并与拆分单元格需要在"表格工具/布局"选项卡中完成,如图 5.59 所示。

图 5.59　"表格工具/布局"选项卡

5.4.4 演示文稿中图表的建立与修改

图表和表格都可以用来展示数据与数据的关系,而图表展示数据的方式更为直观生动。图表一般包括图表标题、数据系列、坐标轴和图例等。在幻灯片中插入图表一般用下列方法。

方法 1：插入新幻灯片并选择"标题和内容"版式（或其他具有内容区占位符的版式），单击内容区"插入图表"按钮，出现"插入图表"对话框，选择"图表类型"，单击确定后，系统会打开一个 Excel 文件，用来编辑图表的原始数据，同时 PowerPoint 2016 的功能区会自动出现"图表工具/设计"选项卡和"图表工具/格式"选项卡，如图 5.60 和图 5.61 所示。修改 Excel 文件中的数据，幻灯片上的图表会相应改变。

图 5.60 "图表工具/设计"选项卡

图 5.61 "图表工具/格式"选项卡

方法 2：选择要插入图表的幻灯片，单击"插入"选项卡"插图"命令组中的"图表"按钮，也会显示"插入图表"对话框。

图表制作完成后，可以通过"图表工具/设计"选项卡重新选择数据，重设图表布局，设计图表的样式，编辑图表标题、数据系列、坐标轴和图例、文本等的样式。具体操作和 Excel 中的操作过程相同，这里不再赘述。

5.4.5 演示文稿中 SmartArt 图形的建立与修改

SmartArt 图形对文本内容具有强大的图形化表达能力，它可以将一些抽象的、不易阅读或理解的内容展示得更清晰，可以让用户的文本内容突出层次、顺序和结构的关系。在 PowerPoint 2016 中，新的 SmartArt 图形功能可以帮助用户将所有精力都专注于内容，而不必再为形状的对齐、格式设置等操作而烦恼。PowerPoint 提供的 SmartArt 图形类型有：列表、流程、循环、层次结构、关系、矩阵、棱锥图和图片。

（1）插入 SmartArt 图形　可以采用以下方法。

方法 1：插入新幻灯片并选择"标题和内容"版式（或其他具有内容区占位符的版式），单击内容区"插入 SmartArt 图形"按钮，出现"选择 SmartArt 图形"对话框，如图 5.62 所示。选择 SmartArt 图形类型单击"确定"后，进入 SmartArt 图形编辑状态，根据需要在指定位置输入文本或插入图片即可。

方法 2：选择要插入 SmartArt 图形的幻灯片，单击"插入"选项卡"插图"命令组中的"SmartArt 图形"按钮，也会显示"选择 SmartArt 图形"对话框。同样在选择 SmartArt 图形类型单击"确定"后，进入 SmartArt 图形编辑状态，根据需要在指定位置输入文本或插入图片即可。

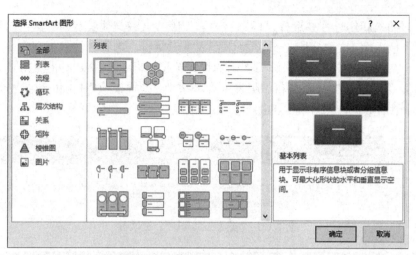

图 5.62 "选择 SmartArt 图形"对话框

方法 3：将文本转换为 SmartArt 图形。如果在幻灯片中已经存在一些文本，可以将这些文本快速转换为 SmartArt 图形。如图 5.63 所示的幻灯片页面中已经存在一些内容，需要使用更具有表达力的 SmartArt 图形表达这些信息。

具体操作如下所述。

① 选中需要转换为 SmartArt 图形的文本。注意是选中文本内容而不是选中文本框。

② 单击鼠标右键，选择"转换为 SmartArt"命令，如图 5.64 所示，在下拉菜单中选择需要使用的 SmartArt 图形类型。

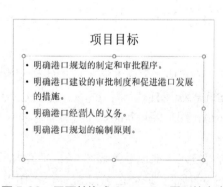

图 5.63 需要转换成 SmartArt 图形的文本　　图 5.64 将文本转换为 SmartArt 图形的命令

③ 所选文本被转换成指定类型的 SmartArt 图形，对其进行适当修饰，效果如图 5.65 所示。

图 5.65　转换后的 SmartArt 图形

如果列表中没有需要的 SmartArt 图形类型，可以单击"其他 SmartArt 图形"命令，这样就可以打开"选择 SmartArt 图形"对话框，以进一步选择 SmartArt 图形类型。

（2）编辑 SmartArt 图形　选中 SmartArt 图形或 SmartArt 图形中的任意一个形状，PowerPoint 2016 的功能区会自动出现"SmartArt 工具/设计"选项卡和"SmartArt 工具/格式"选项卡，如图 5.66 和图 5.67 所示。SmartArt 图形的编辑主要通过这两个选项卡完成。

图 5.66　"SmartArt 工具/设计"选项卡

图 5.67　"SmartArt 工具/格式"选项卡

① 添加或删除形状。不同的 SmartArt 布局显示出来的形状个数不同，如果这些形状少于或多于用户的需要，则可以通过添加形状或从中删除形状来调整布局结构。选择 SmartArt 图形中的一个形状，单击"SmartArt 工具/设计"选项卡"创建图形"命令组中"添加形状"命令，可以在所选形状的后面添加一个相同的形状。如果需要删除某个形状，则可以在选中这个形状后，按【Delete】键直接删除。

② 编辑文本和图片。选中幻灯片中的 SmartArt 图形，单击图形左侧的箭头，出现文本编辑窗口，可以为形状添加文本，如图 5.68 所示。选中某个形状也可以进行文本编辑。如果需要在 SmartArt 图形中添加图片，单击图片位置后，会出现"打开"对话框，选择合适的图片后，单击"插入"即可。

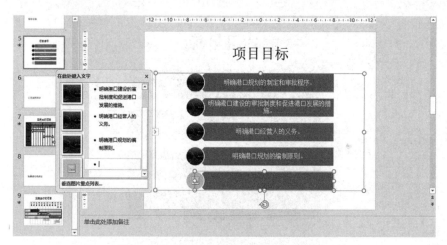

图 5.68　SmartArt 图形文本编辑窗口

③ 使用 SmartArt 图形样式。单击"SmartArt 工具/设计"选项卡"版式"命令组中"其他布局"命令可以重新选择 SmartArt 图形。在"SmartArt 样式"命令组，利用"更改颜色"命令可以为图形选定颜色，从"快速样式"命令提供的样式库中选择一种样式。

5.4.6　在演示文稿中应用声音和视频

在演示文稿中使用声音和视频，可使演示文稿展示的信息更加多元化，让展示效果更具有感染力。

（1）插入声音文件　声音是演示文稿中使用最频繁的多媒体元素。在幻灯片中插入声音的方法如下。

打开需要插入声音的幻灯片，单击"插入"选项卡"媒体"命令组"音频"按钮下面的下拉按钮，在弹出的下拉菜单中可以看到有两种插入声音的方式，如图 5.69 所示。

图 5.69　"音频"菜单

① 插入 PC 上的音频。选择下拉菜单中的"PC 上的音频"命令，将打开"插入音频"对话框，在其中选择合适的声音文件后，单击"插入"按钮，即可将文件中的音频插入幻灯片。

② 录制音频。录制音频是通过操作系统的"录音机"应用程序录制声音，并插入演示文稿。

（2）插入视频文件　有时也需要插入动态的视频来增强演示文稿的展示效果。视频和声音虽然表现形式不同，但都属于多媒体元素，因此在幻灯片中插入视频的方法和插入声音的方法类似，单击"插入"选项卡"媒体"命令组"视频"按钮下面的下拉按钮，在弹出的下拉菜单中可以看到插入视频也有两种方式，分别为插入"联机视频"和"PC 上的视频"。具体操作过程不再详述。

（3）设置声音的播放方式　插入音频文件后，PowerPoint 2016 的功能区会自动出现"音频工具/格式"选项卡和"音频工具/播放"选项卡，设置声音的播放方式是通过"音频工具/播放"选项卡实现的，如图 5.70 所示。

图 5.70　"音频工具/播放"选项卡

在"音频工具/播放"选项卡"音频选项"命令组中单击"开始"按钮右侧的下拉按钮，将出现"自动""单击时"两种播放方式，根据实际需要选择其中一个即可。

另外，在该选项卡中通过设置复选框可以选择是否"放映时隐藏""跨幻灯片播放""循环播放，直到停止""播完返回开头"。

5.4.7　在演示文稿中应用艺术字

艺术字可以使演示文稿中的文本具有特殊的艺术效果，例如可以拉伸标题、对文本进行变形、使文本适应预设形状或让文本应用渐变填充等。在 PowerPoint 2016 中既可以创建艺术字，也可以将已有文本转换成艺术字。

5.4.7.1　方法介绍

（1）创建艺术字　创建艺术字的步骤如下。

① 选中要插入艺术字的幻灯片，单击"插入"选项卡"文本"命令组的"艺术字"按钮，弹出艺术字样式列表，如图 5.71 所示。

图 5.71　艺术字样式列表

② 在艺术字样式列表中选择一种艺术字样式，幻灯片中会显示艺术字编辑框，其中内容为"请在此放置您的文字"，此时需要删除原文本并输入艺术字文本。需要说明的是，艺术字和普通文本一样可以改变字体和字号。

（2）修饰艺术字　插入艺术字后，可以对其进行修饰，主要包括艺术字的文本填充、轮廓线以及文本的外观效果等修饰处理。插入艺术字后，在艺术字上单击，PowerPoint 2016 的功能区会自动出现"绘图工具/格式"选项卡，如图 5.72 所示。使用该选项卡中"艺术字样式"命令组的"文本填充""文本轮廓""文本效果"等按钮修饰艺术字并设置其外观效果。

图 5.72　"绘图工具/格式"选项卡

（3）将普通文本转换为艺术字　若想将幻灯片中已经存在的普通文本转换为艺术字，需要首先选择文本，然后单击"插入"选项卡"文本"命令组的"艺术字"命令，在弹出的艺术字样式列表中选择一种样式既可。

5.4.7.2　经典实例

演示文稿"港口发展项目报告.pptx"共包含 9 张幻灯片。
（1）要求

通过幻灯片母版为每张幻灯片增加利用艺术字制作的水印效果，水印文字为"港口发展项目报告"字样，并旋转一定角度。

（2）操作方法

① 打开演示文稿，选择"视图"选项卡"母版视图"命令组中的"幻灯片母版"按钮，打开"幻灯片母版"选项卡。

② 进入幻灯片母版模式后，选中左边列表中最上面的"幻灯片母版"，单击"插入"选项卡"文本"命令组中的"艺术字"按钮，展开艺术字样式列表，从中单击任意一种艺术字样式，生成艺术字输入框，输入"港口发展项目报告"，在空白区单击完成艺术字的插入。

③ 选中新建的艺术字，拖动旋转柄将其旋转一定角度即可，如图 5.73 所示。最后单击"幻灯片母版"选项卡中的"关闭幻灯片母版"按钮。

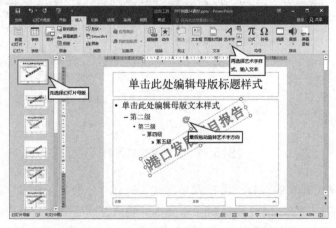

图 5.73　设置带艺术字水印的幻灯片母版

5.5 演示文稿中交互效果的设置

所谓的交互，是指演示文稿与用户之间的互动。用户可以为幻灯片中的对象设置放映时的动态效果，可以为每张幻灯片设置放映时的切换效果，可以设置超链接，放映时让用户改变幻灯片的播放顺序，设置可以规划对象的动画路径。交互效果使演示文稿在放映时更生动，更富有感染力。

本节学习目标如下。
① 掌握 PowerPoint 2016 演示文稿中的动画设置及应用。
② 掌握幻灯片切换的应用。
③ 掌握幻灯片中超链接的应用。
④ 掌握幻灯片中动作的应用。

5.5.1 动画设置

为幻灯片设置动画效果，可以使幻灯片中的对象按一定的规则和顺序运动起来，赋予其进入、退出、颜色或大小的变化，可以突出重点，吸引观众。在 PowerPoint 2016 中，通过如图 5.74 所示的"动画"选项卡可以轻松地完成动画添加、动画效果设置、动画播放方式设置等。

图 5.74 "动画"选项卡

（1）添加动画　PowerPoint 提供了四类动画："进入""强调""退出"和"动作路径"。添加任何一种动画前都需要选中目标对象。

① 添加进入动画。进入动画指文本、图片等对象从无到有出现在幻灯片中的动态过程，包括擦除、淡出、劈裂、飞入、向内溶解、展开等主要方式。

选中目标对象，打开"动画"选项卡，单击"动画"命令组中的"其他"按钮会弹出下拉菜单，如图 5.75 所示，在"进入"栏中选择合适的动画效果，或者选择"更多进入效果"命令，打开"更改进入效果"对话框，如图 5.76 所示，选择合适的动画效果。

② 添加退出动画。退出动画与进入动画效果相反，指文本、图片等对象从有到无、逐渐消失的动态过程。选中需要设置退出效果的对象，在图 5.75 所示的"退出"栏选定合适的动画效果，或者选择"更多退出效果"命令，打开"更改退出效果"对话框，选择合适的动画效果。

③ 添加强调动画。为了使幻灯片中的对象能引起观众注意，一般为其添加强调动画效果，在图 5.75"强调"栏中选择合适的选项即可添加强调动画，或者选择"更多强调效果"命令，打开"更改强调效果"对话框，选择合适的强调动画效果。

④ 添加动作路径动画。动作路径动画可以是对象进入或退出的过程，也可以是强调对象

的方式。设置了动作路径动画,在幻灯片放映时,对象会根据绘制的路径运动。在图 5.75 的"动作路径"栏选定合适的动画路径,或者选择"其他动作路径"命令,打开"更改动作路径"对话框,在更多路径中选择合适的动作路径。

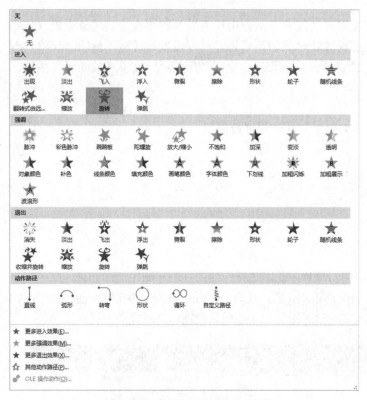

图 5.75 幻灯片中的动画效果　　　　图 5.76 "更改进入效果"对话框

　　(2) 设置动画效果　为对象设置动画后,可以设置动画效果。在"动画"选项卡"动画"命令组中有一个"效果选项"按钮,幻灯片中某个对象被设置了动画效果后,该按钮被激活,单击"效果选项"按钮的下拉按钮,可以在弹出的下拉菜单中设置动画效果。需要说明的是,不同对象的动画效果选项也不同。

　　在"动画"选项卡"计时"命令组可以设置动画的开始方式和动画放映时间。

　　(3) 动画窗格的使用　单击"动画"选项卡"高级动画"命令组中的"动画窗格"按钮,可以打开"动画窗格"。"动画窗格"中列出了幻灯片中所有对象的全部动画效果。单击列表中某个对象名称,单击其右侧的下拉按钮,会弹出下拉菜单,如图 5.77 所示。

　　通过"重新排序"按钮,可以改变动画播放顺序;通过"效果选项"命令可以打开"效果选项"对话框,详细设置动画效果;通过菜单中的"计时"命令可以设置幻灯片播放计时;通过菜单中的"删除"命令可以删除动画设置。

　　(4) 同时设置多个动画　有时一个对象需要同时设置两个以上的动画,例如图片可以同时设置"进入"和"退出"效果。操作方法如下。

　　① 选中幻灯片中的对象,单击"动画"选项卡"动画"命令组中的"其他"按钮,在"进入"栏选择一种合适的动画效果,设置其效果选项。

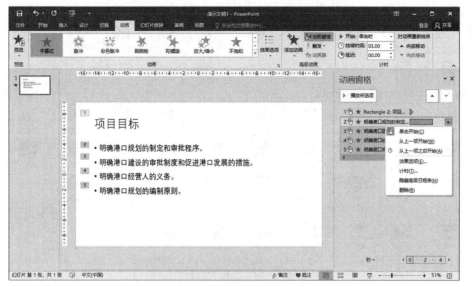

图 5.77 "动画窗格"的设置

② 单击"动画"选项卡"高级动画"命令组中的"添加动画"按钮下面的下拉按钮,在弹出的下拉列表中"退出"栏再选择一种动画效果,设置其效果选项。

③ 单击"动画"选项卡"高级动画"命令组中"动画窗格"按钮,打开"动画窗格",可以看到一个对象同时被设置了两种动画。

(5) 复制动画　如果想把同一个幻灯片中的多个对象设成相同的动画,可以先为其中的一个对象设置动画,然后使用"高级动画"命令组中的"动画刷"按钮复制该对象上的动画,再单击另一个对象,实现动画设置的复制。

5.5.2　幻灯片切换效果设置

PowerPoint 2016 的"切换"选项卡,主要用来给演示文稿中的幻灯片添加切换效果,如图 5.78 所示。切换效果可以实现从一张幻灯片到另一张幻灯片的动态转换。

图 5.78 "切换"选项卡

(1) 为幻灯片添加切换效果　在"幻灯片缩略图"窗格,选中需要添加切换效果的幻灯片,然后单击"切换"选项卡"切换到此幻灯片"命令组中的"其他"按钮,弹出如图 5.79 所示的下拉列表,可以看到列表中有细微型、华丽型、动态内容三种方案可供选择,可在其中选择合适的切换效果。

(2) 设置幻灯片切换属性　幻灯片切换属性包括切换效果、换片方式、持续时间和声音效果。设置切换效果时,如果未另行设置,则切换属性均采用默认值。如果对默认效果不满意,可以自行设置。

图 5.79 切换方案列表

幻灯片的切换方式不同会有不同的效果选项，单击"切换到此幻灯片"命令组的"效果选项"按钮下面的下拉按钮，可在弹出的下拉菜单中选择不同的效果选项。

在"计时"命令组右侧设置换片方式，例如在"设置自动换片时间"右侧输入框中输入定义的时间，表示经过该时间段后自动切换到下一张幻灯片；在"计时"命令组左侧设置切换声音，单击"声音"栏的下拉按钮，在弹出的下拉列表中选择一种声音，在"持续时间"栏输入切换持续时间。

5.5.3 幻灯片超链接设置

使用超链接的演示文稿可实现人机交互，改变幻灯片的播放顺序。演示文稿中的文本、图片或艺术字等对象都可以设置超链接。

5.5.3.1 方法介绍

设置超链接的方法非常简单。选中要建立超链接的对象，单击"插入"选项卡"链接"命令组中"超链接"命令，或者单击鼠标右键，在快捷菜单中选择"超链接"命令，都可以打开"插入超链接"对话框，选择链接到的目标位置，单击"确定"就可以轻松设定超链接。

设置了超链接的幻灯片，当放映幻灯片时，单击设置了超链接的对象，放映就会转到所设置的位置。

5.5.3.2 经典实例

演示文稿"九寨沟风光.pptx"共包含 6 张幻灯片，其在浏览视图模式中的效果如图 5.80 所示。

（1）要求

根据素材内容，设计 4 个文字链接，通过链接可以分别指向后 4 张幻灯片中的其中一张；

同时，为后 4 张幻灯片设计一个自定义的图形链接，要求图形中包含"返回"两字，单击图形可以返回到其链接过来的幻灯片中。

图 5.80 浏览视图模式的素材文档

（2）操作过程

① 通过阅读文档，可以发现最后 4 张幻灯片的标题文字都在第 2 张幻灯片中出现，因此，可以在第 2 张幻灯片中分别设置后 4 张幻灯片的文本链接。

首先选中第 2 张幻灯片中的文本"卧龙海"，然后在"插入"选项卡的"链接"命令组中单击"超链接"按钮，弹出"插入超链接"对话框，如图 5.81 所示，在对话框最左边的"链接到"中选中"本文档中的位置"，接着在"请选择文档中的位置"列表中选中"幻灯片标题"级别下的"卧龙海"幻灯片，单击"确定"按钮，即可建立文本链接。以同样的方法设置其他 3 个幻灯片的文本链接。

图 5.81 "插入超链接"对话框

② 插入图形链接。在"插入"选项卡的"插图"命令组中单击"形状"按钮,在其下拉框中选择一种图形,然后添加到第 3 张幻灯片中,并在图形中添加文本"返回",参照插入文本链接的步骤,为该图形建立一个链接,该链接对象为"九寨旅游路线"页。最后将该图形复制到第 4、5、6 页幻灯片中。最终效果如图 5.82 所示。

图 5.82　设置超链接后的效果图

5.5.4　幻灯片动作的设置

PowerPoint 中允许利用动作设置创建超链接:同样选中需要创建超链接的对象(文本或图片等),点击"插入"选项卡"链接"命令组中的"动作"按钮,弹出"操作设置"对话框,如图 5.83 所示,对话框中有"单击鼠标"与"鼠标悬停"两个选项卡,通常选择默认的"单击鼠标";单击"超链接到"选项,打开超链接选项下拉列表,根据实际情况选择其一,然后单击"确定"按钮即可。若要将超链接的范围扩大到其他演示文稿或 PowerPoint 以外的文件中,在选项中选择"其他 PowerPoint 演示文稿..."或"其他文件..."选项即可。

图 5.83　"操作设置"对话框

演示文稿主要是给他人看的。这就要求我们在制作演示文稿时应该充分考虑观众的感觉,合理使用交互效果,能使演示文稿在放映时更富有感染力。

5.6　演示文稿的放映与保存

制作演示文稿的最终目的是要将其呈现在观众面前,因此,展示和放映演示文稿的环节是必不可少的。

本节学习目标如下。

① 掌握 PowerPoint 2016 演示文稿的放映设置。

② 掌握 PowerPoint 2016 演示文稿的保存及输出方法。

5.6.1 演示文稿的放映

（1）幻灯片放映设置　演示文稿可以直接在 PowerPoint 应用程序中播放，也可以将其保存为放映模式。在 PowerPoint 应用程序中直接播放分为"从头开始""从当前幻灯片开始""联机演示"及"自定义幻灯片放映"四种情况，都可以通过"幻灯片放映"选项卡"开始放映幻灯片"命令组中的命令完成，如图 5.84 所示。

图 5.84　"幻灯片放映"选项卡

① 从头开始放映。单击"幻灯片放映"选项卡"开始放映幻灯片"命令组中"从头开始"按钮，系统将以演示文稿的第一张幻灯片为首张放映幻灯片。

② 从当前幻灯片开始放映。单击"幻灯片放映"选项卡"开始放映幻灯片"命令组中"从当前幻灯片开始"按钮，系统将以当前幻灯片为首张放映幻灯片。

③ 联机演示。联机演示是 Office 提供的一项免费公共服务，允许网络上的其他人通过浏览器查看幻灯片放映。这项服务需要 Microsoft 账户才能启动联机演示文稿。

④ 自定义放映。单击"幻灯片放映"选项卡"开始放映幻灯片"命令组中"自定义幻灯片放映"按钮，将打开"定义自定义放映"对话框，如图 5.85 所示，可在该对话框中选择放映演示文稿中的不同部分，以便针对不同观众定制最合适的放映方案。

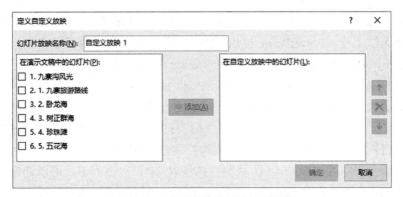

图 5.85　"定义自定义放映"对话框

（2）放映模式设置　PowerPoint 为用户提供三种适应不同场合的放映模式，分别为"演讲者放映""观众自行浏览""在展台浏览",如图5.86所示。单击"幻灯片放映"选项卡"设置"命令组中的"设置幻灯片放映"按钮,打开"设置放映方式"对话框,在其中可以选择放映类型。确定放映类型后,还可以通过"设置放映方式"对话框的其他选项对演示文稿的放映进行更具体的设置。

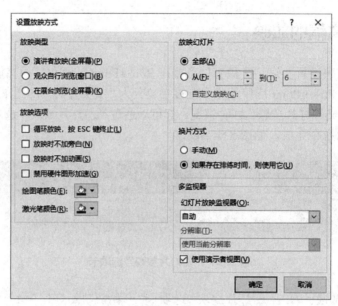

图 5.86 "设置放映方式"对话框

(3)采用排练计时 PowerPoint为用户提供了"排练计时"功能,即在真实的放映演示文稿的状态中,同步设置幻灯片的切换时间,等到整个演示文稿放映结束之后,系统会将所设置的时间记录下来,以便在自动播放时,按照预先记录的时间自动切换放映幻灯片。选择"幻灯片放映"选项卡"设置"命令组中的"排练计时"按钮可以完成该功能。

5.6.2 演示文稿的保存与输出

扩展名为pptx的演示文稿可以直接在PowerPoint应用程序下运行,如果计算机上没有安装该软件,则无法运行。PowerPoint提供了演示文稿打包功能,将演示文稿打包到文件夹或CD上,通过PowerPoint播放器(PowerPoint Viewer)运行;甚至可以将PowerPoint播放器和演示文稿一起打包,这样即使没有安装PowerPoint播放器,也能放映演示文稿。还可以将演示文稿转换成放映格式,在没有安装PowerPoint的计算机上运行。

(1)打包演示文稿 在PowerPoint中打开想要打包的演示文稿,单击"文件"选项卡"导出"命令,在文件类型列表中选择"将演示文稿打包成CD",点击最右侧按钮"打包成CD",如图5.87所示。在弹出的如图5.88所示的"打包成CD"对话框中,可以选择添加更多的演示文稿一起打包,也可以删除不需要打包的演示文稿。鼠标点击"复制到文件夹"按钮,弹出的是选择路径和演示文稿打包后的文件夹名称,可以选择想要存放的位置路径,也可以保存默认不变,点击"确定"按钮后,系统会自动运行打包复制到文件夹程序。

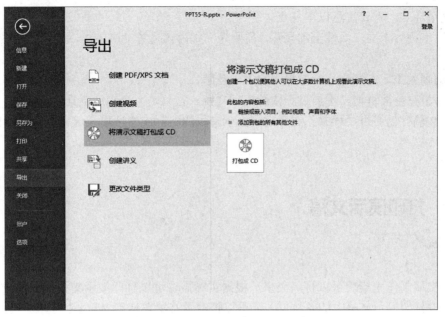

图 5.87 "文件"选项卡"导出"命令

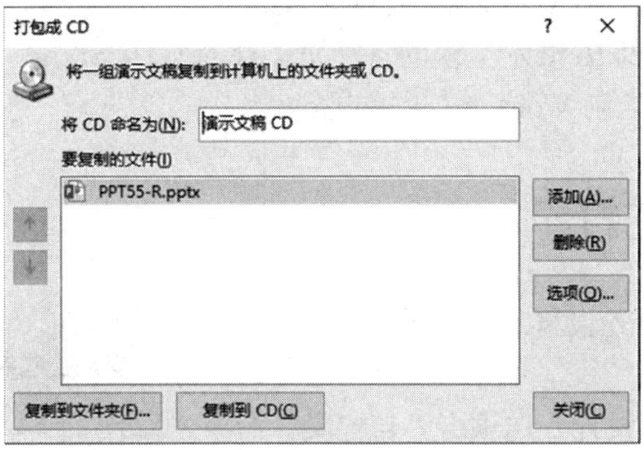

图 5.88 "打包成 CD"对话框

完成之后,系统自动弹出打包好的文件夹,其中看到一个"AUTORUN.INF"自动运行文件,将打包好的文档刻录成 CD 即可。

(2)将演示文稿保存为放映格式 打开演示文稿,单击"文件"选项卡"另存为"命令,在文件类型列表中单击"更改文件类型",会在右侧弹出层叠菜单,双击"PowerPoint 放映(*.ppsx)"类型,会打开"另存为"对话框,输入文件名,单击"保存"即可。双击放映格式文件即可播放演示文稿。

(3)将演示文稿保存为 PDF/XPS 文档 在 PowerPoint 中打开想要打包的演示文稿,单击"文件"选项卡"导出"命令,在文件类型列表中选择"创建 PDF/XPS 文档",点击最右侧按钮"创建 PDF/XPS",选择文件位置后,可以创建一个 PDF 格式的演示文稿。这种演示文稿可以保留演示文稿布局、格式、字体和图像,但内容不能更改。

演示文稿正式交付前一定要进行预演播放。预演播放过程中,可以设置幻灯片的切换效果、幻灯片元素的动画以及幻灯片之间的超链接等,可以查看播放效果,检查是否有需要调整的地方,特别要注意不能有错别字。

在这个环节，需要注意以下几点。
① 文字内容不要一次性全部显示，需要为文字内容设置动画效果，随着讲授的进行逐步显示。
② 动画效果、幻灯片切换效果不宜过于花哨。
③ 写下完整演讲词，不要过于依赖演示文稿，它只是一个辅助工具而已。
演示文稿打包交付过程中，要考虑到演示文稿的实际应用环境，选择不同的打包方式。

5.7 打印演示文稿

演示文稿制作完毕后可以打印出来，根据实际需要可以打印演示文稿的全部或部分幻灯片，也可以打印演示文稿中的备注页，还可以把演示文稿发送到 Word 中打印。

本节学习目标如下。
① 掌握 PowerPoint 2016 演示文稿的打印方法。
② 掌握 PowerPoint 2016 演示文稿的备注页创建及打印方法。
③ 掌握演示文稿发送到 Word 并打印的方法。

5.7.1 演示文稿的打印

演示文稿打印前需要先设置幻灯片的大小、方向等属性。

打开演示文稿，在"设计"选项卡"自定义"命令组单击"幻灯片大小"按钮右下角的下拉按钮，在弹出的列表中选择"自定义幻灯片大小"命令，弹出"幻灯片大小"对话框，如图 5.89 所示。

在该对话框中可以设置幻灯片的大小、宽度、高度、方向以及幻灯片编号起始值等内容，在幻灯片浏览视图可以看到页面设置后的效果。

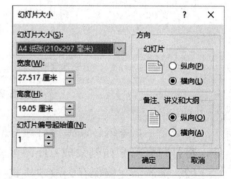

图 5.89 演示文稿的页面设置

在功能区单击"文件"选项卡，选择"打印"选项，在右侧窗格中可以预览幻灯片的打印效果，也可以在预览前先设置打印份数、打印范围、打印灰度等。

5.7.2 创建并打印备注页

5.1.4 节曾提到，在普通视图模式下，可以在备注窗格为幻灯片添加注释和提示信息。备注信息也可以在备注页视图下创建及编辑。

PowerPoint 中提供了备注页母版，可以查看备注页的打印样式和文本格式的全部效果，包括检查并更改备注页的页眉和页脚。单击"视图"选项卡"母版视图"命令组中的"备注母版"按钮,可以打开"备注母版"选项卡,如图5.90所示。此时可以对备注页的样式进行统一的设计和修改。

图5.90 "备注母版"选项卡

设置好备注页后,也可以将备注页打印出来。注意:只能在一个打印页面上打印一张包含备注页的幻灯片缩略图。打印备注页的操作步骤如下。

① 单击"文件"选项卡的"打印"命令。
② 在"设置"选项组中单击"整页幻灯片"下拉选项,在弹出的"打印版式"列表中单击"备注页"按钮。
③ 设置其他打印项,单击"打印"按钮开始打印。

5.7.3 发送到Word并打印

演示文稿也可以发送到Word中进行打印,操作步骤如下。
① 单击"文件"选项卡的"选项"命令。
② 在弹出的"PowerPoint选项"对话框中的左侧选中"快速访问工具栏"选项卡,选中"从下列位置选择命令"中的"不在功能区中的命令",选中下方列表中的"在Microsoft Word中创建讲义"命令,单击中间的"添加"按钮,如图5.91所示,点击"确定"按钮,此时"在Microsoft Word中创建讲义"命令将显示在快速访问工具栏。

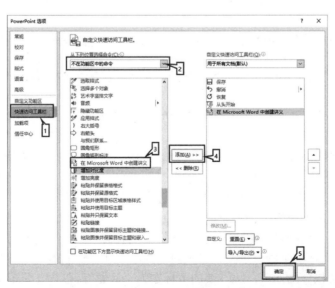

图5.91 "PowerPoint选项"对话框

③ 单击快速访问工具栏的"在 Microsoft Word 中创建讲义"按钮，打开"发送到 Microsoft Word"对话框，在对话框里选择使用的版式，如图 5.92 所示。

④ 单击"确定"按钮，即可将幻灯片按照指定的版式发送到 Word 文件中，可在 Word 文档的"文件"选项卡中，通过"打印"命令打印出演示文稿。

演示文稿打印前一定要对打印版式、打印范围、页眉和页脚等进行打印设置，只有合理设置才能打印出理想的效果。

图 5.92 "发送到 Microsoft Word"对话框

5.8 综合实例

5.8.1 题目要求

"天河二号"超级计算机是我国独立自主研制的超级计算机系统，2015 年 6 月再登"全球超算 500 强"榜首，为祖国再次争得荣誉。作为某中学的物理老师，李老师决定制作一个关于"天河二号"的演示文稿，用于学生课堂知识拓展。请根据素材"天河二号素材.docx"以及相关图片文件，帮助李老师完成制作任务，具体要求如下。

① 演示文稿共包括 10 张幻灯片，标题幻灯片 1 张，概况 2 张，特点、技术参数、自主创新和应用领域各 1 张，图片欣赏 3 张（其中一张为图片欣赏标题页）。

② 幻灯片必须选择一种设计主题，要求字体和色彩合理、美观大方。所有幻灯片中除标题和副标题外，其他文字的字体均设置为"微软雅黑"。演示文稿保存为"天河二号超级计算机.pptx"。

③ 第 1 张幻灯片为标题幻灯片，标题为"天河二号超级计算机"，副标题为"——2015 年再登世界超算榜首"。

④ 第 2 张幻灯片采用"两栏内容"格式，左边一栏为文字，右边一栏为图片，图片为"1.jpg"。

⑤ 第 3、4、5、6、7 张幻灯片的版式均为"标题和内容"。素材中的一级标题即为相应页幻灯片的标题文字。

⑥ 第 4 张幻灯片的标题为"二、特点"，将其中的内容设为"垂直块列表"SmartArt 对象，素材中二级标题为一级内容，正文文字为二级内容，并为该 SmartArt 图形设置动画，要求组合图形"逐个"播放，并将动画的开始设置为"上一动画之后"。

⑦ 利用相册功能为考生文件夹下的"2.jpg"～"9.jpg"8 张图片新建相册，要求每页幻灯片包含 4 张图片，相框形状为"居中矩形阴影"。将标题"相册"更改为"六、图片欣赏"。将相册中的所有幻灯片复制到演示文稿"天河二号超级计算机.pptx"。

⑧ 将该演示文稿分为四节：第一节的节标题为"标题"，包含 1 张标题幻灯片；第二节的节标题为"概况"，包含 2 张标题幻灯片；第三节的节标题为"特点、参数等"，包含 4 张

标题幻灯片；第四节的节标题为"图片欣赏"，包含 3 张标题幻灯片。

⑨ 设置幻灯片的切换效果，要求每一节的幻灯片为同一种切换方式，节与节的幻灯片切换方式不同。

⑩ 除标题幻灯片外，其他幻灯片的页脚显示幻灯片编号。

⑪ 设置幻灯片为循环放映方式，如果没有点击鼠标，则幻灯片 10 秒后自动切换到下一张。

5.8.2 操作步骤

（1）建立演示文稿大纲

① 在"开始"菜单中新建一个 PowerPoint 演示文稿。

② 在 PowerPoint"开始"选项卡下"幻灯片"命令组中点击"新建幻灯片"下拉按钮，在下拉列表中选择"幻灯片（从大纲）"命令，打开"插入大纲"对话框，如图 5.93 所示，在对话框中选择"天河二号素材.docx"文件，单击"插入"按钮，即可添加 7 张幻灯片。

③ 根据任务要求，调整已添加幻灯片的版式，并将素材文档的正文内容添加到相应的幻灯片中，效果如图 5.94 所示。

图 5.93 "插入大纲"对话框

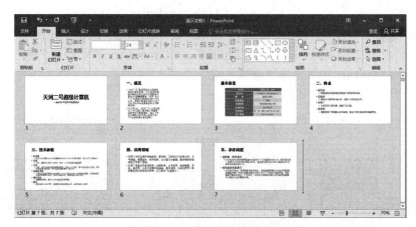

图 5.94 演示文稿中的文本

④ 在"文件"选项卡下点击"保存"按钮,打开"另存为"对话框,选择合适的文件保存位置,文件名为"天河二号超级计算机.pptx","保存类型"为"PowerPoint 演示文稿(*.pptx)",点击"保存"按钮。

(2) 使用主题和幻灯片母版

① 在"设计"选项卡下"主题"命令组中选择"视差"主题。

② 选择"视图"选项卡"母版视图"命令组中的"幻灯片母版"按钮,打开"幻灯片母版"选项卡。进入幻灯片母版模式后,选中左边列表中最上面的"幻灯片母版",单击幻灯片母版编辑区,如图 5.95 所示。将标题和副标题之外的文字选中,在"开始"选项卡下"字体"命令组中设置字体为"微软雅黑"。在"插入"选项卡"文本"命令组中单击"页眉和页脚"按钮,打开"页眉和页脚"对话框,在"幻灯片"选项卡中选中"日期和时间""幻灯片编号"和"标题幻灯片中不显示"左侧的复选框,单击"全部应用"按钮,关闭母版视图。

图 5.95　幻灯片母版设置

(3) 修饰幻灯片中的对象

① 选中第 2 张幻灯片,在右栏点击"插入来自文件的图片"按钮,打开"插入图片"对话框,选择素材文件"1.jpg",点击"打开"按钮。选中图片,在"图片工具/格式"选项卡"图片样式"命令组中单击"其他"按钮,选择"映像棱台,白色"样式。

② 选中第 3 张幻灯片,选中表格中文字,在"开始"选项卡下"字体"命令组中设置字体为"微软雅黑",字号为"20 磅",居中对齐。在"表格工具/设计"选项卡"表格样式"分组中为表格选择"主题样式 1-强调 1"样式。

③ 选中第 4 张幻灯片,使其成为当前幻灯片。选中内容占位符中的文字列表,单击鼠标右键,选择快捷菜单中的"转换为 SmartArt 图形"命令,弹出"SmartArt 图形"样式列表,选择"垂直块列表"布局。选中整个 SmartArt 图形,在"SmartArt 工具/设计"选项卡"SmartArt 样式"分组中为 SmartArt 图形选择"强烈效果"样式。

修饰后的 3 张幻灯片效果如图 5.96 所示。

图 5.96　修饰后的幻灯片效果

(4) 设置幻灯片中的动画效果

① 选中第 4 张幻灯片,使其成为当前幻灯片。选中整个 SmartArt 图形,在"动画"选项卡下"动画"命令组中选择"随机线条"动画方式,然后在"效果选项"里选择"逐个"效果,在"计时"命令组的"开始"方式中选择"上一动画之后"。

② 依次选中每张幻灯片的标题文字,在"动画"选项卡下"动画"命令组中选择"飞入"动画方式,然后在"效果选项"中选择"自左侧"效果,在"计时"命令组的"持续时间"右侧的文本框中输入"1.75"秒。

③ 依次选中各张幻灯片的图片,在"动画"选项卡下"动画"命令组中选择"形状"动画方式,然后在"效果选项"中选择"缩小"效果。

(5) 新建相册

① 在"插入"选项卡下"图像"命令组中点击"相册"下拉菜单,在下拉列表中选择"新建相册",打开"相册"对话框,点击"文件/磁盘"按钮,打开"插入新图片"对话框,选择素材文件夹下"2.jpg"~"9.jpg" 8 张图片,点击"插入"按钮回到"相册"对话框,在"图片版式"中选择"4 张图片",在"相框形状"后的列表框中选择"居中矩形阴影",点击"创建"按钮,这时会出现一个新的演示文稿,如图 5.97 所示。

图 5.97 新建的电子相册

② 点击新演示文稿的第 1 张幻灯片,将"相册"改为"六、图片欣赏",字体为"微软雅黑",删除副标题。选中新演示文稿中的所有幻灯片,按【Ctrl】+【C】组合键复制,回到"天河二号超级计算机.pptx"演示文稿,在幻灯片缩略图窗格第 7 张幻灯片的下方点击鼠标,按【Ctrl】+【V】组合键粘贴。关闭新建的演示文稿。

(6) 演示文稿分节

① 在幻灯片缩略图窗格中,将光标定位在第 1 张幻灯片的上面,单击鼠标右键,在弹出的

快捷菜单中选择"新增节"命令,此时会出现一个"无标题节",在"无标题节"上单击鼠标右键,在弹出的快捷菜单中选择"重命名节"命令,输入文字"标题",点击"重命名"按钮。

② 将光标定位在第 2 张幻灯片的上面,单击鼠标右键,在弹出的快捷菜单中选择"新增节"命令,此时会出现一个"无标题节",在"无标题节"上单击鼠标右键,在弹出的快捷菜单中选择"重命名节"命令,输入文字"概况",点击"重命名"按钮。

③ 将光标定位在第 4 张幻灯片的上面,单击鼠标右键,在弹出的快捷菜单中选择"新增节"命令,此时会出现一个"无标题节",在"无标题节"上单击鼠标右键,在弹出的快捷菜单中选择"重命名节"命令,输入文字"特点、参数等",点击"重命名"按钮。

④ 将光标定位在第 8 张幻灯片的上面,单击鼠标右键,在弹出的快捷菜单中选择"新增节"命令,此时会出现一个"无标题节",在"无标题节"上单击鼠标右键,在弹出的快捷菜单中选择"重命名节"命令,输入文字"图片欣赏",点击"重命名"按钮。

演示文稿分节后,效果如图 5.98 所示。

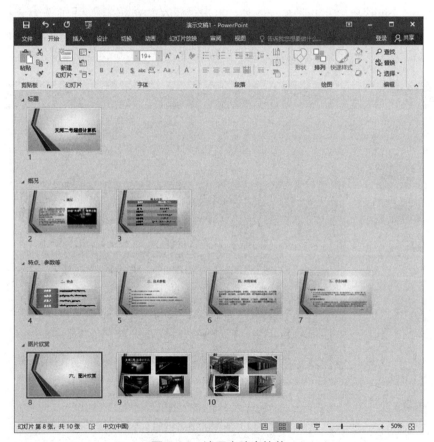

图 5.98　演示文稿中的节

(7) 设置幻灯片的切换效果

① 在第一节的节标题上单击,选中第 1 张幻灯片,使其成为当前幻灯片,在"切换"选项卡下"切换到此幻灯片"命令组中,选择"涟漪"切换方式。此时第一节中幻灯片(共 1 张)的切换方式为"涟漪"。

② 在第二节的节标题上单击,选中第 2、3 张幻灯片,而第 2 张为当前幻灯片,如图 5.99

所示。在"切换"选项卡下"切换到此幻灯片"命令组中,选择"涡流"切换方式。此时第二节中所有幻灯片(共2张)的切换方式都为"涡流"。

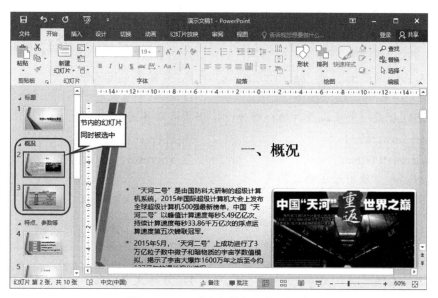

图 5.99　同时选中节内所有幻灯片

③ 使用同样的方法分别设置其他节中幻灯片的切换方式,第三节中幻灯片(共4张)切换方式设为"棋盘",第四节中幻灯片(共3张)切换方式设为"缩放"。

(8) 设置幻灯片的放映方式

① 在"幻灯片放映"选项卡下"设置"命令组中点击"设置幻灯片放映"按钮,打开"设置放映方式"对话框,在"放映选项"中勾选"循环放映,按ESC键终止",在"换片方式"中选择"如果存在排练时间,则使用它",点击"确定"按钮。

② 在"幻灯片放映"选项卡下"设置"命令组中点击"排练计时"按钮,这时演示文稿进入录制的状态,如图 5.100 所示,在左上角的录制窗口控制每张幻灯片的录制时间,如图 5.101 所示,10 秒则点击鼠标进入下一张幻灯片的录制。待所有幻灯片都录制完成后,按【Esc】键结束录制,在弹出的如图 5.102 所示的窗口中点击"是"按钮。

③ 在"幻灯片放映"选项卡下"开始放映幻灯片"命令组中点击"从头开始"按钮,查看录制效果。保存演示文稿并退出。

图 5.100　录制状态的演示文稿

图 5.101　录制时间计时对话框　　图 5.102　保留排练计时对话框

习题

1. PowerPoint 2016 文档的扩展名为（　　）。
   A. ppt　　　　　　B. pptx　　　　　　C. ppsx　　　　　　D. potx
2. PowerPoint 是（　　）。
   A. 文字处理软件　　　　　　　　　　B. 数据库管理软件
   C. 幻灯片制作与播放软件　　　　　　D. 网页制作软件
3. PowerPoint 是一个集成软件的一部分，这个集成软件是（　　）。
   A. Microsoft Word　　　　　　　　　B. Microsoft Windows
   C. Microsoft Office　　　　　　　　D. Microsoft Internet Explorer
4. PowerPoint 中使用母版的目的是（　　）。
   A. 使演示文稿的风格一致　　　　　　B. 修改现有的模板
   C. 用来控制标题幻灯片的格式和位置　D. 以上均是
5. 保存新建的演示文稿，系统默认的文件类型是（　　）。
   A. PowerPoint 放映　　　　　　　　B. PowerPoint 95&97 演示文稿
   C. 演示文稿　　　　　　　　　　　　D. 演示文稿模板
6. 关于演示文稿，下列说法错误的是（　　）。
   A. 可以有很多页　　　　　　　　　　B. 可以调整文字位置
   C. 不能改变文字大小　　　　　　　　D. 可以有图画
7. 启动 PowerPoint 后，要新建演示文稿，可通过（　　）方式建立。
   A. 内容提示向导　B. 设计模板　C. 空演示文档　D. 以上均可以
8. 下列各项可以作为幻灯片背景的是（　　）。
   A. 图案　　　　B. 图片　　　　C. 纹理　　　　D. 以上都可以
9. 下列各项中（　　）不能控制幻灯片外观一致。
   A. 母版　　　　B. 模板　　　　C. 背景　　　　D. 幻灯片视图
10. 下列方法中不能新建演示文稿的是（　　）。
    A. 内容提示向导　B. 打包功能　C. 空演示文稿　D. 设计模板
11. 要让 PowerPoint 2010 制作的演示文稿在 PowerPoint 2003 中放映，必须将演示文稿的保存类型设置为（　　）。
    A. PowerPoint 演示文稿（*.pptx）
    B. PowerPoint 97-2003 演示文稿（*.ppt）
    C. XPS 文档（*.xps）
    D. Windows Media 视频（*.wmv）
12. PowerPoint 2016 中快速复制一张同样的幻灯片使用的快捷键是（　　）。
    A. Ctrl+C　　　B. Ctrl+X　　　C. Ctrl+V　　　D. Ctrl+D
13. PowerPoint 2016 中如果一组幻灯片中的几张暂时不想让观众看见，最好（　　）。
    A. 隐藏这些幻灯片
    B. 删除这些幻灯片
    C. 新建一组不含这些幻灯片的演示文稿
    D. 自定义放映方式时取消这些幻灯片

14. 可以为一种元素设置（　　）动画效果。
    A. 一种　　　　　　B. 不多于两种　　　　C. 多种　　　　　　D. 以上都不对
15. 超链接只有在（　　）中才能被激活。
    A. 幻灯片视图　　　　　　B. 大纲视图
    C. 幻灯片浏览视图　　　　D. 幻灯片放映视图
16. 在演示文稿中设置超链接不能链接的目标是（　　）。
    A. 其他应用程序的文档　　B. 幻灯片中的某个对象
    C. 另一个演示文稿　　　　D. 同一演示文稿中的幻灯片
17. 幻灯片声音的播放方式是（　　）。
    A. 执行到该幻灯片时自动播放
    B. 执行到该幻灯片时不会自动播放，须双击该声音图标才能播放
    C. 执行到该幻灯片时不会自动播放，须单击该声音图标才能播放
    D. 由插入声音图标时的设定决定播放方式
18. 设置好的切换效果，可以应用于（　　）。
    A. 所有幻灯片　　　B. 一张幻灯片　　　C. A和B都对　　　D. A和B都不对
19. 设置一张幻灯片的切换效果时，可以（　　）。
    A. 使用多种形式　　　　　B. 只能使用一种
    C. 最多可以使用五种　　　D. 以上都不对
20. 设置幻灯片的切换效果以及切换方式，应在（　　）选项卡中操作。
    A. 开始　　　　　　B. 设计　　　　　　C. 切换　　　　　　D. 动画
21. 设置幻灯片中对象的动画效果以及动画的出现方式，应在（　　）选项卡中操作。
    A. 切换　　　　　　B. 动画　　　　　　C. 设计　　　　　　D. 审阅
22. 如果要播放演示文稿，可以使用（　　）。
    A. 幻灯片视图　　　　　　B. 大纲视图
    C. 幻灯片浏览视图　　　　D. 幻灯片放映视图

第6章

计算机网络基础及应用

当今世界，计算机网络无处不在，它给我们的学习、生活、工作带来了翻天覆地的变化。不论身处校园内还是校园外都可以方便地接入计算机网络，畅游于 Internet 之中，获取信息、娱乐休闲、聊天通信等。

计算机网络由计算机和通信网络两部分组成，计算机是通信网络的终端或信源，通信网络为计算机之间的数据传输和交换提供了必要的手段。同时，计算机技术不断渗透到通信技术中，又提高了通信网络的性能。正是这两者的紧密结合，促进了计算机网络的发展和繁荣，并对人类社会的发展和进步产生了巨大的影响。

通过本章的学习，将掌握以下几点。

① 初步认识计算机网络。
② 了解计算机网络的基本概念和基本技术。
③ 了解计算机局域网的相关概念和技术。
④ 了解 Internet 的相关概念和接入技术。

6.1 计算机网络基础

1946 年世界上第一台电子计算机问世后的十多年时间内，由于价格很昂贵，计算机数量极少。早期所谓的计算机网络主要是为了解决这一矛盾而产生的，其形式是将一台计算机经过通信线路与若干台终端直接连接，我们也可以把这种方式看作最简单的局域网雏形。

6.1.1 计算机网络的定义

计算机网络的精确定义并没有统一，一般认为计算机网络是利用通信设备和线路将地理位置不同、功能独立的多个计算机系统连接起来，以功能完善的网络软件实现网络的资源共享和信息传递的系统。

计算机网络主要包括以下三部分。

① 资源子网——主要负责全网的信息处理业务，向网络用户提供各种网络资源和网络服务。
② 通信子网——提供数据传输和交换功能。
③ 通信协议——根据事先约定好的和必须遵守的规则，保证通信顺利进行。

计算机网络要实现的主要目标是资源共享，资源包括计算机硬件、软件和数据。

6.1.2 计算机网络发展概要

最早的 Internet，是由美国国防部高级研究计划局（ARPA）建立的。现代计算机网络的许多概念和方法，如分组交换技术都来自 ARPAnet。ARPAnet 不仅进行了租用线互联的分组交换技术研究，而且进行了无线、卫星网的分组交换技术研究，其结果导致了 TCP/IP 问世。

1977—1979 年，ARPAnet 推出了目前形式的 TCP/IP 体系结构和协议。1980 年前后，ARPAnet 上的所有计算机开始了 TCP/IP 协议的转换工作，并以 ARPAnet 为主干网建立了初期的 Internet。1983 年，ARPAnet 的全部计算机完成了向 TCP/IP 的转换，并在 UNIX(BSD4.1) 上实现了 TCP/IP。ARPAnet 在技术上最大的贡献就是 TCP/IP 协议的开发和应用。随后两个著名的科学教育网 CSNET 和 BITNET 先后建立。1984 年，美国国家科学基金会（NSF）规划建立了 13 个国家超级计算中心及国家教育科技网，随后替代了 ARPAnet 的骨干地位。 1988 年 Internet 开始对外开放。1991 年 6 月，在连通 Internet 的计算机中，商业用户首次超过了学术界用户，这是 Internet 发展史上的一个里程碑，从此 Internet 迅速成长。

6.1.2.1　计算机网络的发展阶段

（1）第一代——远程终端连接　出现时期：20 世纪 60 年代早期。

面向终端的计算机网络：主机是网络的中心和控制者，终端（键盘和显示器）分布在各处并与主机相连，用户通过本地的终端使用远程的主机。只提供终端和主机之间的通信，子网之间无法通信。

（2）第二代——计算机网络阶段　出现时期：20 世纪 60 年代中期。

多个主机互联，实现计算机和计算机之间的通信，包括通信子网、用户资源子网。终端用户可以访问本地主机和通信子网上所有主机的软硬件资源。通信方式：电路交换和分组交换。

（3）第三代——计算机网络互联阶段（广域网）　1981 年国际标准化组织（ISO）制订了开放系统互联参考模型（OSI/RM），不同厂家生产的计算机之间实现互联。

（4）第四代——信息高速公路（高速、多业务、大数据量）宽带综合业务数字网　信息高速公路、异步传输模式（ATM）技术、综合业务数字网（ISDN）、千兆以太网技术日臻成熟；交互性增强，网上电视点播、电视会议、可视电话、网上购物、网上银行、网络图书馆等应用开始发展和普及。

6.1.2.2　中国网络的发展史

中国的 Internet 的发展以 1987 年通过中国学术网（CANET）向世界发出第一封 E-mail "越过长城，通向世界"为标志。经过几十年的发展，形成了四大主流网络体系，即：中国科学院中国科技网 CSTNet，教育部的中国教育和科研计算机网 CERNet，原邮电部的中国公用计算机互联网 ChinaNet，原电子工业部的中国金桥信息网 ChinaGBN。

（1）中国公用计算机互联网　该网络于 1994 年 2 月，由邮电部与美国 Sprint 公司签约，为全社会提供 Internet 的各种服务。1994 年 9 月，中国电信与美国商务部签订中美双方关于国际互联网的协议，协议中规定中国电信将通过美国 Sprint 公司开通两条 64K 专线（一条在北京，另一条在上海）。中国公用计算机互联网（ChinaNet）的建设正式启动。1995 年初与 Internet 连通，同年 5 月正式对外服务。目前，全国大多数用户是通过该网进入因特网的。ChinaNet 的特点是入网方便，现在覆盖全国所有省份的 200 多个城市。

（2）中国教育和科研计算机网　该网络是为了配合中国各院校更好地开展教育与科研工作，由原国家教委主持兴建的一个全国范围的教育科研互联网。该网络于 1994 年兴建，同年 10 月，CERNet 正式启动。该项目的目标是建设一个全国性的教育科研基础设施，利用先进实用的计算机技术和网络通信技术，把全国大部分高等学校和中学连接起来，推动这些学校校园网的建设和信息资源的交流共享。目前它已经连接了全国 1600 所以上院校，有超过 2000 万用户。该网络并非商业网，以公益性经营为主，所以采用免费服务或低收费方式运营。

（3）中国科技网　中国科学院中国科技网也称中关村教育与科研示范网络（National Computing & Networking Facility of China，NCFC）。它由世界银行贷款，由原国家计委、原国家科委、中国科学院等配套投资和扶持。项目由中国科学院主持，联合北京大学和清华大学共同实施。

1989 年 NCFC 立项，1994 年 4 月正式启动。网络在建设初期遇到许多困难。1992 年，NCFC 工程的院校网，即中科院院网、清华大学校园网和北京大学校园网全部完成建设；1993 年 12 月，NCFC 主干网工程完工，采用高速光缆和路由器将三个院校网络互联；直到 1994 年 4 月 20 日，NCFC 工程接入 Internet 的 64K 国际专线开通，实现了与 Internet 的全功能连接，整个网络正式运营。从此中国被国际上正式承认为有 Internet 的国家，此事被中国新闻界评为 1994 年中国十大科技新闻之一，被国家统计公报列为中国当年重大科技成就之一。中国科技网（China Science and Technology Network，CSTNet）的发展历史，实际上也是中国 Internet 的发展历史。

（4）中国金桥信息网　中国金桥信息网（China Golden Bridge Network，ChinaGBN），也称国家公用经济信息通信网，是中国国民经济信息化基础设施，支持金关、金税、金卡等"金"字头工程的应用。该网 1994 年立项，由原电子工业部负责建设和管理，目前已在北京建立了 ChinaGBN 网控中心，在全国 30 多个大中城市设立了 70 多个通信站点并联网开通。

Internet 在中国的发展历程可以大致划分为三个阶段。

第一阶段为 1987—1993 年，也是研究试验阶段。在此期间中国一些科研部门和高等院校开始研究 Internet 技术，并开展了科研课题和科技合作工作，但这个阶段的网络应用仅限于小范围内电子邮件服务。

第二阶段为 1994—1996 年，同样是起步阶段。1994 年 4 月，中关村地区教育与科研示范网络工程进入 Internet，从此中国被国际上正式承认为有 Internet 的国家。之后，ChinaNet、CERNet、CSTNet、ChinaGBN 等多个 Internet 项目在全国范围相继启动，Internet 开始进入公众生活，并在中国得到了迅速发展。至 1996 年年底，中国 Internet 用户数已达 20 万，利用 Internet 开展的业务与应用逐步增多。

第三阶段从 1997 年至今，是 Internet 在中国发展最为快速的阶段。国内 Internet 用户数 1997 年以后基本保持每半年翻一番的增长速度。今天，上网用户已超过 10 亿。

中国目前有五家具有独立国际出入口线路的商用性 Internet 骨干单位，还有面向教育、科技、经贸等领域的非营利性 Internet 骨干单位。现在有 600 多家互联网服务提供商（ISP），其中跨省经营的有 140 家。

随着网络基础的改善、用户接入方面新技术的采用、接入方式的多样化和运营商服务能力的提高，接入 Internet 网速率慢形成的瓶颈问题将得到进一步改善，上网速度将会更快，从而促进更多应用在网上实现。

6.1.3　计算机网络的分类

过去，计算机工程师们为了追求网络数据传输的速度、更高的效率以及更高的安全性能等，提出了大量不同的计算机网络互联技术，并付诸实施，产生了多种不同的网络类别。今天，网络互联的技术已经越来越标准化了，不同的网络技术差异在减小，但是对于不同的应用，保留不同的网络类别仍然是必需的。

我们可以按不同的方式对计算机网络进行分类，例如，学校实验室的计算机网络可以说是局域网，也可以说是以太网，还可以说它是由双绞线连成的网络等，只是分类方式不同而已。表6.1列出了几种不同的分类方式以及对应的分类结果。

表6.1 计算机网络的分类

地理范围	按照联网计算机的距离和覆盖的地域范围	WAN、MAN、LAN
拓扑结构	网络互联设备之间的结构关系	star、bus、ring、mesh、tree
组织方式	网络互联设备如何连接工作	client/server、peer-to-peer
传输介质	互联设备传输数据和信号所采用的介质	双绞线、同轴电缆、光纤、无线射频、微波、红外线、电话线、电力线
带宽	网络传输数据的速率	宽带、窄带

6.1.3.1 按地理范围分类

按照联网计算机之间的距离和覆盖范围来分类是应用最广的一种分类方式。对于一个只有几台计算机的网络来说，只需要用一些简单而又基本的设备就可以将它们互联成网。但是当网络覆盖的范围越来越大时，就需要考虑使用更多的网络互联设备来进行数据的远距离传输，满足各种不同的需求。按照地理范围，网络一般可分为以下三种类型。

（1）局域网　局域网（local area network，LAN）用于将有限范围内的各种计算机和外部设备等互联成网。其作用范围通常为几米到十几千米，提供高数据传输速率。局域网连接可以采用多种技术手段，如有线或无线连接方式。公司的办公室或学校的计算机实验室常常采用这种方式。

（2）广域网　广域网（wide area network，WAN）的作用范围一般为几十千米到几千千米，它可以跨省、跨国或跨洲。可以实现计算机更广阔范围的互联，实现世界范围内的信息数据共享。人们所熟悉的Internet就是广域网的典型代表。

（3）城域网　城域网（metropolitan area network，MAN）的作用范围介于LAN和WAN之间，可以认为是一种大型的局域网，通常使用与局域网相似的技术，它可以覆盖一个城市的范围，并且城域网有可能连接当地的有线电视网络，提供更丰富的数据信息资源。

6.1.3.2 按拓扑结构分类

任何一个连接在网络上的设备都称作节点，一个网络的节点往往代表以下几种设备。

① 服务器（server）：一台用来存储数据或提供网络服务的计算机。
② 工作站（workstation）：一台已经连入本地网络的计算机。
③ 网络外设（networked peripheral）：打印机、扫描仪等连入本地网络的设备。
④ 网络设备（networked device）：一种用来广播网络数据、传输电子信号或路由数据到它的目的地的电子设备。

计算机网络拓扑结构是通过网络中节点与通信线路之间的几何关系来表示网络结构的，

它反映网络中各实体间的结构关系。简单地说，网络拓扑就是网络中计算机、缆线以及其他组件的物理布局。网络拓扑结构一般分为星状、总线、环状、网状和树状5种。

（1）星状拓扑　星状拓扑（star）中的所有设备都与中心节点相连，如图6.1所示。中心节点提供数据交换功能，它可以是一台服务器，但更多时候是一个叫作集线器（hub）的网络设备，它的作用是在各节点之间广播传输数据；中心节点也常采用交换机（switch），交换机的特点是允许多对节点同时传输数据，从而提供比集线器更大的数据传输带宽。

星状拓扑的优点是易于管理、维护，安全，其中的一个节点发生故障，不会影响网络的运行。缺点是中心节点必须具有很高的可靠性，因为中心节点一旦发生故障，整个网络就会瘫痪。

（2）总线拓扑　总线拓扑（bus）中的所有设备都直接连接到一条数据传输主干线缆上，如图6.2所示。在主干线缆的两端以特殊的设备——终结器（terminator）结束。鲍勃·梅特卡夫（Bob Metcalfe）在1976年提出的网络思想就是这种总线网络理念。

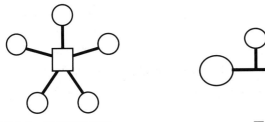

图6.1　星状拓扑结构　　　　　图6.2　总线拓扑结构

总线拓扑的优点是费用低，设备接入网络灵活，某个节点发生故障不影响其他用户。缺点是由于所有数据交互通过总线，故一次仅能有一个用户发送数据，其他用户必须等待得到发送权，才能发送数据。总线拓扑常应用在较少的设备需要互联时，当互联设备较多时，将导致整个网络运行缓慢，并且一旦主干线缆发生故障，整个网络将瘫痪。

（3）环状拓扑　环状拓扑（ring）中所有设备通过链路连接成环，如图6.3所示。

环状拓扑中传送的数据信号始终按一个方向一个节点一个节点地向下传输，每台计算机都是一个中继器，把信号放大并传输给下一台计算机。但是信号通过每一台计算机，因此任何一台计算机出现故障都会影响整个网络，从而导致网络瘫痪。

（4）网状拓扑　网状拓扑（mesh）中的节点通过若干条路径与其他节点相连，数据从一个节点传输到另外一个节点往往有多条路径可以选择，如图6.4所示。

这种冗余的数据传输路线使网状拓扑非常可靠，即使其中的几条数据链路发生了故障，数据仍然可以通过其他路线传输到它的目的节点。Internet的最初网络互联规划就建立在网状拓扑概念之上。

（5）树状拓扑　树状拓扑（tree）是星状拓扑和总线拓扑的混合体，如图6.5所示。若干个星状网络连接在总线网络的总线上，这种网络拓扑的功能弹性很大，同时具有总线网络和星状网络的优点，可以方便地将一个个星状网络通过总线连接在一起工作。如今，大部分校园网或商业网都采用这种网络拓扑结构。

上面介绍的网络结构可以彼此互联成为更大的网络吗？答案是肯定的。两个类似的网络可以经由网桥（bridge）实现互联，网桥的功能是转发两个网络之间的数据，而不受传输的数据格式的限制。如果需要在两个网络拓扑和技术不同的网络之间实现互联，往往需要使用网关（gateway），网关是在两个不同的网络之间实现互联，并转换两个不同网络之间的数据格式的网络设备或软件的统称。网关可以完全通过软件来实现，也可以完全通过硬件来实现，当然，也可以是两者的组合。

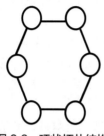 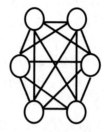 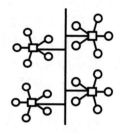

图 6.3　环状拓扑结构　　　图 6.4　网状拓扑结构　　　图 6.5　树状拓扑结构

网关的实现通常是使用一种叫作路由器（router）的网络设备。路由器是一种用来连接两个或者多个网络的电子设备。例如，一个单位内部的局域网可以使用路由器连接到 Internet 广域网。这里，路由器作为局域网和广域网的接入点，起到网关的作用，通过它可以交互局域网和广域网之间的数据，实现不同类型的网络互联。路由器将它接收到的数据转换并分发到局域网中的相应设备上，它也将局域网中设备需传出的数据发送到其他网络中去。如图 6.6 所示，路由器将局域网发送给其他网络的数据送出（白色信封），并保留不需发送到外部的数据（灰色信封），使其在局域网内部流通。

6.1.3.3　按组织方式分类

计算机网络按组织方式可以分为客户机/服务器（client/server，C/S）模式和对等网（peer-to-peer，也常称为 P2P）模式两种。两者对比如图 6.7 所示。

（1）客户机/服务器模式　客户机/服务器模式网络包含一台或多台安装了服务器软件的计算机，以及连接到服务器上的安装了客户端软件的一台或多台计算机。服务器为网络的中心，承担着为整个网络提供数据存储和转发功能的任务。网络数据库、网络在线游戏等都是客户机/服务器模式网络的典型应用。

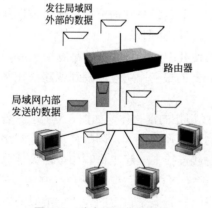

图 6.6　路由器工作原理图

图 6.7　client/server 与 peer-to-peer 的对比

（2）对等网模式　对等网模式的网络将网络中的所有互联设备等同对待，所以，这些网络设备都可以独自存储数据，直接传输数据。P2P 技术是网络文件共享服务的基础，例如互联网上著名的 P2P 软件——BT 下载，以及微软的 Windows 对等网络等都是以此模式为基础的。

6.1.3.4　按传输介质分类

网络中常见的传输介质有双绞线、同轴电缆、光纤、电话线、电力线、无线射频、微波、红外线等。

（1）双绞线　双绞线是一种应用广泛、价格低廉的网络线缆。它的内部包含四对铜线，每对铜线相互绝缘并被绞合在一起，所以得名双绞线。双绞线可以分为屏蔽双绞线（shielded twisted pair，STP）和非屏蔽双绞线（unshielded twisted pair，UTP）两大类，通常用的都是非屏蔽双绞线。双绞线现在正被广泛应用于局域网中。

国际电气工业协会（EIA）为非屏蔽双绞线电缆定义了多种不同的质量类别。计算机网络中最常用的是第 3 类、第 5 类、第 6 类等，其类别定义如下。

① 第 3 类：此类别是指目前在 ANSI 和 EIA/TIA-568 标准中指定的电缆。其传输带宽为 20MHz，用于语音和数据的最高传输速率为 10MB/s，可用于 IEEE 802.5 令牌环网、IEEE 802.3 10Base-T 以太网和 IEEE 802.3 100Base-T4 快速以太网。

② 第 5 类：传输带宽最高为 100MHz，用于语音和数据的传输，最高传输速率为 155MB/s。可用于 IEEE 802.3z 100Base-T 快速以太网。

③ 第 6 类：传输带宽最高为 250MHz，主要用于 100Base-T 和 1000Base-T 以太网中，特别是在千兆以太网中传输距离可达 100m。使用双绞线组网，双绞线和其他网络设备（例如网卡）连接必须是 RJ45 接口。如图 6.8 所示是 RJ45 接头。

(a) 示意图　　　　　　　　(b) 实物图

图 6.8　RJ45 接头

双绞线（10Base-T）以太网技术规范可归结为 5-4-3-2-1 规则，如下所述。

① 允许五个网段，每个网段最大长度 100m。
② 在同一信道上允许连接四个中继器或集线器。
③ 在其中的三个网段上可以增加节点。
④ 在另外两个网段上，除做中继器链路外，不能接任何节点。
⑤ 根据上述规则将组建一个大型的冲突域，最大站点数 1024，网络直径达 2500m。

上述规则只是一个粗略的设计指南，实际的数据因厂家而异。利用双绞线组网，可以获得良好的稳定性，在实际应用中越来越多。尤其是随着近年来快速以太网的发展，利用双绞线组网更显得便利，因此被业界人士看好。

（2）同轴电缆　同轴电缆可分为两类，即粗缆和细缆。同轴电缆实际应用范围很广，例如有线电视网就是使用同轴电缆。不论是粗缆还是细缆，其中央都是一根铜线，外面包有绝缘层。同轴电缆由内部导体环绕绝缘层以及绝缘层外的金属屏蔽网和最外层的护套组成，如图 6.9 所示。这种结构的金属屏蔽网可防止中心导体向外辐射电磁场，也可用来防止外界电磁场干扰中心导体的信号。

① 细缆连接设备及技术参数。采用细缆组网，除需要电缆外，还需要 BNC 连接器、T 形连接器及终端匹配器等，使用同轴电缆组网的网卡必须带有细缆连接接口（通常在网卡上标有"BNC"字样）。

采用细缆组网的技术参数如下所述。

a. 最大的干线长度为 185m。
b. 最大网络干线电缆长度为 925m。
c. 每条干线支持的最大节点数为 30。
d. BNC 连接器、T 形连接器之间的最小距离为 0.5m。

② 粗缆连接设备及技术参数。粗缆连接设备包括转换器、DIX 连接器及电缆、N 系列插头、N 系列匹配器，使用粗缆组网，网卡必须有 DIX 接口（一般标有"DIX"字样）。

采用粗缆组网的技术参数如下所述。

a. 最大的干线长度为 500m。
b. 最大网络干线电缆长度为 2500m。
c. 每条干线支持的最大节点数为 100。
d. 收发器之间的最小距离为 2.5m。
e. 收发器电缆的最大长度为 50m。

在早期的局域网中经常采用同轴电缆作为传输介质。同轴电缆适用于总线网络拓扑结构。在现代网络中，同轴电缆构成的网络已逐步被由非屏蔽双绞线或光纤构成的网络所替代。

（3）光纤　光纤是一束极细的玻璃纤维的组合体。每一根玻璃纤维都称为一条光纤，它比头发丝还要细很多。由于玻璃纤维极其脆弱，因此，每一根光纤都有外罩保护，最后用一个极有韧性的外壳将若干光纤封装，就成了我们看到的光纤线缆，如图 6.10 所示。

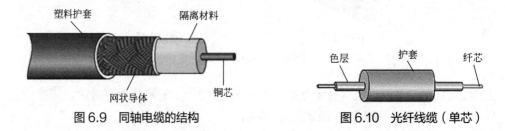

图 6.9　同轴电缆的结构　　　　　　图 6.10　光纤线缆（单芯）

光纤不同于双绞线和同轴电缆将数据转换为电信号传输，而是将数据转换为光信号在其内部传输，从而拥有了强大的数据传输能力。目前光纤的数据传输速率可达 2.4GB/s，传输距离可达上百千米。Internet 的主干网络就是采用光纤线缆搭建而成的，并且，光纤也越来越多地应用于商业网络和校园网络中。

针对基于光缆的网络，国际标准化组织制定了许多规范，包括 10Base-FL、10Base-FB、10Base-FP。

其中 10Base-FL 是使用最广泛的数据格式，其组网规则如下所述。

① 最大段长为 2000m。
② 每段最大节点（node）数为 2。
③ 每网络最大节点数为 1024。
④ 每链的最大集线器（hub）数为 4。

除以上有线线缆外，还可以使用 USB 线缆、电话线、平行线缆甚至是电力线缆来传输数据。

（4）无线传输介质　常用的无线传输介质主要有微波、红外线、无线电、激光和卫星等。

无线网络的特点是传输数据受地理位置的限制较小、使用方便，其不足之处是容易受到障碍物和天气的影响。

无线传输介质和无线传输技术是计算机网络的重要发展方向之一。

无线电的频率在 10～16kHz 之间，在电磁频谱中属于"对频"。使用无线电时，需要考虑的一个重要问题是电磁波频率的范围（频谱），它是相当有限的，其中大部分已被电视、广播以及重要的政府和军队系统占用。因此，只有很少一部分留给网络计算机使用，而且这些频率也大部分都由国内无线电管理委员会（无委会）统一管制。要使用一个受管制的频率必须向无委会申请许可证，这在一定程度上会相当不便。如果设备使用的是未经管制的频率，则功率必须在 1W 以下，这种管制的目的是限制设备的作用范围，从而限制对其他信号的干扰。用网络术语来说，这相当于限制了未管制无线电的通信带宽。未受管制的频率有 902～925MHz、2.4GHz（全球通用）、5.72～5.85GHz。

无线电波可以穿透墙壁，也可以到达普通网络线缆无法到达的地方。针对无线电链路连接的网络，现在已有相当坚实的工业基础，在业界也得到迅速发展。

6.1.3.5　按带宽分类

计算机网络数据传输速率越快越好，带宽说的正是网络信道传输数据的能力。按带宽可以将网络分为宽带网络和窄带网络，如同六车道的高速公路的运输能力要远远高于两车道的普通公路一样，宽带网络可以比窄带网络更快地传输数据。

家庭使用的非对称数字用户线路（ADSL）或者有线电视网络一般来说都是宽带网络，它们拥有高速传输数据的能力；而早期的电话拨号网络是窄带的，它的传输速率一般很低。

6.1.4　计算机网络通信协议

1946 年，久负盛名的贝尔实验室的工程师香农（Claude Shannon），发表了一篇影响至今的文章，文中描述了数据通信系统模型，如图 6.11 所示。在香农的模型中，数据源（例如工作站）产生的数据被编码，经由通信信道传输至它的目的地（例如其他工作站、服务器、网络打印机等），数据传输到目的地后，被解码还原。数据在传输过程中，可能会被一些不可预测的冲突（也称为"噪声"）所破坏，导致到达目的地后的数据发生错误而无法使用。计算机网络使用协议对数据编码、解码，引导数据向目的地传输，并消减传

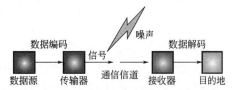

图 6.11　香农的数据通信系统模型

输中受到的"噪声"干扰。那么究竟什么是网络通信协议？网络通信协议的功能有哪些？网络通信协议是如何工作的呢？下面将逐一介绍。

6.1.4.1 计算机网络通信概念

计算机网络通信协议是为了保证数据从一个网络节点正确高效地传输到另外一个网络节点而设置的一组规则的集合。计算机网络通信协议中最为重要、最有影响力的协议就是 TCP/IP 协议，它的流行源于它是 Internet 数据通信公认的标准协议。表 6.2 列出了常见网络通信协议。

表 6.2 常见网络通信协议

网络通信协议	主要用途
TCP/IP	Internet
NetBIOS/NetBEUI	微软 Windows 网络
Apple Talk	苹果 Macintosh 网络
IPX/SPX	Novell 网络

网络通信协议主要由三方面组成。
① 语法：数据和控制信息的结构或格式（即"怎么说"）。
② 语义：控制信息的含义、需要做出的动作及响应（即"说什么"）。
③ 语序：规定了各种操作的执行顺序（即"什么时候说"）。

6.1.4.2 计算机网络通信协议的主要任务

网络通信协议的任务是负责完成网络中的数据传输，主要包括以下几方面内容。
① 将需传送数据分割为小的数据包（packet）。
② 将数据传送目的地地址附加于数据包上。
③ 传输数据包。
④ 控制传输中的数据包流向。
⑤ 检测传输中的错误。
⑥ 确认数据已经接收。

那么，什么是数据包？为什么要使用数据包呢？当通过网络传输一个文件，或发送电子邮件时，可能会认为，它们被作为一个整体发送到了目的地，而事实上情况却不是这样。在网络传输文件之前，首先是把它们切割为一个个小的数据块并附加上一些其他信息，然后送到网络上传输，这些小的数据块就被称为数据包。每个数据包都包含了数据源的地址、目的地的地址、一个顺序号和一些数据。当这些数据包到达目的地以后，通过携带的顺序号它们被重新组合为原始的数据文件，从而完成了整个文件的传输。传输过程如图 6.12 所示。

为何不一次发送整个文件呢？下面举一个例子。对于生活中的电话网络，当两个人通话时，他们之间就建立了电路的连接，此时，这个连接就归通话的两人所独用，其他人再无法接入进来。在两个网络设备之间一次传输整个文件与这类似，它们之间的线路将被此次传输所独占，其他传输必须等待此次传输完成以后才可以进行。很明显，将需传输的文件分成大小相等的若干个数据包，再将这些数据包通过不同路径单独发送、路由至目的地的方法更好。

图 6.12　数据的传输过程

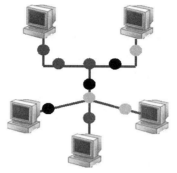
图 6.13　数据包共享通信信道

如图 6.13 所示，不同的文件被分为小的数据包后传输，它们可以共享一个通信线路（通信信道），网络设备按照"先来先处理"的原则对待它们。如果一个文件的一些数据包在传输过程中发生了丢失，此时系统无须等待它们，而是继续处理来自其他文件的数据包。

6.1.4.3　OSI 和 TCP/IP 协议

下面介绍两种比较典型的协议模型：OSI 和 TCP/IP。

（1）OSI 模型　在最早的计算机网络通信中，并没有统一的网络通信标准或协议，往往是计算机硬件、软件厂商各自为战，制定或定义自己的网络协议或体系结构，从而导致不同厂商的计算机很难实现网络互联和通信。

为了改变这种情况，1976 年国际标准化组织发布了一系列标准，提出了一个连接不同设备的网络体系结构。

1964 年，国际标准化组织公布了一个修订版本，称为开放系统互联参考模型（open system interconnection reference model，OSI/RM）。该模型用于指导网络互联，OSI 描述了网络硬件和软件如何以层的方式协同工作，使网络通信成为可能。所以，生产厂商只要按照 OSI 模型的标准设计、生产自己的产品，就可以与满足同样标准的其他厂商的产品进行数据通信。OSI 模型是第一个在世界范围内被广泛接受的网络体系结构。OSI 模型分为七层，如图 6.14 所示。各层的作用如下所述。

图 6.14　OSI 七层模型

① 应用层（application layer）：OSI 的最高层，为用户提供服务，直接面向最终用户，如电子邮件、文件传输、远程登录等。

② 表示层（presentation layer）：负责处理不同数据表示上的差异及其相互转换，即协议转换、数据翻译、数据加密、数据压缩等。

③ 会话层（session layer）：在不同计算机的两个应用程序进程之间建立、维持和结束确定的通信连接。应用程序进程是指电子邮件、文件传输等一次独立的程序执行。

④ 传输层（transport layer）：负责对传输数据（报文）的分段和重组，即将上一层会话层需要传输的数据拆分为适合网络传输的数据段（数据分组、报文分组），并传输给下一层网络层；或将下一层网络层提供的数据段（数据分组、报文分组）重组为会话层可理解的数据格式，并传输给上一层会话层。本层对上一层屏蔽底层网络传输的网络细节。

⑤ 网络层（network layer）：处理数据传输的网络地址信息，进行报文寻址。其具体内容包括处理输出数据（报文）分组的地址并决定从发送方计算机到接收方计算机的路径选择（路由）和解释（解码）输入数据（报文）分组的地址。

⑥ 数据链路层（data link layer）：完成对数据报文的最后封装，形成在网络上传输的数据单位——帧（数据包）。网卡工作在这一层。

⑦ 物理层（physical layer）：负责每一位数据的正确传输，保证数据通过物理介质传送和接收二进制数据位流。

OSI 传输数据模型如图 6.15 所示。在网络上传输的数据（报文）是在应用层开始创建的，然后向下依次穿过各层。每一层都会将与该层相关的信息加到数据中（称为头部）。在接收方，报文按相反顺序传递，每一段信息会被相应层处理掉。当报文到达接收方应用层时，地址信息（头部）已经被去掉，只剩下原始数据，接收方就可以处理了。

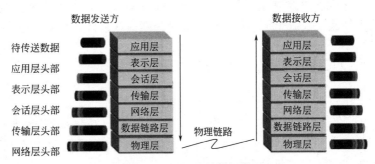

图 6.15　OSI 传输数据模型

（2）TCP/IP 协议　OSI 所定义的网络体系结构从理论上讲比较完整，是国际公认的标准，但是它实现起来过于复杂，运行效率很低，而且制定周期太长，导致世界上几乎没有哪个厂家能生产出完全符合 OSI 标准的商用产品。20 世纪 90 年代初期，Internet 已在世界范围得到了迅速的普及和广泛的支持与应用，而 Internet 所采用的体系结构是 TCP/IP 参考模型，这就使 TCP/IP 成为事实上的工业标准。

TCP/IP 体系结构将网络划分为五个层次，比 OSI 少了表示层和会话层，同时它对于数据链路层和物理层没有做强制规定，其原因在于它的设计目标之一就是要做到与具体物理网络无关。图 6.16 所示是 TCP/IP 和 OSI 的对比。

TCP/IP 体系结构所定义的层次如下所述。

① 应用层：TCP/IP 的最高层，对应 OSI 的最高三层，包括很多面向应用的协议，如超文本传输协议（HTTP）、简单邮件传输协议（SMTP）、文件传输协议（FTP）等。

② 传输层：对应 OSI 的传输层，主要包含三个协议，即面向连接的传输控制协议（TCP）、无连接的用户数据报协议（UDP）和互联网控制报文协议（ICMP）。

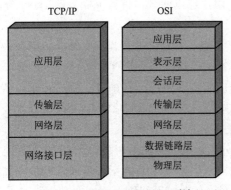

图 6.16　TCP/IP 和 OSI 对比

面向连接就是在正式通信前必须与对方建立起连接。例如你给别人打电话，必须等线路接通了、对方拿起话筒才能通话。

无连接就是在正式通信前不必与对方先建立连接,不管对方状态如何都可直接发送。这与现在的手机短消息非常相似,发短信时,只需要输入对方手机号发送即可,至于对方能否收到,自己并不十分清楚。

面向连接的 TCP 协议和无连接的 UDP 协议在不同的应用程序中有不同的用途。TCP 要求提供可靠的面向连接的服务,自然会增加许多网络传输上的开销,因此它适用于对可靠性要求很高但实时性要求不高的应用,如文件传输、电子邮件等;虽然 UDP 不提供可靠的数据传输,但是由于其不需要建立连接,故而简单、灵活,在某些情况下是一种极其有效的工作方式,如视频会议等。

③ 网络层:对应 OSI 模型的网络层,该层最主要的协议就是 IP 协议(Internet Protocol)。

④ 网络接口层:该层使用的协议为各通信子网本身固有的协议。

TCP/IP 模型的传输数据封装方式和 OSI 传输数据的方式类似,发送数据时,每一层都会加上自己的头部,接收到数据时再逐层展开,在此不再赘述。

6.1.5 常见的网络操作系统

网络操作系统是支持网络操作的计算机系统软件,常分为客户端网络操作系统和服务器网络操作系统。

常见客户端网络操作系统:Windows XP;Windows 7;Windows 8;Windows 10;Apple Mac OS。

常见服务器网络操作系统:Windows 2000(Advanced)Server;Windows 2003(Advanced)Server;Windows Server 2008;Windows Server 2012;UNIX/Linux;Novell Netware;Apple Mac OS X Server。

6.1.6 服务器类型简介

目前流行的服务器类型主要有塔式服务器、机架式服务器和刀片式服务器三种类型。

6.1.6.1 塔式服务器

塔式服务器又称为台式服务器,这类服务器与我们平常使用的台式 PC 机结构大体相似,如图 6.17 所示,由于其成本较低,在中小企业中应用非常广泛。低档服务器由于功能较弱,整个服务器的内部结构比较简单,但是由于其独立性太强,协同工作和系统管理方面都不方便。

6.1.6.2 机架式服务器

机架式服务器的外观看起来不像计算机而像交换机,如图 6.18 所示。机架式服务器常见的规格是 1U、2U、4U 等(1U=1.75 英寸),机架式服务器安装在标准的 19 英寸机柜里。其采用标准的系统、网络、硬盘和电源插头等设计,管理非常方便,适合大访问量的关键应用,相比塔式服务器,其散热效果稍差。

图 6.17　塔式服务器

图 6.18　机架式服务器

6.1.6.3　刀片式服务器

所谓刀片式服务器是指在标准高度的机架式机箱内可插装多个卡式的服务器单元，实现高可用和高密度，是专门为特殊应用行业和高密度计算机环境设计的，如图 6.19 所示。在主体机箱内部可插上许多"刀片"，其中每一块"刀片"实际上就是一块系统主板。它们可以通过"板载"硬盘启动自己的操作系统，类似一个个独立的服务器，在这种模式下，每一块母板运行自己的系统，服务于指定的不同用户群。目前，刀片式服务器已经成为高性能计算集群的主流。

在一些高档企业服务器中，由于内部结构复杂，内部设备较多，经常把一些设备单元或几个服务器都放在一个机柜中，如图 6.20 所示。

图 6.19　刀片式服务器

图 6.20　装有六台服务器的机柜

6.2　计算机局域网

局域网是计算机网络的一种，它既具有一般计算机网络的特点，又有自己的特征。局域网是在一个较小的范围（一个办公室、一个单位）内利用通信线路将众多计算机和外部设备连接起来，实现资源共享和数据通信的网络。局域网的研究始于 20 世纪 70 年代，包括令牌环网、FDDI、以太网（Ethernet）等多种类型。

6.2.1 局域网概述

6.2.1.1 局域网的特点

① 较小的地域范围,仅用于办公室、机关、工厂、学校等内部网络,其范围没有严格的定义,一般认为距离在 2.5km 以内。

② 高传输速率,低误码率。局域网传输速率一般为 10～100MB/s,现在 1000MB/s 的局域网也已得到广泛应用,拥有如此高的速率,而误码率仅在 10^{-11}～10^{-6} 之间。

③ 局域网一般为一个单位所有,由单位或部门内部控制和管理。多数情况下采用双绞线、光纤等作为传输介质。

6.2.1.2 局域网的关键技术

决定局域网特征的主要技术为连接各种设备的网络拓扑结构、数据传输介质和介质访问控制协议。

(1) 网络拓扑结构　局域网具有最典型的几种拓扑结构,即星状、总线和环状拓扑结构。

(2) 数据传输介质　局域网主要传输介质为双绞线、光纤和无线介质。其中,双绞线由于性价比较高,得到了广泛应用;光纤主要用于局域网中的主干网络线路;无线网络主要用于某些不便于布线的场所。

(3) 介质访问控制协议　介质访问控制协议指多个站点共享同一介质时,将带宽合理地分配给各站点的方法。

6.2.2 局域网组网技术

局域网技术底层传输协议(物理层和链路层)的标准化是由电气和电子工程师协会(Institute of Electrical and Electronics Engineers,IEEE)完成的。IEEE 制定了局域网规范文件——IEEE 802 局域网标准方案。

6.2.2.1 令牌环网

令牌环网络(token ring)采用 IEEE 802.5 标准定义而成。这种网络为一环状网络,传输数据时,使用一个叫作"令牌"(token)的电子信号,控制数据在网络中的传输。当"令牌"可用时,网络中需要发送数据的设备将数据附加于"令牌"之上,传输至目的设备,传输完成后,"令牌"再次回到发送数据的设备,报告传输完成,"令牌"状态再次变为可用,如图 6.21 所示。

最初的令牌环网数据的传输速率为 4MB/s,在 1969 年速率提升到了 16MB/s。

令牌环网是 IBM 公司一直倡导的一项网络组网技术,但是随着人们对于网络速度的要求越来越高,并且其他网络技术在满足高速的同时价格越来越低,大约到 1999 年,令牌环网逐步退出了历史舞台。

6.2.2.2 FDDI

光纤分布式数据接口（fiber distributed data interconnect，FDDI）借助光纤，可以提供 100MB/s 的传输速率。它采用 IEEE 802.8 标准建立网络。FDDI 支持 500 个网络设备接入，极大扩展了网络的容量。它采用双线路环形网络，当一条线路出现故障时，第二条线路仍然可以保证数据的正确传输。它和令牌环网一样，采用"令牌"来控制数据的传输。并且，在 FDDI 网络上可以直接连接服务器、路由器等设备，但是工作站不再直接连接到 FDDI 网络上，而是通过双绞线等方式先行连接到路由器上，经路由器连接到 FDDI 网络，如图 6.22 所示。

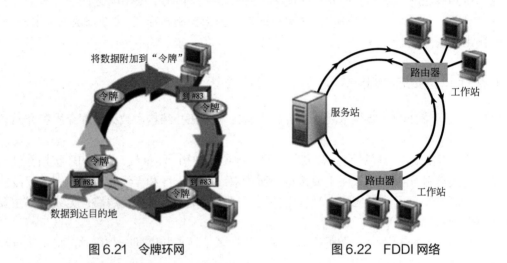

图 6.21 令牌环网　　　　图 6.22 FDDI 网络

FDDI 曾经是风靡一时的组网技术，但是随着其他类型网络网速的进一步加快，到 1999 年，FDDI 也逐渐失去了自己原有的阵地。

6.2.2.3 以太网

1976 年 Bob Metcalfe 提出了以太网的概念，自 1960 年开始出现在商业用途中。如今，以太网是世界上应用最广泛、发展最成熟的一种局域网络。以太网的标准化程度非常高，并且造价低廉，得到了计算机界的广泛支持。以太网采用 IEEE 802.3 标准，因此也称为 802.3 局域网。以太网采用广播（broadcast）数据包的方式传输数据。发送数据的设备会将数据包广播通知整个网络上的所有设备，但是只有目的设备会接收它，从而完成数据的传输，如图 6.23 所示。

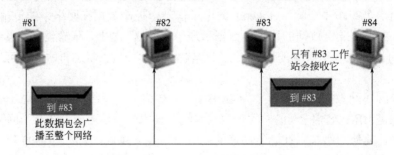

图 6.23 以太网广播传输数据

以太网根据媒体不同可分为 10Base-2、10Base-5、10Base-T 及 10Base-F。10Base-2 以太网采用细同轴电缆组网，最大网段长度是 200m，每网段节点数是 30，它是相对最便宜的系统；10Base-5 以太网采用粗同轴电缆，最大网段长度为 500m，每网段节点数是 100，它适用于主干网；10Base-T 以太网采用双绞线，最大网段长度为 100m，每网段节点数是 1024，它的特点是易于维护；10Base-F 以太网采用光纤连接，最大网段长度是 2000m，每网段节点数为 1024，此类网络最适于在楼间使用。

交换以太网：其支持的协议仍然是 IEEE 802.3 以太网，但提供多个单独的 10MB/s 端口。它与原来的 IEEE 802.3 以太网完全兼容，并且克服了共享 10MB/s 带来的网络效率下降。

100Base-T 快速以太网：与 10Base-T 的区别在于将网络的速率提高了 10 倍，即 100MB/s。采用 FDDI 的 PMD 协议，但比 FDDI 便宜。100Base-T 的标准由 IEEE 802.3 制定。与 10Base-T 采用相同的媒体访问技术、类似的布线规则和相同的引出线，易于与 10Base-T 集成。每个网段只允许两个中继器，最大网络跨度为 210m。

6.2.3 局域网中常用的网络连接设备

6.2.3.1 网络适配器

网络适配器也叫作网络接口卡（network interface card，NIC），通常被做成插件的形式插入计算机的一个扩展槽中，故也被称作网卡。计算机通过网络适配器与网络相连。

6.2.3.2 传输介质

常见局域网传输介质为同轴电缆、双绞线、光纤和无线介质。

6.2.3.3 网络互联设备

网络互联是网络领域中的一项重要技术，是指将多个计算机或外部设备通过一定的网络设备相互连接构成一个网络的技术。常用的局域网互联设备主要有集线器、交换机和路由器等设备。

（1）集线器　集线器（hub）又称集中器，是多口中继器。把它作为一个中心节点，可连接多条传输线路。其优点是当某条传输线路发生故障时，不会影响到其他节点。

（2）交换机　交换机是一种网络互联设备，它将传统的网络"共享"传输介质技术改变为交换式的"独占"传输介质技术，提高了网络的带宽。集线器和交换机的重要区别就在于集线器是共享线路带宽，交换机独占线路带宽。

（3）路由器　路由器用来将不同类型的网络互联，它兼有网桥和网关的功能，并且能够实现数据的路由选择。路由器的作用之一是连通不同的网络，另一个作用是选择信息传送的线路。选择通畅快捷的近路，能极大提高通信速度，减轻网络系统通信负荷，节约网络系统资源，提高网络系统畅通率，从而让网络系统发挥更大的效益。

6.2.4 双绞线的制作

制作 RJ45 网线插头是组建局域网的基础技能，制作方法并不复杂。究其实质就是把双绞线的四对八芯网线按一定的规则制作到 RJ45 插头中。所需材料为双绞线和 RJ45 插头，使用的工具为一把专用的网线钳。以制作最常用的遵循 T568B 标准的直通线为例，制作过程如下。

第 1 步，用双绞线网线钳把双绞线的一端剪齐，然后把剪齐的一端插入网线钳用于剥线的缺口中。顶住网线钳后面的挡位以后，稍微握紧网线钳慢慢旋转一圈，让刀口划开双绞线的保护胶皮并剥除外皮。注意：网线钳挡位离剥线刀口的长度通常恰好为水晶头长度，这样可以有效避免剥线过长或过短。如果剥线过长，往往会因为网线不能被水晶头卡住而容易松动；如果剥线过短，则会造成水晶头插针不能跟双绞线完好接触。

第 2 步，剥除外皮后会看到双绞线的四对芯线，可以看到每对芯线的颜色各不相同。将绞在一起的芯线分开，按照橙白、橙、绿白、蓝、蓝白、绿、棕白、棕的颜色一字排列，并用网线钳将线的顶端剪齐，按照上述线序排列的每条芯线分别对应 RJ45 插头的 1、2、3、4、5、6、7、8 针脚。

第 3 步，使 RJ45 插头的弹簧卡朝下，然后将正确排列的双绞线插入 RJ45 插头中。在插的时候一定要将各条芯线都插到底部。由于 RJ45 插头是透明的，因此可以观察到每条芯线插入的位置，如图 6.24 所示。

第 4 步，将插入双绞线的 RJ45 插头插入网线钳的压线插槽中，用力压下网线钳的手柄，使 RJ45 插头的针脚都能接触到双绞线的芯线。注意：如果网线钳不够优质，就无法保证制作完的双绞线通信完好，由于制作完的水晶头无法重用，因此不要用劣质的网线钳制作，以免浪费网线和水晶头。

第 5 步，完成双绞线一端的制作工作后，按照相同的方法制作另一端即可。注意双绞线两端的芯线排列顺序要完全一致。

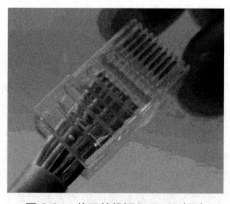

图 6.24　将双绞线插入 RJ45 插头

图 6.25　使用测试仪测试网线

在完成双绞线的制作后，建议使用网线测试仪对网线进行测试（图 6.25）。将双绞线的两端分别插入网线测试仪的 RJ45 接口，并接通测试仪电源。如果测试仪上的 8 个绿色指示灯顺利闪烁，说明制作成功。如果其中某个指示灯未闪烁，则说明插头中存在断路或者接触不良的现象。此时应再次对网线两端的 RJ45 插头用力压一次并重新测试，如果依然不能通过测试，则只能重新制作。

实际上在目前的 100MB/s 带宽的局域网中，双绞线中的 8 条芯线并没有全部起作用，而只有第 1、2、3、6 线有效，分别起着发送和接收数据的作用。因此在测试网线时，如果网线测试仪上与芯线线序相对应的第 1、2、3、6 指示灯能够被点亮，则说明网线已经具备通信能力，而不必关心其他芯线是否连通。

6.3 Internet 基础

6.3.1 常用的 Internet 服务

随着 Internet 的迅速发展，其提供的服务不断增多，逐步渗透到社会生活的各个领域，常用的服务主要包括以下几个方面。

（1）万维网　万维网（World Wide Web，WWW）采用超文本和超链接技术提供面向 Internet 的服务，使用户可以自由地浏览信息或在线查阅所需的资料。WWW 已成为现在最为流行的 Internet 服务。

（2）电子邮件　电子邮件（electronic mail，E-mail）是一种利用电子手段提供信息交换服务的通信方式。它在几秒到几分钟之内将信件送往世界各地的邮件服务器中，收件人可随时读取。邮件的内容可以包括文字、声音、图像或图形信息。电子邮件是 Internet 所有信息服务中用户最多、接触面最广泛的服务之一。

（3）文件传输　文件传输（file transfer protocol，FTP）为用户提供了一种从一台计算机到另一台计算机相互传输文件的机制，是用户获取 Internet 文件、软件、影音等资源的方法之一。

（4）远程登录　远程登录（telnet）是指 Internet 中的用户使用 telnet 命令，使自己的计算机成为远程计算机的一个仿真终端的过程。实现远程登录后，该用户的键盘和显示器就好像与远程计算机直接相连一样，用户可以直接使用远程计算机的对外开放资源。

此外，Internet 还可以提供网络新闻组、电子公告板（BBS）、信息检索、网上聊天、网上办公、电子商务、网上银行、网上教学等多种服务功能。

6.3.2 Internet 中的地址

为了实现 Internet 上计算机之间的通信，每台计算机必须有一个地址，就像每部电话都要有一个电话号码一样，且每个地址必须是唯一的。在 Internet 中有两种主要的地址识别系统，即 IP 地址和域名系统。

6.3.2.1 IP 地址

Internet 含有许多不同的复杂网络和许多不同类型的计算机，将它们连接在一起又能互相通信，依靠的是 TCP/IP 协议。按照这个协议，接入 Internet 的每台计算机都有一个唯一的地址标识，这个地址被称为 IP 地址，用数字来表示一台计算机在 Internet 中的位置。在 IPv4 中，一个 IP 地址包含 32 位二进制数，表示时常用十进制标记，按字节分为四段，每段的取值范围为 0~255，段间用圆点"."分开。例如 IP 地址 10000011 01101011 00010000 11001000，用十进制格式表示为 131.107.16.200。

（1）IP 地址的划分　在 Internet 中，网络数量是难以确定的，但是每个网络的规模却比较容易确定。Internet 管理委员会按网络规模的大小将 IP 地址划分为 A、B、C、D、E 五类（图6.26），其中 A 类、B 类、C 类地址经常使用，称为 IP 主类地址，它们均由两部分组成。D 类和 E 类地址被称为 IP 次类地址。

	0 1 2 3	8	16	24	31
A 类	0	网络 ID	主机 ID		
B 类	1 0	网络 ID		主机 ID	
C 类	1 1 0	网络 ID			主机 ID
D 类	1 1 1 0	组广播地址			
E 类	1 1 1 1 0	保留今后使用			

图 6.26　IP 地址格式

A、B、C 三类 IP 地址都由网络 ID 和主机 ID 组成，网络和主机段各有两个 ID 用于网络管理。A 类地址首位为 0，7 位标识网络地址，24 位标识主机地址，其有效范围为 1.0.0.1~126.255.255.254。这样每个 A 类网络最多可以有 16777214 台主机，共可以有 126 个 A 类地址网络。B 类地址最高两位为 10，14 位标识网络地址，16 位标识主机地址，其有效范围为 126.0.0.1~191.255.255.254。这样每个 B 类网络最多可以有 65534 台主机，共可以有 16384 个 B 类地址网络。C 类地址的高三位为 110，21 位标识网络地址，8 位标识主机地址，其有效范围为 192.0.0.1~222.255.255.254。这样每个 C 类网络最多可以有 254 台主机，共可以有 2097151 个 C 类地址网络。

D 类地址是组广播地址，当进行广播时，信息可以有选择地发送给网络上的所有计算机的一个子集。E 类地址保留今后使用，它是一个实验性网络地址，通常不用于实际的工作环境。

（2）公有 IP 和私有 IP　按照 IP 地址使用的效用，可以分为公有 IP（Public IP）和私有 IP（Private IP），前者 Internet 全局有效，后者一般只能在局域网中使用，不能直接连接到 Internet 网络使用。

① 公有 IP。在互联网上通信，用户必须使用已经在国际互联网络信息中心 InterNIC（Internet Network Information Center）注册的 IP 地址，这些地址被称为公有 IP，拥有公有 IP 的主机可以在 Internet 上直接收发数据，公有 IP 在 Internet 上一定是唯一的，不会有两台主机的 IP 地址相同。当希望某个局域网中所有计算机都可以连接到 Internet 时，简单的办法就是为局域网中的每台主机分配一个公有 IP，但是由于公有 IP 是有限的，并且使用公有 IP 需要相应的费用，为每台需要访问 Internet 的计算机分配一个单独的公有 IP 有时并不是一种行之有效的方法。

② 私有 IP。只在局域网内部有效的 IP 地址称为私有 IP。例如在一个孤立的、没有和

Internet 连接的局域网内，可以使用任何有效的 A、B、C 类地址。但是，考虑到这样的局域网有时仍然有连接到 Internet 的需求或可能，InterNIC 特别指定了某些范围的 IP 地址作为专用的私有 IP。InterNIC 保留的私有 IP 为：

10.0.0.0～10.255.255.255，子网掩码 255.0.0.0；
172.16.0.0～172.31.255.255，子网掩码 255.240.0.0；
192.168.0.0～192.168.255.255，子网掩码 255.255.0.0。

 提示

> 子网掩码中为"1"的二进制位表示网络 ID 范围，用法请参阅其他图书。

如果需要建立一个自己的局域网，可以使用上面三组 IP 中的任何一个，由于这些地址可以被不同的局域网重复利用，因此可以极大节省 Internet 上的公有 IP 资源。

6.3.2.2 域名系统

IP 地址虽然可以唯一标识网上主机的地址，但记忆数以万计的用数字表示的主机地址十分困难。若能用代表一定含义的字符串来表示主机地址，就比较容易记忆了。为此，Internet 提供了一种域名系统（domain name system，DNS），为主机分配一个由多个部分组成的域名，域名采用层次树状结构的命名方法，各部分之间用圆点"."隔开。它的层次从左到右逐级升高，其一般格式如下：计算机名.组织机构名.二级域名.顶级域名。

域名在整个 Internet 中是唯一的，当高级域名相同时，低级域名不允许重复。一台计算机只能有一个 IP 地址，但是却可以有多个域名，所以安装在同一台计算机上的服务可以有不同的域名，但共用 IP。注意：在域名中不区分英文大小写。

（1）顶级域名　域名地址的最后一部分是顶级域名，也称为一级域名，顶级域名在 Internet 中是标准化的，并分为三种类型。

① 国家顶级域名。例如 cn 代表中国，jp 代表日本，us 代表美国。在域名中，美国国别代码通常省略不写。表 6.3 列出了一些常见的国家或地区的域名。

表6.3　常见的国家或地区的域名

国家或地区	域名	国家或地区	域名	国家或地区	域名
阿根廷	ar	芬兰	fi	巴基斯坦	pk
澳大利亚	au	法国	fr	巴拿马	pa
奥地利	at	德国	de	秘鲁	pe
巴西	br	希腊	gr	菲律宾	ph
加拿大	ca	格陵兰	gl	波兰	pl
哥伦比亚	co	冰岛	is	葡萄牙	pt
哥斯达黎加	cr	荷兰	nl	波多黎各	pr
古巴	cu	新西兰	nz	俄罗斯	ru
丹麦	dk	尼加拉瓜	ni	沙特阿拉伯	sa
埃及	eg	挪威	no	新加坡	sg

续表

国家或地区	域名	国家或地区		域名	国家或地区	域名
南非	za	牙买加		jm	泰国	th
西班牙	es	日本		jp	土耳其	tr
瑞典	se	墨西哥		mx	英国	gb
印度	in	中国	中国大陆	cn	美国	us
爱尔兰	ie		中国香港	hk	越南	vn
以色列	il		中国台湾	tw		
意大利	it	瑞士		ch		

② 国际顶级域名。国际性的组织可在 int 下注册。

③ 通用顶级域名。最早的通用顶级域名共有六个,即 com 表示公司、企业,net 表示网络服务机构,org 表示非营利性组织,edu 表示教育机构,gov 表示政府部门(美国专用),mil 表示军事部门(美国专用)。

随着 Internet 的迅速发展,用户急剧增加,现在又新增加了七个通用顶级域名,定义如下:firm 表示公司、企业;info 表示提供信息服务的单位;web 表示突出万维网活动的单位;arts 表示突出文化、娱乐活动的单位;rec 表示突出消遣、娱乐活动的单位;nom 表示个人;shop 表示销售公司和企业。

(2)二级域名 在国家顶级域名注册的二级域名均由该国自行确定。我国将二级域名划分为"类别域名"和"行政区域名"。其中"类别域名"有六个,分别如下:ac 表示科研机构;com 表示工、商、金融等企业;edu 表示教育机构;gov 表示政府部门;net 表示互联网络、接入网络的信息中心和运行中心;org 表示各种非营利性组织。

"行政区域名" 34 个,适用于我国各省、自治区、直辖市和特别行政区。例如,bj 为北京市,sh 为上海市,tj 为天津市,cq 为重庆市,hk 为香港特别行政区,om 为澳门特别行政区,he 为河北省,等等。

若在二级域名 edu 下申请注册三级域名,则由中国教育和科研计算机网网络中心负责;若在二级域名 edu 之外的其他二级域名下申请注册三级域名,则应向中国互联网网络信息中心(CNNIC)申请。

(3)组织机构名 域名的第三部分一般表示主机所属域或单位。例如,域名 cernet.edu.cn 中的 cernet 表示中国教育和科研计算机网,域名 tsinghua.edu.cn 中的 tsinghua 表示清华大学,pku.edu.cn 中的 pku 表示北京大学,等等。网络管理员可以根据需要对域名中的其他部分进行定义。图 6.27 所示为 Internet 名字空间的结构示意,它实际上是一棵倒置的树。树根在最上面,没有名字,树根下面一级的节点就是最高一级的顶级域节点,在顶级域节点下面的是二级域节点,最下面的叶节点就是单台计算机。

域名和 IP 地址存在对应关系,当要与 Internet 中某台计算机通信时,既可以使用 IP 地址,也可以使用域名。域名易于记忆,使用更广泛。由于网络通信只能标识 IP 地址,因此当使用主机域名时,域名服务器通过 DNS 域名服务协议,会自动将登记注册的域名转换为对应的 IP 地址,从而找到这台计算机。把域名翻译成 IP 地址的软件称为域名系统,翻译的过程称为域名解析。

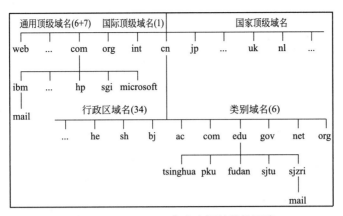

图 6.27 Internet 名字空间的结构示意

6.3.2.3 统一资源定位符

统一资源定位符（uniform resource locator，URL）是专为标识 Internet 网上资源位置而设的一种编址方式，平时所说的网页地址指的即是 URL，它一般由三部分组成，即传输协议：//主机 IP 地址或域名地址/资源所在路径和文件名，如某网站的 URL 为 http：//china-window.com/shanghai/news/wnw.html，这里 http 指超文本传输协议，china-window.com 是其 Web 服务器域名地址，shanghai/news 是网页所在路径，wnw.html 才是相应的网页文件。

标识 Internet 网上资源位置的三种方式如下所列。

① IP 地址：202.206.64.33。

② 域名地址：dns.hebust.edu.cn。

③ URL：http：//china-window.com/shanghai/news/wnw.html。

6.3.2.4 IPv6 简介

随着 Internet 的发展，IPv4 协议的不足逐渐暴露。如现在使用的 32 位 IP 地址不够用，难以满足更多人上网的需求等。1992 年 7 月，因特网工程任务组（IETF）在波士顿的会议上发布了征求下一代 IP 协议的计划，1994 年 7 月选定了 IPv6 作为下一代 IP 标准。

IPv6（internet protocol version 6）是因特网的新一代通信协议，在兼容了现有 IPv4 所有功能的基础上，增加了一些更新的功能。相对于 IPv4，IPv6 主要做了如下一些改进。

（1）地址扩展　IPv6 地址空间由原来的 32 位增加到 128 位，确保加入因特网的每个设备的端口都可以获得一个 IP 地址，并且 IP 地址也定义了更丰富的地址层次结构和类型，增加了地址动态配置功能。IPv6 还考虑了多播通信的规模大小（IPv4 由 D 类地址表示多播通信），在多播通信地址内定义了范围字段。作为一个新的地址概念，IPv6 引入了任播地址，它是指 IPv6 地址描述的同一通信组中的一个点。此外，IPv6 取消了 IPv4 中地址分类的概念。

（2）简化了 IP 报头的格式　IPv6 对数据报头做了简化，以减少处理器开销并节省网络带宽。IPv6 的报头由一个基本报头和多个扩展报头（extension header）构成，基本报头具有固定的长度（40 字节），放置所有路由器都需要处理的信息。由于 Internet 上的绝大部分数据包都只是被路由器简单地转发，因此固定的报头长度有助于加快路由速度。IPv4 的报头有 15 个域，而 IPv6 的报头只有 8 个域；IPv4 的报头长度是由 IHL 域来指定的，而 IPv6 的报头是固定的 40 个字节。这就使路由器在处理 IPv6 报头时更为轻松。

（3）可扩展性　　IPv6 改变了 IPv4 报头的设置方法，从而改变了操作位在长度方面的限制，使用户可以根据新的功能要求设置不同的操作。IPv6 支持扩展选项，在 IPv6 中选项不属于报头，其位置处于报头和数据域之间，由于大多数 IPv6 选项在 IP 数据报文传输过程中无需路由器检查和处理，因此这样的结构提高了拥有选项的数据报文通过路由器时的性能。IPv6 还定义了多种扩展报头，这使 IPv6 变得极其灵活，能提供对多种应用的强力支持，同时又为以后支持新的应用提供了可能。这些报头被放置在 IPv6 报头和上层报头之间，每一个报头可以通过独特的"下一报头"的值来确认。除了逐个路程段选项报头（它携带了在传输路径上每一个节点都必须处理的信息）外，扩展报头只有到达了 IPv6 的报头中所指定的目标节点时才会得到处理（当多点播送时，则是所规定的每一个目标节点）。在那里，在 IPv6 的下一报头域中所使用的标准的解码方法调用相应的模块去处理第一个扩展报头（如果没有扩展报头，则处理上层报头）。每一个扩展报头的内容和语义决定了是否去处理下一个报头。因此，扩展报头必须按照它们在数据包中出现的次序依次处理。一个完整的 IPv6 的实现包括下面这些扩展报头的实现：逐个路程段选项报头、目的选项报头、路由报头、分段报头、身份认证报头、有效载荷安全封装报头、最终目的报头。

（4）安全性　　为了增强 Internet 的安全性，从 1995 年开始，IETF 着手研究制定一套用于保护 IP 通信的 IP 安全协议（IPSec）。IPSec 是 IPv4 的一个可选扩展协议，是 IPv6 的一个必要组成部分。IPSec 的主要功能是在网络层对数据分组提供加密和鉴别等安全服务，它提供了两种安全机制，即认证和加密。认证机制使 IP 通信的数据接收方能够确认数据发送方的真实身份以及数据在传输过程中是否遭到改动。加密机制通过对数据进行编码来保证数据的机密性，以防数据在传输过程中被他人截获而失密。IPSec 的认证报头（authentication header，AH）协议定义了认证的应用方法，封装安全负载（encapsulating security payload，ESP）协议定义了加密和可选认证的应用方法。在实际进行 IP 通信时，可以根据安全需求同时使用这两种协议或选择使用其中的一种。AH 和 ESP 都可以提供认证服务，不过 AH 提供的认证服务要强于 ESP。

（5）流标号　　为了处理实时服务，IPv6 报文中引入了流标号位。

IPv6 的地址长度为 128 位，有以下三种地址表示形式。

① 基本表示形式。在该形式中，128 位地址被划分为 8 个 16 位的部分，每部分分别用十六进制表示，中间用冒号"："隔开，如"BACF：FA36：3AD6：BC89：DF00：CABF：EFBA：004E"。

② 简略形式。如果在基本形式中有部分地址段为 0，则可用符号"::"表示，如"0：0：0：0：0：0：0：0"可表示为"::"，又如"BA23：0：0：0：0：0：43BA：FFFA"，可表示为"BA23::43BA：FFFA"。

③ 混合表示形式。高位的 96 位可划分为 6 个 16 位，按十六进制表示，低位的 32 位，按与 IPv4 相同的方式表示，如"FADC：0：0：0：478：0：202：120：3：26"。

要在一个 URL 中使用文本 IPv6 地址，文本地址应该用符号"["和"]"来封闭。例如文本 IPv6 地址"FEDC：BA98：7654：3210：FEDC：BA98：7654：3210"写作 URL 示例为"http：//[FEDC：BA98：7654：3210：FEDC：BA98：7654：3210]：80/index.html"。

6.3.3 Internet 接入技术

6.3.3.1 骨干网和接入网的概念

互联网可分为骨干网和宽带接入网两部分。

骨干网又称为核心网,由所有用户共享。它通常是基于光纤的,能够实现大范围(在城市之间和国家之间)的数据传送,通常采用高速传输技术和高速交换设备,并提供网络路由。

接入网就是通常所说的最后一千米的连接——用户终端设备与骨干网之间的连接,也就是本地交换单元与用户之间的连接部分,通常包括用户线路传输系统、复用设备、数字交叉连接设备与用户/网络接口等。

6.3.3.2 调制解调器拨号接入

只要有电话线就可以方便地接入 Internet,使用调制解调器(modem,"猫"),连接电话线,拨号即可上网。缺点是速率较慢,接入速率只有 56kB/s,下载一首 MP3 歌曲,往往需要 10 分钟,而且完全占用电话线,上网时无法接打电话。

6.3.3.3 ISDN

综合业务数字网(integrated service digital network,ISDN)和采用调制解调器一样,通过电话线拨号上网,但速率有所提高,可以达到 126kB/s,但仍然不能满足用户对于网速的需要。其相对于调制解调器上网方式最大的优点在于可以上网、打电话同时进行。

6.3.3.4 DDN 专线

DDN 是"digital data network"的缩写,意思是数字数据网,即平时所说的专线上网方式。数字数据网是一种利用光纤、数字微波或卫星等数字传输通道和数字交叉复用设备组成的数字数据传输网,它可以为用户提供各种速率的高质量数字专用电路和其他新业务,以满足用户多媒体通信和组建中高速计算机通信网的需要。它主要由六个部分组成,即光纤或数字微波通信系统、智能节点或集线器设备、网络管理系统、数据电路终端设备、用户环路、用户端计算机或终端设备。它的速率从 64kB/s 至 2MB/s 可选。

6.3.3.5 ATM

ATM(异步传输方式)是目前网络发展的最新技术,它采用基于信元的异步传输模式和虚电路结构,从根本上解决了多媒体的实时性及带宽问题,实现面向虚链路的点到点传输,通常提供 155MB/s 的带宽。它既汲取了话务通信中电路交换的"有连接"服务和服务质量保证,又保持了以太、FDDI 等传统网络中带宽可变、适于突发性传输的灵活性,从而成为迄今为止适用范围最广、技术最先进、传输效果最理想的网络互联手段。ATM 技术具有如下特点。

① 实现网络传输有连接服务，实现服务质量保证（QoS）。
② 交换吞吐量大，带宽利用率高。
③ 具有灵活的组网拓扑结构和负载平衡能力，伸缩性、可靠性极高。
④ 是现今唯一可同时应用于局域网、广域网两种网络应用领域的网络技术，将局域网与广域网技术统一，速率可达千兆位（1000MB/s）。

6.3.3.6 xDSL 接入方式

数字用户线路（digital subscriber line，DSL）是以铜质电话线为传输介质的传输技术组合，包括 ADSL、HDSL、SDSL、VDSL 和 RADSL 等，一般称为 xDSL。它们的主要区别体现在信号传输速率和距离以及上行速率与下行速率对称性两方面。

ADSL 技术即非对称数字用户线路，是一种在现存的电话线上以高比特率（理论下载速率 6MB/s）传播数据的一种技术，是家庭用户曾经广泛使用的一种宽带接入技术。

6.3.3.7 光纤接入方式

光纤用户网是指提供 Internet 服务的局端与用户之间完全以光纤作为传输媒体的网络接入方式。用户网光纤化有很多方案，有光纤到路边（FTTC）、光纤到小区（FTTZ）、光纤到办公室（FTTO）、光纤到楼面（FTTF）、光纤到家庭（FTTH）等，都可以提供高速、稳定的 Internet 接入，是大型企事业单位、学校、网吧等常见的接入方式，它的主要缺点是价格相对昂贵。

6.3.3.8 移动网络接入

能使用移动电话的地方，就可以接入 Internet，移动网络接入为经常出门在外的人士提供无处不在的 Internet 接入。目前使用的主要是两家运营商提供的技术：中国移动通信的 GPRS 技术和中国联通的 CDMA 技术。但两种技术都有相似的问题，即接入速率慢，实际连接速度只有 100kB/s 左右，费用高昂。现在我国的 4G 移动网络接入已经普及，正在向 5G 过渡。

6.3.3.9 局域网接入方式

将一个局域网连接到 Internet 主机有两种方法。第一种是通过局域网的服务器、高速调制解调器和电话线路，在 TCP/IP 软件支持下把局域网与因特网主机连接起来，局域网中所有计算机共享服务器的一个 IP 地址；第二种是通过路由器在 TCP/IP 软件支持下把局域网与因特网连接起来，局域网上的所有主机都可以有自己的 IP 地址。

采用这种接入方式的用户，软硬件的初始投资较高，每月的通信线路费用也较高。这种方式是唯一可以满足大信息量因特网通信的方式，最适用于教育科研机构、政府机构、企事业单位中已装有局域网的用户，以及希望多台主机都加入因特网的用户。

6.3.3.10 有线电视网

利用有线电视（CATV）网进行通信，可以使用电缆调制解调器（cable modem），可以进行数据传输。电缆调制解调器主要面向计算机用户的终端，它是连接有线电视同轴电缆与用户计算机的中间设备。目前的有线电视节目传输所占用的带宽一般在 50～550MHz 范围内，有很多频带资源都没有得到有效利用。大多数新建的 CATV 网都采用混合光纤同轴电缆网络（hybrid fiber coax network，HFC 网），使原有的 550MHz CATV 网扩展为 750MHz 的 HFC 双向 CATV 网，其中有 200MHz 的带宽用于数据传输，接入国际互联网。这种模式的带宽上限为 860～1000MHz。电缆调制解调器技术就是基于 750MHz HFC 双向 CATV 网的网络接入技术。

有线电视一般从 42～750MHz 之间电视频道中分离出一条 6MHz 的信道，用于下行传送数据。它无须拨号上网，不占用电话线，可永久连接。服务商的设备同用户的调制解调器之间建立了一个虚拟专网（VLAN）连接，大多数的调制解调器提供一个标准的 10Base-T 以太网接口同用户的 PC 设备或局域网集线器相连。

电缆调制解调器采用一种视频信号格式来传送 Internet 信息。视频信号所表示的是在同步脉冲信号之间插入视频扫描线的数字数据。数据在物理层上被插入视频信号。同步脉冲使任何标准的电缆调制解调器设备都可以不加修改地应用。电缆调制解调器采用幅移键控（ASK）突发解调技术对每一条视频线上的数据进行译码。

电缆调制解调器与普通调制解调器在原理上都是将数据调制后，在电缆（cable）的一个频率范围内传输，接收时进行解调。电缆调制解调器在有线电缆上对数据进行调制，然后在电缆的某个频率范围内进行传输，接收一方再在同一频率范围内对该已调制的信号进行解调，解析出数据，传递给接收方。它在物理层上的传输机制与电话线上的调制解调器无异，同样也是通过调频或调幅对数据进行编码。

6.3.3.11 VPN

虚拟专用网络（VPN）利用 Internet 或其他公共互联网络的基础设施为用户创建数据通道，实现不同网络组件和资源之间的相互连接，并提供与专用网络一样的安全和功能保障。

6.3.4 家庭计算机接入 Internet 的方法

随着人民生活水平的不断提高，以及信息技术的飞速发展，有的家庭拥有了多台计算机，并且需要将这些计算机接入互联网。如何将家庭计算机接入互联网呢？方法有多种，下面对最基本的方法和主要操作步骤做一简单介绍。

到营业厅办理相关入网手续并缴费，申请到用户名和密码。若家庭没有安装座机，则服务商将铺设电话线路到住户，这个电话线路可能是普通的电话线，也可能是光纤，目前，市内基本上已经是光纤到家庭。服务商同时提供上网必需的设备即调制解调器。如果是普通的电话线，则提供 ADSL 调制解调器，如图 6.28 所示；如果是光纤到家庭，提供的是光纤接入用户端设备（GPON ONU），俗称光猫，如图 6.29 所示。不同厂家的设备外观和配置有所不同。

如果仅仅是一台计算机上网，则可以将连接到计算机的网线直接插入上述两种设备的 RJ45 接口。

图 6.28　ADSL 调制解调器

图 6.29　光纤接入用户端设备

计算机配置也可以有多种方法,这里采用如下方法。

查看调制解调器的使用说明书,假设其 IP 地址是 192.168.1.1,配置计算机的 IP 地址等,如图 6.30 所示。

其中,192.168.1.55 是配置给这台计算机的 IP 地址,可以取 192.168.1.2～192.168.1.254 中任意一个 IP 地址。子网掩码为 255.255.255.0,默认网关为 192.168.1.1,202.96.64.68 是联通 DNS 服务器的地址。

如果需要进一步配置调制解调器,可在浏览器地址栏输入"http://192.168.1.1",回车后即可进入调制解调器的登录界面,这时会弹出一个对话框,提示输入登录用户名和密码,多数情况下用户名和密码初始值都为"admin",具体可参考该种类型调制解调器的说明书,登录后进行所需设置。

以 Windows 7 操作系统为例,在如图 6.31 所示的控制面板窗体中,单击"网络和 Internet",打开的窗口如图 6.32 所示。

图 6.30　设置 IP 地址

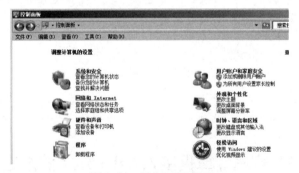
图 6.31　控制面板窗口

单击"网络和共享中心"后,窗体如图 6.33 所示。接着单击"设置新的连接或网络",窗体如图 6.34 所示。

图 6.32　网络和 Internet 窗口

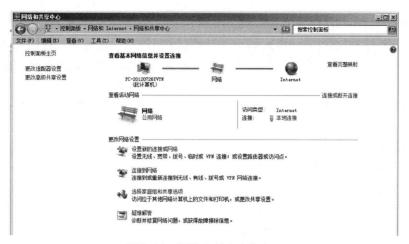

图 6.33 网络和共享中心窗口

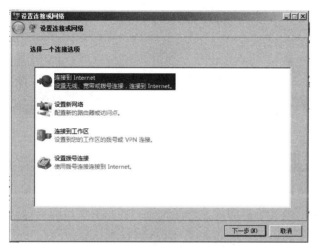

图 6.34 设置连接或网络窗口

选择"连接到 Internet"选项，单击"下一步"按钮，出现图 6.35 所示的窗体。

选择"宽带（PPPoE）（R）"后，出现的窗体如图 6.36 所示。

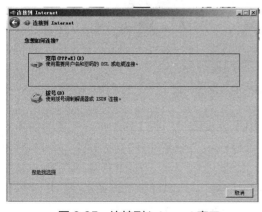

图 6.35 连接到 Internet 窗口

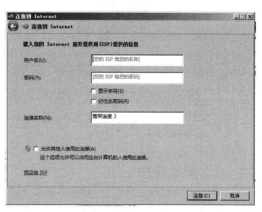

图 6.36 建立宽带连接

接下来输入从 Internet 服务商处得到的用户名和密码，密码文本框下有两个复选框，第一个复选框建议不选，否则容易导致密码泄露，第二个复选框建议选择，这样可以避免连接时重复输入密码。下面是输入连接名称，可以采用默认的连接名称，也可以修改成自己喜欢的连接名称。

点击"连接"按钮，则宽带连接设置完毕。以后上网只要选择网络选项卡里自己设定的连接名称，然后点击连接按钮即可接入互联网。

WiFi（无线保真，威发）是指一组在 IEEE 802.11 标准中定义的无线网络技术，可以将个人电脑、手持设备（如平板、手机）等终端以无线方式互相连接。这种连接方法不支持手持设备（如平板、手机）等终端以无线方式接入互联网，若要支持手持设备（如平板、手机）等终端以无线方式接入互联网，还需要一种称为无线路由器的网络设备，如图 6.37 所示。无线路由器提供的多个接口还能实现多台计算机同时上网。

图 6.37　无线路由器

各种设备的相互连接方法如图 6.38 所示。路由器和调制解调器分别连接电源；入户电话线连接到调制解调器的 RJ11 电话线接口，若是光纤到家庭，则将光纤接头插入 ZXA10 F620 的 PON 接口；路由器 WAN 接口通过双绞线连接到调制解调器的双绞线接口；计算机主机通过双绞线连接到路由器的 LAN 接口，四个 LAN 接口可任意选择。

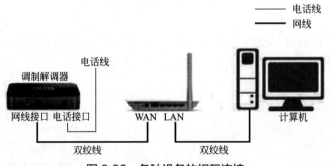

图 6.38　各种设备的相互连接

配置无线路由器的方法如下。假设无线路由器的 IP 地址为 192.168.1.11，配置路由器的计算机 IP 地址已经进行了设置。这时在浏览器地址栏输入"http：//192.168.1.11"，回车后即可进入无线路由器的登录界面，这时会弹出一个对话框，提示输入登录用户名和密码，如图 6.39 所示。多数情况下用户名和密码初始值都为"admin"，具体可参考该种类型路由器的说明书，输入完毕后，点击"确定"按钮进行设置，如图 6.40 所示。

图 6.39　登录界面

图 6.40　无线路由器设置界面

下面简单介绍无线路由器的几个关键选项设置。

（1）WAN 端口设置　如图 6.41 所示，连接类型选择"PPPoE"，输入在办理入网手续时申请到的用户名和密码（口令），并输入确认口令，接下来选择按需连接、自动连接、定时连接和手动连接四项之一，一般选择按需连接，点击按需连接前面的单选按钮。

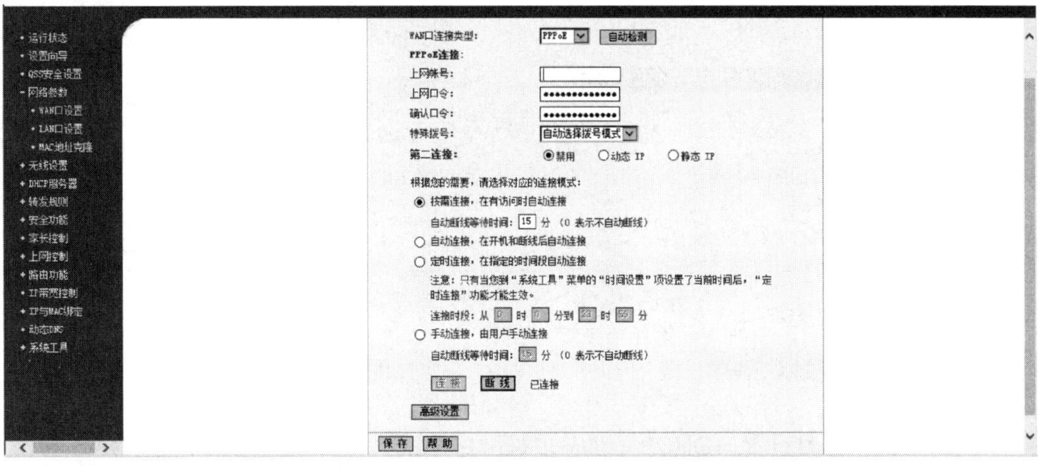

图 6.41　WAN 端口设置

单击"高级设置"按钮,可以手动设置 DNS 服务器,设置完成后,点击"保存"按钮,如图 6.42 所示。

单击"返回"按钮,再单击图 6.41 窗体中的"保存"按钮,完成 WAN 端口设置。

(2) LAN 端口设置　也可以对 LAN 端口进行设置,如图 6.43 所示。

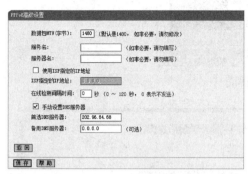
图 6.42　PPPoE 高级设置

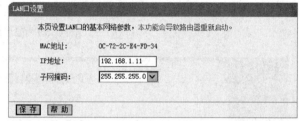
图 6.43　LAN 端口设置

(3) 无线设置　无线网络基本设置如图 6.44 所示。其中 SSID 号是 service set identifier 的缩写,即服务集标识符,用来区分不同的网络,最多可以有 32 个字符,无线网卡设置了不同的 SSID 就可以进入不同网络。QYLJ 是用户自己命名的 SSID 号。设置完成后,点击"保存"按钮。

无线网络安全设置如图 6.45 所示,设置 PSK 密码,由用户自己设定,例如设置为 555666777。当手持设备选择使用 QYLJ 网络时,需要输入这个密码,这样就保证了非授权用户不能使用 QYLJ 网络。

图 6.44　无线网络基本设置

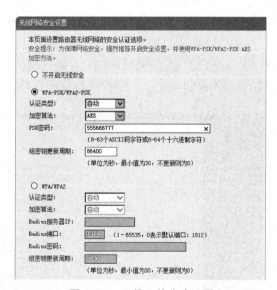
图 6.45　无线网络安全设置

(4) DHCP 服务器设置　DHCP(动态主机配置协议)服务器为网络中自动获取 IP 地址的设备服务,在配置中需要启用 DHCP 服务,如图 6.46 所示,相应选项设置好后,点击"保存"按钮。

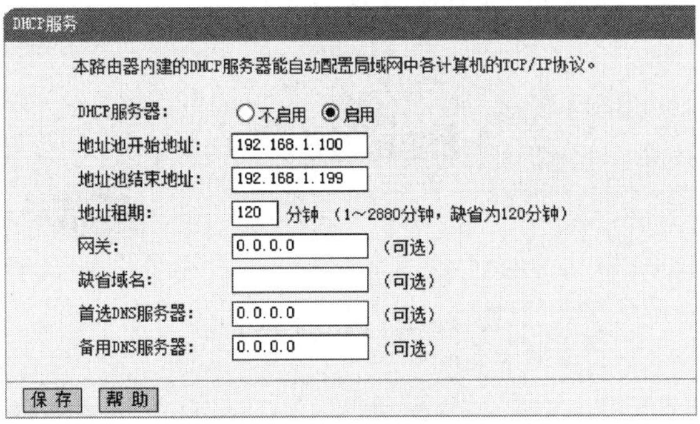

图 6.46　DHCP 服务设置

至此家庭网络就设置好了，重新启动路由器和系统，就可以使用 Internet 了。

6.3.5　云服务

云是网络、互联网的一种比喻说法，云服务是基于互联网的相关服务的增加、使用和交付模式，通常涉及通过互联网来提供动态、易扩展且经常是虚拟化的资源。

云服务的应用主要有云物联、云安全和云存储，这里简单介绍云存储。云存储是在云计算（cloud computing）概念上延伸和发展出来的一个新的概念，是指通过集群应用、网格技术或分布式文件系统等功能，将网络中大量各种不同类型的存储设备通过应用软件集合起来协同工作，共同对外提供数据存储和业务访问功能的一个系统。当云计算系统运算和处理的核心是大量数据的存储和管理时，云计算系统中就需要配置大量的存储设备，此时云计算系统就转变成一个云存储系统，所以云存储是一个以数据存储和管理为核心的云计算系统。

下面以百度网盘为实例，介绍云存储服务。百度网盘是百度推出的一项云存储服务，是百度云的一项服务，目前有 Web 版、Windows 客户端、Android 手机客户端、iPhone 版、iPad 版、WinPhone 版等，用户可以轻松地把自己的文件上传到网盘，并可以跨终端随时随地查看和分享。

以 Web 版为例，首先注册百度账号，如图 6.47 所示。注册完账号后即可登录，登录后选择账号下的个人中心菜单项，如图 6.48 所示，点击个人中心菜单项即进入个人中心，如图 6.49 所示。

图 6.47　注册账号

图 6.48　进入个人中心

图 6.49　个人中心

用鼠标单击图 6.49 中的云盘,进入的界面如图 6.50 所示。

图 6.50　百度云网盘

这时就可以利用网盘上传和下载文件了。单击"上传"按钮,显示选择要加载文件的对话框,找到要上传的文件,例如文件"教材编写提纲.txt",单击"确定"按钮,上传成功,此时界面如图 6.51 所示。

图 6.51 上传到云盘中的文件

为了方便管理多次上传的文件,可以像本地硬盘那样组织文件,即建立文件夹。这时可以单击"新建文件夹"按钮,然后输入文件夹名称,例如"博弈程序",单击后面的对号按钮,即可建立文件夹,操作如图 6.52 所示。

图 6.52 建立文件夹

选中需要下载的文件,方法是单击文件名左侧的复选框,然后单击"下载"按钮,按提示操作即可下载文件。

可以将不用的文件删除,方法是单击文件名左侧的复选框,然后单击"删除"按钮。也可以对文件进行重命名,或将其复制和移动到某个文件夹中,还可以把文件发送、分享给好友。双击文件夹就可以将该文件夹下的所有文件显示出来。

6.4 "互联网+"概述

6.4.1 "互联网+"的定义

"互联网+"是创新 2.0 下的互联网发展新形态、新业态,是知识社会创新 2.0 推动下的互联网形态演进及其催生的经济社会发展新形态(创新 2.0,简单地说就是以前创新 1.0 的升级,1.0 是指工业时代的创新形态,2.0 则是指信息时代、知识社会的创新形态)。"互联网+"是互联网思维的进一步实践成果,推动经济形态不断发生演变,从而带动社会经济实体的生命力,为改革、创新、发展提供广阔的网络平台。

通俗地说，"互联网+"就是"互联网+各个传统行业"，但这并不是两者的简单相加，而是利用信息通信技术以及互联网平台，让互联网与传统行业进行深度融合，最终加出传统行业的优势，从而形成更强大的生产力。例如，互联网+零售，成就了"淘宝"；互联网+汽车，出现了"汽车之家"；互联网+旅游，出现了"携程网"；互联网+分类广告，出现了"58同城"；互联网+交通，出现了"滴滴打车"；互联网+洗衣，演化为"e袋洗"。

"互联网+"代表一种新的经济形态，即充分发挥互联网在生产要素配置中的优化和集成作用，将互联网的创新成果深度融合于经济社会各领域之中，提升实体经济的创新力和生产力，形成更广泛的以互联网为基础设施和实现工具的经济发展新形态。

6.4.2 "互联网+"的内涵

当前非常流行"解构主义"，无论是商业，还是电影、音乐，都会因为解构而焕然一新，同时也让人们能够看清楚其本质。本节试着对"互联网+"做一个解构，以挖掘"互联网+"更深的几层内涵。

6.4.2.1 互联网思维+

"互联网+"的第一个内涵是"互联网思维+"，传统企业融合"互联网+"的第一步是了解互联网，所以了解互联网思维是一个基础的开始。什么是互联网思维？在互联网商业模式的长期发展中，很多互联网企业积累了大量的案例及数据，足以总结出一套适合自身发展的方法论，这个方法论就可以看作互联网思维。互联网思维是互联网企业总结出来的，更适合线上的商业模式，所以对传统企业线下经营不会太合适。"互联网+"要求传统企业先了解互联网思维，然后结合实际情况探索出新的商业模式。

6.4.2.2 互联网渠道+

作为工具，互联网最大的贡献就是在互联网2.0时代到来以后，成为一个企业商业营销及交易的新渠道。这个渠道跟线下的其他渠道一样但效率更高，在线支付使得购买商品更加容易，在线选货的种类更多，更重要的是互联网渠道让商家的市场增加了十几倍，彻底冲破了地域概念，不用区域代理机制也能卖货到更远的地方。"互联网+"的商业模式之所以能成功，是因为互联网创造了一个新的营销及供应的渠道，有了这个渠道，所有的交易都不成问题。理论上任何行业的任何商品都可以在网上实现交易，从电商诞生到现在，基本上所有大家见过的商品都被放到了网络商城中。因此，探讨"互联网+"必须研究"互联网渠道+"这个属性，渠道是互联网交易的重要组成部分。

6.4.2.3 互联网平台（生态）+

互联网发展到3.0时代，进入互联网+综合服务的时代。除了特别大的市场，大型的互联网商家已经不再重视那些本源市场不够大的行业，但是一个商家足够多的行业是需要互联网服务的，大型商家们于是做出一个只服务于卖家与买家的网站，而自身不从事这个行业，这就是我们当前看到的各大平台。电商平台、物流平台、社交平台、广告平台等各种平台应有尽有，到后来，这些平台开始垂直与细分，出现了美妆、生鲜、酒类、鞋类等更专业的平台。这些平台本质上都是电商，融合社交、物流、营销等工具，为买家和卖家双方提供最大化的服务，盈利模式上赚取的是服务费。

这些平台越做越大，已经不限于自身起家的行业，通过平台吸引更多的技术、服务提供商，并且开始跨界发展，譬如社交平台会做游戏、电商及硬件等，电商平台也会做文学、电影及体育等。这些平台几乎会做当前能见到的各种热门行业的业务，一些看似不相干的业务也因其战略发展需要而被纳入旗下，实现方式则是与其他商家合作及收购、并购。平台自身能做的自己做，不能做的或者不愿意做的交给其他商家做，从而由共同的价值链组成与自然生态类似的互联网生态。

传统企业融合"互联网+"，一方面可以自己做平台或生态；另一方面在早期也可以加入某个平台或生态，做那些平台不愿做或者不想做的，从而通过平台及生态战略来实现企业的初步转型。平台一方会为企业提供足够多的帮助与支持，将来很有可能是传统企业转型的必经之路。大部分企业会选择两条腿走路，一条是平台及生态的入驻，另一条则是企业自身的探索，这样可以回避转型不成功的风险。

6.4.2.4 万物互联+

"万物互联+"也可以称作"物联网+"。虽然现在到处都是智能硬件，到处都讲物联网，但要实现真正的"万物互联+"还有很长的路要走，这是未来的"互联网+"形态。"互联网+"被提出来，也正是因为将来会是万物互联的时代，从商业到物到人再到事，所有事物都被连接起来，会有更多商业模式出现，而这是"互联网+"的最终目标。因为到了那个时代，商业及企业已经不分线上与线下，整个社会都是一个"大一统"的状态，也就不会再有所谓的企业转型之谈，"互联网+"也就完成了其使命。

除了对"互联网+"的互联网部分进行解构，这里再简单地介绍一下"+"。这个"+"可以看作连接与融合，互联网与传统企业之间的所有部分都包含在这个"+"之中，这里面会有政府对"互联网+"的推动、扶植与监督，会有企业转型服务商家的服务，会有互联网企业对传统企业的不断造访，会有传统企业与互联网企业不间断的探讨，还有连接线上与线下的各种设备、技术与模式，如果去翻阅资料，还会有更多内容在里面；在技术上，"+"所指的可能是 WiFi、4G、5G 等无线网络，移动互联网的基于位置服务（LBS），传感器中的各种传感技术，线上到线下（O2O）中的线上线下相连接，场景消费中成千上万的消费，人工智能中的人机交互，3D 打印中的远程打印技术，生产车间中的工业机器人，工业 4.0 中的智能工厂、智能生产与智能物流，等等，将来还会有更多更新的技术来为"互联网+"服务。总之，这个"+"既是政策连接，也是技术连接，还是人才连接，更是服务连接，最终实现互联网企业与传统企业的对接与匹配，从而帮助完成两者相互融合的历史使命。

6.4.3 "互联网+"的特征

（1）跨界融合 敢于跨界，创新的基础就更坚实；融合协同了，群体智能才会实现，从研发到产业化的路径才会更通畅；融合本身也指代身份的融合，客户消费转化为投资，伙伴参与创新等，不一而足。

（2）创新驱动　中国过去粗放的资源驱动型增长方式早就难以为继，必须转变到创新驱动发展这条正确的道路上来。这正是互联网的特质，用互联网思维来求变、自我革命，也更能发挥创新的力量。

（3）重塑结构　信息革命、全球化、互联网业已打破了原有的社会结构、经济结构、地缘结构、文化结构。权力、议事规则、话语权在不断发生变化。互联网+社会治理、虚拟社会治理会带来很大变化。

（4）尊重人性　人性的光辉是推动科技进步、经济增长、社会进步、文化繁荣的最根本的力量，互联网的力量之强大最根本上也来源于对人性的最大限度的尊重、对人的体验的敬畏、对人的创造性发挥的重视。

（5）开放生态　关于"互联网+"，生态是非常重要的特征，而生态本身就是开放的。我们推进"互联网+"，其中一个重要的方向就是要把过去制约创新的环节化解掉，把孤岛式创新连接起来，让研发由人性决定的市场驱动，让创业者、努力者有机会实现价值。

（6）连接一切　连接是有层次的，可连接性是有差异的，连接的价值相差很大，但是连接一切是"互联网+"的目标。

6.4.4　"互联网+"的应用领域

6.4.4.1　"互联网+工业"：让生产制造更智能

德国"工业4.0"与中国元素碰撞，成为2015年德国汉诺威IT展览最大的看点，"工业4.0"应用物联网、智能化等新技术提高制造业水平，促使制造业向智能化转型，通过决定生产制造过程等的网络技术实现实时管理，它"自下而上"的生产模式革命，不但节约创新技术、成本与时间，还拥有培育新市场的潜力与机会。"互联网+制造业"和正在演变的"工业4.0"，将颠覆传统制造方式，重建行业规则，小米等互联网公司就在工业和互联网融合的变革中，不断抢占传统制造企业的市场，通过价值链重构、轻资产、扁平化、快速响应市场来创造新的消费模式，而在"互联网+"的驱动下，产品个性化、定制批量化、流程虚拟化、工厂智能化、物流智慧化等都将成为新的热点和趋势。

6.4.4.2　"互联网+农业"：催化中国农业品牌化道路

农业看起来离互联网最远，但农业作为最传统的产业也决定了"互联网+农业"的潜力是巨大的。首先，利用信息技术对地块的土壤、肥力、气候等进行大数据分析，并提供种植、施肥等相关的解决方案，能够提升农业生产效率；其次，农业信息的互联网化有助于需求市场的对接，互联网时代的新农民不仅可以利用互联网获取先进的技术信息，也可以通过大数据掌握最新的农产品价格走势，从而决定农业生产重点以把握趋势；再次，农业互联网化可以吸引越来越多的年轻人积极投身到农业品牌的打造中，具有互联网思维的新农人群体日趋壮大，可以创造出模式更为多样的新农业；最后，农业电商将成为农业现代化的重要推手，将有效减少中间环节，使农民获得更多利益，面对万亿元以上的农资市场以及数亿农村人口，农业电商的市场空间广阔，大爆发时代已经到来，而在此基础上，农民更需要树立农产品的品牌意识，将"品类"细分为具有更高辨识度的"品牌"。

6.4.4.3 "互联网+教育"：在线教育大爆发

国家将继续促进教育公平发展和质量提升，其中包括加快义务教育学校标准化建设，改善薄弱学校和寄宿制学校基本办学条件，落实农民工随迁子女在流入地接受义务教育等政策，据称仅 2015 年教育部就为教育信息化投入 700 亿元。在 2014 年，K12 在线教育、在线外语培训、在线职业教育等细分领域成为中国在线教育市场规模增长的主要动力，很多传统教育机构也正在从线下向线上教育转型，而一些在移动互联网平台上掌握了高黏性人群的互联网公司，也在转型在线教育，例如网易旗下的有道词典就在英语垂直应用领域掌握了 4 亿的高价值用户，这部分用户对于在线学习英语的需求非常强烈。因此，有道词典推出了类似在线学英语、口语大师等产品和服务，将用户需求深度挖掘，通过大数据技术实现个性化推荐，而基于移动终端的特性，用户可以用碎片化时间进行沉浸式学习，让在线教育切中了传统教育的一些痛点和盲区。

6.4.4.4 "互联网+医疗"：移动医疗垂直化发展

"互联网+医疗"的融合，最直接的是实现信息透明和解决资源分配等问题，例如在线挂号等服务可以解决挂号排队时间长、看病等待时间长、结算排队时间长的问题。而互联网医疗的未来，将向更加专业的移动医疗垂直化产品发展，可穿戴监测设备将是其中最可能有突破的领域之一。同时，随着互联网个人健康实时管理的兴起，在未来，传统的医疗模式也将迎来新的变革，以医院为中心的就诊模式或将演变为以医患实时问诊、互动为代表的新医疗社群模式。

6.4.4.5 "互联网+金融"：全民理财与小微企业发展

从余额宝、微信红包到网络银行等互联网金融已悄然来到每个人身边。传统金融向互联网转型、金融服务普惠民生成为大势所趋。"互联网+金融"的结合将掀起全民理财热潮，低门槛与便捷性让资金快速流动，大数据让征信更加容易，P2P 和小额贷款发展也越加火热。这也将有助于中小微企业和工薪阶层、自由职业者、进城务工人员等普通大众获得金融服务。互联网金融包括第三方支付、P2P 小额信贷、众筹融资、新型电子货币以及其他网络金融服务平台都将迎来全新发展机遇，社会征信系统也会由此建立。

6.4.4.6 "互联网+交通和旅游业"：一切资源共享起来

随着经济、社会的发展，人们意识的转变，很多产品，用户并不一定需要再 100%地拥有，用户只需要考虑如何更好地使用，如果能便捷地使用，"拥有权"其实也将不再重要。"互联网+交通"不仅可以缓解道路交通拥堵，还可以为人们出行提供便利，为交通领域的从业者创造财富。例如，实时公交应用可以方便出行用户实时查询公交汽车的到站情况，减少延误和等候时间；打车软件不仅为用户出行带来便捷，对于出租车而言也降低了空车率；而租车软件则发挥了汽车资源共享的优势，掀起了新时代互联网交通出行领域的新浪潮。又如，在旅游服务行业，旅游服务在线化、去中介化会越来越明显，自助游会成为主流，基于旅游的互联网体验社会化分享还有很大空间，而共享模式可以让住房资源实现共享，旅游服务、旅游产品的互联网化也将有较大的发展空间。

6.4.4.7 "互联网+文化"：让创意更具延展性和想象力

文化创意产业是以创意为核心，向大众提供文化、艺术、精神、心理、娱乐等产品的新兴产业。互联网与文化产业高度融合，推动了产业自身的整体转型和升级换代。互联网对创客文化、创意经济的推动非常明显，它再次激发起全民创新、创业浪潮，以及文化产业、创意经济的无限可能。互联网带来的多终端、多屏幕，将产生大量内容服务的市场，而对于内容版权的衍生产品，互联网可以将内容及其衍生品与电商平台一体化对接，视频电商、电视电商等都将迎来新机遇；一些区域型的特色文化产品，可以利用互联网通过创意方式走向全国，设计师品牌、族群文化品牌、小品类时尚品牌都将迎来机会；明星粉丝经济和基于兴趣细分的社群经济，也将拥有巨大的发展空间。

6.4.4.8 "互联网+家电/家居"：让家电会说话，家居更聪明

目前大部分家电产品还处于互联阶段，即仅仅是介入了互联网，或者是与手机实现了连接。但是，真正有价值的是互联网家电产品的互通，即不同家电产品之间的互联互通，实现基于特定场景的联动，手机不是智能家居的唯一入口，而是让更多的智能终端作为智能家居的入口和控制中心，实现互联网智能家电产品的硬件与服务融合解决方案，"家电+家居"产品衍生的"智能化家居"，将是新的生态系统的竞争领域。

例如，海尔针对智能家居体系建立了七大生态圈，包括洗护、用水、空气、美食、健康、安全、娱乐居家生活，利用海尔 U+智慧生活 App 将旗下产品贯穿起来；美的则发布了智慧家居系统白皮书，并明确美的构建的 M-Smart 系统将建立智能路由和家庭控制中心，提供除 WiFi 之外其他新的连接方案，并扩展到黑色家电、娱乐、机器人、医疗健康等品类。

6.4.4.9 "互联网+生活服务"：O2O 才刚刚开始

"互联网+服务业"将带动生活服务 O2O 的大市场，互联网化的融合就是去中介化，让供给直接对接消费者需求，并用移动互联网进行实时链接。例如，家装公司、理发店、美甲店、洗车店、家政公司、洗衣店等，都是直接面对消费者，很多线上预订线下服务的企业，不仅节省了固定员工成本，还节省了传统服务业的店面成本，真正将服务产业带入了高效输出与转化的 O2O 服务市场，再加上在线评价机制、评分机制，会让参与的这些手艺人精益求精，自我完善。当下 O2O 成为投资热点，事实上，这个市场才刚刚开始，大量的规模用户开始涌入，参与传统垂直领域的改造，用户与企业形成固定的黏性，打造平台，等等，都还有很大的探索空间。

6.4.4.10 "互联网+媒体"：新业态的出现

互联网对于媒体的影响，不只改变了传播渠道，在传播界面与形式上也有了极大的改变。传统媒体是自上而下的单向信息输出源，用户多数是被动地接受信息，而融入互联网后的媒体形态则是以双向、多渠道、跨屏等形式进行内容的传播与扩散，此时的用户参与到内容传播当中，并且成为内容传播媒介。

交互化、实时化、社交化、社群化、人格化、亲民化、个性化、精选化、融合化将是未来媒体的几个重要方向。以交互化、实时化和社交化为例，央视春晚微信抢红包活动就是这三个特征的重要表现，让媒体可以与手机互动起来，还塑造了品牌与消费者对话的新的界面。社群化和人格化将使一批有观点有性格的自媒体迎来发展机遇，用人格形成品牌、用内容构建社群将是这类媒体的方向。个性化和精选化的表现则是一些用大数据筛选和聚合信息精准到人的媒体的崛起，例如搜狐自媒体、今日头条等新的新闻资讯客户端就是代表。

6.4.4.11 "互联网+广告"：互联网语境+创意+技术+实效的协同

传统广告公司都在思考互联网时代的生存问题，显然，它们赖以生存的单一广告的模式已经终结，内生动力和发展动力逐渐弱化。未来广告公司需要思考互联网时代的传播逻辑，并且要用互联网创意思维和互联网技术来实现。过去广告公司靠的是出大创意、拍大广告片、做大平面广告的能力，现在考验广告公司的则是实时创意，互联网语境的创意能力、整合能力和技术的创新与应用能力。例如，现在很多品牌都需要朋友圈的转发热图，要HTML5，要微电影，要信息图，要与当下热点结合的传播创意，这些都在考验创意能力，新创意公司和以内容为主导的广告公司还有很大的潜力。而依托于程序化购买等新精准技术以及优化互联网广告投放的技术公司也将成为新的市场。总的来说，互联网语境+创意+技术+实效的协同才是"互联网+"趋势下广告公司的出路。

6.4.4.12 "互联网+零售"：零售体验、跨境电商和移动电商的未来

实体店与网店并不冲突，实体店不仅不会受到冲击，还会借助"互联网+"重获新生，传统零售和线上电商正在融合，很多例子都在阐明零售业的创新方向，线上线下未来的关系是融合与协同而不是冲突。

跨境电商也成为零售业的新机会。2015年3月，国务院批准杭州设立跨境电子商务综合试验区，其中提出要在跨境电子商务交易、支付、物流、通关、退税、结汇等环节的技术标准、业务流程、监管模式和信息化建设等方面先行先试。随着跨境电商的贸易流程梳理得越来越通畅，跨境电商在未来的对外贸易中也将占据更加重要的地位，如何将中国商品借助跨境平台推出去，值得很多企业思考。此外，如果说电子商务对实体店生存构成巨大挑战，那么移动电子商务则正在改变整个市场营销的生态。智能手机和平板电脑的普及，大量移动电商平台的创建，为消费者提供了更多便利的购物选择，随着新的移动电商生态系统的建立和普及，移动电商将成为很多新品牌借助社交网络走向市场的重要平台。

"互联网+"行动计划将重点促进以云计算、物联网、大数据为代表的新一代信息技术与现代制造业、生产性服务业等的融合创新，发展壮大新兴业态，打造新的产业增长点，为大

众创业、万众创新提供环境，为产业智能化提供支撑，增强新的经济发展动力，促进国民经济提质增效升级。

6.5 云计算概述

6.5.1 云计算的定义

云计算（cloud computing）是分布式计算技术的一种，其最基本的概念是通过网络将庞大的计算处理程序自动分拆成无数个较小的子程序，再交由多部服务器所组成的庞大系统经搜寻、计算分析之后将处理结果回传给用户。通过这项技术，网络服务提供者可以在数秒之内处理海量的信息，从而能提供和超级计算机效能同样强大的网络服务。

最简单的云计算技术在网络服务中已经随处可见，例如搜寻引擎、网络信箱等，使用者只要输入简单指令即能得到大量信息。手机、GPS等移动设备都可以享受云计算技术提供的各种服务。进一步的云计算不仅具有资料搜寻、分析的功能，未来诸如分析DNA结构、基因图谱定序、解析癌症细胞等，都可以通过这项技术轻易完成。稍早之前的大规模分布式计算技术即为"云计算"的概念起源。

对于云计算的理解，也可分为狭义和广义两种。狭义云计算是指IT基础设施的交付和使用模式，指通过网络以按需、易扩展的方式获得所需的资源；广义云计算是指服务的交付和使用模式，这种服务可以是IT和软件、互联网相关的，也可以是其他任意服务，它具有超大规模、虚拟化、可靠安全等独特优势。

6.5.2 云计算技术的基本原理、核心和内涵

6.5.2.1 云计算技术的基本原理

云计算通过将物理资源转换成可伸缩的虚拟共享资源，使得企业能够将资源分配到需要资源的应用上，即根据需求来访问资源（计算机处理器和存储系统等）；通过云计算，用户可以访问大量的计算和存储资源，并且不必关心它们的位置和它们是如何配置的；云计算是网格计算、分布式计算、并行计算、效用计算、网格存储、虚拟化、负载均衡等传统计算机和网络技术发展融合的产物。

之所以称为"云"，是因为它在某些方面具有云的特征：云一般都比较大；云的规模可以动态伸缩，它的边界是模糊的；云在空中飘忽不定，一般无法也无须确定它的具体位置，但它确实存在于某处。还因为云计算的鼻祖之一亚马逊公司给大家曾经称作网格计算的东西，取了一个新名称——"弹性计算云"，并取得了商业上的成功。

6.5.2.2 云计算技术的核心

云计算技术包含很多内容，但其中最为关键的是虚拟化和高速网络，换句话说，云计算是伴随着虚拟化和高速网络的发展和成熟而诞生的，从这个角度来看，虚拟化和高速网络是云计算的核心。

6.5.2.3 云计算技术的内涵

从技术和系统角度来看，云计算技术的内涵应该包括以下八大部分。
① IaaS——基础设施即服务，主要包括存储设施、计算设施和网络设施等。
② PaaS——平台即服务，主要包括开发平台、运营管理平台等。
③ SaaS——软件即服务，主要指可供云用户直接使用的各种应用。
④ 云安全——回答如何保障各种云服务安全的问题，主要包括存储安全、访问安全、传输安全、服务连续性等。
⑤ 云质量——回答如何保障各种云服务质量的问题，主要包括速度、精度等。
⑥ 云标准——回答如何把上述五类问题标准化的问题，以确保质量和不断改进等。
⑦ 云运维——通过技术、管理等综合手段，确保整个云服务系统的质量和不断改进等。
⑧ 云运营——通过整合上述七类问题，向用户提供乐意购买的云服务等。

在上述八大部分中，IaaS、PaaS 和 SaaS 所对应的三个层次构成了云计算系统的基本技术架构，可称为"云计算的三层模式"，而云安全、云质量、云标准、云运维和云运营为整个云计算系统（又称为云服务系统）提供了全局保障。这八大部分的有机结合，确保了云服务系统可以向云用户提供高效率高质量的云服务。

6.5.3 云计算的特点

（1）超大规模　"云"具有相当的规模，Google 云计算已经拥有 100 多万台服务器，Amazon、IBM、微软、Yahoo 等的"云"均拥有几十万台服务器，企业私有云一般拥有数百上千台服务器。"云"能赋予用户前所未有的计算能力。

（2）虚拟化　云计算支持用户在任意位置使用各种终端获取应用服务。所请求的资源来自"云"，它不是固定的有形的实体。应用在"云"中某处运行，用户无须了解也不用担心应用运行的具体位置。只需要一台笔记本或者一部手机，就可以通过网络服务来满足需求，甚至完成包括超级计算这样的任务。

（3）高可靠性　"云"使用了数据多副本容错、计算节点同构可互换等措施来保障服务的高可靠性，使用云计算比使用本地计算机可靠。

（4）通用性　云计算不针对特定的应用，在"云"的支撑下可以构造出千变万化的应用，同一个"云"可以同时支撑不同的应用运行。

（5）高可扩展性　"云"的规模可以动态伸缩，满足应用和用户规模增长的需要。

（6）按需服务　"云"是一个庞大的资源池，可按需购买；云可以像自来水、电和煤气一样按使用量计费。

（7）极其廉价　由于"云"的特殊容错措施，可以采用极其廉价的节点来构成云，"云"

的自动化集中式管理使大量企业无须负担日益高昂的数据中心管理成本,"云"的通用性使资源的利用率较之传统系统大幅提升,因此用户可以充分享受"云"的低成本优势,只要花费几百元、几天时间就能完成以前需要数万元、数月时间才能完成的任务。

(8) 潜在的危险性　云计算服务除了提供计算服务外,同时也提供存储服务。但是云计算服务当前垄断在私人机构（或企业）手中,而它们仅仅能够提供商业信用。政府机构、商业机构（特别是银行这样持有敏感数据的商业机构）选择云计算服务应保持足够的警惕。对于信息社会而言,信息是至关重要的,但是对于提供云计算的商业机构,确实毫无秘密可言。所有这些潜在的危险,是商业机构和政府机构选择云计算服务特别是选择国外机构提供的云计算服务时不得不考虑的一个重要前提。

6.5.4　云计算的应用领域

云计算在中国主要行业的应用还仅仅是"冰山一角",但随着本土化云计算技术产品、解决方案的不断成熟,云计算理念的迅速推广普及,云计算必将成为未来中国重要行业领域的主流 IT 应用模式,为重点行业用户的信息化建设与 IT 运维管理工作奠定核心基础。

(1) 医药医疗领域　医药企业与医疗单位一直是国内信息化水平较高的行业用户,在"新医改"政策推动下,医药企业与医疗单位正在对自身信息化体系进行优化升级,以适应医改业务调整要求,在此影响下,以"云信息平台"为核心的信息化集中应用模式将应运而生,逐步取代各系统分散为主体的应用模式,进而提高医药企业的内部信息共享能力与医疗信息公共平台的整体服务能力。

(2) 制造领域　随着"后金融危机时代"的到来,制造企业的竞争将日趋激烈,企业在不断进行产品创新、管理改进的同时,也在大力开展内部供应链优化与外部供应链整合工作,进而降低运营成本、缩短产品研发生产周期,未来云计算将在制造企业供应链信息化建设方面得到广泛应用,特别是通过对各类业务系统的有机整合,形成企业云供应链信息平台,加速企业内部"研发-采购-生产-库存-销售"信息一体化进程,进而提升制造企业竞争实力。

(3) 金融与能源领域　金融、能源企业一直是国内信息化建设的领军性行业用户,这些行业内企业信息化建设已经进入"IT 资源整合集成"阶段。在此期间,需要利用"云计算"模式,搭建基于 IaaS 的物理集成平台,对各类服务器基础设施应用进行集成,形成能够高度复用与统一管理的 IT 资源池,对外提供统一硬件资源服务。同时在信息系统整合方面,需要建立基于 PaaS 的系统整合平台,实现各异构系统间的互联互通。因此,云计算模式将成为金融、能源等大型企业信息化整合的"关键武器"。

(4) 电子政务领域　未来,云计算将助力中国各级政府机构公共服务平台建设,各级政府机构正在积极开展公共服务平台的建设,努力打造公共服务型政府。通过云计算技术来构建高效运营的技术平台,主要包括利用虚拟化技术建立公共平台服务器集群,利用 PaaS 技术构建公共服务系统等,进而实现公共服务平台内部可靠、稳定地运行,提高平台的不间断服务能力。

(5) 教育科研领域　未来,云计算将为高校与科研单位提供实效化的研发平台。云计算应用已经在清华大学、中科院等单位得到了初步应用,并取得了很好的应用效果。在未来,云计算将在我国高校与科研领域得到广泛的应用普及,各大高校将根据自身研究领域与技术需求建立云计算平台,并对原来各下属研究所的服务器与存储资源加以有机整合,提供高效可复用的云计算平台，为科研与教学工作提供强大的计算机资源，进而大大提高研发工作效率。

6.5.5 云计算技术发展面临的主要问题

尽管云计算模式具有许多优点，但是也存在一些问题，如数据隐私问题、安全问题、软件许可证问题、网络传输问题、海量数据的挖掘存储和管理技术问题等。

（1）数据隐私问题　保证存放在云中的数据隐私不被非法利用，不仅需要技术的改进，而且需要进一步完善相关法律法规。

（2）数据安全性　有些数据是企业的商业机密，数据安全性关系到企业的生存和发展。解决云计算数据的安全性问题对云计算在企业中的应用至关重要。

（3）用户使用习惯　如何改变用户的使用习惯，使用户适应网络化的软硬件应用是长期而艰巨的挑战。

（4）网络传输问题　云计算服务依赖于网络，目前网络传输的速度和稳定性仍有待提高，限制了云应用的性能，云计算的普及依赖于网络技术的发展。

（5）海量数据的挖掘存储和管理技术问题　解决这类问题需要可扩展的并行计算，它是云计算的核心技术，需要加速数据处理，需要新的思路、方法和算法。

6.6 大数据概述

6.6.1 大数据产生的背景

2012年以来，大数据（big data）一词越来越多地被提及，人们用它来描述和定义信息爆炸时代产生的海量数据，并命名与之相关的技术发展与创新。它已经登上《纽约时报》和《华尔街日报》的专栏封面，进入美国白宫的官网新闻，现身在国内一些互联网主题的讲座沙龙中，甚至被嗅觉灵敏的证券公司等写进了投资推荐报告。

数据正在迅速膨胀并变大，它决定着企业的未来发展，虽然现在企业可能并没有意识到数据爆炸性增长带来问题的隐患，但是随着时间的推移，人们将越来越深刻地意识到数据对企业的重要性。大数据时代对人类的数据驾驭能力提出了新的挑战，也为人们获得更为深刻、全面的洞察能力提供了前所未有的空间与潜力。

最早提出大数据时代到来的是全球知名咨询公司麦肯锡，麦肯锡称："数据，已经渗透到当今每一个行业和业务职能领域，成为重要的生产因素。人们对于海量数据的挖掘和运用，预示着新一波生产率增长和消费者盈余浪潮的到来。"虽然"大数据"在物理学、生物学、环境生态学等领域以及军事、金融、通信等行业存在已有时日，但却因为近年来互联网和信息行业的发展而引起人们关注。

大数据在互联网行业指的是这样一种现象：互联网公司在日常运营中生成、累积的用户网络行为数据。仅以互联网为例,一天之中互联网产生的全部内容可以刻满 1.68 亿张 DVD;发出的邮件有 2940 亿封之多;发出的社区帖子达 200 万个,相当于《时代》杂志 770 年的文字量。

这些数据的规模是如此庞大,以至于不能用 G 或 T 来衡量,截止到 2012 年,数据量已经从 TB(1TB=1024GB)级别跃升到 PB(1PB=1024TB)、EB(1EB=1024PB)乃至 ZB(1ZB=1024EB)级别。国际数据公司(IDC)的研究结果表明,2008 年全球产生的数据量高达 1.82ZB,相当于全球每人产生 200GB 以上的数据。而到 2012 年为止,人类生产的所有印刷材料的数据量是 200PB,全人类历史上说过的所有话的数据量大约是 5EB。IBM 的研究称,整个人类文明所获得的全部数据中,有 90%是过去两年内产生的。

6.6.2 大数据的含义

首先,引用三个比较常用的定义解释什么是大数据。

① 需要新处理模式才能具有更强的决策力、洞察发现力和流程优化能力的海量、高增长率和多样化的信息资产。

② 海量的数据规模(volume)、快速的数据流转和动态的数据体系(velocity)、多样的数据类型(variety)、巨大的数据价值(value)。

③ 或称巨量数据、海量数据、大资料,指所涉及的数据量规模巨大到无法通过人工在合理时间内截取、管理、处理并整理成为人类所能解读的信息的数据。

其次,还有很多其他关于大数据的定义也都类似,我们可以用几个关键词对大数据做一个界定。

① "规模大",这种规模可以从两个维度来衡量,一是从时间序列累积大量的数据,二是在深度上更加细化的数据。

② "多样化",可以是不同的数据格式,如文字、图片、视频等,可以是不同的数据类别,如人口数据、经济数据等,还可以有不同的数据来源,如互联网、传感器等。

③ "动态化",数据是不停地变化的,可以随着时间延长快速增加大量数据,也可以是在空间上不断移动变化的数据。

利用以上这三个关键词对大数据从形象上做了界定,但还需要一种关键能力,就是"处理速度快"。如果有了这么大规模、多样化又动态变化的数据,但需要很长的时间去处理分析,那不叫大数据。从另一个角度,要实现这些数据的快速处理,靠人工肯定是没有办法实现的,因此,需要借助机器。

最后,我们借助机器,通过对这些数据进行快速的处理分析,获取想要的信息或者应用的整套体系,才能称为大数据。

6.6.3 大数据的特征

(1)数据量巨大 大到需要云存储、云计算解决方案来优化存储管理、数据计算处理。数据量一般在 10TB 规模左右,但在实际应用中,很多企业用户把多个数据集放在一起,已经形成了 PB 级的数据量。百度资料表明,其新首页导航每天需要提供的数据超过 1.5PB

（1PB=1024TB），这些数据如果打印出来将超过 5000 亿张 A4 纸。

（2）数据领域广、类别多　包含生产、消费、工作、学习、生活、政治等所有领域的数据，这些数据的产生非常迅速，不断推陈出新；数据来自多种数据源，数据种类和格式日渐丰富，已冲破了以前所限定的结构化数据范畴，囊括了半结构化和非结构化数据；现在的数据类型不仅是文本形式，更多的是图片、视频、音频、地理位置信息等多类型的数据。

（3）处理速度快　在数据量非常庞大的情况下，也能够做到数据的实时处理。数据处理遵循"1 秒定律"，即可从各种类型的数据中快速获得高价值的信息。

（4）价值真实性高、密度低　数据真实性（veracity）高，随着社交数据、企业内容、交易与应用数据等新数据源的兴起，传统数据源的局限被打破，企业愈发需要有效的信息资源以确保其真实性及安全性。大数据的价值密度低，以视频为例，一小时的视频，在不间断的监控过程中，可能有用的数据仅仅只有一两秒。

6.6.4　大数据的应用领域

随着大数据的应用越来越广泛，应用的行业也越来越多，我们每天都可以看到大数据的一些新奇的应用，从中获取到有用的价值。很多组织或者个人都会受到大数据分析的影响，但是大数据是如何帮助人们挖掘出有价值的信息的呢？下面就让我们一起来看看九个价值非常高的大数据的应用领域，这些都是大数据在分析应用上的关键领域。

（1）理解客户、满足客户服务需求　目前大数据在这个领域的应用是最广为人知的，重点是如何应用大数据更好地了解客户以及他们的爱好和行为。为了更加全面地了解客户，企业非常喜欢搜集社交方面的数据、浏览器的日志，分析文本和传感器的数据，一般情况下建立数据模型进行预测。例如，零售商通过大数据的分析得到有价值的信息，精准地预测到客户在什么时候会需要某种商品。另外，通过大数据的应用，电信公司可以更好地预测出流失的客户，商场则可以更加精准地预测哪个产品会大卖，汽车保险行业会了解客户的需求和驾驶水平，政府也能了解到民众的需求。

（2）业务流程优化　大数据可以帮助业务流程优化。可以通过社交媒体数据、网络搜索以及天气预报挖掘出有价值的数据，其中大数据的应用最广泛的就是供应链以及配送路线的优化。在这两个方面，通过地理定位和无线电频率识别追踪货物和送货车，利用实时交通路线数据制定更加优化的路线。人力资源业务也通过大数据的分析来进行改进，这其中就包括了人才招聘的优化。

（3）改善生活　大数据不单单是应用于企业和政府，同样也适用于生活当中的每个人。我们可以利用穿戴的装备（如智能手表或者智能手环）生成最新的数据，根据热量的消耗以及睡眠模式来进行追踪。还可以利用大数据分析来寻找志同道合的好友，交友网站往往就是利用大数据应用工具来帮助需要的人匹配合适的好友。

（4）提高医疗水平　大数据分析应用的计算能力让我们能够在几分钟内解码整个 DNA，并且制定出最新的治疗方案，同时可以更好地理解和预测疾病。就像人们戴上智能手表等可以产生的数据一样，大数据可以帮助病人进行更好的治疗。大数据技术目前已经在医院应用于监视早产婴儿和患病婴儿的情况，通过记录和分析婴儿的心跳，医生针对婴儿的身体可能会出现的不适症状做出预测，这样可以帮助医生更好地救助婴儿。

（5）提高体育成绩　现在已有很多运动员在训练时应用大数据分析技术。例如，用于网球比赛的 IBM Slam Tracker 工具，使用视频分析来追踪足球或棒球比赛中每个球员的表现，而运动器材（例如篮球或高尔夫球）中的传感器技术可以获得比赛的数据以及改进方案。还可以追踪比赛环境外运动员的活动，通过智能技术追踪其营养和睡眠状况，通过追踪社交对话来监控其情感状况。

（6）优化机器和设备性能　大数据分析可以让机器和设备在应用上更加智能化和自主化。例如，大数据工具可用于研发自动驾驶汽车。自动驾驶汽车配有相机、GPS 以及传感器，能够安全地自动行驶，不需要人类的干预。大数据工具还可以应用于优化智能电话。

（7）改善安全和执法　大数据现在已经广泛应用到安全执法的过程当中。企业可应用大数据技术进行网络攻击防御，警察应用大数据工具抓捕罪犯。

（8）改善城市　大数据还被应用于改善我们生活的城市。例如基于城市实时交通信息、社交网络和天气数据来优化最新的交通情况，目前很多城市都在进行大数据的分析和试点。

（9）金融交易　大数据在金融行业主要应用于金融交易。高频交易（HFT）是大数据应用比较多的领域。其中大数据算法应用于交易决定。现在很多股权的交易都利用大数据算法进行，这些算法现在越来越多地考虑了社交媒体和网站新闻来决定在未来几秒内是买入还是卖出。

大数据的研究和分析应用具有十分重大的意义和价值。由于大数据行业的应用需求日益增长，未来将有越来越多的研究和应用领域需要使用大数据并行计算技术，大数据技术将渗透到每个涉及大规模数据和复杂计算的应用领域。不仅如此，以大数据处理为中心的计算技术将对传统计算技术产生革命性的影响，广泛影响计算机体系结构、操作系统、数据库、编译技术、程序设计技术和方法、软件工程技术、多媒体信息处理技术、人工智能以及其他计算机应用技术，并与传统计算技术相互结合产生很多新的研究热点和课题。

6.6.5　大数据对工作、生活的影响

大数据是人们获得新的认知、创造新的价值的源泉，大数据还是改变市场、组织机构以及政府与公民关系的方法。大数据的核心就是预测，这个核心代表着人们分析信息时的三个转变。

第一个转变就是在大数据时代，人们可以分析更多的数据，有时甚至可以处理和某个特别现象相关的所有数据，而不再依赖于随机采样。

第二个转变就是研究数据如此之多，以至于人们不再热衷于追求精确度。

第三个转变由前两个转变促成，即人们不再热衷于寻找因果关系，取而代之的是更加关注相关关系，也就是只要知道"是什么"，而不需要知道"为什么"。这颠覆了千百年来人类的思维惯例，对人类的认知和与世界交流的方式提出了全新的挑战。

6.6.6　大数据对企业的影响

近些年，大数据已经和云计算一样，成为时代的话题。大数据是怎么产生的？商业机会在哪？研究机会在哪？这个概念孕育着一个怎样的未来？企业该如何应对？一个优秀的企业应该未雨绸缪，从现在开始着手准备，为企业后期的数据收集和分析做好准备。企业可以从

下列五个方面着手,这样当面临铺天盖地的大数据时,就能够获得快速发展的机遇。

(1) 以企业的数据为目标　几乎每个组织都可能有源源不断的数据需要收集,无论是社交网络还是车间传感器设备,而且每个组织都有大量的数据需要处理,IT 人员需要了解自己企业运营过程中都产生了什么数据,以企业的数据为基准,确定数据的范围。

(2) 以业务需求为准则　每个企业都会产生大量数据,而且互不相同、多种多样,这就需要企业 IT 人员从现在开始确认哪些数据是企业业务需要的,找到最能反映企业业务情况的数据。

(3) 重新评估企业基础设施　大数据需要在服务器和存储设施中收集,并且大多数企业的信息管理体系结构将发生重大变化,IT 经理则需要准备扩大系统,以应对数据的不断扩大,要了解公司现有 IT 设施的情况,以组建处理大数据的设施为导向,避免购买一些不必要的设备。

(4) 重视大数据技术　并不是所有的 IT 人员都对大数据非常了解,企业 IT 人员要多关注这方面的技术和工具,以确保将来能够在面对大数据时做出正确的决定。

(5) 培训企业的员工　在大数据时代来临时,企业会缺少采集、收集、分析方面的人才。对于一些公司,工作人员面临大数据将是一种挑战,企业要在平时多对员工进行这方面的培训,以确保在大数据时代到来时,员工也能适应相关的工作。

做到以上五点,企业面临大量数据将不是束手无策,而是成竹在胸,能够从数据中获得价值,也将促进企业快速发展。

6.6.7　大数据的发展趋势

第一大趋势:应用软件泛互联网化。

所谓泛互联网化,就是指应用软件都会和互联网联通,成为用户接入互联网享用网络服务的媒介。

第二大趋势:行业应用的垂直整合。

在这个趋势下,越靠近终端用户的公司,在产业链中拥有越大的发言权。

第三大趋势:数据将成为资产。

未来企业的竞争,将是拥有数据规模和活性的竞争,将是对数据解释和运用的竞争。大数据的时代已然来临,海量数据依然源源不断地产生,从不停息。面对这些大数据,有些人叹息抱怨,害怕数据量的剧增对现有 IT 架构的冲击;有些人积极主动,探寻海量数据的应对与解决之道;还有一些人则顺势而为,抓住时代发展的商业机会,成为富有活力的创新者。大数据的发展催生了诸多商业机会和商业模式,而这些公司所面对的独特的时代背景,就注定了它们必会受到市场和资本的追捧,它们中的一些或是已经融资成功,进入高速发展期,或是被成功收购,帮助投资人和创始人成功从项目中退出,而很多上市公司也开始在这一领域动作频繁,积极布局,这也从侧面反映了这一领域的广阔前景和巨大的利润空间。

大数据是信息技术与专业技术、信息技术产业与各行业领域紧密融合的典型领域,有着旺盛的应用需求、广阔的应用前景。为把握这一新兴领域带来的新机遇,需要不断跟踪研究大数据,不断提升对大数据的认知和理解,坚持技术创新与应用创新的协同共进,加快经济社会各领域的大数据开发与利用,推动国家、行业、企业对数据的应用需求和应用水平进入新的阶段。

习题

一、简答题

1. 计算机网络由哪几部分组成?各部分分别起什么作用?
2. 什么是通信协议?
3. 为什么要用层次化模型来描述计算机网络?比较 OSI/RAM 与 TCP/IP 模型的异同。
4. 什么是网络分段?分段能解决什么网络问题?
5. 说明以太网与令牌环网的工作原理。
6. 指出 IP 地址(202.206.1.31)的网络地址、主机地址和地址类型。
7. 什么叫域名系统?为什么要使用域名系统?
8. 常见的网络拓扑结构有哪几种?
9. URL 的含义是什么?
10. 如何使用 FTP?

二、选择题

1. 计算机网络按其覆盖的范围,可分为局域网、城域网和(　　)。
   A. 因特网　　B. 互联网　　C. 广域网　　D. 校园网
2. 计算机网络按其拓扑结构,可分为网状网、总线网、环状网、树状网和(　　)。
   A. 星状网　　B. 广播网　　C. 电视网　　D. 电话网
3. 网络中计算机之间的通信是通过(　　)实现的,它们是通信双方必须遵守的约定。
   A. 网卡　　B. 通信协议　　C. 磁盘　　D. 电话交换设备
4. 下列网络中,属于局域网的是(　　)。
   A. 因特网
   B. 中国计算机互联网
   C. 中国教育和科研计算机网
   D. 校园计算机网
5. 下面关于集线器(hub)的描述,不正确的是(　　)。
   A. 是多口中继器
   B. 有无源、有源和智能集线器之分
   C. 工作在网络层
   D. 智能集线器支持多种网络协议
6. 下面关于路由器的描述,不正确的是(　　)。
   A. 工作在数据链路层
   B. 有内部和外部路由器之分
   C. 有单协议和多协议路由器之分
   D. 可以实现网络层以下各层协议的转换
7. 快速以太网采用的网络拓扑结构一般是(　　)。
   A. 星状拓扑　　B. 总线拓扑　　C. 网状拓扑　　D. 环状拓扑
8. 互联网采用的网络拓扑结构一般是(　　)。
   A. 星状拓扑　　B. 总线拓扑　　C. 网状拓扑　　D. 环状拓扑
9. 在计算机网络中,节点与节点之间的通信采用两种交换方式,即线路交换方式和(　　)方式。
   A. 存储转发交换
   B. 报文交换
   C. 硬件交换
   D. 分组交换

10. 计算机网络中，TCP/IP 是（　　）。
    A. 网络操作系统　　　B. 网络协议　　　C. 应用软件　　　D. 用户数据
11. TCP/IP 协议族把整个协议分为四个层次：应用层、传输层、网络层和（　　）。
    A. 物理层　　　B. 数据链路层　　　C. 会话层　　　D. 网络接口层
12. IPv4 地址分为（　　）。
    A. A、B 两类　　　　　　　　B. A、B、C 三类
    C. A、B、C、D 四类　　　　D. A、B、C、D、E 五类
13. 因特网上的每个正式计算机用户都有一个独有的（　　）。
    A. E-mail　　　B. 协议　　　C. TCP/IP　　　D. IP 地址
14. 网络主机的 IP 地址由一个（　　）的二进制数字组成。
    A. 6 位　　　B. 16 位　　　C. 32 位　　　D. 64 位
15. 在主机域名中，顶级域名可以代表国家。代表"中国"的顶级域名是（　　）。
    A. china　　　B. zhongguo　　　C. cn　　　D. zg
16. 依据前三位二进制数码，属于 B 类网络的主机是（　　）。
    A. 010…　　　B. 111…　　　C. 110…　　　D. 100…
17. ADSL 即非对称数字用户环路，这里的非对称是指（　　）。
    A. 下行数据量大，上行数据量小
    B. 用户线路下行速率高，上行速率低
    C. 下行带宽小，上行带宽大
    D. 用户线路上行速率高，下行速率低
18. 采用光纤同轴混合 HFC 接入技术，必需的设备是（　　）。
    A. Cable Modem　　　　　　B. Voice Modem
    C. ADSL Modem　　　　　　D. Microwave Modem
19. 无线接入技术就是利用（　　）作为传输媒介向用户提供宽带接入服务。
    A. 卫星通信技术　　　　　　B. 无线技术
    C. 微波通信技术　　　　　　D. 远红外通信技术
20. 传统的接入因特网的基本方法有两种类型，即直接访问和（　　）。
    A. 拨号连接　　　B. DDN　　　C. 帧中继　　　D. X.25

07

第7章

网页制作基础

7.1 HTML 语言

HTML 是 hypertext markup language 的缩写，即超文本标记语言，是一种用来制作超文本文档的简单标记语言。超文本传输协议规定了浏览器在运行 HTML 文档时所遵循的规则和进行的操作。HTTP 协议的制定使浏览器在运行超文本时有了统一的规则和标准。用 HTML 编写的超文本文档称为 HTML 文档，它能独立于各种操作系统平台。使用 HTML 语言描述的文件，需要通过 Web 浏览器显示出效果。用 HTML 书写成的网页中可以包含文本、图片、动画、音乐、链接等元素。网页是全球广域网上的基本文档，可以是站点的一部分，也可以独立存在。若干网页组成网站，网站是计算机网络上的位置，它使信息以网页或文档的形式提供给使用浏览器访问站点的访问者。计算机网络可以是世界范围的 Internet 或 Intranet（内联网，链接办公室中所有计算机的局域网）。信息可以以 HTML 网页或其他文档格式发布。为了查看站点上的信息，访问者需要使用浏览器程序，通过这些程序将 Web 站点上的 HTML 网页翻译为监视器上的文本或图形，网站包括图片、网页、网页素材、视频、音频等实际内容。

7.1.1 HTML 的基本结构

一个 HTML 文档由一系列元素和标签组成，元素名不区分大小写，HTML 用标签来规定元素的属性和在文件中的位置。

HTML 超文本文档分为文档头和文档体两部分，在文档头里，对这个文档进行了一些必要的定义，文档体中才是要显示的各种文档信息。

下面是一个最基本的 HTML 文档的代码。

```
<HTML>
<HEAD>
<TITLE>示例</TITLE>
</HEAD>
<BODY>
这是我的第一个主页
</BODY>
</HTML>
```

<HTML>、</HTML>在文档的最外层，文档中的所有文本和 HTML 标签都包含在其中，它表示该文档是以超文本标记语言（HTML）编写的。事实上，现在常用的 Web 浏览器都可以自动识别 HTML 文档，并不要求有 <HTML>、</HTML>标签，也不对该标签进行任何操作，但是为了使 HTML 文档能够适应不断变化的 Web 浏览器，还是应该养成不省略这对标签的良好习惯。

<HEAD>、</HEAD>是 HTML 文档的头部标签，在浏览器窗口中，头部信息是不被显示在正文中的，在此标签中可以插入其他标记，用以说明文件的标题和整个文件的一些公共属性。

<TITLE>和</TITLE>是嵌套在<HEAD>头部标签中的,标签之间的文本是文档标题,它被显示在浏览器窗口的标题栏中。

<BODY>、</BODY>标记一般不省略,标签之间的文本是正文,是浏览器要显示的页面内容。

7.1.2 文字版面的编辑

7.1.2.1 换行标签

换行标签是个单标签,也叫空标签,不包含任何内容。在 HTML 文件中的任何位置只要使用了
标签,当文件显示在浏览器中时,该标签之后的内容将显示在下一行。

7.1.2.2 换段落标签<p>及其属性

由<p>标签所标识的文字,代表同一个段落的文字。不同段落的间距等于连续加了两个换行符,也就是要隔一行空白行,用以区别文字的不同段落。它可以单独使用,也可以成对使用。单独使用时,下一个<p>的开始就意味着上一个<p>的结束。良好的习惯是成对使用。

格式:

<p><p align=参数>

其中,align 是<p>标签的属性,属性有 left(左)、center(中)、right(右)三个参数。这三个参数设置段落文字的左、中、右位置的对齐方式。

7.1.2.3 原样显示文字标签<pre>

要保留原始文字排版的格式,可以通过<pre>标签来实现,方法是在制作好的文字排版内容前后分别加上始标签<pre>和尾标签</pre>。

7.1.2.4 居中对齐标签<center>

文本在页面中使用<center>标签进行居中显示,<center>是成对标签,在需要居中的内容部分开头处加<center>,结尾处加</center>。

7.1.2.5 水平分隔线标签<hr>

<hr>标签是单独使用的标签,是水平线标签,用于段落与段落之间的分隔,使文档结构清晰明了,使文字的编排更整齐。通过设置<hr>标签的属性值,可以控制水平分隔线的样式。

7.1.2.6 注释标签

在 HTML 文档中可以加入相关的注释标记,便于查找和记忆有关的文件内容和标识,这些注释内容并不会在浏览器中显示出来。

注释标签的格式如下：<!--注释的内容-->。

7.1.2.7 字体属性

（1）标题文字标签<hn>　<hn>标签用于设置网页中的标题文字，被设置的文字将以黑体或粗体的方式显示在网页中。

标题标签的格式：

<div align="center"><hn align=参数>标题内容</hn></div>

说明：<hn>标签是成对出现的，<hn>标签共分为六级，在<h1>、</h1>之间的文字就是第一级标题，是最大最粗的标题；<h6>、</h6>之间的文字是最后一级，是最小最细的标题。align属性用于设置标题的对齐方式，其参数为 left（左）、center（中）、right（右）。<hn>标签本身具有换行的作用，标题总是从新的一行开始。

（2）文字格式控制标签<font>　<font>标签用于控制文字的字体、大小和颜色。控制方式是通过属性设置得以实现的。font属性如表7.1所示。

<div align="center">表 7.1　font 属性</div>

属性	使用功能	默认值
face	设置文字使用的字体	宋体
size	设置文字的大小	3
color	设置文字的颜色	黑色

格式如下：

<div align="center"><font face=值1 size=值2 color=值3>文字</font></div>

说明：如果用户的系统中没有 face 属性所指的字体，则将使用默认字体。size 属性的取值为1～7。也可以用"+"或"−"来设定字号的相对值。color 属性的值为RGB（三原色）颜色"#nnnnnn"或颜色的名称。

（3）特定文字样式标签　在有关文字的显示中，常常会使用一些特殊的字形或字体来强调、突出、区别，以达到提示的效果。在 HTML 中用于这种功能的标签可以分为两类：物理类型和逻辑类型。

　　a. 粗体标签<b>　放在<b>与</b>标签之间的文字将以粗体方式显示。
　　b. 斜体标签<i>　放在<i>与</i>标签之间的文字将以斜体方式显示。
　　c. 下划线标签<u>　放在<u>与</u>标签之间的文字将以带下划线的方式显示。

7.1.3　超链接

HTML 文件中最重要的应用之一就是超链接，超链接是一个网站的灵魂，Web 上的网页是互相链接的，单击被称为超链接的文本或图形就可以链接到其他页面。超文本具有的链接能力可层层链接相关文件，这种具有超级链能力的操作，即称为超级链接。超级链接除了可链接文本外，也可链接各种媒体，如声音、图像、动画，通过它们，用户可享受丰富多彩的多媒体世界。

建立超链接的标签为<a>和</a>。

格式：

`<a href="资源地址" target="窗口名称" title="指向链接显示的文字">超链接名称</a>`

说明：标签`<a>`表示一个链接的开始，`</a>`表示链接的结束。

href：属性"href"定义了这个链接所指的目标地址；目标地址是最重要的，一旦路径上出现差错，该资源就无法访问。

target：该属性用于指定打开链接的目标窗口，其默认方式是原窗口。target 的值如表 7.2 所示。

表 7.2 target 的值

target 的值	描 述
_parent	在上一级窗口中打开，一般使用分帧的框架页会经常使用
_blank	在新窗口打开
_self	在同一个帧或窗口中打开，这项一般不用设置
_top	在浏览器的整个窗口中打开，忽略任何框架

title：该属性用于指定指向链接时所显示的标题文字。

超链接名称："超链接名称"是要单击到链接的元素，元素可以包含文本，也可以包含图像。文本带下划线且与其他文字颜色不同，图形链接通常带有边框显示。用图形做链接时，只要把显示图像的标记`<img>`嵌套在`<a href="url">`、`</a>`之间就能实现图像链接的效果。当光标指向"超链接名称"处时会变成手状，单击这个元素可以访问指定的目标文件。

7.1.3.1 书签链接

链接文档中的特定位置也叫书签链接。在浏览页面时如果页面很长，要不断地拖动滚动条，给浏览带来不便。如果浏览者可以从头阅读到尾，又可以选择自己感兴趣的部分阅读，这种效果就可以通过书签链接来实现，方法是：先选择一个目标定位点，用来创建一个定位标记，用`<a>`标签的属性 name 的值来确定定位标记名 `<a name="定位标记名">`；然后在网页的任何地方建立对这个目标标记的链接"标题"，在标题上建立的链接地址的名字要和定位标记名相同，前面还要加上"#"号，即`<a href="#定位标记名">`，单击标题就跳到要访问的内容。

书签链接可以在同一页面中链接，也可以在不同页面中链接，在不同页面中链接的前提是需要指定好链接的页面地址和链接的书签位置。

格式如下。

在同一页面要使用链接的地址：

`<a href="#书签名称" target="窗口名称">超链接标题名称</a>`

在不同页面要使用链接的地址：

`<a href="URL 地址#书签名称" target="窗口名称">超链接标题名称</a>`

链接到的目的地址：

`<a name="书签名称">目标超链接名称</a>`

说明：name 的属性值为该目标定位点的定位标记点名称，是给特定位置点（这个位置点也叫锚点）起的名称。

7.1.3.2 在站点内部建立链接

所谓内部链接，指的是在同一个网站内部，不同的 HTML 页面之间的链接关系，在建立网站内部链接时，要明确哪个是主链接文件（即当前页），哪个是被链接文件。

7.1.3.3 外部链接

所谓外部链接，指的是跳转到当前网站外部，与其他网站中页面或其他元素之间的链接关系。这种链接的 URL 地址一般要用绝对路径，要有完整的 URL 地址，包括协议名、主机名、文件所在主机上的位置的路径以及文件名。

最常用的外部链接格式：

```
<a href="http://网址">
```

7.1.3.4 发送 E-mail

在 HTML 页面中，可以建立 E-mail 链接。浏览者单击链接后，系统会启动默认的本地邮件服务系统发送邮件。

格式：

```
<a href="mailto:E-mali 地址:subject=邮件主题">描述文字</a>
```

7.1.3.5 链接 FTP

Internet 上资源丰富，通过 FTP 文件传输协议，就可以获得各种免费软件和其他文件。FTP 协议是使计算机与计算机之间能够相互通信的语言，FTP 使文件和文件夹能够在 Internet 上公开传输，通过 FTP 可以访问某个网络或服务器，不需要该计算机的账户和授权的密码就可通过 FTP 公开获得数据。

格式：

```
<a href="ftp://ftp 主机地址">文字链接</a>
```

7.1.4 列表

在 HTML 页面中，合理地使用列表标签可以起到提纲和格式排序文件的作用，见表 7.3。列表分为两类，一是无序列表，二是有序列表。无序列表就是项目各条列间并无顺序关系，只是利用条列来呈现资料，此种无序标签在各条列前面均有一符号以示区隔。而有序列表的各条列之间是有顺序的，比如按照 1、2、3 的顺序一直延伸下去。

表 7.3 列表

标签	描述	标签	描述
<ul>	无序列表	<menu>	菜单列表
<ol>	有序列表	<dl>/<dt>/<dd>	定义列表的标记
<dir>	目录列表	<li>	列表项目的标记
<dl>	定义列表		

7.1.5 图像

图像可以使 HTML 页面美观生动且富有生机。浏览器可以显示的图像格式有 JPEG、BMP、GIF。其中 BMP 文件存储空间大,传输慢,不提倡用。常用的 JPEG 和 GIF 格式的图像相比,JPEG 图像支持数百万种颜色,即使在传输过程中丢失数据,也不会在质量上有明显的不同,占位空间比 GIF 大;GIF 图像仅包括 256 种色彩,虽然质量上没有 JPEG 图像高,但占位空间小,下载速度快,支持动画效果及背景色透明等。因此使用图像美化页面可视情况决定使用哪种格式。

7.1.5.1 背景图像的设定

在网页中除了可以用单一的颜色做背景外,还可用图像设置背景。
设置背景图像的格式:

```
<body background="image-url">
```

其中,"image-url"指图像的位置。

7.1.5.2 网页中插入图片标签<img>

网页中插入图片用单标签<img>,当浏览器读取到<img>标签时,就会显示此标签所设定的图像。如果要对插入的图片进行修饰,仅仅用这一个属性是不够的,还要配合其他属性来完成。<img>属性如表 7.4 所示。

表 7.4 <img>属性

属性	描述
src	图像的 URL 的路径
alt	提示文字
width	宽度,通常只设为图片的真实大小以免失真,改变图片大小最好用图像工具
height	高度,通常只设为图片的真实大小以免失真,改变图片大小最好用图像工具
dynsrc	AVI 文件的 URL 的路径
loop	设定 AVI 文件循环播放的次数
loopdelay	设定 AVI 文件循环播放延迟
start	设定 AVI 文件的播放方式
lowsrc	设定低分辨率图片,若所加入的是一张很大的图片,可先显示图片
usemap	映像地图
align	图像和文字之间的排列属性
border	边框
hspace	水平间距
vspace	垂直间距

<img> 的格式及一般属性设定:

```
<img src="logo.gif" width=100 height=100 hspace=5 vspace=5 border=2 align="top" alt="Logo of PenPals Garden" lowsrc="pre_logo.gif">
```

7.1.5.3 图像的超链接

（1）图像的一般超链接　图像的链接和文字的链接方法是一样的，都是用<a>标签来完成，只要将<img>标签放在<a>和</a>之间就可以了。用图像链接的图片上有蓝色的边框，这个边框颜色也可以在<body>标签中设定。

（2）图像的影像地图超链接　在 HTML 中还可以把图片划分成多个热点区域，每一个热点区域链接到不同网页的资源。这种效果的实质是把一幅图片划分为不同的热点区域，再让不同的区域进行超链接。这就是影像地图。完成地图区域超链接要用到三种标签：<img>、<map>、<area>。下面分别介绍这些标签的用法。

影像地图（image map）标签的使用格式：

```
<img src="图形文件名" usemap="#图的名称">
<map name="图的名称">
<area shape=形状 coords=区域坐标列表  href="URL 资源地址">
       ……可根据需要定义热点区域的数量
<area shape=形状 coords=区域坐标列表  href="URL 资源地址">
</map>
```

① shape——定义热点形状。

　　　　shape=rect：矩形
　　　　shape=circle：圆形
　　　　shape=poly：多边形

② coords——定义区域点的坐标。

7.1.6 表格

表格在网站中的应用非常广泛，可以方便灵活地排版，很多动态大型网站也都是借助表格排版，表格可以把相互关联的信息元素集中定位，使浏览页面的人一目了然。所以要制作好网页，就要学好表格。

7.1.6.1 定义表格的基本语法

在 HTML 文档中，表格是通过<table>、<th>、<tr>、<td>标签来完成的，如表 7.5 所示。

表 7.5　表格标签

标　　签	描　　述
<table>…</table>	用于定义一个表格的开始和结束
<th>…</th>	定义表头单元格，表格中的文字将以粗体显示，在表格中也可以不用此标签，<th>标签必须放在<tr>标签内
<tr>…</tr>	定义一行标签，一组行标签内可以建立多组由<td>或<th>标签所定义的单元格
<td>…</td>	定义单元格标签，一组<td>标签将建立一个单元格，<td>标签必须放在<tr>标签内

7.1.6.2 表格标签<table>的属性

表格标签<table>有很多属性，最常用的属性如表 7.6 所示。

表 7.6 表格标签 <table> 的属性

属　性	描　　述
width	表格的宽度
height	表格的高度
align	表格在页面的水平摆放位置
background	表格的背景图片
bgcolor	表格的背景颜色
border	表格边框的宽度（以像素为单位）
bordercolor	表格边框颜色
bordercolorlight	表格边框明亮部分的颜色
bordercolordark	表格边框昏暗部分的颜色
cellspacing	单元格之间的间距
cellpadding	单元格内容与单元格边界之间的空白距离的大小

7.1.6.3 表格的边框显示状态 frame

表格的边框分为上边框、下边框、左边框、右边框。这四个边框都可以设置为显示或隐藏状态，如表 7.7 所示。

格式：

```
<table frame="边框显示值">
```

表 7.7　frame 的值

frame 的值	描　　述	frame 的值	描　　述
box	显示整个表格边框	above	只显示表格的上边框
void	不显示表格边框	below	只显示表格的下边框
hsides	只显示表格的上下边框	lhs	只显示表格的左边框
vsides	只显示表格的左右边框	rhs	只显示表格的右边框

7.1.6.4 设置分隔线的显示状态 rules

rules 的值见表 7.8。

格式：

```
<table rules="值">
```

表 7.8　rules 的值

rules 的值	描　　述	rules 的值	描　　述
all	显示所有分隔线	cols	只显示列与列的分隔线
groups	只显示组与组的分隔线	none	所有分隔线都不显示
rows	只显示行与行的分隔线		

7.1.6.5 表格行的设定

表格是由行和列（单元格）组成的，一个表格由几行组成就要有几个行标签 <tr>，行标签用它的属性值来修饰，属性都是可选的。表格行属性见表 7.9。

表 7.9 表格行属性

属 性	描 述	属 性	描 述
align	行内容的水平对齐	bordercolor	行的边框颜色
valign	行内容的垂直对齐	bordercolorlight	行的亮边框颜色
bgcolor	行的背景颜色	bordercolordark	行的暗边框颜色

7.1.6.6 单元格的设定

<th>和<td>都是插入单元格的标签,这两个标签必须嵌套在<tr>标签内,是成对出现的。<th>用于表头标签,表头标签一般位于首行或首列,标签之间的内容就是位于该单元格内的标题内容,其中的文字以粗体居中显示。数据标签<td>就是该单元格中的具体数据内容。<th>和<td>标签的属性都是一样的,属性设定如表 7.10 所示。

表 7.10 表格单元格属性

属 性	描 述
width/height	单元格的宽和高,接受绝对值(如 80)及相对值(如 80%)
colspan	单元格向右打通的栏数
rowspan	单元格向下打通的列数
align	单元格内文字等的摆放位置(水平),可选值为:left、center、right
valign	单元格内文字等的摆放位置(垂直),可选值为:top、middle、bottom
bgcolor	单元格的底色
bordercolor	单元格边框颜色
bordercolorlight	单元格边框向光部分的颜色
bordercolordark	单元格边框背光部分的颜色
background	单元格背景图片

7.1.7 框架

7.1.7.1 框架的含义和基本构成

框架就是把一个浏览器窗口划分为若干个小窗口,每个窗口可以显示不同的 URL 网页。使用框架可以非常方便地在浏览器中同时浏览不同的页面效果,也可以非常方便地完成导航工作。

所有的框架标记要放在一个 HTML 文档中。HTML 页面的文档体标签<body>被框架集标签<frameset>取代,然后通过<frameset>的子窗口标签<frame>定义每一个子窗口和子窗口的页面属性。

格式:
```
<HTML>
<HEAD></HEAD>
<frameset>
<frame src="url 地址 1">
<frame src="url 地址 2">
……
```

```
</frameset>
</HTML>
```

frame 子框架的 src 属性的每个 URL 值指定了一个 HTML 文件（这个文件必须事先做好）地址，地址路径可使用绝对路径或相对路径，这个文件将载入相应的窗口中。

框架结构可以根据框架集标签<frameset>的分割属性分为三种，即左右分割窗口、上下分割窗口、嵌套分割窗口。

7.1.7.2 框架集标签<frameset>的控制

属性描述如下。

border：设置边框粗细，默认是 5 像素。
bordercolor：设置边框颜色。
frameborder：指定是否显示边框，"0"代表不显示边框，"1"代表显示边框。
cols：用"像素数"和"%"分割左右窗口，"*"表示剩余部分。
rows：用"像素数"和"%"分割上下窗口，"*"表示剩余部分。
framespacing="5"：表示框架与框架间保留空白的距离。
noresize：设定框架不能调节，只要设定了前面的，后面的将继承前面设定的框架。

a. 左右分割窗口属性：cols。如果想要在水平方向将浏览器分割为多个窗口，需要使用框架集的左右分割窗口属性 cols。分割几个窗口，其 cols 的值就有几个，值的定义为宽度，可以是数字（单位为像素），也可以是百分比和剩余值。各值之间用逗号分开。其中剩余值用"*"表示，剩余值表示所有窗口设定之后的剩余部分。当"*"只出现一次时，表示该子窗口的大小将根据浏览器窗口的大小自动调整；当"*"出现一次以上时，表示按比例分割剩余的窗口空间。cols 的默认值为一个窗口。例如：

```
<frameset cols="40%, 2*, *">      将窗口分为 40%, 40%, 20%
<frameset cols="100, 200, *">     将窗口分为 100 像素、200 像素、剩余部分
<frameset cols="100, *, *">       将 100 像素以外的窗口平均分配
<frameset cols="*, *, *">         将窗口分为三等份
```

b. 上下分割窗口属性：rows。上下分割窗口的属性设置和左右窗口的属性设置是一样的，参照上面所述即可。

7.1.7.3 子窗口<frame>标签的设定

<frame>是个单标签，要放在框架集标签<frameset>中，<frameset>设置了几个子窗口，就必须对应几个<frame>标签，而且每一个<frame>标签内还必须设定一个网页文件，其常用属性描述如下。

src：指示加载的 URL 文件的地址。
bordercolor：设置边框颜色。
frameborder：指示是否显示边框，"1"代表显示边框，"0"代表不显示（不提倡用 yes 或 no）。
border：设置边框粗细。
name：指示框架名称，是联结标记的 target 所需要的参数。
noresize：指示不能调整窗口的大小，省略此项时就可以调整。

scrolling：指示是否要滚动条，"auto"为根据需要自动出现，"Yes"为有，"No"为无。
marginwidth：设置内容与窗口左右边缘的距离，默认为1。
marginheight：设置内容与窗口上下边缘的边距，默认为1。
width、height：框窗的宽及高，默认为width="100"、height="100"。
align：可选值为left、right、top、middle、bottom。

7.1.7.4 浮动窗口<iframe>

<iframe>标记只适用于IE浏览器。它的作用是在浏览器窗口中可以嵌入一个框窗以显示另一个文件。它是一个围堵标记，但围堵的字句只有在浏览器不支持iframe标记时才会显示，如<noframes>一样，可以放些提醒字句之类。通常iframe配合一个辨认浏览器的JavaScript会较好，若JavaScript认出该浏览器并非Internet Explorer便会切换至另一版本。iframe的属性如表7.11所示。

<iframe>的参数设定格式：

```
<iframe src="iframe.HTML" name="test" align="MIDDLE" width="300" height="100" marginwidth="1" marginheight="1" frameborder="1" scrolling="Yes">
```

表7.11 iframe属性

属性	含义
src	浮动窗框中要显示的页面文件的路径，可以是相对路径或绝对路径
name	此框窗名称，这是联结标记的target参数所要的
align	可选值为left、right、top、middle、bottom，作用不大
height	框窗的高，以pixels为单位
width	框窗的宽，以pixels为单位
marginwidth	该插入文件与框边所保留的空间
marginheight	该插入文件与框边所保留的空间
frameborder	使用1表示显示边框，0表示不显示（可以是yes或no）
scrolling	使用yes表示容许卷动（内定），no表示不容许卷动

7.1.8 表单

7.1.8.1 表单标记<form>

表单在Web网页中用来给访问者填写信息，从而能采集客户端信息，使网页具有交互的功能。一般是将表单设计在一个HTML文档中，用户填写完信息后进行提交（submit）操作，于是表单的内容就从客户端的浏览器传送到服务器上，经过服务器上的ASP（应用服务提供方）或CGI（公共网关接口）等处理程序处理后，再将用户所需信息传送回客户端的浏览器上，这样网页就具有了交互性。这里只介绍如何使用HTML标记来设计表单。

表单是由窗体和控件组成的，一个表单一般应该包含用户填写信息的输入框、提交的按钮等，这些输入框、按钮叫作控件，表单很像容器，它能够容纳各种各样的控件。

一个表单用<form>、</form>标记来创建，也即定义表单的开始和结束位置，在开始和结束标记之间的一切定义都属于表单的内容。<form>标记具有 action、method 和 target 属性。action 的值是处理程序的程序名（包括网络路径，可以是网址或相对路径），如<form action="用来接收表单信息的 url">，如果这个属性是空值（""）则当前文档的 URL 将被使用。当用户提交表单时，服务器将执行网址里面的程序（一般是 CGI 程序）。method 属性用来定义处理程序从表单中获得信息的方式，可取值为 get 和 post 其中的一个。get 方式是处理程序从当前 HTML 文档中获取数据，然而这种方式传送的数据量是有限制的，一般限制在 1kB 以下。post 方式传送的数据比较大，它是当前的 HTML 文档把数据传送给处理程序，传送的数据量要比使用 get 方式大得多。target 属性用来指定目标窗口或目标帧，可选当前窗口_self、父级窗口_parent、顶层窗口_top、空白窗口_blank。

表单标签的格式：

<FORM action="url" method=get|post name="myform" target="_blank">…..</FORM>

7.1.8.2 写入标记<input>

在 HTML 语言中，标记<input>具有重要的地位，它能够将浏览器中的控件加载到 HTML 文档中，该标记是单个标记，没有结束标记。<input type="">标记用来定义一个用户输入区，用户可在其中输入信息。此标记必须放在 <form>、</form>标记对之间。<input type="">标记中共提供了九种类型的输入区域，具体类型由 type 属性决定。type 属性取值见表 7.12。

表 7.12 type 属性取值

type 属性取值	输入区域类型	控件的属性及说明
<input type="text" size=" " maxlength=" ">	单行的文本输入区域，size 与 maxlength 属性用来定义此种输入区域显示的尺寸大小与输入的最大字符数	（1）name 定义控件名称 （2）value 指定控件初始值，该值就是浏览器被打开时在文本框中的内容 （3）size 指定控件宽度，表示该文本输入框所能显示的最大字符数 （4）maxlength 表示该文本输入框允许用户输入的最大字符数 （5）onchang 指定当文本改变时要执行的函数 （6）onselect 指定当控件被选中时要执行的函数 （7）onfocus 指定当文本接受焦点时要执行的函数
<input type="button">	普通按钮，当这个按钮被点击时，就会调用属性 onclick 指定的函数；在使用这个按钮时，一般配合使用 value 指定在它上面显示的文字，用 onclick 指定一个函数，一般为 JavaScript 的一个事件	这三个按钮有以下共同属性： （1）name 指定按钮名称 （2）value 指定按钮表面显示的文字 （3）onclick 指定单击按钮后要调用的函数 （4）onfocus 指定按钮接受焦点时要调用的函数
<input type="submit">	提交到服务器的按钮，当这个按钮被点击时，就会连接到表单 form 属性 action 指定的 URL 地址	
<input type="reset">	重置按钮,单击该按钮可将表单内容全部清除，重新输入数据	
<input type="checkbox" checked>	一个复选框，checked 属性用来设置该复选框缺省时是否被选中	checkbox 用于多选，有以下属性： （1）name 定义控件名称 （2）value 定义控件的值 （3）checked 设定控件初始状态是被选中的 （4）onclick 定义控件被选中时要执行的函数 （5）onfocus 定义控件为焦点时要执行的函数

续表

type 属性取值	输入区域类型	控件的属性及说明
`<input type="hidden">`	隐藏区域，用户不能在其中输入，用来预设某些要传送的信息	hidden 为隐藏控件，用于传递数据，对用户来说是不可见的，属性如下： （1）name 定义控件名称 （2）value 定义控件默认值 （3）hidden 隐藏控件的默认值会随表单一起发送给服务器，例如： `<input type="hidden" name="ss" value="688">` 控件的名称设置为"ss"，设置其数据为"688"，当表单发送给服务器后，服务器就可以根据 hidden 的名称"ss"读取 value 的值"688"
`<input type="image" src="url">`	使用图像来代替"submit"按钮，图像的源文件名由 src 属性指定，用户点击后，表单中的信息和点击位置的 X、Y 坐标一起传送给服务器	（1）name 指定图像按钮名称 （2）src 指定图像的 URL 地址
`<input type="password">`	输入密码的区域，当用户输入密码时，区域内将显示"*"	password 为口令控件，表示该输入项的输入信息是密码，在文本输入框中显示"*"，有以下属性： （1）name 定义控件名称 （2）value 指定控件初始值，该值就是浏览器被打开时在文本框中的内容 （3）size 指定控件宽度，表示该文本输入框所能显示的最大字符数 （4）maxlength 表示该文本输入框允许用户输入的最大字符数
`<input type="radio">`	单选按钮类型，checked 属性用来设置该单选框缺省时是否被选中	radio 用于单选，有以下属性： （1）name 定义控件名称 （2）value 定义控件的值 （3）checked 设定控件初始状态是被选中的 （4）onclick 定义控件被选中时要执行的函数 （5）onfocus 定义控件为焦点时要执行的函数 当为单选项时，所有按钮的 name 属性须相同，例如都设置为 my_radio

以上类型的输入区域有一个公共属性 name，此属性给每一个输入区域一个名字。这个名字与输入区域是一一对应的，即一个输入区域对应一个名字。服务器就是通过调用某一输入区域的名字的 value 值来获得该区域的数据的。而 value 属性是另一个公共属性，它可用来指定输入区域的缺省值。

应用格式：

```
<input 属性1 属性2…>
```

常用属性：

① name：控件名称。
② type：控件类型，如 button 普通按钮、text 文本框等。
③ align：指定对齐方式，可取 top、bottom、middle。
④ size：指定控件的宽度。
⑤ value：用于设定输入默认值。
⑥ maxlength：在单行文本时允许输入的最大字符数。
⑦ src：插入图像的地址。
⑧ event：指定激发的事件。

7.2 使用 Dreamweaver 8 制作网页

Dreamweaver 是 Macromedia 公司推出的主页编辑工具，于 2005 年被 Adobe 公司收购。它是一个所见即所得网页编辑器，支持最新的 DHTML（动态 HTML）和 CSS（串联样式表）标准。它采用了多种先进技术，能够快速高效地创建极具表现力和动感效果的网页，使网页创作过程变得简单无比。值得称道的是，Dreamweaver 不仅提供了强大的网页编辑功能，而且提供了完善的站点管理机制，可以说，它是一个集网页创作和站点管理两大利器于一身的超重量级的创作工具。

7.2.1 Dreamweaver 8 的操作环境

在首次启动 Dreamweaver 8 时会出现一个"工作区设置"对话框，在对话框左侧是 Dreamweaver 8 的设计视图，右侧是 Dreamweaver 8 的代码视图。Dreamweaver 8 设计视图提供了一个将全部元素置于一个窗口中的集成布局。下面选择面向设计者的设计视图布局进行介绍。

在 Dreamweaver 8 中首先将显示一个起始页，可以勾选这个窗口下面的"不再显示此对话框"来隐藏它。这个页面中包括"打开最近项目""创建新项目""从范例创建"三个方便实用的项目，建议大家保留。

新建或打开一个文档，进入 Dreamweaver 8 的标准工作界面。Dreamweaver 8 的标准工作界面包括标题显示栏、菜单栏、插入面板组、文档工具栏、标准工具栏、文档窗口、状态栏、属性面板和浮动面板。工作界面如图 7.1 所示。

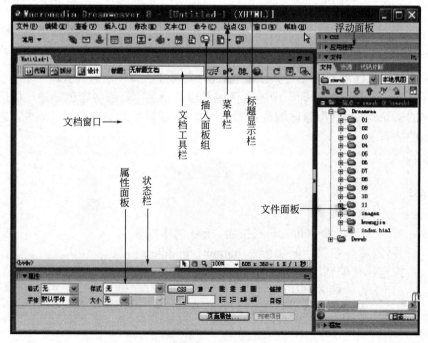

图 7.1 工作界面

7.2.1.1 标题显示栏

启动 Macromedia Dreamweaver 8 后，标题显示栏（标题栏）将显示文字 Macromedia Dreamweaver 8，新建或打开一个文档后，在后面还会显示该文档所在的位置和文件名称。

7.2.1.2 菜单栏

Dreamweaver 8 的菜单共有 10 个，即文件、编辑、查看、插入、修改、文本、命令、站点、窗口和帮助，如图 7.2 所示。其中，编辑菜单里提供了对 Dreamweaver 菜单中"首选参数"的访问。

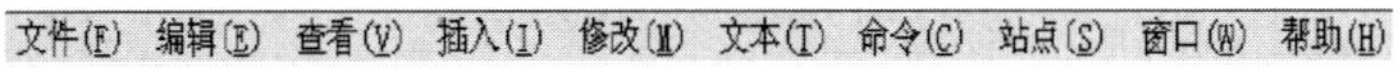

图 7.2 菜单

文件：用来管理文件，例如新建、打开、保存、另存为、导入、输出打印等。
编辑：用来编辑文本，例如剪切、复制、粘贴、查找、替换和参数设置等。
查看：用来切换视图模式以及显示、隐藏标尺、网格线等辅助视图功能。
插入：用来插入各种元素，例如图片、多媒体组件、表格、框架及超级链接等。
修改：具有修改页面元素的功能，例如在表格中插入表格、拆分、合并单元格，对齐对象，等等。
文本：用来对文本进行操作，例如设置文本格式等。
命令：包括所有的附加命令项。
站点：用来创建和管理站点。
窗口：用来显示和隐藏控制面板以及切换文档窗口。
帮助：联机帮助功能。例如按下【F1】键，就会打开电子帮助文本。

7.2.1.3 插入面板组

插入面板组集成了所有可以在网页应用的对象，包括"插入"菜单中的选项。插入面板组其实就是图像化了的插入指令，通过一个个的按钮，可以很容易地加入图像、声音、多媒体动画、表格、图层、框架、表单、Flash 和 ActiveX 等网页元素。插入面板组如图 7.3 所示。

图 7.3 插入面板组

7.2.1.4 文档工具栏

文档工具栏包含各种按钮，它们提供各种文档窗口视图（如"设计"视图和"代码"视图）的选项、各种查看选项和一些常用操作（如在浏览器中预览）。文档工具栏如图 7.4 所示。

图 7.4 文档工具栏

7.2.1.5 标准工具栏

标准工具栏包含来自"文件"和"编辑"菜单中的一般操作的按钮：新建、打开、保存、保存全部、剪切、复制、粘贴、撤销和重做。标准工具栏如图 7.5 所示。

图 7.5 标准工具栏

7.2.1.6 文档窗口

打开或创建一个项目，进入文档窗口，可以在文档区域中进行输入文字、插入表格和编辑图片等操作。

文档窗口显示当前文档。可以选择下列任一视图。①"设计"视图是一个用于可视化页面布局、可视化编辑和快速应用程序开发的设计环境。在该视图中，Dreamweaver 显示文档的完全可编辑的可视化表示形式，类似在浏览器中查看页面时看到的内容。②"代码"视图是一个用于编写和编辑 HTML、JavaScript、服务器语言代码以及任何其他类型代码的手工编码环境。③"代码和设计"视图使用户可以在单个窗口中同时看到同一文档的"代码"视图和"设计"视图。

7.2.1.7 状态栏

文档窗口底部的状态栏提供与用户正创建的文档有关的其他信息。标签选择器显示环绕当前选定内容的标签的层次结构。单击该层次结构中的任何标签可以选择该标签及其全部内容。单击 <body> 可以选择文档的整个正文。状态栏如图 7.6 所示。

图 7.6 状态栏

7.2.1.8 属性面板

属性面板并不是将所有的属性加载在面板上，而是根据用户选择的对象来动态显示对象的属性。属性面板的状态完全是随当前在文档中选择的对象来确定的。例如，当前选择了一幅图像，那么属性面板上就出现该图像的相关属性；如果选择了表格，那么属性面板会相应地变化成表格的相关属性。属性面板如图 7.7 所示。

图 7.7 属性面板

7.2.2 文本操作

7.2.2.1 插入文本

要向 Dreamweaver 文档添加文本,可以直接在 Dreamweaver"文档"窗口中键入文本,也可以剪切并粘贴,还可以从 Word 文档导入文本。

用鼠标在文档编辑窗口的空白区域点一下,窗口中出现闪动的光标,提示文字的起始位置,将文字素材键入或复制/粘贴进来。

7.2.2.2 编辑文本格式

网页的文本分为段落和标题两种格式。

在文档编辑窗口中选中一段文本,在属性面板"格式"后的下拉列表框中选择"段落",把选中的文本设置成段落格式。

"标题 1"～"标题 6"分别表示各级标题,应用于网页的标题部分。对应的字体由大到小,同时文字全部加粗。

另外,在属性面板中可以定义文字的字号、颜色、加粗、倾斜、水平对齐等内容。

7.2.2.3 设置字体组合

Dreamweaver 8 预设的可供选择的字体组合只有 6 项英文字体组合,要想使用中文字体,必须重新编辑新的字体组合,在"字体"后的下拉列表框中选择"编辑字体列表",弹出"编辑字体列表"对话框,如图 7.8 所示。

7.2.2.4 文字的其他设置

① 文本换行。按【Enter】键换行的行距较大(在代码区生成 \<p\> \</p\> 标签),按【Enter】+【Shift】键换行的行间距较小(在代码区生成\<br\>标签)。

② 文本空格。选择编辑/首选参数,在弹出的对话框中左侧的分类列表中选择"常规"项,然后在右侧选"允许多个连续的空格"项,就可以直接按【空格】键给文本添加空格了。

③ 特殊字符。要向网页中插入特殊字符,需要在快捷工具栏选择"文本",切换到字符插入栏,单击文本插入栏的最后一个按钮,可以向网页中插入相应的特殊符号,如图 7.9 所示。

图 7.8 "编辑字体列表"对话框

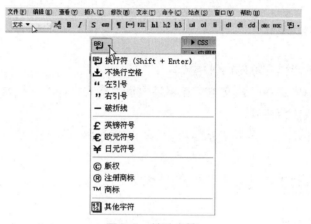

图 7.9 特殊字符

④ 插入列表。列表分为有序列表和无序列表两种，无序列表没有顺序，每一项前边都以同样的符号显示，有序列表前边的每一项有序号引导。在文档编辑窗口中选中需要设置的文本，在属性面板中单击 ，则选中的文本被设置成无序列表，单击 则被设置成有序列表。

插入水平线。水平线起到分隔文本的排版作用，选择快捷工具栏的"HTML"项，单击HTML栏的第一个按钮 ，即可向网页中插入水平线。选中插入的这条水平线，可以在属性面板对它的属性进行设置。

插入时间。在文档编辑窗口中，将光标移动到要插入日期的位置，单击常用插入栏的"日期"按钮，在弹出的"插入日期"对话框中选择相应的格式即可。

7.2.3 图像操作

目前互联网上支持的图像格式主要有 GIF、JPEG 和 PNG。其中使用最为广泛的是 GIF 和 JPEG。

7.2.3.1 插入图像

插入图像时，将光标放置在文档窗口需要插入图像的位置，然后鼠标单击常用插入栏的"图像"按钮，如图 7.10 所示。

图 7.10 常用插入栏

弹出"选择图像源文件"对话框，选择图像，单击"确定"按钮就可把图像插入网页中，如图 7.11 所示。

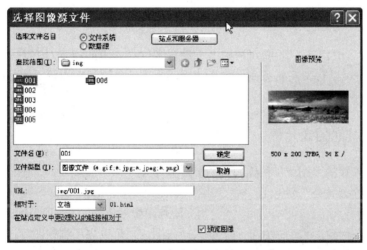

图 7.11 图像选择界面

如果在插入图片时，没有将图片保存在站点根目录下，会弹出相应的对话框，提醒用户把图片保存在站点内部，这时单击"是"按钮，然后选择本地站点的路径保存图片，图像也可以被插入网页中。

7.2.3.2 设置图像属性

选中图像后，在属性面板中显示出图像的属性，如图 7.12 所示。

属性面板的左上角显示当前图像的缩略图，同时显示图像的大小。缩略图右侧有一个文本框，在其中可以输入图像标记的名称。

图像的大小是可以改变的，但是在 Dreamweaver 里更改是极不好的习惯。如果电脑安装了 Fireworks 软件，单击属性面板的"编辑"旁边的 ，即可启动 Fireworks 软件对图像进行缩放等处理。当图像的大小改变时，属性栏中"宽"和"高"的数值会以粗体显示，并在旁边出现一个弧形箭头，单击它可以恢复图像的原始大小。

"水平边距"和"垂直边距"文本框用来设置图像左右和上下与其他页面元素的距离。

"边框"文本框用来设置图像边框的宽度，默认的边框宽度为0。

"替换"文本框用来设置图像的替换文本，可以输入一段文字，当图像无法显示时，将显示这段文字。

单击属性面板中的 ≡ ≡ ≡ 按钮，可以分别将图像设置成浏览器居左对齐、居中对齐、居右对齐。

图 7.12　图像属性

在属性面板中，"对齐"下拉列表框用于设置图像与文本的相互对齐方式，共有 10 个选项。通过它，用户可以将文字对齐到图像的上端、下端、左边和右边等，从而可以灵活地实现文字与图片的混排效果。

7.2.3.3　插入其他图像元素

单击常用插入栏的"图像"按钮可以看到，除了第一项"图像"外，还有"图像占位符""鼠标经过图像""导航条"等项目。

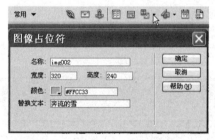

图 7.13　图像占位符设置界面

① 插入图像占位符。在布局页面时，如果要在网页中插入一张图片，可以先不制作图片，而是使用占位符来代替图片位置。单击下拉列表中的"图像占位符"，打开"图像占位符"对话框，按设计需要设置图片的宽度和高度，输入待插入图像的名称即可，如图 7.13 所示。

② 鼠标经过图像。鼠标经过图像实际上由两个图像组成，即主图像（当首次载入页时显示的图像）和次图像（当鼠标指针移过主图像时显示的图像）。这两张图片要大小相等，如果不相等，Dreamweaver 将自动调整次图像使其与主图像大小一致。设置界面如图 7.14 所示。

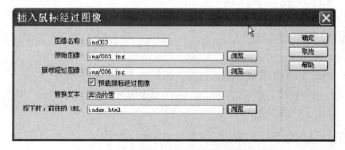

图 7.14　鼠标经过图像设置界面

7.2.4 表格操作

表格是网页设计制作不可缺少的元素。它以简洁明了和高效快捷的方式将图片、文本、数据和表单的元素有序地显示在页面上，使用户可以设计出漂亮的页面。使用表格排版的页面在不同平台、不同分辨率的浏览器里都能保持其原有的布局，而且在不同的浏览器平台有较好的兼容性，所以表格是网页中最常用的排版方式之一。

（1）插入表格　在文档窗口中，将光标放在需要创建表格的位置，单击"常用"快捷栏中的"表格"按钮（图7.15），弹出"表格"对话框（图7.16），指定表格的属性后，在文档窗口中插入设置的表格。

图7.15　"常用"快捷栏

"行数"文本框用来设置表格的行数。

"列数"文本框用来设置表格的列数。

"表格宽度"文本框用来设置表格的宽度，可以填入数值。紧随其后的下拉列表框用来设置宽度的单位，有两个选项——百分比和像素。当宽度单位选择百分比时，表格的宽度会随浏览器窗口的大小而改变。

"单元格边距"文本框用来设置单元格的内部空白的大小。

"单元格间距"文本框用来设置单元格与单元格之间的距离。

"边框粗细"用来设置表格边框的宽度。

"页眉"定义页眉样式，可以在四种样式中选择一种。

图7.16　"表格"对话框

"标题"定义表格的标题。

"对齐标题"定义表格标题的对齐方式。

"摘要"可以对表格进行注释。

（2）选择对象　对于表格、行、列、单元格属性的设置以选择这些对象为前提。

选择整个表格的方法是把鼠标放在表格边框的任意处，当出现 这样的标志时单击即可选中整个表格；或在表格内任意处单击，然后在状态栏选中<table>标签；或在单元格任意处单击，点击鼠标右键在弹出菜单中选择"表格——选择表格"。

要选中某一单元格，按住【Ctrl】键，在需要选中的单元格单击鼠标即可，或者选中状态栏中的<td>标签。

要选中连续的单元格，按住鼠标左键从一个单元格的左上方开始向要连续选择单元格的方向拖动。要选中不连续的几个单元格，可以按住【Ctrl】键，单击要选择的所有单元格即可。

要选择某一行或某一列，将光标移动到行左侧或列上方，鼠标指针变为向右或向下的箭头图标时单击即可。

（3）设置表格属性　选中一个表格后，可以通过属性面板更改表格属性，如图 7.17 所示。

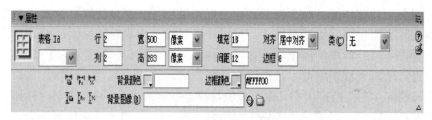

图 7.17　表格属性设置

"填充"文本框用来设置单元格边距，"间距"文本框用来设置单元格间距。
"对齐"下拉列表框用来设置表格的对齐方式，默认的对齐方式一般为左对齐。
"边框"文本框用来设置表格边框的宽度。
"背景颜色"文本框用来设置表格的背景颜色。
"边框颜色"用来设置表格边框的颜色。

在"背景图像"文本框填入表格背景图像的路径，可以给表格添加背景图像。也可以如图 7.18 所示给文本框加上链接路径。还可以单击文本框后的"浏览"按钮，查找图像文件。在"选择图像源"对话框中定位并选择要设置为背景的图片，单击"确认"按钮即可。

（4）设置单元格属性　把光标移动到某个单元格内，可以利用单元格属性面板对这个单元格的属性进行设置，如图 7.19 所示。

"水平"文本框用来设置单元格内元素的水平排版方式，有居左、居右和居中三种。
"垂直"文本框用来设置单元格内元素的垂直排版方式，有顶端对齐、底端对齐和居中对齐三种。
"宽""高"文本框用来设置单元格的宽度和高度。

图 7.18　背景图像设置

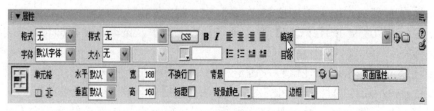

图 7.19　单元格属性设置

"不换行"复选框可以防止单元格中较长的文本自动换行。

"标题"复选框使选择的单元格成为标题单元格,单元格内的文字自动以标题格式显示出来。

"背景"文本框用来设置表格的背景图像。

"背景颜色"文本框用来设置表格的背景颜色。

"边框"文本框用来设置表格边框的颜色。

(5) 插入/删除行和列 选中要插入行或列的单元格,单击鼠标右键,在弹出菜单中选择"插入行"或"插入列"或"插入行或列"命令,如图 7.20 所示。

如果选择了"插入行"命令,在选择行的上方就插入了一个空白行;如果选择了"插入列"命令,就在选择列的左侧插入了一个空白列。

如果选择了"插入行或列"命令,会弹出"插入行或列"对话框,可以设置插入行还是列、插入的数量,以及在当前选择的单元格的上方或下方、左侧或右侧插入行或列。

要删除行或列,选择要删除的行或列,单击鼠标右键,在弹出菜单中选择"删除行"或"删除列"命令即可。

(6) 拆分与合并单元格 拆分单元格时,将光标放在待拆分的单元格内,单击属性面板上的"拆分"按钮,在弹出的对话框中按需要设置即可,如图 7.21 所示。

合并单元格时,选中要合并的单元格,单击属性面板中的"合并"按钮即可。

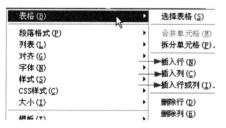

图 7.20 表格插入

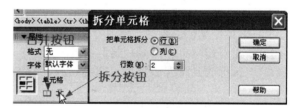

图 7.21 表格拆分

7.2.5 框架网站制作

框架是网页中经常使用的页面设计方式,框架的作用就是把网页在一个浏览器窗口下分割成几个不同的区域,实现在一个浏览器窗口中显示多个 HTML 页面的功能。使用框架可以非常方便地完成导航工作,让网站的结构更加清晰,而且各个框架之间不存在干扰问题。利用框架最大的特点就是使网站的风格一致。通常把一个网站中页面相同的部分单独制作成一个页面,作为框架结构的一个子框架的内容则为整个网站公用。

一个框架结构由以下两部分网页文件构成。

① 框架 (frame):框架是浏览器窗口中的一个区域,它可以显示与浏览器窗口的其余部分中所显示内容无关的网页文件。

② 框架集 (frameset):框架集也是一个网页文件,它将一个窗口通过行和列的方式分割成多个框架,框架的多少根据具体有多少网页来决定,每个框架中要显示的就是不同的网页文件。

7.2.5.1 创建框架

在创建框架集或使用框架前,通过选择"查看"→"可视化助理"→"框架边框"命令,使框架边框在文档窗口的设计视图中可见。

(1) 使用预制框架集

① 新建一个 HTML 文件，在快捷工具栏选择"布局"，单击 "框架"按钮，在弹出的下拉菜单中选择"顶部和嵌套的左侧框架"，如图 7.22 所示。

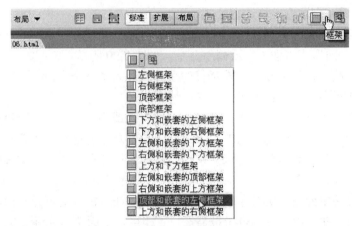

图 7.22　框架布局

② 使用鼠标直接从框架的左侧边缘和上边缘向中间拖动，直至合适的位置，这样顶部和嵌套的左侧框架就完成了。

(2) 鼠标拖动创建框架

① 新建普通网页，命名后将其打开。

② 把鼠标放到框架边框上，出现双箭头光标时拖曳框架边框，可以垂直或水平分割网页。

7.2.5.2　编辑框架式网页

虽然框架式网页把屏幕分割成几个窗口，每个框架（窗口）中放置一个普通网页，但是编辑框架式网页时，要把整个编辑窗口当作一个网页来编辑，插入的网页元素位于哪个框架，就保存在哪个框架的网页中。框架的大小可以随意修改。

(1) 改变框架大小　用鼠标拖曳框架边框可随意改变框架大小。

(2) 删除框架　用鼠标把框架边框拖曳到父框架的边框上，可删除框架。

(3) 设置框架属性　设置框架属性（图 7.23）时，必须先选中框架。选择框架方法如下：选择"菜单"栏→"窗口"→"框架"，打开框架面板，单击某个框架即可选中该框架。

在编辑窗口某个框架内按住【Alt】键并单击鼠标，即可选择该框架。当一个框架被选择时，它的边框带有点线轮廓。

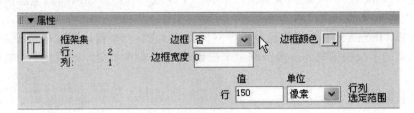

图 7.23　框架属性设置界面

7.2.5.3 在框架中使用超级链接

在框架式网页中制作超级链接时,一定要设置链接的目标属性,为链接的目标文档指定显示窗口。链接目标较远(在其他网站)时,一般放在新窗口。在导航条上创建链接时,一般将目标文档放在另一个框架中显示(当页面较小时)或全屏幕显示(当页面较大时)。

"目标"下拉菜单中的选项如下。

① blank:放在新窗口中。
② parent:放到父框架集或包含该链接的框架窗口中。
③ self:放在相同窗口中(默认窗口无须指定)。
④ top:放到整个浏览器窗口并删除所有框架。

保存框架名为 mainFrame、leftFrame、topFrame 的框架后,在"目标"下拉菜单中还会出现 mainFrame、leftFrame、topFrame 选项。

① mainFrame:放到名为 mainFrame 的框架中。
② leftFrame:放到名为 leftFrame 的框架中。
③ topFrame:放到名为 topFrame 的框架中。

7.2.6 表单操作

使用表单,可以帮助 Internet 服务器从用户那里收集信息,例如收集用户资料、获取用户订单,在 Internet 上也同样存在大量的表单,让用户输入文字进行选择。

7.2.6.1 通常表单的工作过程

① 访问者在浏览有表单的页面时,可填写必要的信息,然后单击"提交"按钮。
② 这些信息通过 Internet 传送到服务器上。
③ 服务器上专门的程序对这些数据进行处理,如果有错误会返回错误信息,并要求纠正错误。
④ 数据完整无误后,服务器反馈一个输入完成的信息。

7.2.6.2 完整表单的组成部分

一个完整的表单包含两个部分:一是在网页中进行描述的表单对象;二是应用程序,它可以是服务器端的,也可以是客户端的,用于对客户信息进行分析处理。

在 Dreamweaver 中,表单输入类型称为表单对象。可以通过选择"插入"→"表单对象"来插入表单对象,或者通过图 7.24 显示的"插入"栏的"表单"面板访问表单对象来插入表单对象。

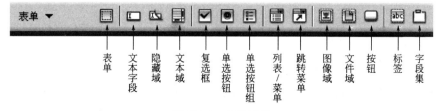

图 7.24 表单元素

（1）表单 "表单"用于在文档中插入表单。任何其他表单对象，如文本域、按钮等，都必须插入表单之中，这样所有浏览器才能正确处理这些数据。

（2）文本域 "文本域"用于在表单中插入文本域。文本域可接受任何类型的字母、数字项。输入的文本可以显示为单行、多行，或者显示为项目符号或"*"（用于保护密码）。

（3）复选框 "复选框"用于在表单中插入复选框。复选框允许在一组选项中选择多项，用户可以选择任意多个适用的选项。

（4）单选按钮 "单选按钮"用于在表单中插入单选按钮。单选按钮代表互相排斥的选择。选择一组中的某个按钮，就会取消选择该组中的所有其他按钮。例如，用户可以选择"是"或"否"。

（5）单选按钮组 "单选按钮组"是用于插入共享同一名称的单选按钮的集合。

（6）列表/菜单 "列表/菜单"使用户可以在列表中创建用户选项。"列表"选项在滚动列表中显示选项值，并允许用户在列表中选择多个选项。"菜单"选项在弹出式菜单中显示选项值，而且只允许用户选择一个选项。

（7）跳转菜单 "跳转菜单"用于插入可导航的列表或弹出式菜单。跳转菜单允许用户插入一种菜单，这种菜单中的每个选项都链接到文档或文件。

（8）图像域 "图像域"使用户可以在表单中插入图像。可以使用图像域替换"提交"按钮，以生成图形化按钮。

（9）文件域 "文件域"用于在文档中插入空白文本域和"浏览"按钮。"文件域"使用户可以浏览其硬盘上的文件，并将这些文件作为表单数据上传。

（10）按钮 "按钮"用于在表单中插入文本按钮。按钮在单击时执行任务，如提交或重置表单。可以为按钮添加自定义名称或标签，或者使用预定义的"提交"或"重置"标签之一。

（11）标签 "标签"用于在文档中给表单加上标签，以<label>、</label>形式开始和结束。

（12）字段集 "字段集"用于在文本中设置文本标签。

在 Dreamweaver 中可以创建各种各样的表单，表单中可以包含各种对象，例如文本域、按钮、列表等。

插入表单操作如下所述。

在网页中添加表单对象，首先必须创建表单。表单在浏览网页中属于不可见元素。在 Dreamweaver 8 中插入一个表单。当页面处于"设计"视图时，用红色的虚轮廓线指示表单。如果没有看到此轮廓线，请检查是否选中了"查看"→"可视化助理"→"不可见元素"。

① 将插入点放在希望表单出现的位置。选择"插入"→"表单"，或选择"插入"栏上的"表单"类别，然后单击"表单"图标。

② 用鼠标选中表单，在属性面板上可以设置表单的各项属性，如图 7.25 所示。

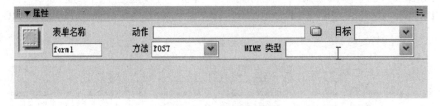

图 7.25 表单属性设置

在"动作"文本框中指定处理该表单的动态页或脚本的路径。

在"方法"下拉列表中，选择将表单数据传输到服务器的方法。表单"方法"有三种：

"POST"，在 HTTP 请求中嵌入表单数据；"GET"，将值追加到请求该页的 URL 中；"默认"，使用浏览器的默认设置将表单数据发送到服务器。通常，默认方法为 "GET" 方法。不要使用 GET 方法发送长表单。URL 的长度限制在 8192 个字符以内。如果发送的数据量太大，数据将被截断，从而导致意外的或失败的处理结果。在发送机密用户名和密码、信用卡号或其他机密信息时，不要使用 GET 方法。用 GET 方法传递信息不安全。

在"目标"弹出式菜单指定一个窗口，在该窗口中显示调用程序所返回的数据。如果命名的窗口尚未打开，则打开一个具有该名称的新窗口。目标值有以下几种："_blank"，在未命名的新窗口中打开目标文档；"_parent"，在显示当前文档的窗口的父窗口中打开目标文档；"_self"，在提交表单所使用的窗口中打开目标文档；"_top"，在当前窗口的窗体内打开目标文档，此值可用于确保目标文档占用整个窗口，即使原始文档显示在框架中。

7.3 网站的发布

7.3.1 创建 Web 站点

在 IIS（互联网信息服务）管理控制台中，右击网站，指向"新建"，选择网站。

在弹出的欢迎使用"网站创建向导"页，点击"下一步"。

在"网站描述"页，输入网站描述，如图 7.26 所示。然后点击"下一步"。

在"IP 地址和端口设置"页，设置此 Web 站点的网站标识（IP 地址、端口和主机名头），在此仅能设置一个默认的 HTTP 标识，用户可以在创建网站后添加其他 HTTP 标识和 SSL 标识。由于 IIS 中的默认网站尚在运行，它的 IP 地址设置为全部未分配，端口为 80，所以在此必须不能设置为和默认站点冲突的值，因此选择网站 IP 地址为 10.1.1.9，保持端口为默认 HTTP 端口 80，不输入主机名头，然后点击"下一步"。如图 7.27 所示。

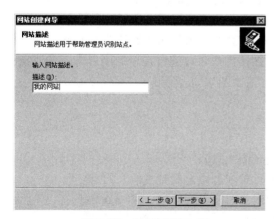

图 7.26 "网站描述"页

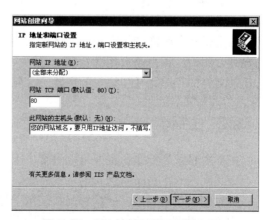

图 7.27 "IP 地址和端口设置"页

在"网站主目录"页，输入主目录的路径，主目录即用户网站内容存放的目录。其实把网站主目录存放在系统分区不是安全的行为，只是在此只有一个驱动器。默认选择了允许匿名访问网站，这允许对此网站的匿名访问，点击"下一步"。如图 7.28 所示。

在"网站访问权限"页，默认只是选择了读取，即只能读取静态内容。如果用户需要运行脚本如 ASP 等，则勾选运行脚本（如 ASP）。至于其他权限，则根据需要慎重考虑后再选取。如图 7.29 所示。

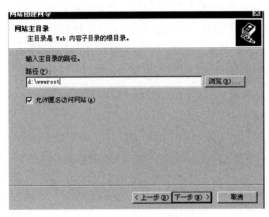
图 7.28 "网站主目录"页

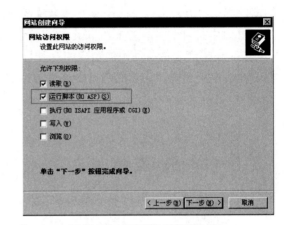
图 7.29 "网站访问权限"页

最后在"已成功完成网站创建向导"页，点击"完成"，此时，Web 站点就创建好了。

7.3.2 设置 Web 站点

在 IIS 管理控制台中右击对应的 Web 站点，然后选择属性，即可配置 Web 站点的属性，下面介绍常用的几个配置标签。

7.3.2.1 网站

在"网站"标签，用户可以在"网站标识"框修改此网站的默认 HTTP 标识，也可以点击"高级"按钮添加其他 HTTP 标识和 SSL 标识；在"连接"框，用户可以配置 Web 站点在客户端空闲多久时断开与客户端的连接，而"保持 HTTP 连接"选项有助于 HTTP 连接性能的提高，用户应该总是启用此选项；最后，在下部，用户可以配置是否启用日志记录以及日志记录文件的存储路径和记录的字段。"网站"标签如图 7.30 所示。

7.3.2.2 主目录

在"主目录"标签，主要可以进行以下配置（图 7.31）。

修改网站的主目录：配置为本地目录、共享目录或者重定向到其他 URL 地址。

修改网站访问权限：网站访问权限用于控制用户对网站的访问，IIS 6.0 中具有以下六种网站访问权限。

① 读取：用户可以读取文件内容和属性，默认启用。

图 7.30 "网站"标签　　　　　　　图 7.31 "主目录"标签

② 写入：用户可以修改目录或文件的内容；如果需要启用此权限，应在设置之前慎重考虑。

③ 脚本资源访问：允许用户访问脚本文件的源代码，必须和读取或写入权限同时启用方可生效；如果需要启用此权限，应在设置之前慎重考虑。

④ 目录浏览：用户可以浏览目录，从而可以看到目录中的所有文件；如果需要启用此权限，应在设置之前慎重考虑。

⑤ 记录访问：当用户浏览此网站时进行日志记录，默认启用。

⑥ 索引资源：允许索引服务对此资源进行索引，默认启用。

7.3.2.3 文档

在"文档"标签，用户可以配置此网站使用的默认内容文档，可以添加和删除默认内容文档，也可以选择对应名字后点击上移、下移调整优先级。"文档"标签如图 7.32 所示。

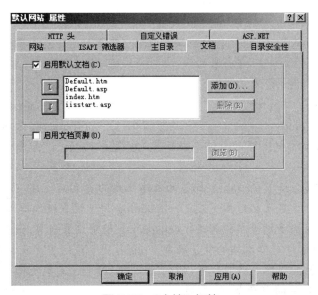

图 7.32 "文档"标签

下部的"启用文档页脚"功能可以让 Web 站点自动附加一个 HTML 格式的页脚到返回给用户的任何一个文档中，不过用户选择的页脚文件不应是完整的 HTML 文件，而应仅仅是部分 HTML 代码。

习题

一、简答题

1. HTML 文件与其他文件（文本文件、编程文件等）有什么不同？
2. 在 HTML 文件中标题与题目是否一样？
3. HTML 文件中的回车与 Word 中的回车含义是否一样？
4. 如何在网页上加入图形？

二、选择题

1. 要标记网页的标题，可以使用的标签是（　　）。
   A. <html>、</html>　　　　　　　　B. <head>、</head>
   C. <body>、</body>　　　　　　　　D. <title>、</title>
2. 制作无序号列表，需使用（　　）标签。
   A. <p>和</p>　　　　　　　　　　B. <ul>、</ul>和<li>
   C. <dl>、</dl>和<li>　　　　　　　D. <ol>、</ol>和<li>
3. 在网页中设置字号大小的标签是（　　）。
   A. <big>　　　B. <font>　　　C. <p>　　　D. <ol>
4. 下列选项中（　　）是 JavaScript 的点击事件。
   A. onSelect　　B. onFocus　　C. onClick　　D. onLoad
5. 下列事件中（　　）表示鼠标指针移开时的事件。
   A. onMouseover　　B. onMouseout　　C. onClick　　D. onLoad
6. 在 Dreamweaver 中，在设置各分框架属性时，参数 Scroll 是用来设置（　　）属性的。
   A. 颜色　　　B. 滚动条　　　C. 边框宽度　　　D. 默认边框宽度
7. 定义框架集的标签是（　　）。
   A. <frameset>、</frameset>　　　　B. <frame>、</frame>
   C. <body>、</body>　　　　　　　　D. <noframes>、</noframes>
8. 在 Dreamweaver 中，可以通过单击标签选择器中的（　　）来选取表格中的单元格。
   A. <table>标签　　B. <tr>标签　　C. <td>标签　　D. <tc>标签
9. 下列关于 HTML 语言的<table>标签的表述正确的是（　　）。
   A. border 用于设置表格边线宽度，cellpadding 用于设置框线厚度
   B. cellpadding 用于设置框线厚度，cellspacing 用于设置数据与边框的距离
   C. bgcolor 用于设定单元格的背景颜色，width 用于设定整个表格的宽度
   D. valign 用于强制单元格内容不换行，nowrap 用于设定单元格内容垂直对齐方式
10. 创建空链接使用的符号是（　　）。
    A. @　　　B. #　　　C. &　　　D. *

08

第8章

多媒体技术

多媒体技术以数字技术为基础，融通信技术、广播技术和计算机技术等于一体，用于对声音、文字、图像、动画等进行处理。多媒体技术加快了计算机进入家庭和社会生活各个领域的速度。

8.1 概述

8.1.1 多媒体概念

媒体（medium）在信息领域有两种含义：一种是指用以存储信息的实体，例如磁盘、光盘和半导体介质等；另一种则是指信息的正文、图形、图像、动画和音频等。

从计算机和通信设备处理信息的角度来看，可以将自然界和人类社会原始信息存在的形式——数据、文字、有声的语言、音响、绘画、动画、图像（静态的照片和动态的电影、电视和录像）等，归结为三种最基本的媒体，即声、图、文。传统的计算机只能处理单媒体——"文"。电视能够传播声、图、文集成信息，但它不是多媒体系统。通过电视，只能单向被动地接受信息，不能双向、主动地处理信息，没有所谓的交互性。可视电话虽然有交互性，但仅仅能够听到声音、见到谈话人的形象，也不是多媒体。因此，多媒体技术就是以计算机技术为基础，实现多种媒体信息的采集、编码、存储、传输、处理和表现，综合处理多种媒体信息并使其建立有机的逻辑联系，集成为一个系统并能具有良好的交互性的技术。

8.1.2 多媒体技术的特征

多媒体技术包含的内容极其广泛，其特征如下所述。

8.1.2.1 多样性

正如前面介绍的，多媒体中所包含的信息有文本、图形、图像、声音、动画和视频图像等。

信息载体的多样性是多媒体的主要特征之一，也是多媒体研究需要解决的关键问题。信息载体的多样化是相对计算机而言的，指的就是信息媒体的多样化。把计算机所能处理的信息空间范围扩展和放大，而不再局限于数值、文本或需要特殊对待的图形和图像，这是计算机变得更加人性化所必需的条件。人类对于信息的接收和产生主要在五个感觉空间内，即视觉、听觉、触觉、嗅觉和味觉，其中前三种占了95%的信息量。借助于这些多感觉形式的信息交流，人类对于信息的处理可以说是得心应手。

然而计算机以及与其相类似的设备都远远没有达到人类的水平，在信息交互方面与人的感官空间就相差更远。多媒体就是要把机器处理的信息多维化，通过信息的捕获、处理与展现，使其在交互过程中具有更加广阔和更加自由的空间，满足人类感官空间全方位的多媒体信息需求。

8.1.2.2 集成性

多媒体技术是多种媒体的有机集成。它集文字、文本、图形、图像、视频、语音等多种媒体信息于一体。它像人的感官系统一样，从眼、耳、口、鼻、脸部表情、手势等多种信息渠道接收信息，并送入大脑，然后通过大脑综合分析、判断，去伪存真，从而获得全面准确的信息。目前，多种媒体还在进一步深入研究，如触觉、味觉、嗅觉。多种媒体的集成是多媒体技术的一个重要特点，但要想完全像人一样从多种渠道获取信息，还有一定的距离。

8.1.2.3 交互性

交互性是指用户与计算机之间进行数据交换、媒体交换和控制权交换的一种特性。交互性是多媒体应用有别于传统信息交流媒体的主要特点之一。传统信息交流媒体只能单向地、被动地传播信息，而多媒体技术可以形成人与机器、人与人及机器间的互动，互相交流的操作环境及身临其境的场景，实现人对信息的主动选择和控制。

8.1.2.4 实时性

多媒体实时交互，使其呈现连续性。当用户给出操作命令时，相应的多媒体信息都能够得到实时控制。

8.1.3 多媒体系统的关键技术

多媒体信息的处理和应用需要一系列相关技术的支持，以下几个方面的关键技术是当前多媒体研究的热点。

8.1.3.1 数据压缩技术

数字化的声音和图像包含大量数据。对数据进行有效的压缩是多媒体必须解决的关键问题之一。自从 1948 年出现 PCM（脉冲编码调制）编码理论以来，编码技术已有了 70 多年的历史，且日趋成熟。

目前主要有三大编码及压缩标准，即 JPEG（joint photographic experts group）标准、MPEG（motion picture experts group）标准和 H.216（又称 P64 标准）。JPEG 是 1986 年制定的主要针对静止图像的第一个图像压缩国际标准。该标准制定了有损和无损两种压缩编码方案，对单色和彩色图像的压缩比通常为 10∶1 和 5∶1。JPEG 广泛应用于多媒体 CD-ROM、彩色图像传真、图文档案管理等方面。MPEG 是目前热门的国际标准，用于活动图像的编码。今天能够欣赏 VCD 和 DVD，完全得益于信息的压缩和解压缩。MPEG 包括 MPEG-Video、MPEG-Audio 和 MPEG-System 三个部分。MPEG 是针对 CD-ROM 式有线电视传播的全动态影像，它严格规定了分辨率、数据传输率和格式。其平均压缩比为 50∶1。H.216 是 CCITT（国际电报电话会议）所属专家组主要为可视电话和电视会议而制定的标准，是关于视频图像和声音的双向传输标准。

8.1.3.2 超大规模集成电路制造技术

声音和图像信息的压缩处理要求进行大量计算，如果由通用计算机来完成，则需要用中型机，甚至大型机才能胜任。超大规模集成电路（VLSI）制造技术为多媒体技术的普遍应用创造了条件。

8.1.3.3 多媒体数据存储技术

数字化的媒体信息虽然经过压缩处理，但仍然包含了大量数据。CD-ROM 的出现适应了大容量存储的需要，一张 CD-ROM 可以存储约 600MB 的数据，随后出现的 HD-DVD 技术使一张盘片可以存储 4GB 多数据，由索尼和飞利浦等公司开发的蓝光（Blu-ray）技术使用户能够在一张单碟上存储 25GB 的文档文件。这些存储技术极大促进了多媒体技术的发展。

8.1.3.4 实时多任务操作系统

多媒体技术需要同时处理声音、文字、图像等多种媒体信息，其中声音和视频图像还要求实时处理，且需要能支持对多媒体信息进行实时处理的操作系统。

8.2 数字音频

8.2.1 音频分类

音频通常分为三类，即波形音频、MIDI 音频和 CD 音频。

8.2.1.1 波形音频

一般情况下，声音的制作是使用麦克风或录音机来产生，再由声卡上的 WAVE 合成器（模/数转换器）对模拟音频采样后，量化编码为一定字长的二进制序列，并在计算机内传输和存储。在数字音频回放时，再由数字到模拟的转换器（数/模转换器）解码将二进制编码恢复成原始的声音信号，通过音响设备输出。

波形文件通常都很大，存储时大都采用了不同的音频压缩算法，在基本保持声音质量不变的情况下尽可能压缩文件。数字音频的质量取决于采样频率、量化位数和声道数三个因素。采样频率是指每秒内采样的次数，通常采用三种，即 11.025kHz（语音效果）、22.05kHz（音乐效果）、44.1kHz（高保真效果）。量化位数描述了每个采样点样值的二进制位数。例如，8 位量化位数表示每个采样值可以用 2^8 即 256 个不同的量化值之一来表示。常用的量化位数为 8

位、12 位、16 位。声音通道的个数称为声道数，是指一次采样所记录产生的声音波形个数。记录声音时，如果每次生成一个声波数据，则称为单声道；每次生成两个声波数据，则称为双声道（立体声）。随着声道数的增加，所占用的存储容量也成倍增加。

8.2.1.2　MIDI 音频

乐器数字接口（musical instrument digital interface，MIDI）音频是将电子乐器键盘上的弹奏信息记录下来，包括键名、力度、时值长短等，相当于数字乐谱。当需要播放时，只需从相应的 MIDI 文件中读出 MIDI 信息，生成所需要的声音波形，经放大后由扬声器输出。

MIDI 设备包括 MIDI 端口、MIDI 键盘、音序器和合成器。

由于 MIDI 文件只是一系列指令的集合，不包含声音数据，因此 MIDI 文件比波形文件要小得多，可以极大节省存储空间。

8.2.1.3　CD 音频

小型音乐光碟（compact disk-digital audio，CD-DA）又称 CD 音乐光盘，是光盘的一种存储格式，专门用来记录和存储音乐。CD 唱盘也是利用数字技术（采样技术）制作的，只是 CD 唱盘不存在数字声波文件的概念，而是利用激光将 0、1 数字位转换成微小的信息凹凸坑制作在光盘上，通过 CD-ROM 驱动器特殊芯片读出其内容，再经过数/模转换，将其转变成模拟信号输出播放。

8.2.2　声音信号的数字化

声音是连续的信号。在一个指定的时间范围里，声波的幅度值无穷多，因此声音是典型的模拟信号。计算机无法直接处理模拟信号，只能处理数字信号。数字信号量在一个时间范围内只有有限的几个幅值。将声音转化为数字信号量的过程称为声音信号的数字化。

数字化声音一般由声卡的模拟量/数字量转换来完成，通常要经过图 8.1 所示的采样、量化和编码三个步骤。

图 8.1　声音信号的数字化过程

对声音以一定时间间隔取值，则可获得离散信号，这就是采样。采样的时间间隔可以是固定的或者不固定的。

采样后所得的采样值以数字形式存储，这一过程称为量化。量化所得数值的数目必须是固定的。

编码是将采样和量化后的数字数据以一定形式的格式记录下来。编码的方式很多，常用的编码方式为脉冲编码调制（pulse code modulation，PCM）。图 8.2 所示为声音信号的采样、量化和编码过程的幅值。

影响音频质量的因素包括采样频率、采样精度和声道数。

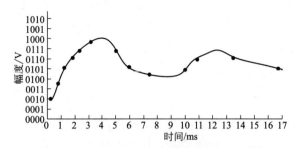

图 8.2 声音信号的采样、量化和编码过程的幅值

单位时间内的采样次数称为采样频率。采样频率越高,所得音频信号的质量越好。采样频率的单位通常为赫兹(Hz)。

采样精度是指每次采样获得的数据所使用的二进制量化位数。位数越多,音质越好。

声道数是指所使用的声音通道的数目,分为单声道、双声道(立体声)和多声道。声道数表明了一次采样的声音波形数。

根据上述因素,声音在数字化后所需要的存储空间可以利用下列公式计算:

存储容量(字节)=采样精度×采样频率×声道数×时间/8

例如,采样频率为48kHz,采样精度为16位的立体声,录制1分钟声音的存储容量为:16×48kHz×2B×60/8=11520kB=11.25MB。

8.3 图形和图像技术

8.3.1 图形图像的基本概念

8.3.1.1 矢量图

图形(graphic)一般指用计算机绘制的由点、线、面和体构成的图形,如直线、圆弧、矩形、圆锥体等。通常在图形文件中只记录生成图的算法和图上的某些特征点(如几何图形的大小、形状及位置、维数等),因此也称矢量图。这样的图形通常需要特定的绘图工具才能打开。常用的矢量图形文件有".3ds"(用于3D造型)、".dxf"(用于CAD)、".wmf"(用于桌面出版)等。由于这些图形文件中记录了图形生成算法和特征点,因此占用的存储空间很小,但是在显示时需要有绘图工具根据特征点利用相应算法重新计算生成,因而显示速度相对要慢一些。

8.3.1.2 图像

图像是由摄像机、扫描仪、数码相机、帧捕捉设备等捕捉生成的实际的具有自然明暗、颜色层次的场景画面,或以数字化形式存储的任意画面。

在计算机中,图像也称"位图",通过像素点进行描述。一幅图像就是由若干行和若干列的像素点组成的阵列,它表达了自然景物的形象和色彩,而像素点又是由二进制进行描述的。这就是图像的数字化,适用于各类视觉媒体信息。这种存储方式占用存储空间很大。

图像分为静态图像和动态图像两种。静态图像只有一幅图片,动态图像是由多幅连续的、有顺序的序列构成的,序列中的每幅图像称为一"帧"。如果每帧图像是利用 Flash、3ds Max 等编辑软件加工而成的,就称为动画。

与音频一样,在将一幅真实图像转换成计算机能够处理的形式时,也要经过采样、量化和编码等数字化过程。图 8.3 给出了图像采样的示意。

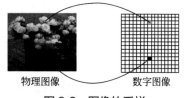

图 8.3　图像的采样

8.3.2　数字图像的基本属性

8.3.2.1　分辨率

图像分辨率是指数字化图像的大小,用水平和垂直方向包含像素点的数目来表示。例如,分辨率为 320×240 像素的图像是指水平方向上有 320 个像素点,垂直方向上有 240 个像素点。需要注意的是,图像分辨率与屏幕分辨率是有区别的。分辨率为 320×240 像素的图像在屏幕分辨率同样为 320×240 像素的屏幕上是满屏的,但在分辨率为 640×480 像素的屏幕上,图像只占屏幕的 1/4。

8.3.2.2　图像深度

对于黑白图像,用灰度级表示图像颜色的深浅和亮度的等级。图像最低灰度级别只有两级(一位),即黑、白两种像素,称为二值图。常用的灰度级别为 256 级,对应的二进制编码为八位,图像灰度取值范围为 0~255,图像最暗点的灰度值为 0,最亮点的灰度值为 255。

色彩数表示彩色扫描仪所能产生的颜色范围。计算机中通常用三原色 R、G、B(红、绿、蓝)来表示颜色。在 RGB 模型中,任何一种颜色都可以用 R、G、B 按不同的比例混合而成。每种颜色按光强度不同可分为 0~255 共 256 个级别,其中第 255 级是纯色。表 8.1 给出了八种颜色的组合。如果 R、G、B 分别为八位,则称色彩深度为 24,把这种深度的色彩称为真彩色。

除了 RGB 模型外,计算机中表示颜色的模型还有 CMY(青色、品红、黄色)模型、HSB(色调、饱和度、明度)颜色模型和 LAB(亮度、色彩 A、色彩 B)模型等。

表 8.1　八种颜色的 RGB 组合

红(R)	绿(G)	蓝(B)	颜色	红(R)	绿(G)	蓝(B)	颜色
0	0	0	黑	1	0	0	红
0	0	1	蓝	1	0	1	品红
0	1	0	绿	1	1	0	黄
0	1	1	青	1	1	1	白

8.3.2.3　图像文件大小

图像文件大小是指存储图像时所需存储的字节数,计算如下:

图像文件大小=图像高×图像宽×图像深度/8

这里"图像高×图像宽"刚好是图像的分辨率大小。例如一幅分辨率为 1024×768 像素的黑白图像,在存储时所需的实际空间为:

$$1024×768×1/8=98304B=96kB$$

而分辨率大小相同的 24 位真彩色图像，在存储时所需的空间为：

$$1024×768×24/8=2359296B=2304kB$$

8.3.3　常见的图形图像格式

（1）BMP 格式　BMP（bitmap）格式是 Microsoft 公司专门为 Windows 制定的位图文件格式，BMP 支持黑白图像、16 色和 256 色的伪彩色图像以及 RGB 真彩色图像。一般的图像处理软件都能打开，存储时通常不压缩，因此所占用的存储空间较大。

（2）GIF 格式　图形交换格式（graphics interchange format，GIF）采用无损压缩算法存储，文件通常较小，网页上大多数的图像都采用了这种格式，但 GIF 文件最多只支持 256 种颜色。一个 GIF 文件可以存储一幅图片，也可以存储多幅图片。一个存储了多幅静止图像的 GIF 文件会连续显示其中的每幅图像，这就是 GIF 动画。

（3）JPEG 格式　联合图像专家组（joint photographic experts group，JPEG）采用 JPEG 算法压缩图像，支持 256 色以上和大幅面图像存储。一幅 BMP 格式的文件在转换成 JPEG 格式后，大小只有原来的 1/5～1/10。JPEG 采用的压缩算法为有损压缩，会牺牲部分图像数据，但在一定分辨率下不会对视觉效果造成影响。JPEG 的升级版 JPEG 2000 同时支持有损和无损压缩。

（4）TIF 格式　标签图像格式（tagged image format，TIF）是最复杂的图像格式标准之一，它支持的颜色从单色到 24 位真彩色，存储时既可以使用有损压缩也可以使用无损压缩。扫描仪扫描的图像通常为 TIF 格式。

（5）PNG 格式　便携式网络图像（portable network graphics，PNG）是一种新兴网络图像格式。它兼有 GIF 和 JPEG 的色彩模式，存储时采用无损压缩算法，可以将图像文件压缩到极限，而图像不会失真。PNG 支持透明图像，广泛用于网页背景的制作。

利用 Windows 自带的"画图"程序可以处理大多格式的图像。

8.4　数字视频

8.4.1　视频的基本概念

人类 70%的信息来源于视频。所谓视频就是指一组随时间不断变化的图像，当每秒变化的图像数超过 24 幅时，就会产生平滑的效果。把其中每一幅单独的图像称为帧，每秒播放的帧数称为帧频。普通模拟制式的视频帧速有 30 帧/秒（NTSC）和 25 帧/秒（PAL，SECAM）两种。我国采用的制式是 PAL。

要想在计算机等数字设备上处理模拟视频信号，需要将其数字化。目前常用的视频图像的输入方式有两种，一种是利用视频捕获卡加模拟摄像头，另外一种是利用基于 USB 接口的数字摄像头。

数字化后的视频信息量巨大，必须进行视频压缩。视频压缩的目标是在尽可能保证视觉效果的前提下减少视频数据率。压缩视频的过程实质上就是去掉感觉不到的那些东西的数据。常用的视频压缩算法包括 M-JPEG、MPEG-1、MPEG-2 及 MPEG-4。

8.4.2 常见的视频格式

（1）MPEG/MPG/DAT　运动图像专家组（motion picture experts group，MPEG）格式包括 MPEG-1、MPEG-2 和 MPEG-4 在内的多种视频格式。MPEG-1 广泛应用于 VCD 的制作，MPEG-2 则应用于 DVD 的制作。

（2）AVI　音频视频交错（audio video interleaved，AVI）是一种桌面系统上的低成本、低分辨率的视频格式。它是 Microsoft 公司开发的一种数字音频与视频文件格式。

（3）RM/RMVB　RM 是由 Real Networks 公司制定的音频/视频压缩规范 Real Media 中的一种，Real Player 能做的就是利用 Internet 资源对这些符合 Real Media 技术规范的音频/视频进行实况转播，但图像质量比 VCD 略差。RMVB 是在 RM 的基础上改良而来的，它在保证平均压缩比的基础上合理利用比特率资源。静止和动作场面少的画面场景采用较低的编码速率，这样可以留出更多的带宽空间，而这些带宽会在出现快速运动的画面场景时被利用。这样在保证静止画面质量的前提下，大幅提高了运动图像的画面质量，从而在图像质量和文件大小之间达到了微妙的平衡。

（4）ASF　高级流格式（advanced streaming format，ASF）是 Microsoft 为了和 Real Player 竞争而发展出来的一种可以直接在网上观看视频节目的文件压缩格式。它使用 MPEG-4 的压缩算法，压缩比和图像的质量都很不错。

除上述格式外，常见的视频格式还包括 MOV、WMV、nAIV、DivX、MP4 和 3GP 等。其中后两种格式是手机视频常用的。

8.5　Flash 基础

8.5.1　Flash 软件介绍

Flash 是 Macromedia 公司（已被 Adobe 公司收购）的一个二维矢量动画制作软件，它功能强大、使用简便，在动画制作和广告设计等领域应用得非常广泛，用 Flash 制作出来的动画格式是矢量的，可以无失真地放大和缩小。用 Flash 制作的文件很小，便于在互联网上传输，而且采用流技术，只要下载一部分，就能欣赏动画，而且能一边播放一边传输数据。交互性更是 Flash 动画的迷人之处，可以通过点击按钮、选择菜单来控制动画的播放。

Flash CS4 为用户提供了以下新功能。

（1）基于对象的动画　使用基于对象的动画对个别动画属性实现全面控制，它将补间直接应用于对象而不是关键帧。使用贝赛尔手柄轻松更改运动路径。

（2）3D 转换　借助全新 3D 平移和旋转工具，通过 3D 空间为 2D 对象创作动画，可以沿

x、y、z 轴创作动画，将本地或全局转换应用于任何对象。

（3）使用 Deco 工具和喷涂刷实现程序建模　可将任何元件转变为即时设计工具。以各种方式应用元件：使用 Deco 工具快速创建类似万花筒的效果并应用填充，或使用喷涂刷在定义区域随机喷涂元件。

（4）元数据（XMP）支持　使用全新的 XMP 面板向 SWF 文件添加元数据。快速指定标记以增强协作和移动体验。

（5）针对 Adobe AIR™ 进行创作　借助发布到 Adobe AIR 运行时的全新集成功能，实现交互式桌面体验。面向跨更多设备——Web、移动和桌面的更多用户。

（6）全新 Adobe Creative Suite® 界面　借助直观的面板停靠和弹出式行为提高工作效率，简化了在所有 Adobe Creative Suite 版本中与工具的交互。

（7）反向运动与骨骼工具　使用一系列链接对象创建类似链的动画效果，或使用全新的骨骼工具扭曲单个形状。

（8）动画编辑器　使用全新的动画编辑器体验对关键帧参数的细致控制，这些参数包括旋转、大小、缩放、位置和滤镜等。使用图形显示以全面控制，轻松实现调整。

（9）动画预设　借助可应用于任何对象的预建动画启动项目。从大量预设中进行选择，或创建并保存自己的动画。与他人共享预设以节省动画创作时间。

（10）H.264 支持　借助 Adobe Media Encoder 编码为 Adobe Flash Player 运行时可以识别的任何格式，其他 Adobe 视频产品也提供这个工具，现在新增了 H.264 支持。

8.5.2　Flash CS4 的工作界面

Flash CS4 的菜单栏和其他许多应用程序一样，有文件、编辑、视图、插入、修改、文本、命令、控制、调试、窗口和帮助菜单项。各下拉菜单中包含用于编辑动画的操作命令、属性设置、辅助命令等。工具栏中放置了用于编辑 Flash 动画对象的工具。工作界面如图 8.4 所示。

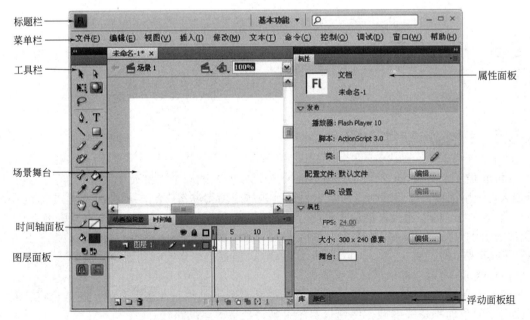

图 8.4　Flash CS4 的工作界面

8.5.3 基本工具的使用

如果界面没有工具栏,点击主菜单栏上的"窗口"下的"工具"即可显示,或者直接使用【Ctrl】+【F2】快捷键也可以打开。工具栏如图 8.5 所示。

工具栏中的常用工具如下所述。

8.5.3.1 选取工具组

选取工具组中包含选取工具、部分选取工具、任意变形工具组、3D 工具组、套索工具等。

"选取工具"用于选择舞台中的对象,并可以进行对象的移动、复制等操作。

"部分选取工具"用来显示线段或对象轮廓上的锚点,移动锚点或路径来改变图形的形状。

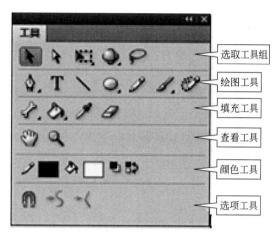

图 8.5 工具栏

"任意变形工具组"中包含两个工具。

① 任意变形工具:用于对象的旋转、倾斜、缩放、扭曲等变形操作。

② 渐变变形工具:将对象渐变填充后,可使用该工具对渐变的颜色范围、方向和角度进行设置。

"3D 工具组"中包含两个工具。

① 3D 旋转工具:可以在 3D 空间内旋转影片剪辑。

② 3D 平移工具:可以在 3D 空间中移动影片剪辑。

"套索工具"用于选择图形中的不规则区域和相互连接的颜色相同的区域。

8.5.3.2 基本绘图工具

基本绘图工具中包含钢笔工具组、文本工具、线条工具、椭圆工具组、铅笔工具、刷子工具组以及 Deco 工具等。

(1)"钢笔工具组" 用于绘制复杂而精确的曲线。

(2)"文本工具" Flash 中的文本类型包括静态文本、动态文本和输入文本。

① 静态文本:默认的创建文本格式,在文件播放过程中静态文本不发生改变。

② 动态文本:显示动态更新的文本,可以随着文件的播放而自动更新的文本。

③ 输入文本:在文件播放时用于交互的文本。例如在表单或调查表中输入的文本等。

(3)"线条工具" 用于绘制矢量直线。

选中"线条工具"后,拖动鼠标绘制直线。单击菜单"窗口"→"属性"打开属性面板,在其中可以设置线条的属性。

(4)"椭圆工具组" 包括矩形工具、基本矩形工具、椭圆工具、基本椭圆工具和多角星形工具。

（5）"铅笔工具" 用于绘制任意线条。

（6）"刷子工具组" 包括刷子工具和喷涂刷工具。

① 刷子工具：可绘制类似刷子的笔触，创建特殊效果。使用刷子工具功能键可以选择刷子大小和形状。

刷子模式包括以下几种。

a.标准绘画：可直接对线条和填充区域涂色。绘制的图形会覆盖下面的内容。

b.颜料填充：对填充区域和空白区域涂色，不影响线条。

c.后面绘画：在舞台上同一图层的空白区域涂色，不影响线条和填充。

d.颜料选择：只对已经选择的区域进行填充。

e.内部绘画：绘图区域与绘图时的起笔位置有关。若起笔在图形内部，则只对图形的内部涂色。

② 喷涂刷工具：可以一次将形状图案喷涂到舞台上。默认情况下，喷涂刷使用当前选定的填充颜色喷射粒子点。

（7）"Deco 工具" 可以对舞台上的选定对象应用效果。在选择 Deco 绘画工具后，可以从属性面板中选择各种绘制效果。属性面板中"绘制效果"包含藤蔓式填充、网格填充、对称刷子三种效果。

8.5.3.3　改变颜色、取色、擦除颜色工具

改变颜色工具（"颜料桶工具组"）包括颜料桶工具、墨水瓶工具等，用"滴管工具"进行取色，用"橡皮擦工具"进行颜色的删除等。

（1）"颜料桶工具组" 包含"颜料桶工具"和"墨水瓶工具"两个工具。

① 颜料桶工具：用于填充图形的内部颜色。可以使用颜色、渐变色以及位图进行填充。

② 墨水瓶工具：用于更改一个或多个线条或者形状轮廓的笔触颜色、宽度和样式。

（2）"滴管工具" 可以从一个对象复制笔触（即对象的轮廓）和填充的属性，然后将它们应用到其他对象。

（3）"橡皮擦工具" 用于擦除笔触段、填充区域以及舞台上的所有内容。

8.5.4　Flash CS4 文档的基本操作

8.5.4.1　新建文档

启动 Flash CS4，开始页对话窗口如图 8.6 所示。

选择"文件"→"新建"命令，在弹出的"新建文档"对话框中选择创建文档的类型，或者依据模板进行创建，如图 8.7 所示。

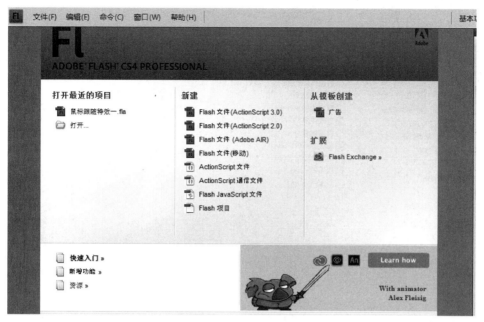

图 8.6 开始页对话窗口

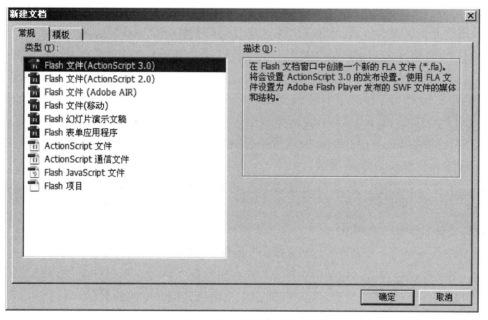

图 8.7 "新建文档"对话框

8.5.4.2 打开文档

如果已建立 Flash 文档，则可以将其打开后继续进行编辑。具体操作步骤如下。

① 单击"文件"→"打开"命令，弹出"打开"对话框，如图 8.8 所示。

② 找到要打开的文件，单击"打开"按钮，即可打开文件。

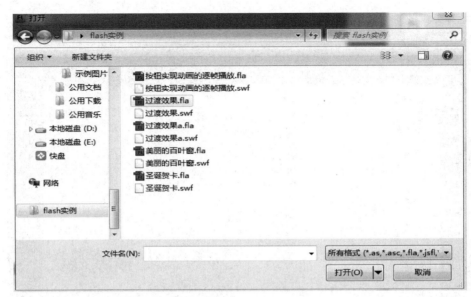

图 8.8 "打开"对话框

8.5.4.3 保存及发布文档

Flash 包括两种文件格式:".fla"文件格式(图标为) 和".swf"文件格式(图标为)。

".fla"文件格式是 Flash 动画的源文件,可以直接在 Flash CS4 软件中打开、编辑、修改和保存,该文件中存放着动画的所有原始素材。由于它包含了所需要的全部原始信息,因此文件的容量比较大。

".swf"是指在 Flash CS4 中编辑完成后导出的成品动画文件。".swf"文件还可以由 Flash CS4 自带的 Flash Player 播放软件进行播放,也可以将其制成单独的可执行文件,这样无须播放软件即可直接播放。由于".swf"文件中只包含少量信息,并且经过大幅度的压缩,文件变得很小,因此可以直接放在网上浏览。".swf"是不可以再被编辑和修改的文件。

保存文件具体操作步骤如下。

① 单击"文件"→"保存"或"另存为"命令。若是第一次保存文件,则打开"另存为"对话框;若文件已保存过,则使用"保存"命令直接保存修改,不会出现对话框。

② 选择要保存文件的位置,在"文件名"框中输入保存文件的名称。

③ 单击"保存"按钮即可保存该文件。

此时保存的文件默认扩展名为".fla",是 Flash 的可编辑源文件。

发布文件具体操作步骤如下。

① 单击"文件"→"发布"命令,默认方式下,在源文件保存的文件夹中,生成文件名与源文件相同且扩展名分别为".swf"和".html"的两个文件。

② 若想改变"发布"命令的默认参数,单击"文件"→"发布设置"命令,修改对话框中的默认设置,最后单击对话框中的"发布"按钮,如图 8.9 所示。

图 8.9 "发布设置"对话框

8.5.5 动画制作基础

8.5.5.1 基础知识

(1)时间轴和帧 时间轴用于组织和控制影片内容在一定时间内播放的层数和帧数。与电影胶片一样,Flash 影片也将时间长度划分为帧。图层相当于层叠在一起的幻灯片,每个图层都包含一个显示在舞台中的不同图像。时间轴的主要组件是图层、帧和播放头,如图 8.10 所示。

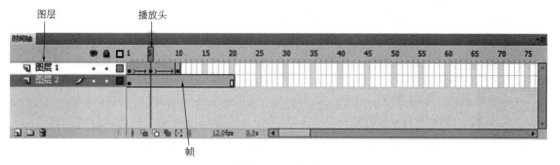

图 8.10 时间轴

① 时间轴。时间轴包括标尺、播放头、状态栏。

时间轴标尺:时间轴标尺由帧标记和帧编号两部分组成。在默认情况下,帧编号居中显示在两个帧标记之间,多数字帧的编号与它们所表示的帧居左对齐。帧标记就是标尺上的小垂直线,每一个刻度代表一帧,每 5 帧显示一个帧编号。

播放头:播放头主要有两个作用,一是拖动播放头时可浏览动画,二是选择需要处理的帧。当用户拖动时间轴上面的播放头时,可以浏览动画,随着播放头位置的变化,动画会根据播放头的拖动方向向前或向后播放。

状态栏：时间轴上的状态栏显示了当前帧、帧率和播放时间三条信息。当前帧显示舞台上当前可见帧的编号，也就是播放头当前的位置。帧率显示当前动画每秒播放的帧数，用户可以双击帧率，重新设置每秒播放的帧数。播放时间显示的是第一帧与当前帧之间播放的时间间隔。

② 帧。帧有两种类型：关键帧和普通帧。

关键帧就是用来定义动画变化的帧，在动画播放过程中，关键帧会呈现出关键性的动作或者内容上的变化。在时间轴中关键帧显示为实心的小圆球，存在于此帧中的对象与前后帧中的对象的属性是不同的。

空白关键帧也是关键帧，但此帧上没有内容。如果此帧当前为空白关键帧，那么在舞台中进行任何有关对象的创建操作后，此帧就将变成关键帧。

普通帧就是不起关键作用的帧，它起着过滤和延长关键帧内容显示时间的作用。在时间轴中，普通帧一般是以空心方格表示，每个方格占用一个帧的动作和时间。

帧类型如图 8.11 所示。

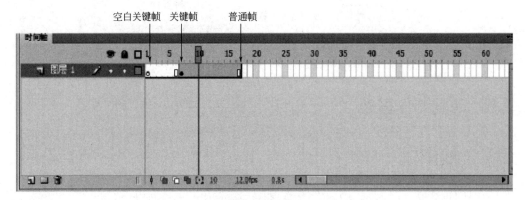

图 8.11　帧类型

帧的基本操作如下。

a. 选择帧。要编辑帧，必须先选择帧。在不同情况下可采用不同的方法选择帧。

• 选择单个帧：将鼠标指针移动到时间轴中需要选择的帧上方，单击鼠标左键即可选择该帧。

• 同时选择多个不相连的帧：选择一帧后，按住【Ctrl】键的同时单击要选择的帧即可选择不连续的多个帧。

• 同时选择多个相连的帧：选择一帧后，按住【Shift】键的同时按住鼠标左键不放，在时间轴上拖动选中要选择的多个相连的帧（或者单击要选择的帧的第一帧和最后一帧）。

b. 插入帧。在编辑动画的过程中，根据动画制作的需要，可插入任意多个普通帧、关键帧和空白关键帧。

• 插入普通帧：在时间轴上将鼠标定位在需要插入普通帧的位置，然后选择"插入"→"时间轴"→"帧"命令即可插入普通帧。

• 插入关键帧：右击需要插入关键帧的位置，从弹出的快捷菜单中选择"插入关键帧"命令即可插入关键帧。

• 插入空白关键帧：选择需要插入空白关键帧的位置，选择"插入"→"时间轴"→"空白关键帧"命令即可插入空白关键帧。

c. 复制和粘贴帧。在动画创作过程中，经常要用到一些相同的帧，如果对帧进行复制和粘贴操作,就可以得到内容完全相同的帧,从而在一定程度上提高工作效率,避免重复操作。

操作方法是选择需要复制的帧,并选择"编辑"→"时间轴"→"复制帧"命令,然后在时间轴上选择目标帧,并选择"编辑"→"时间轴"→"粘贴帧"命令,即可粘贴复制的帧。

d. 删除与清除帧。在创建动画的过程中,如果发现文档中某几帧是错误或无意义的,可以将其删除。方法是选择需要删除的帧,然后选择"编辑"→"时间轴"→"删除帧"命令。

清除帧就是清除关键帧中所有的内容,但是可以保留帧所在的位置。方法是选择需要清除的帧,然后选择"编辑"→"时间轴"→"清除帧"命令即可清除选中的帧,并以蓝色显示清除的帧区域。

e. 移动帧。在动画创作过程中,有时会需要对时间轴上的帧进行调整和重新分配,将已经存在的帧移动到新的位置。在 Flash CS4 中移动帧的方法主要有两种。

• 拖动法:选择需要移动的帧,按住鼠标左键不放将其拖动到需要放置的位置。

• 使用"剪切帧"命令:选择需要移动的帧,并选择"编辑"→"时间轴"→"剪切帧"命令,然后移动的目标位置,再选择"编辑"→"时间轴"→"粘贴帧"命令即可。

f. 翻转帧。翻转帧的功能可以对选中的所有帧的播放序列进行颠倒。选择需要翻转的帧,并选择"修改"→"时间轴"→"翻转帧"命令即可。

g. 设置帧频。在 Flash 中将每一秒播放的帧数称为帧频,也就是说,帧频就是动画播放的速度,以每秒播放的帧数为度量单位。默认情况下,Flash CS4 的帧频是 24 帧/秒,即每秒要播放动画中 24 帧的画面。如果动画有 72 帧,动画播放的时间就是 3 秒。

帧频的单位是帧/秒,"时间轴"和"属性"面板中都会显示出帧频。设置帧频就是设置动画的播放速度。帧频越大,播放速度越快;帧频越小,播放速度越慢。

h. 帧的显示模式。在创作动画时,用户可以根据需要调整帧的显示模式。帧浏览选项的图标位于时间轴的右上角,当用户单击该图标按钮时,会弹出一个下拉菜单,如图 8.12 所示。

图 8.12 帧的显示模式

• 很小:用于控制单元格的大小。选择该选项,则时间轴上每个帧的单元格宽度很小。

• 小:用于控制单元格的大小。选择该选项,则时间轴上每个帧的单元格宽度较小。

• 标准:帧的默认显示模式,用于控制单元格的大小。选择该选项,则时间轴上每个帧的单元格宽度适中。

• 中:用于控制单元格的大小。选择该选项,则时间轴上每个帧的单元格宽度比"标准"模式略大。

• 大:用于控制单元格的大小。选择该选项,则时间轴上每个帧的单元格宽度较大。

• 预览:以缩略图的形式显示每一帧的状态,有利于浏览动画和观察动画形状的变化,但占用较多的屏幕空间。

• 关联预览:显示对象在各帧中的位置,有利于观察对象在整个动画过程中的位置变化,显示的图像比"预览"模式小一些。

• 较短:在以上各种显示模式下,还可以选择"较短"选项。

• 彩色显示帧:默认情况下,帧是以彩色形式显示的。如果取消该选项,则时间轴将以白色的背景、红色的箭头显示。

(2)图层 在 Flash 中,图层是最基本也是最重要的概念之一。图层基本上可以处理所有对象，包括文本、图形等。灵活使用图层，对创建复杂的 Flash 动画有很大的帮助，例如在绘制、编辑、粘贴和重新定位单一图层上的元素时，不会影响到其他图层上的元素，而且每个场景都可以创建任意数量的图层。创建动画时，可以使用图层来管理和组织动画中的对象，使它们不会因为相连或分割而受到影响。将不同的对象放置在不同的图层上，可以很容易地对动画进行定位、分离和重新排序等操作。使用图层还可以避免错误删除或编辑对象的失误。

图层就像透明的薄片一样，层层叠加，如果一个图层上有一部分没有内容，就可以透过这部分看到下面的图层上的内容。通过图层可以方便地组织文档中的内容。而且，当在某一图层上绘制和编辑对象时，其他图层上的对象不会受到影响。在默认状态下，"图层面板"位于"时间轴"面板的左侧，如图 8.13 所示。

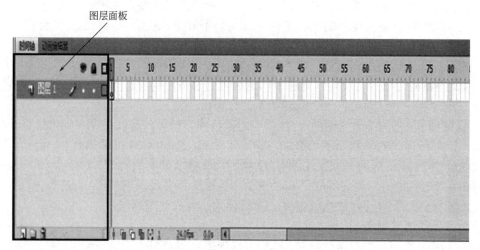

图 8.13　图层

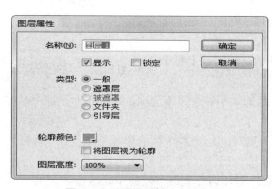

图 8.14　"图层属性"对话框

在"时间轴"面板的图层区域中可以直接设置图层的显示和编辑属性，如果要设置某个图层的一些详细属性，例如轮廓颜色、图层类型等，可以在"图层属性"对话框实现，如图 8.14 所示。

图层的基本操作包括选择图层、新建图层和删除图层等，操作方法如下。

① 选择图层：在图层面板中单击即可选择需要编辑的图层。若要选择多个图层，可以先按住【Ctrl】键不放，然后分别选择需要选中的图层即可。

② 新建图层：在图层面板中单击"新建图层"按钮，即可在当前选中的图层上方新建一个图层。

③ 删除图层：选中要删除的图层，然后在图层面板中单击"删除"按钮即可。

④ 重命名图层：双击需要重命名的图层名称，使其变成可编辑状态，然后在文本框中输入新的名称，再按【Enter】键确认即可。

⑤ 复制图层：选取需要复制的图层，再选择"编辑"→"时间轴"→"复制帧"命令，然后单击时间轴下方的"新建图层"按钮创建新图层，接着选择"编辑"→"时间轴"→"粘

贴帧"命令，将复制的帧内容粘贴到新建的图层中。

⑥ 设置图层状态：在"图层"窗格中单击"显示或隐藏所有图层"按钮可以显示/隐藏图层；单击"锁定或解除锁定所有图层"按钮可以锁定/解除锁定图层；单击"将所有图层显示为轮廓"按钮可以显示图层的轮廓。

在 Flash CS4 中，按照功能，可以将图层分为普通层、引导层、被引导层、遮罩层和被遮罩层共五种类型，如图 8.15 所示。

图 8.15　图层的类型

① 普通层：无任何特殊效果的图层，只用于放置对象。新建的图层默认情况下均为普通层。

② 引导层和被引导层：引导与其相关联的图层（被引导层）中的对象的运动轨迹。引导层只在场景的工作区中可以看到，在输出的动画中是看不到的。

③ 遮罩层和被遮罩层：在遮罩层中创建的对象具有透明效果，如果遮罩层中的某一位置有对象，被遮罩层中相同位置的内容将显露出来，被遮罩层的其他部分将被遮住。

（3）元件和实例　元件是在 Flash 中创建的图形、按钮或影片剪辑。元件可在整个文档或其他文档中重复使用。实例是指位于舞台上或嵌套在另一个元件内的元件副本。元件的具体表现形式就叫实例。

Flash 包括以下三类元件。

① 图形元件：可用于静止图形，并可用来创建连接到主时间轴的可重用动画片段。

② 按钮元件：可以创建用于响应鼠标单击、滑过、按下、弹起等动作的交互式按钮。

③ 影片剪辑元件：可以创建可重用的影片剪辑片段。

（4）舞台　在 Flash CS4 中，舞台就是设计者进行动画创作的区域，设计者可以在其中直接绘制插图，也可以在舞台中导入需要的插图、媒体文件等，如图 8.16 所示。

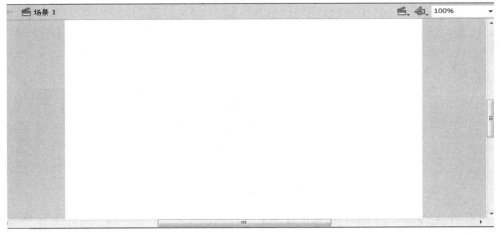

图 8.16　舞台

8.5.5.2　基本动画制作

（1）基本动画类型　在 Flash CS4 中，基本动画分为以下几种类型。

① 逐帧动画。逐帧动画是最基本、最传统的动画形式，由一个个帧制作而成，每个帧中都是一个单独的画面，每个帧都互不干涉且都是关键帧。整个动画过程就是通过这些关键帧

连续变换形成的,像电影画面一样。

逐帧动画适合表现一些细腻的动作,如脸部表情、走路、转身等。

② 补间动画。补间动画是指为一个对象的某一帧指定属性值并为该对象的另一个帧指定一个相关属性的不同值,Flash 自动计算这两个帧之间其他属性的值。补间动画是由属性关键帧组成的,可以在舞台、属性检查器或动画编辑器中编辑各属性关键帧。

③ 形状补间动画。形状补间动画就是将两个关键帧之间的图形对象,从一种形状逐渐变化为另一种形状。Flash 将自动内插中间的过渡帧。可以对补间形状内对象的位置、颜色、透明度以及旋转角度等进行补间。

④ 传统补间动画。创建传统补间动画要求对象应是元件、组合或位图。其创建方法与前面介绍的创建形状补间类似。

(2) 简单动画制作　用两个例子介绍简单动画制作。

【例 8.1】逐帧动画

① 新建 Flash 文档,将两张图片"鸟 1.png"和"鸟 2.png"导入库中。

② 在"图层 1"的第 1 帧处,将库面板中的"鸟 1.png"拖动至舞台。这时,时间轴默认的第 1 个空白关键帧将自动转换为关键帧。选中该图片,打开"属性"面板,记录下当前图片的位置和大小的参数值,如图 8.17 所示。

图 8.17　第 1 帧显示

③ 在时间轴的第 2 帧处按快捷键【F6】或选择快捷菜单中的"插入关键帧",插入一个新的关键帧。将"鸟 2.png"拖动至舞台,将"鸟 1.png"从舞台上删除,如图 8.18 所示。

④ 选中"鸟 2.png",打开"属性"面板,按照第②步中记录好的图片的位置和大小的参数值进行设置。

⑤ 按【Enter】键预览动画。或者单击菜单"控制"→"播放"命令,查看效果。单击菜单"控制"→"测试影片"或快捷键【Ctrl】+【Enter】查看动画输出效果。

⑥ 单击"文件"→"保存"命令,保存扩展名为".fla"的源文件。

⑦ 单击"文件"→"发布"命令,保存扩展名为".swf"的动画文件。

图 8.18 第 2 帧显示

【例 8.2】形状补间动画

① 在初始关键帧处绘制一个形状,这里绘制一个五角星形(无笔触颜色,填充为蓝色),如图 8.19 所示。

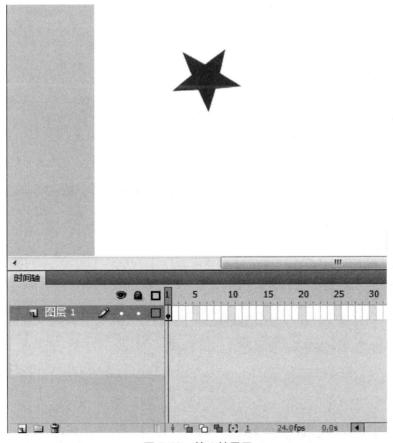

图 8.19 第 1 帧显示

② 在第 20 帧处按快捷键【F6】或选择快捷菜单中的"插入关键帧",插入一个新的关键帧。

③ 修改第 20 帧的对象形状,将其变为紫色的花朵,将其放大,并进行一定角度的旋转,将其位置向右拖动,如图 8.20 所示。

④ 在时间轴上,选择两个关键帧之间的任意一个帧,在其快捷菜单中选择"创建补间形状"命令,或者利用菜单"插入"→"补间形状"命令,结果如图 8.21 所示。

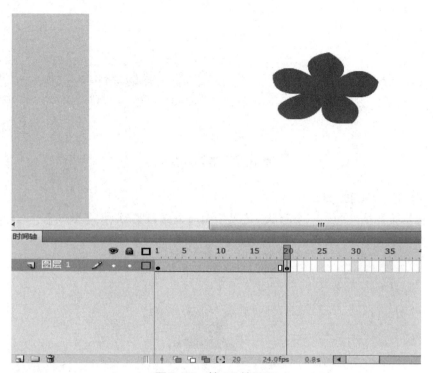

图 8.20 第 20 帧显示

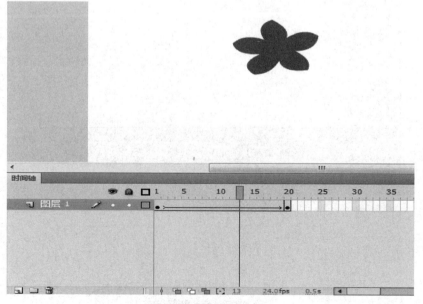

图 8.21 创建补间形状

⑤ 按【Enter】键预览动画。或者单击菜单"控制"→"播放"命令，查看效果。单击菜单"控制"→"测试影片"或快捷键【Ctrl】+【Enter】查看动画输出效果。
⑥ 单击"文件"→"保存"命令，保存扩展名为".fla"的源文件。
⑦ 单击"文件"→"发布"命令，保存扩展名为".swf"的动画文件。

8.6 Photoshop 基础

Photoshop 是 Adobe 公司推出的图形图像处理软件，功能强大，广泛应用于印刷、广告设计、封面制作、网页图像制作、照片编辑等领域。利用 Photoshop 可以对图像进行各种平面处理，如绘制简单的几何图形，给黑白图像上色，进行图像格式和颜色模式的转换，等等。

8.6.1 Photoshop 的工作界面

Photoshop CS6 正常安装好之后，单击"开始"菜单中的"开始"→"所有程序"→"Adobe Photoshop CS6"命令，即可启动 Photoshop CS6，进入其工作界面。

Photoshop 工作界面由菜单栏、属性栏、标题栏、工具箱、状态栏、文档窗口以及各种面板组成，如图 8.22 所示。

图 8.22　Photoshop 工作界面

8.6.1.1 菜单栏

Photoshop CS6 的菜单栏（图 8.23）中包含 10 个主菜单，分别是文件、编辑、图像、图层、文字、选择、滤镜、视图、窗口和帮助。单击相应的主菜单，即可打开该菜单下的命令。

图 8.23 菜单栏

8.6.1.2 标题栏

打开一个文件以后，Photoshop 会自动创建一个标题栏。在标题栏中会显示这个文件的名称、格式、窗口缩放比例以及颜色模式等信息。

8.6.1.3 工具箱

工具箱中集合了 Photoshop CS6 的大部分工具，主要包括选择工具、裁剪与切片工具、吸管与测量工具、修饰工具、路径与矢量工具、文字工具，外加一组设置前景色和背景色的图标与一个特殊工具"以快速蒙版模式编辑"。使用鼠标左键单击一个工具，即可选择该工具。如果工具的右下角带有三角形图标，表示这是一个工具组，在工具上单击鼠标右键即可弹出隐藏的工具。工具箱如图 8.24 所示。

图 8.24 工具箱

8.6.1.4 文档窗口

文档窗口是显示打开图像的地方。如果只打开了一张图像，则只有一个文档窗口；如果打开了多张图像，则文档窗口会按选项卡的方式显示。单击一个文档窗口的标题栏即可将其设置为当前工作窗口。

8.6.1.5 属性栏

属性栏主要用来设置工具的参数选项，不同工具的属性栏也不同。例如，当选择"移动工具"时，其属性栏会显示移动工具的内容。属性栏如图 8.25 所示。

图 8.25 属性栏

8.6.1.6 状态栏

状态栏位于工作界面的最底部，可以显示当前文档的大小、文档尺寸、当前工具和窗口缩放比例等信息，单击状态栏中的三角形图标，可以设置要显示的内容，如图 8.26 所示。

图 8.26 状态栏

8.6.1.7 面板

Photoshop CS6 一共有 26 个面板，这些面板主要用来配合图像的编辑、对操作进行控制以及设置参数等。执行"窗口"菜单下的命令可以打开面板。例如，执行"窗口"→"色板"菜单命令，使"色板"命令处于勾选状态，就可以在工作界面中显示出"色板"面板。

8.6.2 Photoshop 基本操作

8.6.2.1 创建新图像

启动 Photoshop CS6 后，选择"文件"→"新建"，弹出"新建"对话框，如图 8.27 所示。

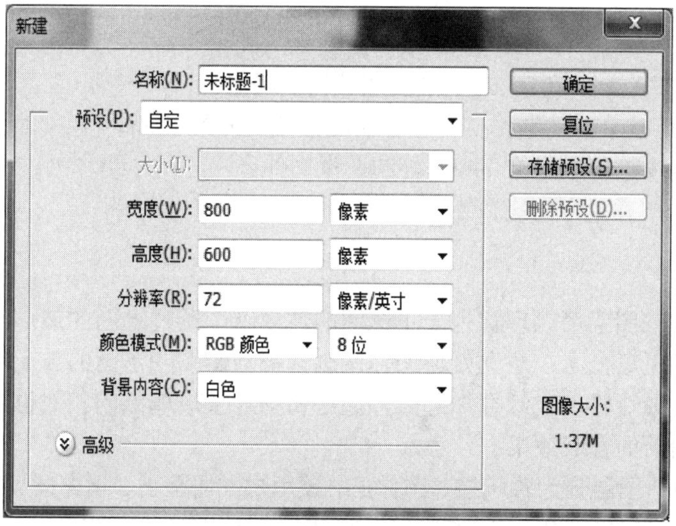

图 8.27 "新建"对话框

在"名称"文本框中输入所要新建文件的文件名，如果不输入，则采用默认的文件名"未标题-1"。

在"预设"栏，可以选择 Photoshop CS6 内定的图像参数，也可以自定义图像参数，例如可以分别设置宽度、高度、分辨率、颜色模式、背景内容等图像参数。

最后，单击"确定"按钮即可创建一幅新图像。

8.6.2.2 保存图像

完成一幅新图像后，需要保存图像。选择"文件"→"存储（S）"，或者按下【Ctrl】+【S】组合键，打开如图 8.28 所示的"存储为"对话框。

图 8.28 "存储为"对话框

从"保存在"下拉菜单中选择文件要存储的位置，在"文件名"栏中输入相应的文件名，然后单击"保存"按钮，即可保存制作好的图像文件。

8.6.2.3 图层

（1）图层概念　图层可以理解为一张透明的玻璃纸，透过上面的玻璃纸，可以看见下面纸上的内容，但是无论在上一层上如何创作图画都不会影响到下面的玻璃纸，上面的一层会挡住下面的图像。最后将玻璃纸叠加起来，通过移动各层玻璃纸的相对位置或者增加更多的玻璃纸即可改变最后的合成效果。

（2）图层类型　图层分为背景层、图像层、蒙版层、调整层、填充层、形状层、文字层、图层组。

背景层具有位于底部、锁定、不能移动、不能有透明区域、不能添加蒙版和图层样式等特点，决定了图像画布的大小。

技巧：双击"背景层"转换为"图层"，或使用"图层"→"新建"→"背景层"命令。

（3）图层面板　图层面板用于创建、编辑、管理图层和为图层添加样式等，如图8.29所示。

（4）图层的基本操作

① 创建新图层

·点击图层面板下方的"创建新图层"按钮。

·点击图层面板右上角的"隐藏"按钮→"新建图层"。

图8.29　图层面板

② 复制图层

·将图层用鼠标左键拖动到"新建图层"按钮即可复制一个新的图层。

·按【Ctrl】+【J】选择要复制的图层。

·在选中的图层上右击→"复制图层"。

·点击图层面板右上角的"隐藏"按钮→"复制图层"。

③ 删除图层

·将图层用鼠标左键拖动到"删除"按钮即可删除图层。

·选择图层，按键盘上删除键【Delete】。

·选择图层，右击→"删除图层"。

·点击图层面板右上角的"隐藏"按钮→"删除图层"。

④ 调整图层顺序

·用鼠标左键上下拖动。

·快捷键操作：

【Ctrl】+【[】下移一层；【Ctrl】+【]】上移一层。

【Ctrl】+【Shift】+【[】将图层置于最底部；【Ctrl】+【Shift】+【]】将图层置于最顶部。

⑤ 显示或隐藏图层

·打开或关闭图层前面的"指示图层的可见性"按钮（俗称眼睛）即可实现图层的显示与隐藏。

·按住【Alt】键同时用鼠标单击图层前面的眼睛按钮，可以隐藏除该图层以外的其他图层，同样操作再次单击则恢复图层的可见性。

⑥ 链接图层。在处理多个图层中的内容时，可以使用链接图层按钮，方便快捷地对链接的多个图层同时进行移动、缩放、旋转或创建剪切蒙版等操作。选择图层，点击图层面板下面的链接按钮，或选择要链接的图层，右击选择"链接图层"。

⑦ 锁定图层

·锁定透明像素：可锁定图层的透明区域，不能对其进行编辑修改，编辑修改的只能是有像素的区域。

·锁定图像像素：可锁定图层中的图像像素，锁定图层后，只能对图层进行移动变换操作，不能在图层上绘画、擦除或应用滤镜。

·锁定位置：可锁定图像在窗口中的位置，锁定位置后，该图层中的图像不能被移动。
·锁定全部：可锁定以上全部选项。

⑧ 图层对齐。对齐不同图层上的对象，要同时选择需要对齐的多个图层或链接图层，选择"图层"→"对齐"，在弹出的下拉列表中选择对齐方式。

⑨ 重命名图层。对图层重命名的目的是方便快速查找图层，双击图层名称即可重命名。

⑩ 合并可见图层。将所有可见图层合并为一个图层，这样可减少图层数量，便于管理。

8.6.2.4 通道

在 Photoshop CS6 中，通道是图像文件的一种颜色数据信息存储形式，它与 Photoshop CS6 图像文件的颜色模式密切相关，多个分色通道叠加在一起可以组成一幅具有颜色层次的图像。

在某种意义上来说，通道就是选区，也可以说通道就是存储不同类型信息的灰度图像。一个通道层和一个图像层之间最根本的区别在于：Photoshop CS6 图像的各个像素点的属性是以红、绿、蓝三原色的数值来表示的，而通道层中的像素颜色由一组原色的亮度值组成。通俗地说，通道是一种颜色的不同亮度，是一种灰度图像。

利用通道可以将勾画的不规则选区存储起来，将选区存储为一个独立的通道层，需要选区时，就可以方便地从通道中将其调出。

在 Photoshop CS6 菜单栏单击选择"窗口"→"通道"命令，即可打开"通道面板"。在面板中将根据图像文件的颜色模式显示通道数量。

如图 8.30 和图 8.31 所示分别为 RGB 颜色模式和 CMYK 颜色模式。

图 8.30　RGB 颜色模式

图 8.31　CMYK 颜色模式

在 Photoshop CS6 通道面板中可以通过直接单击通道选择所需通道，也可以按住【Shift】键单击选中多个通道。所选择的通道会以高亮的方式显示，选择复合通道时，所有分色通道都将以高亮方式显示。

① ▦ 将通道作为选区载入：单击该按钮，可以将通道中的图像内容转换为选区；按住【Ctrl】键单击通道缩览图，也可将通道作为选区载入。

② ▭ 将选区存储为通道：单击该按钮，可以将当前图像中的选区以图像方式存储在自动创建的 Alpha 通道中。

③ ▉创建新通道：单击该按钮，即可在通道面板中创建一个新通道。

④ ▉删除当前通道：单击该按钮，可以删除当前用户所选择的通道，但不能删除图像的原色通道。

在 Photoshop CS6 中主要包含四种类型的通道，分别是颜色通道、Alpha 通道、专色通道和复合通道。

① 颜色通道。在 Photoshop 中编辑图像时，实际上就是在编辑颜色通道。这些通道把图像分解成一个或多个色彩成分，图像的模式决定了颜色通道的数量，RGB 模式有 3 个颜色通道，CMYK 模式有 4 个颜色通道，灰度图只有 1 个颜色通道，它们包含了所有将被印刷或显示的颜色。

② Alpha 通道。Alpha 通道是计算机图形学的术语，是指特别的通道。有时，它特指透明信息，但通常的意思是"非彩色"通道。这是用户真正需要了解的通道，可以说在 Photoshop 中制作出的各种特殊效果都离不开 Alpha 通道，它最基本的用处在于保存选取范围，并不会影响图像的显示和印刷效果。

Alpha 通道具有以下属性。每个图像（16 位图像除外）最多可包含 24 个通道，包括所有颜色通道和 Alpha 通道。所有通道都具有 8 位灰度图像，可显示 256 级灰阶。可以随时增加或删除 Alpha 通道，可为每个通道指定名称、颜色、蒙版选项、不透明度，不透明度影响通道的预览，但不影响原来的图像。所有新通道都具有与原图像相同的尺寸和像素数目，使用工具可以编辑新通道。将选区存储在 Alpha 通道中可使选区永久保留，可在以后随时调用，也可用于其他图像中。

③ 专色通道。专色通道是一种特殊的颜色通道，它可以使用除青色、洋红（也叫品红）、黄色、黑色以外的颜色来绘制图像。专色通道一般使用较少且多与打印相关。

④ 复合通道。复合通道不包含任何信息，实际上只是同时预览并编辑所有颜色通道的一个快捷方式，通常被用来在单独编辑完一个或多个颜色通道后使通道面板返回到其默认状态。对于不同模式的图像，其通道的数量是不一样的。

8.6.2.5 路径

使用"套索工具""魔术棒工具"等选取工具创建单一、规则的选区很方便，但要建立较为复杂而精确的选区就非常困难了，使用"路径"工具创建这类选区就很容易。

（1）路径的构成 一个路径主要由线段、锚点以及控制柄等元素构成，如图 8.32 所示。

① 锚点。路径是由一个或多个直线段或曲线段组成的，路径上的矩形小点称为锚点，锚点标记路径上线段的端点，通过调整锚点的位置和形态，即可方便地改变路径的形状。

路径中的锚点有两种：一种是平滑点，一种是角点。

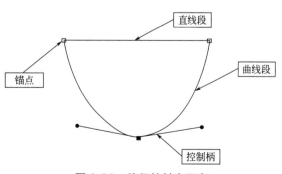

图 8.32 路径的基本元素

图 8.33 "路径"面板

平滑点：两侧的曲线平滑过渡。平滑曲线路径由平滑点连接。

角点：两侧的曲线或直线在角点处产生一个尖锐的角。锐化曲线路径由角点连接。

② 控制柄。在曲线上，每个选中的锚点显示一条或两条控制柄，控制柄以控制点结束。控制柄和控制点的位置决定曲线段的大小和形状。移动这些元素将改变路径中曲线的形状。

路径可以是闭合的，没有起点或终点；也可以是开放的，有明显的终点。

路径的操作和编辑大部分都是通过"路径"面板来实现的，单击面板中的"路径"选项卡，即可打开如图 8.33 所示的"路径"面板。

（2）使用钢笔工具绘制路径　在 Photoshop CS6 中，使用"钢笔工具"组中的工具可以创建路径。

① 选择"钢笔工具"；
② 将鼠标光标移动到图像文件中单击，定义第一个锚点；
③ 依次移动鼠标并单击，绘制其他直线路径和锚点；
④ 按住【Ctrl】键在路径外单击，可完成开发路径的绘制；
⑤ 将鼠标光标移动到第一个锚点上，当笔尖出现小圆圈时，单击可创建闭合路径；
⑥ 在绘制曲线路径时，拖曳鼠标确定锚点后，按住【Alt】键，调整控制点的位置，松开【Alt】键和鼠标，重新移动鼠标至合适位置按下鼠标并拖曳，可创建锐角曲线路径。

（3）使用路径编辑工具修改路径　路径编辑工具主要包括添加锚点、删除锚点、转换锚点等。

① 添加锚点：使用"添加锚点"工具可以为已创建的路径添加锚点。
② 删除锚点：使用"删除锚点"工具可以将路径中的锚点删除。
③ 转换锚点：使用"转换锚点"工具可以将平滑点转换为拐点，或将拐点转换成平滑点。

8.6.2.6　图像的调整

在 Photoshop CS6 中，图像的调整主要包括三个方面的内容：图像色调的调整、图像色彩的调整、图像特殊颜色的调整。

（1）图像色调的调整　在调整色调之前需要了解色彩的三要素（色相、饱和度、明度）的基本概念。

a. 色相。指颜色的外貌，范围 0～360。色相的特征取决于光源的光谱组成以及物体表面反射的各波长，它是当人眼看一种或多种波长的光时所产生的彩色感觉，反映颜色的种类，决定颜色的基本特性。色相差别是由光波波长差异产生的。即便是同一类颜色，也能分为几种色相，如黄颜色可以分为中黄、土黄、柠檬黄等。光谱中有红、橙、黄、绿、蓝、紫六种基本色光，人的眼睛可以分辨出约 180 种不同色相的颜色。

b. 饱和度。也称纯度，即颜色的鲜艳程度。饱和度取决于该色中含色成分和消色成分（灰色)的比例。含色成分越多,饱和度越大;消色成分越多,饱和度越小。通常用 0～100%表示,0 表示灰色,100%表示完全饱和。黑、白和其他灰色色彩是没有饱和度的。

c. 明度。又称亮度,指色彩的明暗程度,通常用 0～100%表示。它是光作用于人眼所引起的明亮程度的感觉,与被观察物体的发光强度有关。明度可用黑白来表示,越接近白色明度越高,越接近黑色明度越低。

① 调整色阶。色阶表示一幅图像亮色调、暗色调和中间色调的分布情况,并能对其进行调整。当一幅图像的明暗效果过黑或过白时,可使用"色阶"来调整图像中各个通道的明暗程度,常用于调整黑白的图像。选择"图像"→"调整"→"色阶"命令,打开如图 8.34 所示的"色阶"对话框,各选项的含义如下。

a. 通道:选择要调整的颜色通道。

b. 输入色阶:用于调整图像的暗色调、中间色调和亮色调。

第一个数值框用来设置图像的暗色调,低于该值的像素将变为黑色,取值范围为 0～253;第二个数值框用来设置图像的中间色调,取值范围为 0.01～9.99;第三个数值框用来设置图像的亮色调,高于该值的像素将变为白色,取值范围为 2～255。

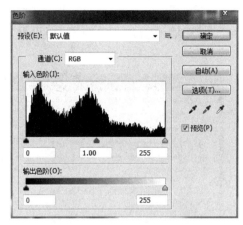

图 8.34 "色阶"对话框

c. 输出色阶:用于调整图像的亮度和对比度。向右拖动控制条上的黑色滑块,可以降低图像暗部对比度,从而使图像变亮;向左拖动白色滑块,可以降低图像亮部对比度,从而使图像变暗。

② 调整曲线。使用"曲线"可以对图像的色彩、亮度和对比度进行综合调整,使画面色彩更加协调,也可以调整图像中的单色,常用于改变物体的质感。选择"图像"→"调整"→"曲线"命令,打开如图 8.35 所示的"曲线"对话框,其中部分选项的作用与"色阶"对话框中的相同。在编辑框中单击曲线上的某一点,再进行拖动,即可调节曲线。

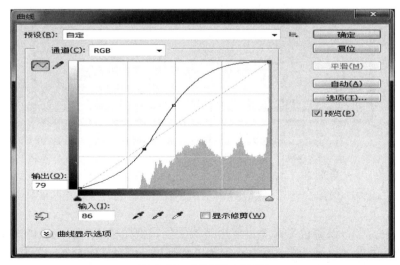

图 8.35 "曲线"对话框

③ 调整色彩平衡。使用"色彩平衡"命令可以调整图像整体色彩平衡，只作用于复合颜色通道，在彩色图像中改变颜色的混合。若图像有明显的偏色，可用此命令纠正。选择"图像"→"调整"→"色彩平衡"命令，打开如图 8.36 所示的"色彩平衡"对话框，各选项的含义如下。

色阶：调整 RGB 到 CMYK 色彩模式之间对应的色彩变化。

色调平衡：用于选择需要进行调整的色彩范围，选中某一项就可对相应色调的像素进行调整。

④ 调整亮度/对比度。使用"亮度/对比度"命令可以对图像的色调进行简单调整，专门用于调整图像的亮度和对比度，可以很方便地将光线不足的图像调整得亮一些。选择"图像"→"调整"→"亮度/对比度"命令，打开"亮度/对比度"对话框，如图 8.37 所示。

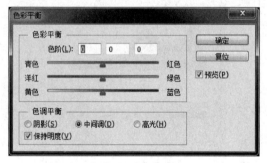

图 8.36 "色彩平衡"对话框

图 8.37 "亮度/对比度"对话框

（2）图像色彩的调整　图像色彩的调整主要指调整图像颜色的饱和度、色相，去除和替换图像的颜色。常用的调整命令有"色相/饱和度""匹配颜色""替换颜色"等。

① 调整色相/饱和度。使用"色相/饱和度"命令可以对图像的色相、饱和度和亮度进行调整，从而达到改变图像色彩的目的。选择"图像"→"调整"→"色相/饱和度"命令，打开"色相/饱和度"对话框，如图 8.38 所示。

图 8.38 "色相/饱和度"对话框

② 匹配颜色。"匹配颜色"命令可以匹配不同图像之间、多个图层之间或者多个颜色选区之间的颜色。选择"图像"→"调整"→"匹配颜色"命令，打开"匹配颜色"对话框，如图 8.39 所示。

③ 替换颜色。"替换颜色"命令可以用其他颜色替换图像中的特定颜色，实际上是在图像中选取特定的颜色区域来调整其色相、饱和度和亮度。选择"图像"→"调整"→"替换颜色"命令，打开"替换颜色"对话框，如图 8.40 所示。

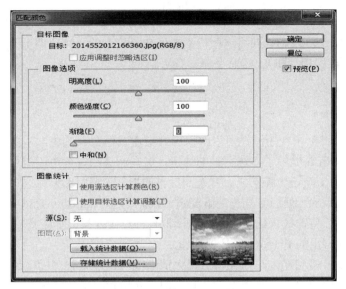

图 8.39 "匹配颜色"对话框

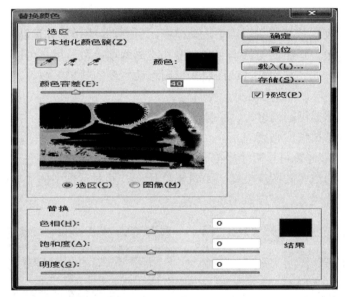

图 8.40 "替换颜色"对话框

（3）图像特殊颜色的调整　调整图像的特殊颜色主要有"反相""色调均化""阈值""色调分离"等命令。

① 反相。选择"图像"→"调整"→"反相"命令，可以使图像颜色的相位相反，例如将黑色变为白色，转化为负片，或者将负片还原为图像。常用于制作胶片效果。

② 色调均化。选择"图像"→"调整"→"色调均化"命令，可以重新分布图像中各像素的亮度值，最暗的为黑色，最亮的为白色，中间像素则均匀分布。当扫描的图像显得比原图像暗，并且用户想平衡这些值以产生较亮的图像时，可以使用该命令。

③ 阈值。选择"图像"→"调整"→"阈值"命令，可以把彩色或灰度图像转变为高对比度的黑白图像。

④ 色调分离。选择"图像"→"调整"→"色调分离"命令，可以指定图像中每个颜色通道的色调级别（或亮度值），并将这些像素映射在最接近的一种色调上。在照片中创建特殊效果，如创建大的单调区域时，该命令非常有用。

8.6.2.7 滤镜

在 Photoshop CS6 中使用滤镜可以改变图像像素的位置或颜色，从而产生各种特殊的图像效果。Photoshop CS6 提供了多达百种的滤镜，这些滤镜经过分组归类后放在"滤镜"菜单中。同时 Photoshop CS6 还支持第三方开发商提供的增效工具，安装后这些增效工具滤镜出现在"滤镜"菜单的底部，使用方法与内置滤镜相同。通过 Photoshop CS6 "滤镜"命令不仅可以对普通的图像进行特殊效果的处理，还能模拟各种绘画效果，如素描、油画、水彩等。

下面介绍几种常用的 Photoshop 内置滤镜。

（1）模糊滤镜 模糊滤镜可以光滑边缘太清晰或对比度太强烈的区域，产生晕开模糊的效果，从而可以柔化边缘，还可以制作柔和影印，其原理是减少像素间的差异，使明显的边缘模糊，或使突出的部分与背景更接近。选择"滤镜"→"模糊"命令，在打开的菜单中选择相应的命令即可。

① 动感模糊。使用该滤镜可以产生运动模糊，其原理是模仿物体运动时曝光的摄影手法，增强图像的运动效果。弹出的对话框包含角度和距离两项参数，用户可以对模糊的强度和方向进行设置，还可以通过使用选区或图层来控制运动模糊的效果区域。其参数设置对话框如图 8.41 所示。

角度：设置动感模糊的角度。

距离：设置动感模糊的强度。

② 高斯模糊。该滤镜可以直接根据高斯算法中的曲线调节像素的色值，以此控制模糊程度，造成难以辨认的浓厚的图像模糊。如图 8.42 所示，其对话框中的"半径"栏用来设置图像的模糊程度，该值越大，模糊效果越明显。

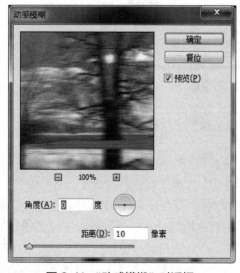

图 8.41 "动感模糊"对话框

图 8.42 "高斯模糊"对话框

③ 径向模糊。该滤镜属于特殊效果滤镜。使用该滤镜可以将图像旋转成圆形或从中心辐射图像。弹出的对话框包括四个控制参数，如图 8.43 所示。

数量：控制明暗度效果，并决定模糊的强度，取值范围是 1～100。

模糊方法：提供了两个选项，即旋转和缩放。

品质：提供了三个选项，即草图、好、最好。

中心模糊：使用鼠标拖动辐射模糊中心相对于整幅图像的位置，如果放在图像中心将产生旋转效果，放在一侧则产生运动效果。

（2）像素化滤镜　像素化滤镜将图像分成一定的区域，将这些区域转变为相应的色块，再由色块构成图像，类似色彩构成的效果。选择"滤镜"→"像素化"命令，可以在打开的菜单中选择相应的命令。

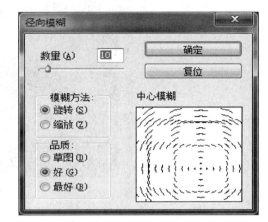

图 8.43 "径向模糊"对话框

① 点状化滤镜。该滤镜将图像分解成一些随机的小圆点，间隙用背景色填充，产生点画派作品的效果。弹出的对话框只包括一个控制参数，单元格大小决定圆点的大小，取值范围是 3～300。选择"滤镜"→"像素化"→"点状化"命令，其对话框如图 8.44 所示。

② 晶格化滤镜。该滤镜将相近的有色像素集中到一个像素的多角形网络中，创造出一种独特的风格。弹出的对话框只包括一个控制参数，单元格大小的取值范围是 3～300，主要控制多边形网格的大小。选择"滤镜"→"像素化"→"晶格化"命令，其对话框如图 8.45 所示。

图 8.44 "点状化"对话框

图 8.45 "晶格化"对话框

③ 马赛克。该滤镜将图像分解成许多规则排列的小方块，其原理是使一个单元内的所有像素的颜色统一产生马赛克效果。弹出的对话框只包含一个控制参数，即单元格大小，它决定单元的大小，取值范围是 2～200。选择"滤镜"→"像素化"→"马赛克"命令，其对话框如图 8.46 所示。

（3）渲染滤镜　这类滤镜主要在图像中产生一种照明效果，或不同光源的效果。

① 光照效果。"光照效果"滤镜是较复杂的一种滤镜，只能应用于 RGB 模式。该滤镜的设置和使用比较复杂，但其功能强大，合理运用该滤镜，可产生较好的灯光效果。选择"滤镜"→"渲染"→"光照效果"命令，其设置如图 8.47 所示。

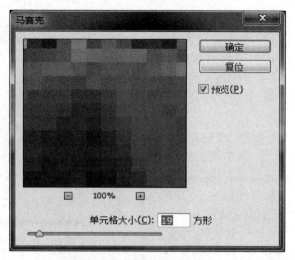

图 8.46 "马赛克"对话框

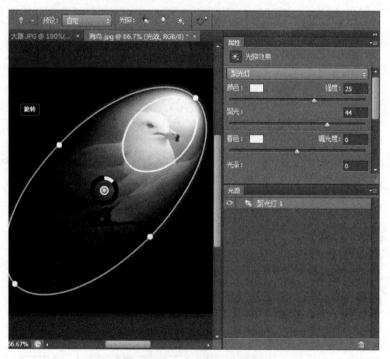

图 8.47 "光照效果"设置

② 镜头光晕。"镜头光晕"滤镜模拟光线照射在镜头上的效果，产生折射纹理，如同摄像机镜头的炫光效果。选择"滤镜"→"渲染"→"镜头光晕"命令，其参数设置对话框如图8.48 所示。

③ 纤维。该滤镜可以根据当前系统设置的前景色和背景色来生成一种纤维效果。选择"滤镜"→"渲染"→"纤维"命令，其参数设置对话框如图 8.49 所示。

④ 云彩。"云彩"滤镜利用选区在前景色和背景色之间的随机像素值，在图像上产生云彩状的效果，产生云雾缥缈的景象。选择"滤镜"→"渲染"→"云彩"命令即可设置，该滤镜无参数设置对话框。

图 8.48 "镜头光晕"对话框

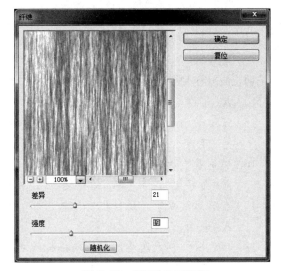

图 8.49 "纤维"对话框

习题

1. 在一片直径为 5 英寸的 CD-I 光盘上,可以存储( )MB 的数据。
   A. 128　　　　B. 256　　　　　　C. 650　　　　　D. 1024
2. ( )是指用户可以与计算机进行人机对话操作。
   A. 兼容性　　　B. 安全性　　　　C. 交互性　　　D. 可靠性
3. 语音和视频信号对( )要求严格,不允许出现任何延迟。
   A. 实时性　　　B. 压缩性　　　　C. 可靠性　　　D. 安全性
4. 文件格式实际上是一种信息的( )存储方式。
   A. 数字化　　　B. 文件化　　　　C. 多媒体　　　D. 图形
5. 多媒体文件包含文件头和( )两大部分。
   A. 声音　　　　B. 图像　　　　　C. 视频　　　　D. 数据
6. 数据( )是多媒体的关键技术。
   A. 交互性　　　B. 压缩　　　　　C. 格式　　　　D. 可靠性
7. 选用合适的数据压缩技术,有可能将字符数据量压缩到原来的( )左右。
   A. 10%　　　　B. 20%　　　　　C. 50%　　　　D. 80%
8. 目前通用的压缩编码国际标准主要有( )和 MPEG。
   A. JPEG　　　　B. AVI　　　　　C. MP3　　　　D. DVD
9. MPEG 是一个( )压缩标准。
   A. 视频　　　　B. 音频　　　　　C. 视频和音频　D. 电视节目
10. 矢量图形使用一组( )集合来描述图形的内容。
    A. 坐标　　　　B. 指令　　　　　C. 点阵　　　　D. 曲线
11. 灰度图像中亮度表示范围有 0~( )个灰度等级。
    A. 128　　　　B. 255　　　　　C. 1024　　　　D. 160 万
12. 图像印刷分辨率单位一般用( )表示。

A. kB B. 像素 C. dpi D. bit/s
13. GIF 文件的最大缺点是最多只能处理（　　）种色彩。
A. 128 B. 256 C. 512 D. 160 万
14. 截取模拟信号振幅值的过程称为（　　）。
A. 采样 B. 量化 C. 压缩 D. 编码
15. 三维动画最基本的工作是（　　）、材质和动画。
A. 建模 B. 设计 C. 渲染 D. 光照
16. 使用最广泛和最简单的建模方式是（　　）建模方式。
A. 数字化 B. 结构化 C. 多媒体 D. 多边形
17. 在三维动画中，往往把物体的色彩、光泽和纹理称为（　　）。
A. 表面 B. 材质 C. 贴图 D. 模型
18. （　　）制式是美国国家电视标准委员会制定的彩色电视广播标准。
A. PAL B. DVD C. MP4 D. NTSC
19. PAL 制式的电视画面每秒显示（　　）帧画面。
A. 16 B. 25 C. 30 D. 60
20. 数据压缩技术利用数据的（　　）来减少图像、声音、视频中的数据量。
A. 冗余性 B. 可靠性 C. 压缩性 D. 安全性
21. MPEG-1 压缩算法广泛应用于（　　）视频节目。
A. VCD B. DVD C. HDTV D. PAL
22. DVD 视频节目和 HDTV 编码压缩都是采用（　　）压缩标准。
A. MPEG-1 B. MPEG-2 C. MPEG-4 D. MP3
23. CorelDraw 是加拿大 Corel 公司开发的（　　）图形设计软件。
A. 矢量 B. 点阵 C. 动画 D. 位图
24. Cakewalk Sonar 是一款非常优秀的（　　）工作站软件。
A. 音乐 B. 图形 C. 视频 D. 多媒体
25. Authorware 是一款（　　）制作软件。
A. 动画 B. 图形 C. 视频 D. 多媒体
26. Photoshop 是目前使用最广泛的专业（　　）处理软件。
A. 动画 B. 图形 C. 音频 D. 多媒体
27. 在 Flash 中，（　　）表示动画中的一幅图形。
A. 帧 B. 舞台 C. 场景 D. 时间轴

09

第9章

信息安全技术

随着信息技术、网络应用技术和计算机技术的迅速发展，人类进入信息化社会，电子商务、电子政务、网络改变了人们的生活，信息的应用也从原来的军事、科技、文化和商业渗透到当今社会的各个领域。但是，随着 Internet 的日益普及，网络的安全问题就成为网络使用者不得不面对的问题，Internet 所具有的开放性、国际性和自由性增加了应用的自由度，但是也对安全提出了更高的要求。信息安全已经成为国家、政府、部门、行业都必须十分重视的问题，成为国家安全战略中极为重要的组成部分。

9.1 信息安全概述

计算机网络的迅猛发展给社会各方面带来了便利，它把人们的工作、生活、学习紧密地联系在了一起。在计算机上处理业务已由基于单机的数学运算、文件处理、内部网络的业务处理、办公自动化等发展到了基于全球互联网的计算机集群处理和世界范围内的信息共享与业务处理。这些都使人们对计算机的网络安全问题越来越关注，而计算机网络的重要性和对社会的影响也越来越大，大量数据需要进行存储和传输，偶然的或恶意的原因都有可能造成数据的破坏、泄露、丢失或更改。

9.1.1 信息安全的概念

9.1.1.1 信息安全的含义

随着计算机的普及和网络的广泛应用，商业和国家机密信息的保护需求和信息时代电子、信息对抗的需求不断增加，网络信息安全面临着巨大的挑战。网络信息系统的安全问题究其根源，主要是由以下因素造成的：操作系统本身具有脆弱性；计算机网络的资源开放、信息共享以及网络复杂性增大了系统的不安全性；数据库管理系统等应用系统设计中存在安全缺陷；缺乏有效的安全管理；存在很多不安全因素；系统集成与开放和安全之间存在矛盾。

所谓网络信息安全就是指网络系统的硬件、软件及其系统中的数据受到保护，不因偶然的或者恶意的原因而遭到破坏、更改、泄露，系统连续可靠正常地运行，网络服务不中断。

网络安全从其本质上来讲就是网络上的信息安全，信息安全的根本目的是使一个国家的信息技术体系不受外来的威胁和侵害。从广义上说，凡是涉及网络信息的保密性、完整性、可用性、真实性和可控性的相关技术和理论都是网络安全的研究领域。

9.1.1.2 网络信息安全的特征

网络安全涉及的范围非常广，不论是从技术角度，还是从实际意义角度，它都是一个太大的话题。制定适当完备的网络安全策略是实现网络安全的前提，安全本身不是目的，它只是一种保障。网络安全的目的是保证网络数据的三个特性：可用性、完整性和保密性。具体来说网络信息安全的特征可以包括以下几个方面。

① 保密性。是指隐藏信息或资源，不将信息泄露给非授权的用户，只提供给授权用户使用。保密性包括信息内容的加密和隐藏数据的存在性。常用的保密技术有防侦收、防辐射、信息加密、物理保密等。

② 完整性。是指数据和资源未被改变，真实可信。完整性机制分为预防机制和检测机制。常用的保障信息完整性的方法有协议、纠错编码方法、密码校验、数字签名、公证等。

③ 可用性。是指网络信息或资源可以被访问和使用的特性。网络信息系统最基本的功能是向用户提供服务，用户可以根据需要存取所需的信息。可用性是网络安全服务的重要方面，破坏系统的可用性被称为拒绝服务攻击。

④ 可控性。是指对信息的传播及内容具有控制能力的特性。

⑤ 不可否认性。是指在网络信息交互过程中，用户不能否认曾经完成的动作。用户不能否认已经发出的信息，也不能否认曾经接收到对方的信息。建立有效的责任机制，防止用户否认其行为，这一点在电子商务中是极其重要的。

⑥ 可保护性。是指保护网络的软、硬件资源不被非法占有，保护服务、资源和信息的正常传输，保护节点和用户的安全性。

9.1.2　信息安全的威胁及网络信息安全策略

9.1.2.1　信息安全的威胁

信息安全的威胁多种多样，主要是自然灾害和人为威胁。自然灾害是指意外事故，例如服务器突然断电等。人为威胁是指人为的入侵和破坏，它的危害性大、隐藏性强。人为威胁又分为无意威胁和恶意攻击。无意威胁主要来自企业内部等所有能进入系统的人，另外一些无意的行为，如丢失口令、疏忽大意、非法操作等都可能对网络造成极大的破坏。恶意攻击主要包括网络犯罪和黑客对网络与系统进行攻击、计算机病毒、拒绝服务攻击、来自系统内部的入侵攻击以及信息泄露等。

① 病毒。通过网络传播的计算机病毒破坏性非常强，而且很难防范，是计算机系统最直接的威胁。

② 网络犯罪和黑客对网络的攻击。利用计算机网络破坏计算机信息系统，传播计算机病毒、黄色淫秽图像，窃取国家秘密或企业商业机密等，其动机有些是政治原因，也有一些仅仅是为了炫耀自己的技术。

③ 拒绝服务攻击。攻击服务系统，使合法用户对信息或其他资源的合法访问被无条件拒绝。

④ 信息泄露。指信息被泄露给非授权人。

⑤ 非授权访问。未经系统授权的人使用网络或计算机资源。

⑥ 窃取。非法用户通过数据窃听的手段获得敏感信息。

⑦ 截取。非法用户首先获得信息，再将此信息发送给真实接收者。

⑧ 伪造。将伪造的信息发送给接收者。

⑨ 篡改。非法用户对合法用户之间的通信信息进行修改，再发送给接收者。

⑩ 假冒。一个实体假装成另外一个不同的实体。
⑪ 行为否认。参与信息交换的一方事后否认曾经发生的行为。

9.1.2.2 网络信息安全策略

信息安全策略是指为保证提供一定级别的安全保护所必须遵守的规则。计算机网络信息安全涉及信息传输、信息存储和网络传输内容等各个环节，为了保证信息的保密性、完整性、可用性和可控性，要从技术、管理、立法三个层次采取有效措施。用户要对面临的危险进行风险评估，然后决定采用的服务类型和安全机制，先进的信息安全技术是网络安全的根本保证。各企业应提高网络安全意识，加强管理，建立一套网络安全管理体系。国家和相关部门要制定严格的法律和法规，严厉打击计算机犯罪，保护网络信息安全。我国自 2006 年 3 月 1 日起实施《信息安全等级保护管理办法（试行）》，该文件规定信息系统的安全保护等级分为五级，分别为自主保护级、指导保护级、监督保护级、强制保护级、专控保护级。为保证网络信息的安全，具体可以采取以下几种方法。

（1）保护物理安全 物理安全指在物理介质层次上对存储和传输的网络信息进行安全保护。

常见的不安全因素有自然灾害、物理损害、设备故障、电磁辐射、痕迹泄露、操作失误、意外疏漏等。建立完备的安全管理制度，防止非法进入计算机控制室和各种偷窃、破坏活动的发生，抑制和防止电磁泄漏。

（2）访问控制策略 访问控制是保障网络安全的主要策略，它的主要任务是防止对资源的非授权访问，防止以非授权的方式使用某一资源，具体包括入网访问控制、网络的权限控制和客户端安全防护策略等。

（3）保护信息安全传输 信息在网络上传输的过程中，有可能被拦截、读取，甚至被破坏和篡改封包的信息，应使用加密、数字签名等技术确保信息传输的安全。

（4）为服务器安装安全操作系统 为系统中的关键服务器提供安全运行平台，构成安全 WWW 服务、安全 FTP 服务和安全 SMTP 服务等，并作为各类网络安全产品的坚实底座，确保这些安全产品的自身安全。

（5）防止黑客利用系统漏洞进行攻击 及时安装系统安全漏洞的补丁程序，防止黑客入侵。漏洞是在硬件、软件、协议的具体实现或系统安全策略中存在的缺陷，可以使攻击者能够在未授权的情况下访问或破坏系统。系统安全漏洞与系统攻击活动之间有紧密的关系，发现系统漏洞，及时安装补丁程序进行补救是防止黑客入侵的必要手段。

（6）口令机制 口令机制是资源访问的第一道屏障，攻破了这道屏障，就进入了系统的第一道大门。所以口令攻击是入侵者最常用的攻击手段。为了防止黑客破解系统口令，口令长度不应该少于六个字符，而且最好是字母、文字、标点等的组合。另外，应该定期更改口令。

（7）安装防火墙 防火墙是防止黑客入侵的有力屏障。好的防火墙能极大地提高内部网络的安全性，防止内部信息泄露。

（8）网络安全管理 网络管理包括很多内容，包括用户数据更新管理、路由机制管理、数据流量统计管理、新服务开发管理、域名和地址管理等。网络安全管理只是其中的一部分，并且在服务层次上处于为其他管理提供服务的地位。要想加强网络的安全管理，就要制定有关规章制度，确保网络安全、可靠地运行。网络安全管理具体包括确定安全管理的等级和范围，制定网络操作规程、网络系统的维护制度、应急措施，等等。

9.2 计算机病毒

计算机病毒是一个非常令人头痛的问题，是所有计算机用户经常遇到的安全问题。随着计算机网络的发展，计算机病毒已经被传播到信息社会的每一个角落，它不仅会对计算机系统造成故障，破坏系统资源，干扰机器运行，甚至会导致系统瘫痪，给人们造成重大损失。因此应当采取积极措施防止计算机感染病毒，一旦确定计算机系统已经感染病毒，应及时杀除，解除病毒对计算机系统的威胁和传染。

9.2.1 计算机病毒的定义

计算机病毒这个称呼借用了生物病毒的概念，它本身是一种特殊的计算机程序，由于计算机病毒具有与生物学病毒类似的特征，都具有传染性、破坏性、变异性和进化性等，因此人们用病毒来称呼它。

《中华人民共和国计算机信息系统安全保护条例》明确定义了计算机病毒（computer virus），"计算机病毒，是指编制或者在计算机程序中插入的破坏计算机功能或者毁坏数据，影响计算机使用，并能自我复制的一组计算机指令或者程序代码"。

9.2.2 计算机病毒的特点

计算机病毒具有以下特点。

（1）寄生性　计算机病毒不是一个单独的程序，它在计算机系统中是寄生在其他可执行程序中或寄生在硬盘的主引导扇区中的，称为文件型病毒或引导型病毒。

（2）传染性　传染性是病毒的根本属性，计算机病毒的传染性是指病毒具有把自身复制到其他程序中，从一个程序传染到另一个程序，从一台计算机传染到另一台计算机，从一个计算机网络传染到另一个计算机网络，不断传播蔓延的特性。

（3）潜伏性　计算机病毒侵入系统后一般不会马上发作，而发作时间是预先设计好的。在发作条件满足前，病毒可能在系统中没有表现出症状，不影响系统的正常运行。像定时炸弹一样，计算机病毒等到条件具备时一下子就爆炸开来，对系统进行破坏。

（4）隐蔽性　计算机病毒具有很强的隐蔽性，传染速度快。在传播时多数没有外部表现，有的可以通过杀毒软件检查出来，有的根本就检查不出来，当病毒发作时，多数已经扩散并使系统遭到破坏。

（5）破坏性　计算机中毒后，病毒可能会破坏文件或数据，干扰系统的正常运行。不同的计算机病毒破坏程度不同，有的影响计算机工作，有的占用系统资源，有的破坏计算机硬件，等等。

（6）可触发性　计算机病毒一般可以有几个触发条件，在一定条件下病毒被激活，对计算机发起攻击。这些条件可能是时间、日期、文件类型或某些特定的数据等。

（7）不可预见性　由于新的计算机病毒不断出现，反病毒软件只能应对已有的病毒，不能预测新病毒，具有滞后性，因此病毒对于反病毒软件来说具有不可预见性。

9.2.3 计算机病毒的分类

从第一个计算机病毒诞生以来，计算机病毒的种类和数目已经无法准确统计。计算机病毒的分类方法有很多，一般来说有下面几种。

9.2.3.1 按照病毒的传染方式分类

（1）引导型病毒　这类病毒驻留在计算机引导区，每次系统启动，引导型病毒都用自己代替正常的引导记录，这就使系统每次启动首先要运行病毒程序，然后才能执行原来的引导记录。引导型病毒在系统启动后就隐藏起来，等待时机发起进攻，因此具有很大的传染性和危害性。

（2）文件型病毒　文件型病毒也称为寄生病毒，是专门感染可执行文件的病毒。它运行在计算机存储器中，与可执行文件链接，当被感染的文件运行时，就会激活病毒。通常此类病毒感染的文件扩展名为 COM、EXE、BAT、OVL、SYS 等。

（3）混合型病毒　这类病毒兼具引导型病毒和文件型病毒的特征，既可以传染计算机引导区，又可以传染可执行文件。

9.2.3.2 按照病毒的链接方式分类

（1）源码型病毒　这类病毒主要攻击高级语言编写的源程序，在源程序编译之前插入其中，随源程序一起编译且在编译后成为合法程序的一部分。

（2）嵌入型病毒　这类病毒将自身嵌入正常程序中，病毒主体与被攻击对象用插入的方式链接。

（3）外壳型病毒　这类病毒将自身附在正常程序的开头或结尾，对原来的程序不进行修改，相当于给正常程序加了个外壳。外壳型病毒比较常见，目前大多数文件型病毒属于这一类。

（4）操作系统型病毒　这类病毒用自己的代码加入或取代操作系统的部分功能，直接感染操作系统，具有很强的破坏性，可以使系统瘫痪，危害性大。

9.2.3.3 按照病毒的破坏性分类

（1）良性病毒　这类病毒不破坏系统和数据，能够自我复制，运行时大量占用 CPU 时间和内存，降低运行速度，但是不影响系统运行。良性病毒清除后，数据可以恢复正常。

（2）恶性病毒　这类病毒破坏系统和数据、删除文件甚至摧毁系统，破坏系统配置导致无法重启，甚至格式化硬盘。恶性病毒的危害性大，病毒被清除后也无法修复丢失的数据。

9.2.3.4 按照病毒的传播媒介分类

（1）单机病毒　这类病毒以磁盘为传播载体。可以通过 USB 盘、移动硬盘等传入硬盘，再通过硬盘传播。

（2）网络病毒　这类病毒通过网络传播。和单机病毒相比，这类病毒具有传染面广、传染形式多、清除难度大、破坏性强的特点。

9.2.4 计算机病毒的防治

9.2.4.1 计算机感染病毒后的症状

计算机感染病毒后通常会出现如下症状。
① 计算机的运行速度明显减慢。
② 系统引导速度减慢，或硬盘不能引导系统等。
③ 计算机系统经常无故发生死机，或异常重新启动。
④ 计算机异常要求用户输入口令密码。
⑤ 计算机在命令执行过程中经常出现错误。
⑥ 计算机可以使用的内存总数常会减少。
⑦ 计算机屏幕上出现异常显示或蜂鸣器出现异常声响。
⑧ 一些外部设备工作异常，例如打印出现问题。
⑨ 计算机中的文件长度发生变化，通常是增加文件尺寸。
⑩ 文件丢失、文件损坏或出现新的奇怪的文件。

9.2.4.2 计算机病毒的预防

对计算机病毒防治，应该采取预防为主的方针，在思想上重视，加强管理，防止病毒入侵。预防病毒通常有以下注意事项。

（1）单台计算机系统　在单台计算机的环境下预防病毒，首先要做到在使用移动存储器时，应该先进行病毒检测，确定没有病毒后再使用。重要的资料要经常备份，避免资料被病毒损坏而无法恢复。另外，在使用新软件时，先用病毒扫描程序检查也可以减少中毒的机会。

（2）网络中的计算机安全　由于网络是病毒的重要传播途径，因此不能在互联网上随意下载软件，也不能轻易打开电子邮件的附件。病毒有可能潜伏在网络上的各种可下载程序中，或者通过电子邮件传播。即使下载了软件也应该用杀毒软件先检查，对待电子邮件的附件文件也是如此。

（3）制定预防管理策略　2000年5月，我国在原来"计算机病毒检测防治产品检测中心"的基础上成立了"国家计算机病毒应急处理中心"，专门负责统筹全国计算机病毒的防治。另外，我国在《计算机病毒防治管理办法》和《中华人民共和国刑法》中对故意制造、传播计算机病毒的行为规定了相应的处罚办法。

9.2.4.3 常用杀毒软件

如果检测出计算机感染了病毒，就要使用杀毒软件进行杀毒。国际权威的杀毒软件有 Bit Defender、Kaspersky（卡巴斯基）、F-Secure Anti-Virus、PC-cillin、ESET NOD32、Mc Afee Virus Scan、Norton Anti Virus、AVG Anti-Virus、CA Antivirus、Norman Virus Control 等。国内常用的杀毒软件有瑞星、金山、江民、趋势（日本）、东方微点和费尔托斯特等。

9.3 恶意程序

9.3.1 恶意软件及其特征

恶意软件又称为流氓软件，是介于病毒和正规软件之间的软件。恶意软件是指在未明确提示用户或未经用户许可的情况下，在用户计算机或其他终端上安装运行，侵害用户合法权益的软件，但不包含我国法律法规规定的计算机病毒。恶意软件同时具备正常的下载、媒体播放等功能和恶意的弹广告、开后门等行为。

2007年6月15日，中国互联网协会反恶意软件协调工作组公布的《"恶意软件定义"细则》中明确指出恶意软件具有如下八个特征。

① 强制安装：指未明确提示用户或未经用户许可，在用户计算机或其他终端上安装软件的行为。

② 难以卸载：指未提供通用的卸载方式，或在不受其他软件影响、人为破坏的情况下，卸载后仍然有活动程序的行为。

③ 浏览器劫持：指未经用户许可，修改用户浏览器或其他相关设置，迫使用户访问特定网站或导致用户无法正常上网的行为。

④ 广告弹出：指未明确提示用户或未经用户许可，利用安装在用户计算机或其他终端上的软件弹出广告的行为。

⑤ 恶意收集用户信息：指未明确提示用户或未经用户许可，恶意收集用户信息的行为。

⑥ 恶意卸载：指未明确提示用户、未经用户许可，或误导、欺骗用户卸载其他软件的行为。

⑦ 恶意捆绑：指在软件中捆绑已被认定为恶意软件的行为。

⑧ 其他侵犯用户知情权、选择权的恶意行为。

9.3.2 恶意软件分类

根据恶意软件的特征和危害，可以将其分为以下几类。

9.3.2.1 蠕虫

蠕虫是一种通过网络自我复制的恶意程序，是通过网络链接从一个系统传播到另一个系统，不用人为干预即可运行的攻击程序或代码。由于网络蠕虫和计算机病毒有很多相似之处，例如都有休眠期、传播期、触发期和执行期等，因此人们也将其称为蠕虫病毒。蠕虫病毒能够扫描和攻击网络上存在系统漏洞的节点主机，可以通过网络、电子邮件、USB盘、移动硬盘等传播，且传播速度非常快。例如"熊猫烧香"病毒就是一种蠕虫病毒。

9.3.2.2 特洛伊木马

特洛伊木马是指一段特定的程序，它在有用或表面上有用的程序或过程中包含秘密代码，当程序被调用时，这些秘密代码会执行一些有害操作。特洛伊木马不具备自我复制功能，也不会去感染其他文件，它是一种基于远程控制的黑客工具。用户将它下载并运行后，计算机就会有一个或几个端口被打开，使黑客可以通过这些端口进入计算机系统，这样计算机系统中的文件就有可能被毁坏，安全和个人隐私也就无从谈起了。由于木马具有隐蔽性的特点，设计者采用多种手段隐藏木马，因此用户在计算机中毒后很难发觉。

9.3.2.3 后门程序

后门程序是指绕过访问控制的安全性检查而获取对程序或系统的访问权限的程序方法。后门程序原本是程序员为了调试和测试程序在软件内创建的，是进入程序的一个秘密入口。但是，如果这些后门被其他人知道，被用来获得非授权访问时，就会被黑客当成漏洞进行攻击。后门程序和病毒的区别在于后门程序不一定有自我复制的动作，未必感染其他计算机。后门程序与木马都是隐藏在用户系统中的，具有一定权限，能向外发送信息，实现远程控制；两者的区别在于木马一般是一个完整的软件，后门程序体积较小且功能单一。

9.3.2.4 广告软件

广告软件（adware）是指没有经用户允许就自动下载并安装在用户计算机上，或者和其他软件捆绑，通过弹出式广告或其他形式进行商业广告宣传的程序。用户被强制安装了广告软件后，会造成系统运行缓慢，干扰计算机的正常使用，而且广告软件很难清除。

9.3.2.5 间谍软件

间谍软件（spyware）是指能够在计算机使用者不知情的情况下，在其计算机上安装后门程序的软件。间谍软件是目前网络安全的重要隐患之一。

9.3.2.6 浏览器劫持

浏览器劫持是一种恶意程序，通过浏览器插件、BHO（浏览器辅助对象）、Winsock LSP等形式对用户的浏览器进行篡改，使用户浏览器在访问正常网站时被转向到恶意网页，也使用户的浏览器配置不正常，使浏览器的主页、搜索页等被修改，强行引导到商业网站。

9.3.2.7 行为记录软件

行为记录软件（track ware）是指没有经过用户的许可，窃取、分析用户的隐私数据，记录用户使用计算机的习惯、浏览网页的习惯等个人行为的软件。行为记录软件会危害到用户的隐私，可能被黑客用来进行网络诈骗。

9.3.2.8 恶意共享软件

恶意共享软件（malicious shareware）是指为了获取利益，采用不正当的捆绑或不透明的方式，强制安装在用户计算机上的共享软件。恶意共享软件一旦被安装就很难卸载，而且可能会造成用户浏览器被劫持、隐私被窃取等。

9.4 数据加密与数字签名

9.4.1 数据加密技术

密码技术是一种保密技术，是电子商务采取的主要安全保密措施，也是最常用的安全保密手段。通过某种函数进行变换，把正常数据报文转换为谁也看不懂的形式的过程称为加密。相应地，将加密后的内容恢复成原来形式的过程称为解密。为方便起见，把加密前的内容称为明文（plaintext），加密后的内容称为密文（ciphertext，也称密码）。

图 9.1 数据加密、解密过程

如图 9.1 所示为数字加密、解密过程。

9.4.1.1 经典加密算法

经典加密算法中用到以下三种技术。

（1）替换加密　用一个字符替换另外一个字符。在恺撒（Caesar）密码中，对于字母表中的每个字母，用它之后的第三个字母的大写形式来代替，x 用 A 表示，y 用 B 表示，z 用 C 表示。例如下面的例子。

明文：i am a student

密文：L DP D VWXGHQW

这种方法，很容易利用自然语言的统计特性破译。

（2）换位加密　按照一定的规律重排字母的顺序。例如用 cipher 作为密钥（仅使用各字母在字母表中的顺序），对明文"meet me before the toga party"加密，可得到密文"mbtaeehpefeatotrmroteegy"，如图 9.2 所示。

```
密钥    c i p h e r
顺序    1 4 5 3 2 6
明文    m e e t m e
        b e f o r e
        t h e t o g
        a p a r t y
密文    mbtaeehpefeatotrmroteegy
```

图 9.2 换位加密

（3）一次性填充法　需要利用 ASCII 等编码方法将明文变为比特串，然后利用一个等长的随机比特串作为密钥，对二者进行按位异或。

9.4.1.2 现代密码体制

现代密码体制使用的基本方法仍然是替换和换位，但是加密算法变得更加复杂，而密钥却变得很简单。

密钥加密技术的密码体制分为对称密码体制和非对称密码体制两种。

（1）对称加密　在对称加密技术中，文件的加密和解密使用的是同一个密钥。在对称密码体制中，最为著名的加密算法是 IBM 公司在 1971 年至 1972 年间研制成功的 DES（Data Encryption Standard）分组算法，该算法在 1977 年被定为美国联邦信息标准。IDEA（International Data Encryption Algorithm）是于 1992 年推出的另一个成功的分组加密算法。因为对称加密算法是公开的，所以算法的安全性主要依赖于密钥。

（2）非对称加密　对称加密技术存在的最大问题就是密钥管理。1976 年，有学者提出了一种新的密钥交换协议，这种密钥允许在不安全的媒体上的通信双方交换信息，安全地达成一致，这就是"公开密钥系统"。相对于"对称加密"，这种方法也叫作"非对称加密"。

非对称加密算法中存在两个密钥：公开密钥（publickey）和私有密钥（privatekey）。公开密钥和私有密钥是成对出现的：用公开密钥加密的数据，只有用对应的私有密钥才能解密；用私有密钥加密的数据，只有用对应的公开密钥才能解密。

9.4.2　数字签名

随着 Internet 的迅猛发展，网上支付、网上银行等逐渐走进人们的生活。在开放的 Internet 平台上，社会生活中传统的犯罪和不道德行为将变得更加隐蔽和难以控制，如何保证网上传输数据的安全和交易对方的身份确认是电子商务研究的重要课题。

数字签名（digital signature）是在数字文档上进行身份认证的技术，类似于在纸张上的手写签名，是无法伪造的。数字签名利用数据加密技术，按照某种协议产生一个反映被签署文件的特征和签署人特征的符号，以保证文件的真实性和有效性。另外，数字签名也可用来核实接收者是否有伪造、篡改数字文件的行为。

实现数字签名的方法很多，既可以利用 3DES 和 RC4 等对称加密算法实现签名，也可以利用 RSA 等非对称加密算法实现。目前用得较多的是利用公开密钥体制来进行的数字签名。

如图 9.3 所示为 Alice 和 Bob 利用公开密钥进行一次会话的过程。其中 D 表示私有密钥，E 表示公开密钥，$D_A(P)$ 表示用 Alice 的私钥 D 加密。从图中可以看出，Alice 在将报文 P 发送给 Bob 之前先用自己的私钥加密，再用 Bob 的公钥加密。在网络传输过程中，即使有人截获了报文，因为不知道 Bob 的私钥和 Alice 的公钥，所以是无法解密的，这就保证了数据传输的保密性。Bob 接收到报文后，先用自己的私钥解密，如果能用 Alice 的公钥解开，就可以有充分的理由相信报文来自 Alice。这就是数字签名。另外，从中还可以看出，基于公钥的数字签名还能够防止接收方篡改发送方发来的报文。例如 Bob 如果篡改了解密后的报文 P，Alice 可以要求 Bob 出示原来的 $D_A(P)$，Bob 是拿不出来的。

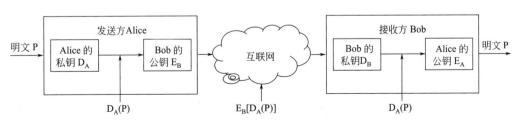

图 9.3　基于公钥的数字签名

9.4.3 数字证书

日常生活中,身份证是鉴别一个人的重要标志,而在网络中用到的身份证就是数字证书。数字证书是由权威机构颁发给网上用户的一组数字信息,它包含用户身份信息、用户公开密钥、签名算法标识、证书有效期、证书序列号、颁证单位、扩展项等。其中负责颁发数字证书的权威机构称为认证中心(certificate authority,CA)。CA 必须是可以信赖的第三方机构,因为证书的产生、分配和管理都是由它负责的。

数字证书颁发过程一般为:用户首先产生自己的公有密钥和私有密钥,并将公有密钥和部分个人身份信息传送给 CA,CA 在接收到请求后,需要核实用户身份,以确信请求的真实性;然后,CA 将发给用户一个数字证书,该证书内包含了用户的个人信息和他的公钥信息,另外还包含了 CA 的签名信息;最后,用户可以使用自己的数字证书进行相关的各种活动。

数字证书由独立的证书发行机构发布。不同的 CA 发行的数字证书是不同的,同一个 CA 也可以为同一个用户提供可信度级别不同的证书。

数字证书可以分为以下几种。

(1)服务器证书　服务器证书被安装在服务器设备上,用来证明服务器的身份和进行通信加密。服务器证书可以用来检查一个站点的真实性,即是不是仿冒站点。

(2)SSL 证书　SSL(安全套接字层)证书主要用于服务器(应用)的数据传输链路加密和身份认证,绑定网站域名。

(3)电子邮件证书　电子邮件证书可以用来证明邮件地址的真实性,并证明邮件在传输过程中没有被修改过。在利用 Microsoft Outlook Express 撰写邮件时,就可以为自己的邮件加上一个证书。

(4)客户端个人证书　客户端证书主要被用来进行身份验证和电子签名。

9.4.4 消息摘要

消息摘要(message digest)是一种防止改动的方法,它利用一个哈希(hash)函数对原文进行计算,输出一个固定长度的摘要。

消息摘要有一个非常重要的性质,那就是如果改变了原文中的任何内容,哪怕只有一个二进制位,计算得到的摘要都是完全不同的。因此,利用消息摘要可以计算出原文的数字指纹,从而防止有人改变文本信息内容。

很多软件公司在提供一个软件下载的同时,会给出该软件的摘要。用户在下载软件后,可以利用一些工具去计算该软件的消息摘要,如果计算的结果与软件公司提供的一致,就可以表明软件在下载的过程中没有受损。

常用的消息摘要算法包括 MD5 算法和 SHA 算法。MD5 由 Ron Rivest 在麻省理工学院提出,该算法对任意长度的报文以 512bit 进行分组处理,产生一个 128bit 的报文摘要。SHA 由美国国家标准与技术研究院(NIST)和美国国家安全局(NSA)共同设计,以小于 264bit 的任意报文,产生一个 160bit 长度的报文摘要。

9.4.5　数字水印

数字水印（digital watermarking）是数据隐藏技术的一种，将一些标识信息（即数字水印）直接嵌入多媒体、文档、软件等中，形成隐秘载体，使非法者难以察觉其中隐藏的某些数据，或难以从中提取被隐藏数据。数字水印的嵌入不会影响原载体的使用价值，可以达到确认内容创建者和购买者、传送隐秘信息以及判断载体是否被篡改等目的。

数字水印技术有如下特点。

（1）不可感知性　在多媒体作品中加入水印后，不应改变作品原有的感知效果。例如在一幅图像上加入水印后，应该不会感觉到图像有什么变化，不能通过肉眼或将图像放大后看到水印的存在。

（2）鲁棒性（坚韧性）和安全性　一件加入了水印的多媒体作品，在经历各种信号处理过程后，数字水印仍能保持部分完整性并能被准确鉴别。这里所说的信号处理过程包括信道噪声、滤波、数/模与模/数转换、重采样、剪切、位移、尺度变化以及有损压缩编码等。

（3）保密性　数字水印的保密性是指数字水印算法不仅不可感知，而且数字水印的位置和编码方式都要有良好的保密性。

除此之外，一件隐藏了数字水印的作品遭受破坏后，应该能从残存的小部分水印恢复出原貌。

数字水印的基本应用领域有版权保护、隐藏标识、认证和安全不可见通信等。

9.5　防火墙技术

9.5.1　黑客

在精通计算机技术的人群中有一个特殊的群体，这就是黑客（hacker）。早期，黑客一词主要是指热心于计算机技术、水平高超的计算机专家，尤其是程序设计人员。但是现在黑客已经被用于泛指那些专门利用计算机搞破坏或恶作剧的人，对于这些人的正确英文叫法为cracker（骇客）。

从信息安全这个角度来说，不管是黑客还是骇客都是计算机系统的非法侵入者。黑客入侵计算机系统的目的千奇百怪，有的仅仅是满足自己的好奇心，有的是为了炫耀自己的计算机水平，还有的则是为了锻炼自己的计算机能力。但是有些黑客入侵系统，则是为了窃取情报、金钱，或是进行恶意的报复。

黑客在入侵计算机系统时采用的手段多种多样。不管是哪种，都主要是利用系统自身的漏洞或是管理员在工作上的疏忽来进行的。

为了防止黑客入侵，除了要及时安装补丁程序外，最重要的就是要安装防火墙。

9.5.2 防火墙的概念

防火墙是指设置在不同网络之间的一系列软件和硬件的组合。防火墙在内部网和外部网之间、专用网与公共网之间建立了一道保护屏障,如图9.4所示。防火墙保护内部网和专用网免受非法用户的侵入,避免内部信息的泄露。

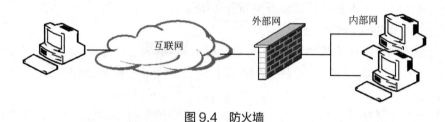

图9.4 防火墙

防火墙软件通常安装在网络路由器上,用于保护一个子网,也可以安装在一台主机上,用于保护该主机不受侵害。下面从四个方面介绍防火墙的功能。

(1) 防火墙是网络安全的屏障 防火墙可以极大地提高内部网络的安全性。所有进出网络的信息都必须通过防火墙,这样可以有效过滤不安全的服务从而降低风险。

(2) 防火墙可以强化网络安全策略 管理员通过对防火墙的配置来设置外界对内部网络的访问策略。防护墙上通常会集成口令、加密、身份认证、审计等安全软件。

(3) 对网络存取和访问进行监控审计 所有经过防火墙的访问,都会被防火墙记录到日志文件中,管理员通过审计这些日志文件可查找到网络漏洞。更重要的是,一旦有可疑的访问动作出现,防火墙能立刻发出警报,并提供网络是否受到监测和攻击的详细信息。

(4) 防止内部信息的外泄 防火墙将内部网络与外部网络分离开,从而避免了内部信息的泄露。

9.5.3 防火墙的分类

防火墙大致可以分为两类:网络级防火墙和应用级防火墙。

9.5.3.1 网络级防火墙

网络级防火墙一般是指具有很强报文过滤能力的路由器。它采用包过滤技术,可以通过检查进出网络的数据包的源地址、协议、端口号和内容是否满足安全规则,确定是否允许数据包通过。只有满足过滤逻辑的数据包才被转发到相应的目的地出口端,其余数据包则被从数据流中丢弃。

基于路由器的防火墙非常流行的原因是它们很容易实现,而不用改动客户机和主机上的应用程序。在连接网络后,只要创建必要的包过滤规则,就能很好地保护网络的安全。

当然,基于路由器的防火墙也有很多缺点,例如很多路由器对于IP欺骗等攻击很脆弱,又如当用户过分强调过滤时,路由器的性能会迅速下降。

现有的网络路由器几乎都集成了防火墙功能。

9.5.3.2　应用级防火墙

应用级防火墙又称为应用网关。所有内部网络的访问首先必须连接到网关上，然后由网关转发给内部的服务器。访问者在任何时候都不能直接建立与服务器的会话。

应用网关的优点在于能阻止 IP 报文无限制地进入网络，缺点是开销比较大。网关必须为每个网络应用[如 FTP、远程上机（Telnet）、HTTP、电子邮件、新闻等]进行配置。

习题

一、选择题

1. 计算机犯罪的特征不包括（　　）。
   A. 计算机本身的不可或缺性和不可替代性
   B. 在某种意义上作为犯罪对象出现的特性
   C. 行凶所使用的凶器
   D. 明确了计算机犯罪侵犯的客体
2. 通常所说的"计算机病毒"是指（　　）。
   A. 细菌感染　　　　　　　　　B. 生物病毒感染
   C. 被损坏的程序　　　　　　　D. 特制的具有破坏性的程序
3. 计算机病毒的危害性表现在（　　）。
   A. 能造成计算机器件永久性失效　B. 影响程序的执行，破坏用户数据与程序
   C. 不影响计算机的运行速度　　　D. 不影响计算机的运算结果，不必采取措施
4. 黑客攻击造成网络瘫痪，这种行为是（　　）。
   A. 违法犯罪行为　　　　　　　B. 正常行为
   C. 报复行为　　　　　　　　　D. 没有影响的一般行为
5. 以下攻击类型中，（　　）使网络服务器中充斥着大量要求回复的信息，消耗带宽，导致网络或系统停止正常服务。
   A. 拒绝服务　　　　　　　　　B. 文件共享
   C. BIND 漏洞　　　　　　　　 D. 远程过程调用
6. 为了防御网络监听，最常用的方法是（　　）。
   A. 采用物理传输（非网络）　　　B. 信息加密
   C. 无线网　　　　　　　　　　D. 使用专线传输
7. 向有限的空间输入超长的字符串是（　　）的特点。
   A. 缓冲区溢出　B. 网络监听　　C. 拒绝服务　　D. IP 欺骗
8. 主要用于加密机制的协议是（　　）。
   A. HTTP　　　　B. FTP　　　　C. Telnet　　　D. SSL
9. 用户收到了一封可疑的电子邮件，要求用户提供银行账户及密码，这属于（　　）。
   A. 缓存溢出攻击　B. 钓鱼攻击　　C. 暗门攻击　　D. DDOS 攻击
10. 以下认证方式中最常用的是（　　）。

A. 基于账户名/口令认证 B. 基于摘要算法认证
C. 基于PKI认证 D. 基于数据库认证

11. 下列不属于系统安全技术的是（　　）。
 A. 防火墙　　B. 加密狗　　C. 认证　　D. 防病毒

12. 抵御电子邮箱入侵的以下措施中，不合适的是（　　）。
 A. 不用生日做密码 B. 不要使用少于5位的密码
 C. 不要使用纯数字 D. 自己做服务器

13. （　　）不属于常见的危险密码。
 A. 与用户名相同的密码 B. 使用生日作为密码
 C. 只有4位数的密码 D. 10位的综合型密码

14. 针对数据包过滤和应用网关技术存在的缺点而引入的防火墙技术，这是（　　）防火墙的特点。
 A. 包过滤型 B. 应用级网关型
 C. 复合型 D. 代理服务型

15. 网络攻击与防御处于不对称状态是因为（　　）。
 A. 管理的脆弱性 B. 应用的脆弱性
 C. 网络软、硬件的复杂性 D. 软件的脆弱性

16. 下列情景中，（　　）属于身份验证（authentication）过程。
 A. 用户依照系统提示输入用户名和口令
 B. 用户在网络上共享了自己编写的一份Office文档，并设定哪些用户可以阅读，哪些用户可以修改
 C. 用户使用加密软件对自己编写的Office文档进行加密，以阻止其他人得到这份拷贝后看到文档中的内容
 D. 某个人尝试登录到你的计算机中，但是口令输入得不对，系统提示口令错误，并将这次失败的登录过程记录在系统日志中

17. 可能给系统造成影响或者破坏的人（　　）。
 A. 包括所有网络与信息系统使用者 B. 只有黑客
 C. 只有骇客 D. 只有程序员

18. 黑客的主要攻击手段包括（　　）。
 A. 社会工程攻击、蛮力攻击和技术攻击
 B. 人类工程攻击、武力攻击及技术攻击
 C. 社会工程攻击、系统攻击及技术攻击
 D. 社会工程攻击、武力攻击和技术攻击

19. 从统计的情况看，造成危害最大的黑客攻击是（　　）。
 A. 漏洞攻击　　B. 蠕虫攻击　　C. 病毒攻击　　D. 木马攻击

20. 口令攻击的主要目的是（　　）。
 A. 获取口令破坏系统 B. 获取口令进入系统
 C. 仅获取口令但没有用途 D. 传播病毒

21. 黑客造成的主要安全隐患包括（　　）。
 A. 破坏系统、窃取信息及伪造信息

B. 攻击系统、获取信息及假冒信息
C. 进入系统、损毁信息及谣传信息
D. 占用系统、获取信息及传播信息

22. 带 VPN 的防火墙的基本原理流程是（   ）。
    A. 先进行流量检查   B. 先进行协议检查
    C. 先进行合法性检查   D. 先进行内容检查
23. 防火墙主要可以分为（   ）。
    A. 包过滤型、代理型、混合型
    B. 包过滤型、系统代理型、应用代理型
    C. 包过滤型、内容过滤型、混合型
    D. 包过滤型、代理型、混合型
24. 目前的防火墙防范主要是（   ）。
    A. 主动防范   B. 被动防范   C. 不一定   D. 主动和被动防范
25. IP 地址欺骗通常是（   ）。
    A. 黑客的攻击手段   B. 防火墙的专门技术
    C. IP 通信的一种模式   D. 一种病毒

二、填空题

1. 信息安全包含（   ）安全、（   ）安全和（   ）安全。
2. 数据安全包含（   ）、（   ）、（   ）三个基本特性。
3. 信息安全四大要素是（   ）、制度、流程、（   ）。
4. 计算机病毒有（   ）、潜伏性、（   ）、（   ）、传染性、（   ）和破坏性等七个主要特点。

参考文献

[1] 常东超，高文来，贾银山. 大学计算机基础教程[M]. 北京：高等教育出版社，2009.
[2] 常东超，高文来，贾银山. 大学计算机基础实践教程[M]. 北京：高等教育出版社，2009.
[3] 常东超，刘培胜，张国玉. 大学计算机教程[M]. 北京：高等教育出版社，2013.
[4] 常东超. 大学计算机实验指导与习题精选[M]. 北京：高等教育出版社，2013.
[5] 常东超，郭来德，刘培胜. C/C++语言程序设计[M]. 北京：清华大学出版社，2013.
[6] Laura A C，Ed T. TCP/IP 协议原理与应用[M]. 马海军，吴华，译. 北京：清华大学出版社，2005.
[7] 杨德贵. 网络与宽带 IP 技术[M]. 北京：人民邮电出版社，2002.
[8] 王卫红，李晓明. 计算机网络与互联网[M]. 北京：机械工业出版社，2009.
[9] 曹义方，张彦钟. 多媒体实用技术：上[M]. 北京：航空工业出版社，2002.
[10] 曹义方，张彦钟. 多媒体实用技术：下[M]. 北京：航空工业出版社，2002.
[11] 徐茂智，邹维. 信息安全概论[M]. 北京：人民邮电出版社，2007.
[12] 周明全，吕林涛，李军怀. 网络信息安全技术[M]. 西安：西安电子科技大学出版社，2003.
[13] 胡建伟. 网络安全与保密[M]. 西安：西安电子科技大学出版社，2003.
[14] 李克洪，王大玲，董晓梅. 实用密码学与计算机数据安全[M]. 2 版. 沈阳：东北大学出版社，2001.
[15] 马崇华. 信息处理技术基础教程[M]. 北京：清华大学出版社，2007.
[16] 刘甘娜，翟华伟，崔立成. 多媒体应用基础[M]. 4 版. 北京：高等教育出版社，2008.
[17] 王移芝，罗四维. 大学计算机基础[M]. 2 版. 北京：高等教育出版社，2007.
[18] 赵树升. 计算机病毒分析与防治简明教程[M]. 北京：清华大学出版社，2007.
[19] 张海藩. 软件工程导论[M]. 5 版. 北京：清华大学出版社，2008.
[20] 陈荣征，苏顺亭. Flash CS4 动画设计教程[M]. 北京：人民邮电出版社，2013.
[21] 于俊丽. Adobe Flash CS4 动画设计与制作技能基础教程[M]. 北京：印刷工业出版社，2012.
[22] Adobe 公司. Adobe Flash CS4·中文版经典教程[M]. 陈宗斌，译. 北京：人民邮电出版社，2009.
[23] 张丕军. Photoshop CS6 标准教程[M]. 北京：海洋出版社，2012.
[24] 杰诚文化. Photoshop CS6 完全自学教程[M]. 北京：机械工业出版社，2012.